"十四五"高等职业教育计算机基础系列教材

信息技术基础教程

XINXI JISHU JICHU JIAOCHENG

陈旭文　刘小铭◎主　编
黄英铭　吴永娜　许少漫　林晓红◎副主编

中国铁道出版社有限公司
CHINA RAILWAY PUBLISHING HOUSE CO., LTD.

内 容 简 介

本书根据教育部《高等职业教育专科信息技术课程标准（2021 年版）》要求，结合新一代信息技术发展前沿和大学计算机基础教育新理念而编写。本书结构清晰，叙述简洁，图例丰富，精选实例，应用性和操作性强，注重突出高职高专应用型人才的培养目标。

本书以 Windows 10 + Office 2021 为主要软件平台，分为理论篇和实训篇两部分。理论篇设置八章，内容包括信息技术与信息社会、计算机基础知识、操作系统 Windows 10、文字处理软件 Word 2021、电子表格处理软件 Excel 2021、演示文稿制作软件 PowerPoint 2021、计算机网络与 Internet、常用软件。金山 WPS 办公软件是我国著名的自主研发软件，本书兼顾介绍了 WPS 文字、表格和演示的应用技能。每章均附有配套习题，以帮助读者巩固学习内容。实训篇由六个实训构成，提供了丰富的实践教学内容。本书提供教学 PPT、视频、实验素材、课后习题答案等教学资源。

本书适合作为高等职业院校各专业计算机基础课程的教材，也可作为全国计算机等级考试（一级）的培训教材。

图书在版编目（CIP）数据

信息技术基础教程 / 陈旭文，刘小铭主编 .—北京：中国铁道出版社有限公司，2024.2（2025.7 重印）
“十四五”高等职业教育计算机基础系列教材
ISBN 978-7-113-30787-5

Ⅰ. ①信… Ⅱ. ①陈…②刘… Ⅲ. ①电子计算机 - 高等职业教育 - 教材 Ⅳ. ① TP3

中国国家版本馆 CIP 数据核字（2024）第 013581 号

书　　名：信息技术基础教程
作　　者：陈旭文　刘小铭

策　　划：唐　旭　　编辑部电话：（010）51873090
责任编辑：刘丽丽　包　宁
封面设计：尚明龙
责任校对：安海燕
责任印制：赵星辰

出版发行：中国铁道出版社有限公司（100054，北京市西城区右安门西街 8 号）
网　　址：https://www.tdpress.com/51eds
印　　刷：三河市宏盛印务有限公司
版　　次：2024 年 2 月第 1 版　2025 年 7 月第 2 次印刷
开　　本：880 mm×1 230 mm　1/16　印张：18.25　字数：536 千
书　　号：ISBN 978-7-113-30787-5
定　　价：59.00 元

前言

计算机应用、信息技术处理是高职高专各专业的必修技能，是学习其他计算机相关课程的基础。为适应最新计算机信息技术发展，本书根据新一代信息技术发展和国家职教改革需要进行编写。

党的二十大为国家职业教育的发展指明了新的方向。坚持正确方向，用习近平新时代中国特色社会主义思想铸魂育人，是高职教育改革的根本指引。教育部领导曾指出：深入推进党的创新理论进教材，是构建中国特色高质量教材体系的重大原则，是教材工作必须完成好的重要政治任务。我们要全面贯彻落实党的二十大精神，把教材建设作为深化教育领域综合改革的重要环节，不断深化对做好这项工作的规律性认识和实践探索，确保党的二十大精神进教材落到实处、取得实效。

编写本书过程中，编者深入学习领会党的二十大精神，认真推进党的二十大精神进教材、进头脑，坚持问题导向，对案例进行了全面优化。全书多个章节加强了二十大精神和课程思政元素有机融合，注重体现新时代中国特色社会主义思想的伟大实践、成功经验和理论成果，体现中国科技、中国智慧、中国价值的理念、主张和方案，促进学生扎根中国，培养爱国情操，形成正确的科学观和世界观，做有益于国家和社会的新一代青年。

本书按照《高等职业教育专科信息技术课程标准（2021年版）》要求，紧密结合全国计算机等级考试（一级）大纲进行编写，适应时代发展，精选新颖实用知识。本书结构清晰，叙述简洁，图例丰富，应用性和操作性强，课程教学实例和实训内容均配套对应的操作视频，注重思政元素的有机融合，使本书更适应当前国家高职计算机教学改革要求，实现因材施教。

本书以Windows 10 + Office 2021为主要软件平台，分为理论篇和实训篇。理论篇共八章：第1章简述信息技术与信息社会的相关知识和当前信息技术的研究热点；第2章介绍计算机发展史、计算机系统、信息存储、键盘应用等计算机基础知识；第3章介绍操作系统Windows 10，包括文件和文件夹管理、系统设置、常用硬件管理、软件应用等；第4～6章系统介绍Microsoft Office 2021中文办公系列软件Word、Excel和PowerPoint三个组件的操作和应用，包括文件创建、办公文档的编辑排版、工作表数据的计算统计、演示文稿的编辑放映等操作技能，各章最后都分别对应增加WPS文字、表格和演示的应用内容，兼顾WPS办公应用技能扩展；第7章介绍计算机网络基础知识、Internet应用技术等；第8章介绍常用应用软件的使用方法，包括压缩、PDF阅读、网络聊天、安全、图片修饰、视频剪辑等软件。实训篇与理论篇对应，由打字练习、操作系统Windows 10、文字处理软件Word、电子表格Excel、演示文稿PowerPoint和网络应用六个实训模块构成，共25个实验，是巩固理论知识和深入开展课程实践教学的重要组成部分。

为方便读者学习和教师教学，本书提供教学PPT、视频、实验素材、课后习题答案等教学资源，读者可通过中国铁道出版社教育资源数字化平台（http://www. tdpress.com/51eds/）下载。

本书由陈旭文、刘小铭任主编，黄英铭、吴永娜、许少漫、林晓红任副主编。陈旭文、黄英铭负责全书的策划及整体设计。具体编写分工如下：第1章由黄英铭编写，第2章由吴永娜编写，第3章由陈旭文、林伟文（广州极创信息科技有限公司高级工程师）编写，第5章由陈旭文、倪晓远（广州极创信息科技有限公司总经理）编写，第4章由刘小铭编写，第6章由林晓红编写，第7章由吴永娜、许少漫编写，第8章由许少漫编写，实训篇由陈旭文、刘小铭、吴永娜、许少漫编写。此外，刘彩琼、蔡银珊、杨春旭、黄先桦、林洁新、徐杨柳参与了本书的研讨和校正工作。全书由陈旭文统稿、定稿。

由于时间仓促，加之编者水平有限，疏漏和不足之处在所难免，恳请广大读者不吝指正。

编　者

2023年11月

目 录

理 论 篇

实 训 篇

理　论　篇

第1章 信息技术与信息社会

第二次世界大战期间，在美国宾夕法尼亚大学的实验室中，John Mauchly和Preser Calculator博士经过将近三年的努力成功研制出世界上第一台真正的计算机——ENIAC。对于当时的人们来说，它无疑是一个庞然大物，引起世界轰动，它重达30 t，占地面积达170 m^2，使用了18 000多个电子管和2 000多个继电器与电容器，功率为150 kW。而对于研究者来说，最重要的是它的运算速度相比人类而言有了很大的提升，达到每秒5 000次加、减法运算，可以用来完成人类所不能完成的计算任务。因此，它的诞生无疑是计算机发展史上的里程碑。

从计算机出现之日起，人类就告别了纯手工计算的时代，进入了利用计算机自动、高速地进行数值运算和信息处理的现代化信息时代。计算机科学与技术成为第二次世界大战以来发展最快、影响最为深远的新兴学科之一，能熟练地掌握这门学科至关重要。同时，不可否认，计算机产业已经在世界范围内发展成为一种极富生命力的产业。当前，计算机已经被广泛地应用于国防、科教、卫生、工农业生产和生活的各个领域，如即时通信、线上办公、网络支付、互联网医疗、电子购物等，为人们的生活带来划时代的变化。随着大数据、云计算的出现及智慧城市、互联网+等的相继发展，人类已经全面迈入了信息化时代。

1.1 信息与信息技术

从内容上看，信息化可分为信息的生产、应用和保障三方面。信息生产，即信息产业化，要求发展一系列信息技术及产业，涉及信息和数据的采集、处理、存储技术，包括通信设备、计算机、软件和消费类电子产品制造等领域。信息应用，即产业和社会领域的信息化，主要表现在利用信息技术改造和提升农业、制造业、服务业等传统产业，大大提高了各种物质和能量资源的利用效率，促使产业结构的调整、转换和升级，促进人类生活方式、社会体系和社会文化发生深刻变革。信息保障，指保障信息传输的基础设施和安全机制，使人类能够可持续地提升获取信息的能力，包括基础设施建设、信息安全保障机制、信息科技创新体系、信息传播途径和信息能力教育等。

1. 信息

信息（information）是指物质运动规律的总和。泛指一切人类和动物可以识别的、可能的研究对象，包括人类不断认识的外部宇宙世界的物质客体，也包括主观世界的精神现象。信息与人类认识物质世界和自身成长的历史息息相关。

2. 信息技术

信息技术（information technology, IT）是指有关信息的收集、识别、提取、变换、存储、传递、处理、检索、检测、分析和利用等技术，它综合了传感技术、通信技术、计算机技术、微电子技术等，有时又称“现代信息技术”。信息技术的核心技术是通信技术、控制技术、计算机与智能技术和传感技术等。传感技术拓展了人的感觉器官收集信息的功能；通信技术拓展了人的神经系统传递信息的功能；计算机技术拓展了人的思维器官处理信息和决策的功能；微电子技术则拓展了人的记忆器官存储信息的功能。计算机技术与现代通信技术一起构成了信息技术的核心内容。近二十年来，计算机技术同样取得了飞速发展，芯片体积越来越小，而运算速度和处理能力呈现几何级的飞跃，性能越来越强。

3. 信息获取和处理

信息的获取过程有多种技术，包括传感技术、遥测和遥感技术等。信息处理是指对获取的信息进行识别、转换、加工，使信息安全地存储、传输，并能方便地检索、再生、利用，或便于人们从中提炼有用的知识、发现规律。

4. 信息传输技术

信息可以通过网络、电视、海报、报纸等来传输。信息传输技术即通信技术，是现代信息技术的支持手段，包括光纤通信技术、卫星通信技术等。通信技术的作用是使信息在大范围内迅速、准确、高效地传递，以便让广大用户共享，从而充分发挥信息的作用。近年来，每一次信息技术的重要突破主要都是以信息传输技术作为支撑的。

5. 信息控制技术

信息控制技术就是利用信息传递和信息反馈实现对目标系统进行控制的技术，如导弹控制系统技术等。在信息系统中，对信息实施有效地控制一直是信息活动的一个重要方面，也是利用信息的重要前提。人们把计算机技术、通信技术和控制技术合称为3C（computer, communication, consumer）技术。3C技术是信息技术的主体。

6. 信息应用技术

信息应用技术是针对种种实用目的（如信息管理、信息控制、信息决策等）而发展起来的具体的技术群类，如生产自动化、办公自动化、人工智能和互联网通信技术等。信息技术在社会的各个领域得到了广泛应用，显示出强大的生命力。纵观人类科技的发展历程，还没有一项技术像信息技术一样对人类社会产生如此巨大的影响。

1.2　信息技术革命

1.2.1　信息技术革命的概念

信息技术自人类社会形成以来就存在，并随着科学技术的进步而不断变革。语言、文字是人类传达信息的初步方式，烽火台则是远距离传达信息的最简单手段。纸张和印刷术使信息流通范围大大扩展。自19世纪中期人类学会利用电和电磁波以来，信息技术的变革大大加快。电报、电话、收音机、电视机的发明使人类的信息交流与传递快速而有效。第二次世界大战以后，半导体、集成电路、计算机的发明，数字通信、卫星通信的发展形成了新兴的电子信息技术，使人类利用信息的手段发生了质的飞跃。具体来讲，人类不仅能在全球任何两个有相应设施的地点之间准确地交换信息，还可利用机器收集、加工、处理、控制、存储信息。机器开始取代了人的部分脑力劳动，扩大和延伸了人的思维、神经和感官的功能，使人们可以从事更富有创造性的劳动。人工智能的发展催生了智能机器人，这是前所未有的变革，是人类在改造自然中的一次新的飞跃。

信息技术革命促进了工业革命的发展。按一般的划分，第一次工业革命开始于18世纪后半叶，其主要标志是以蒸汽机的发明带来的机械化生产；第二次工业革命开始于19世纪后半叶，主要标志是以电力的发明带来的电气化和大规模流水线生产；第三次工业革命开始于20世纪后半叶，主要标志是通过信息技术和电气化的结合实现的自动化生产。第四次工业革命是从现在开始，其主要特征就是综合利用第一次和第二次工业革命创造的“物理系统”和第三次工业革命带来的日益完备的“信息系统”，通过两者的融合，实现智能化生产。

1.2.2 互联网的发展促进信息技术革命

互联网的发展已经为信息技术革命提供了巨大的便利。信息的交流、传输和传播不再受到时空的限制。人们可以用很低的成本实时地获取和传播信息。而且，信息的流动可以针对具体的个人和群体，做到有的放矢。我们现在处于互联网时代，有实时的信息传输和检索。现在，实时的监控和交流都已成为可能，而且也具备了实时做出反应的能力。如今，我们能够很快地搞清事情的来龙去脉并做出评价，也能更快地做出相应的反应。2019年底，全球暴发新冠疫情，各国都在积极采取措施应对这一公共卫生危机。在这个过程中，信息技术特别是大数据技术发挥了重要作用，尤其在数据收集、分析和预测等方面做出了突出贡献。

1.2.3 工业4.0

工业4.0又称第四次工业革命，是指将先进的信息技术与制造业相结合的一场全球性变革。它涉及工业自动化、数据交换、物联网（internet of things, IoT）、人工智能（artificial intelligence, AI）等多个领域，旨在提高生产效率、降低成本并提升产品质量。工业4.0这一概念起源于2011年德国提出的一个高科技战略项目，目的是将计算机、物联网、大数据、人工智能等先进技术融入传统制造业。工业4.0不仅仅是一种技术革新，而是多种先进技术的集成，它将制造业从单纯的生产要素向数据驱动、智能化、高度自动化的方向转型。

1. 工业4.0的主要特点

① 互联：设备、机器、系统和人员之间实现高度互联。通过物联网和云计算等技术，生产过程中产生的大量数据可以实时收集、分析和共享，从而实现更高效的生产过程。

② 信息化：工业4.0强调数据的价值，将数据视为生产过程中的重要资源。通过对大量数据进行分析和挖掘，企业可以更好地了解市场需求、优化生产流程、降低能耗以及提高产品质量。

③ 技术集成：多种先进技术（如人工智能、机器学习、大数据、物联网等）相互融合，为生产过程提供了强大的支持。

④ 数字化：工业4.0强调将实体世界与数字世界相结合，通过数字孪生（digital twin）技术，实现对生产过程的实时监控和优化。

2. 工业4.0的应用

① 智能工厂：通过引入先进的自动化和数据交换技术，实现生产过程的实时监控和优化。智能工厂可以根据市场需求快速调整生产计划，提高生产灵活性。

② 自动化生产：工业机器人和先进的自动化设备在生产线上扮演越来越重要的角色。这些设备不仅可以提高生产效率，还可以降低劳动力成本和减少人为错误。

③ 个性化定制：工业4.0通过数字化技术，使得生产过程更加个性化和定制化。消费者可以根据自己的需求和喜好定制产品，企业可以实现小批量、多样化生产。

④ 远程监控和维护：通过物联网和远程诊断技术，企业可以实时监控生产过程中的设备状态，及时发现和解决问题。这有助于降低维护成本并提高设备使用率。

⑤ 供应链优化：工业4.0将大数据和云计算等技术引入供应链管理，帮助企业实现供应链的可视化、智能化和协同化。这可以提高供应链的效率和响应速度，降低库存成本。

3. 工业4.0的挑战与机遇

① 数据安全：随着数据在生产过程中的应用越来越广泛，数据安全问题变得尤为重要。企业需要采取有效措施，保障数据的安全和隐私。

② 技术更新：工业4.0涉及众多先进技术，企业需要不断更新自己的技术水平，以保持竞争优势。

③ 人才培养：工业4.0要求具备跨学科、跨领域的复合型人才。企业需要加大人才培养力度，培养更多具备相关技能的员工。

④ 投资成本：实施工业4.0通常需要较大的投资，包括设备更新、技术研发和人员培训等方面。企业需要合理安排资金，确保投资的有效性和可持续性。

尽管存在挑战，但工业4.0无疑为制造业带来了巨大的机遇。企业可以通过实施工业4.0提高生产效率、降低成本、提升产品质量，从而提高自身的竞争力。同时，工业4.0还有助于推动制造业的绿色发展和可持续发展，降低对环境的负面影响。

1.2.4 计算思维

“计算思维”一词最早出现在1980年，当时美国麻省理工学院教授西蒙·派珀特（Seymour Papert）在他的著作《头脑风暴——儿童、计算机及强大的想法》（*MINDSTORMS：Children, Computers, and Powerful Ideas*）一书中首先使用了计算思维（computational thinking）这个词。

2006年3月，时任美国卡内基·梅隆大学计算机系主任周以真（Jeannette M. Wing）教授在计算机期刊*Communications of the ACM*上发表了标题为《计算思维》的文章，将这个词推到了计算机教育领域的前沿。

她认为：计算思维是运用计算机科学的基础概念进行问题求解、系统设计以及人类行为理解等涵盖计算机科学之广度的一系列思维活动。2010年，周以真教授又指出计算思维是与形式化问题及其解决方案相关的思维过程，其解决问题的表示形式应该能有效地被信息处理代理执行。

周教授认为计算思维代表一套普适的态度和技能，每个人都应该学习、使用，而不仅仅是计算机科学家。她在文中将日常生活与计算机领域的问题做了类比：清晨你的女儿上学前将当天要用的东西装进书包，这是预取和缓存；当你的儿子丢了连指手套，你建议他从原路返回去找，这是回溯；在超市里选择哪个收银台排队？这是多服务器系统的性能建模。当计算思维融入每个人的生活中时，算法和先决条件这类专业词汇成为日常生活用语，不确定性和垃圾收集将具有计算机科学家所使用的含义。

计算思维的内容和特点如下：

1. 操作模式

计算思维建立在计算过程的能力和限制之上，由人或机器执行。计算方法和模型使人们敢于去处理那些原本无法由任何个人独自完成的问题求解和系统设计。计算思维直面机器智能的不解之谜：什么人类比计算机做得好？什么计算机比人类做得好？最基本的问题是：什么是可计算的？迄今为止我们对这些问题仍是一知半解。

2. 计算思维用途

计算思维是每个人的基本技能，不仅仅属于计算机科学家。我们应当使每个孩子在培养解析能力时不仅掌握阅读、写作和算术（reading, writing, and arithmetic, 3R），还要学会计算思维。正如印刷出版促进了3R的普及，计算和计算机也以类似的正反馈促进了计算思维的传播。

3. 运行逻辑

计算思维是运用计算机科学的基础概念去求解问题、设计系统和理解人类的行为。它包括了涵盖计算机科学之广度的一系列思维活动。当我们必须求解一个特定的问题时，首先会问：解决这个问题有多么困难？怎样才是最佳的解决方法？计算机科学根据坚实的理论基础来准确地回答这些问题。表述问题的难度就是工具的基本能力，必须考虑的因素包括机器的指令系统、资源约束和操作环境。

为了有效地求解一个问题，我们可能要进一步询问：一个近似解是否就够，是否可以利用一下随机化，以及是否允许误报（false positive）和漏报（false negative）。计算思维就是通过约简、嵌入、转化和仿真等方法，把一个看起来困难的问题重新阐释成一个我们知道怎样解决的问题。

计算思维利用启发式推理寻求解答，就是在不确定情况下的规划、学习和调度。它就是搜索、搜索、再搜索，结果是一系列的网页，一个赢得游戏的策略，或者一个反例。计算思维利用海量数据来加快计算，在时间和空间之间，在处理能力和存储容量之间进行权衡。

1.3 信 息 社 会

1.3.1 信息社会的定义

所谓信息社会，是以电子信息技术为基础，以信息资源为基本发展资源，以信息服务性产业为基本社会产业，以数字化和网络化为基本社会交往方式的新型社会。信息化是指信息技术和信息产业在经济和社会发展中的作用日益加强，并发挥主导作用的动态发展过程。它以信息产业在国民经济中的比重、信息技术在传统产业中的应用程度和信息基础设施建设水平为主要标志。

1.3.2 信息社会的特征及具体表现形式

1. 信息社会的特征

（1）信息全球化

由于现代电子技术、通信技术和多媒体技术等的迅猛发展，使得信息更新周期更快。人工智能和“互联网+”技术为人们传递信息创造了便利的条件，社会活动的数字化和网络化，使其突破了传统的活动空间，进入媒体世界，出现了各种网络虚拟的社会实体、社会组织、自媒体网络传播等，从而改变了人们的文化思想，改变了人们的学习、生活和交流等方式。

（2）信息产业成为现代社会的主导产业

信息产业是指从事与信息生产、传播、处理、存储、流通和服务相关的生产行业，由信息技术设备制造业和信息服务业构成。以信息技术为核心的新技术革命所导致的产业结构的重大变革，不仅表现为一批新的信息生产与加工产业的出现和传统工业部门的衰退，而且还表现在信息产业自身正在从以计算机技术为核心发展为以网络技术为核心。

（3）以人为本、包容性和全面发展是信息社会的基本原则

信息社会发展必须坚持以人为本。信息社会的好处必须惠及每一个社会阶层，尤其是社会弱势群体和底层民众，确保人人可以创造、获取、使用和分享信息和知识。信息社会的全面发展包括三个方面：一是个人的全面发展，即每个人的潜力均能得到充分发挥；二是社会的全面发展，包括社会经济、政治、文化、生活等领域的全面发展，人们的生活质量不断提高；三是均衡发展，致力于缩小发达国家与发展中国家之间、各国内部不同地区之间的数字鸿沟，实现信息社会全面协调发展。

（4）信息和知识成为信息社会最重要的资源

信息资源不仅极其丰富，而且可以共享，并且可以在使用过程中产生新的信息。信息经过加工形成知识，是信息的高级形态，是社会发展的重要资源，知识创新成为国家竞争力的核心要素，知识生产和消费成为经济发展、社会进步乃至人的全面发展的重要方式。

2. 信息社会的具体表现形式

信息社会的四个具体表现是信息经济、网络社会、在线政务和数字生活。

（1）信息经济

信息经济是指以信息与知识的生产、分配、拥有和使用为主要特征的经济形态。信息与知识是以人才和研究开发为基础，信息与知识也是创新的主要动力，因此信息经济也是一种以创新为主要驱动力的新型经济形态。信息经济与信息技术的应用与普及存在着密切关联。正是信息技术的应用，极大地提高了信息与知识的生产和创造能力，降低了获取信息与知识的成本，加快了信息与知识的传播和扩散，提

升了人们利用信息与知识的能力。

（2）网络社会

网络化是信息社会最为典型的社会特征。网络社会主要表现在两个方面，即信息服务的可获得性和社会发展的全面性。

① 信息服务的可获得性。高速、泛在、便宜、好用的信息基础设施全面普及是网络社会的基本要求。从信息技术扩散的一般规律来看，较高的资费是制约信息产品与服务进入大众生活的瓶颈。在信息社会，数字包容日益受到人们的关注，能否让所有人最大限度地享受基本的信息服务，关键是最大限度地降低信息获取成本、提升居民支付能力。

② 社会发展的全面性。根据社会发展的总体趋势，人口向城市的转移是工业社会的基本特征，但也带来了环境恶化、贫富差距扩大、社会矛盾突出等城市问题。进入信息社会后，由于人们的需求层次从基本的衣食住行需求转变为对健康生活的需求、对人与自然和谐发展的追求，在信息社会，城市将提供更多的医疗健康服务、更加强调生态环境保护，绝大多数人将充分享受现代城市文明生活。

（3）在线政务

信息社会的发展对政府治理提出了新的要求，同时也为实现治理体系的现代化创造了条件。在线政务体现了充分利用现代信息技术实现社会管理和公共服务的新型政府治理模式。在现代技术的支撑下，在线政务具有科学决策、公开透明、高效治理、互动参与等方面的特征。

（4）数字生活

信息技术广泛应用于人们日常生活的方方面面，人们的生活方式和生活理念发生了深刻变化。

生活工具数字化。网络和数字产品成为人们的生活必需品。传统生活用品的技术与信息含量越来越高，成为每个人日常生活必不可少的信息终端。随着技术的不断创新与广泛扩散，其应用成本将显著下降，数字化生活工具将高度普及，数字化生活工具带来的舒适和便捷将被看作自然而然的事情。

生活方式数字化。借助于数字化生活工具，人们的工作将更加弹性化和自主化，终身学习与随时随地学习成为可能，网络购物成为主流消费方式，人际交往范围与空间无限扩大，自媒体快速发展，娱乐方式数字化，数字家庭成为未来家庭的发展趋势。

1.3.3 国家信息化发展的基本形势

当前，以信息技术为代表的新一轮科技革命方兴未艾，互联网日益成为创新驱动发展的先导力量。信息技术与生物技术、新能源技术、新材料技术等交叉融合，正在引发以绿色、智能、泛在为特征的群体性技术突破。信息、资本、技术、人才在全球范围内加速流动，互联网推动产业变革，促进工业经济向信息经济转型，国际分工新体系正在形成。网信事业代表新的生产力、新的发展方向，推动人类认识世界、改造世界的能力空前提升，正在深刻改变着人们的生产生活方式，带来生产力质的飞跃，引发生产关系重大变革，成为重塑国际经济、政治、文化、社会、生态、军事发展新格局的主导力量。全球信息化进入全面渗透、跨界融合、加速创新、引领发展的新阶段。

随着世界多极化、经济全球化、文化多样化、社会信息化深入发展，全球治理体系深刻变革，谁在信息化上占据制高点，谁就能够掌握先机、赢得优势、赢得安全、赢得未来。发达国家持续推动信息技术创新，不断加快经济社会数字化进程，全力巩固领先优势。发展中国家抢抓产业链重组和调整机遇，以信息化促转型发展，积极谋求掌握发展主动权。世界各国加快网络空间战略布局，围绕关键资源获取、国际规则制定的博弈日趋尖锐复杂。加快信息化发展，建设数字国家已经成为全球共识。

1.3.4 国家信息化发展战略纲要

2016年7月，国家印发了《国家信息化发展战略纲要》，提出：

① 统筹推进。信息化事关国家经济社会长期可持续发展、事关国家长治久安、事关人民群众福祉，

必须胸怀大局、把握大势、着眼大事，统筹中央和地方，统筹党政军各方力量，统筹发挥市场和政府作用，统筹阶段性目标和长远目标，统筹各领域信息化发展重大问题，确保国家信息化全面协调可持续健康发展。

② 创新引领。全面实施创新驱动发展战略，把创新发展作为应对发展环境变化、增强发展动力、把握发展主动权，更好引领经济发展新常态的根本之策，以时不我待、只争朝夕的精神，努力掌握核心技术，快马加鞭争取主动局面，占据竞争制高点。

③ 驱动发展。最大限度发挥信息化的驱动作用，实施国家大数据战略，推进“互联网+”行动计划，引导新一代信息技术与经济社会各领域深度融合，推动优势新兴业态向更广范围、更宽领域拓展，全面提升经济、政治、文化、社会、生态文明和国防等领域信息化水平。

④ 惠及民生。坚持以造福社会、造福人民为工作的出发点和落脚点，发挥互联网在助推脱贫攻坚中的作用，推进精准扶贫、精准脱贫，不断增进人民福祉；紧紧围绕人民期待和需求，以信息化促进基本公共服务均等化，让亿万人民在共享互联网发展成果上有更多获得感。

⑤ 合作共赢。坚持国家利益在哪里、信息化就推进到哪里，围绕“一带一路”建设，加强网络互联、促进信息互通，加快构建网络空间命运共同体；用好国内国际两个市场两种资源、网上网下两个空间，主动参与全球治理，不断提升国际影响力和话语权。

⑥ 确保安全。网络安全和信息化是一体之两翼、驱动之双轮，必须统一谋划、统一部署、统一推进、统一实施，做到协调一致、齐头并进；切实防范、控制和化解信息化进程中可能产生的风险，以安全保发展，以发展促安全，努力建久安之势、成长治之业。

1.3.5 《“十四五”国家信息化规划》发展目标及任务

我国《“十四五”国家信息化规划》（简称《规划》）提出，到2025年，数字中国建设取得决定性进展，信息化发展水平大幅跃升。数字基础设施体系更加完备，数字技术创新体系基本形成，数字经济发展质量效益达到世界领先水平，数字社会建设稳步推进，数字政府建设水平全面提升，数字民生保障能力显著增强，数字化发展环境日臻完善。

《规划》围绕发展目标，从八个方面共部署了十项重大任务。

① 建设泛在智联的数字基础设施体系。推动高质量发展和增进人民福祉，需要加快推进数字基础设施建设，适度超前部署下一代智能设施体系，深化公共设施数字化、智能化转型升级，全方位推动基础设施能力提升。

② 建立高效利用的数据要素资源体系。坚持扩大内需战略基点，充分发挥数据作为新生产要素的关键作用，以数据资源开发利用、共享流通、全生命周期治理和安全保障为重点，建立完善数据要素资源体系，激发数据要素价值，提升数据要素赋能作用，以创新驱动、高质量供给引领和创造新需求，形成强大国内市场，推动构建新发展格局。

③ 构建释放数字生产力的创新发展体系。坚持创新在国家信息化发展中的核心地位，把关键核心技术自立自强作为数字中国的战略支撑，面向世界科技前沿、面向经济主战场、面向国家重大需求、面向人民生命健康，深入实施创新驱动发展战略，构建以技术创新和制度创新双轮驱动、充分释放数字生产力的创新发展体系。

④ 培育先进安全的数字产业体系。把数字产业化作为推动经济高质量发展的重要驱动力量，加快培育信息技术产业生态，推动数字技术成果转化应用，推动数字产业能级跃升，支持网信企业发展壮大，打造具有国际竞争力的数字产业集群。

⑤ 构建产业数字化转型发展体系。坚持把发展经济着力点放在实体经济上，推动互联网、大数据、人工智能等同各产业深度融合，大力推进产业数字化和绿色化协同转型，发展现代供应链，提高全要素生产率，促进节能减排，有力提升经济质量效益和核心竞争力。

⑥ 构筑共建共治共享的数字社会治理体系。运用现代信息技术为“中国之治”引入新范式、创造新工具、构建新模式，完善共建共治共享的社会治理制度，提升基于数据的国家治理效能，提升社会治理特别是基层治理的现代化水平。

⑦ 打造协同高效的数字政府服务体系。深入推进“放管服”改革、加快政府职能转变，打造市场化、法治化、国际化营商环境，坚持整体集约建设数字政府，推动条块政务业务协同，加快政务数据开放共享和开发利用，深化推进“一网通办”“跨省通办”“一网统管”，畅通参与政策制定的渠道，推动国家行政体系更加完善、政府作用更好发挥、行政效率和公信力显著提升，推动有效市场和有为政府更好结合，打造服务型政府。

⑧ 构建普惠便捷的数字民生保障体系。坚持把实现好、维护好、发展好最广大人民根本利益作为发展的出发点和落脚点，着力以信息技术健全基本公共服务体系，改善人民生活品质，让人民群众共享信息化发展成果。

⑨ 拓展互利共赢的数字领域国际合作体系。坚持和平、发展、合作、共赢的原则，积极参与全球网络空间治理体系改革，推动贸易和投资自由化便利化，推动“数字丝绸之路”高质量发展，坚持实施更大范围、更宽领域、更深层次对外开放。

⑩ 建立健全规范有序的数字化发展治理体系。坚持促进发展和监管规范两手抓、两手都要硬，在发展中规范、在规范中发展，建立全方位、多层次、立体化监管体系，把监管和治理贯穿创新、生产、经营、投资全过程。厘清政府和市场关系，推动有效市场和有为政府更好结合，激发各类市场主体活力，促进数字中国持续健康有序发展。

此外，《规划》围绕落实重大任务，设立了5G创新应用工程、“智能网联”设施建设和应用推广工程、全国一体化大数据中心体系建设工程、空天地海立体化网络建设和应用示范工程、数据要素市场培育工程、大数据应用提升工程、信息领域核心技术突破工程、信息技术知识产权与标准化创新工程、信息技术产业生态培育工程、制造业数字化转型工程、信息消费扩容提质工程、智慧公安建设提升工程、人工智能社会治理实验工程、应急管理现代化能力提升工程、全国一体化政务服务提升工程、数字公共服务优化升级工程、“数字丝绸之路”共建共享工程等17个重点工程。

1.4 信息高速公路

1.4.1 信息高速公路简介

“信息高速公路”的正式名称是“国家信息基础设施”（national information infrastructure, NII），是指高速计算机通信网络及其相关系统。它是通过光缆或电缆把政府机构、科研单位、企业、图书馆、学校、商店以及家家户户的计算机连接起来，利用计算机、传真机、电视机等终端设备，像使用电话一样方便、迅速地传递和处理信息，从而最大限度地实现信息共享。数字地球就是以信息高速公路和空间基础设施为依托的，开发和实施信息高速公路计划，不仅促进了信息科学技术的发展，而且将大大地改变人们的生活、工作和交往方式。

构成信息高速公路的核心，是以光缆作为信息传输的主干线，采用支线光纤和多媒体终端，用交互方式传输数据、电视、语音、图像等多种形式信息的千兆比特的高速数据网。

建立信息高速公路就是利用数字化大容量的光纤通信网络，在政府机构、各大学、研究机构、企业以及普通家庭之间建成计算机网络。信息高速公路的建成，将改变人们的生活、工作和相互沟通方式，加快科技交流，提高工作质量和效率，享受影视娱乐、实现互联网医疗，实施远程教育，举行视频会议，实现网上购物等。

信息高速公路的关键技术包括：通信网技术、光纤通信网及异步转移模式交换技术、信息通用接入网技术、数据库和信息处理技术、移动通信及卫星通信、数字微波技术、高性能并行计算机系统和接口技术、图像库和高清晰度电视技术、多媒体技术等。

1.4.2 信息高速公路的基本要素

信息高速公路的基本要素包括以下五点：

① 物理设备。用于传输、存储、处理和显现声音、数据和图像，如摄像机、扫描仪、键盘、电话机、传真机、转换器、电缆、电线、卫星、光纤传输线、微波网、打印机等。

② 信息。包括资源、环境、社会、经济、文化教育等领域的图形、图像、文本、多媒体等海量信息，其中80%与空间位置相关。

③ 应用系统和软件。它们允许用户使用、处理、组织和整理由信息高速公路提供给用户的大量信息。

④ 传输编码与网络标准。这些编码与标准促进网络之间的互相联系和兼容，同时保证网络的安全性和可靠性。

⑤ 人员。包括信息及设施的生产者、使用者和决策者等。广域网技术是信息高速公路的重要组成部分，如光纤通信、卫星通信和微波通信技术，用户与主干线之间采用光缆、同轴电缆、有线及无线信道相连。信息服务将由超级计算机，大、中、小、微型计算机以及大量的并行机参与。

1.4.3 我国信息高速公路的发展及应用

我国早在1986年就提出国家高技术研究发展计划（简称863计划），开始研究我国信息高速公路，通过“八五”和“九五”两个五年计划，已建成“八纵八横”的光缆干线传输网。通过信息高速公路，带动了“两网一站四库十二金”建设。

按我国信息化建设2005—2050年部署，共分三个阶段完成：第一阶段为2005—2020年，主要任务是信息化夯实基础；第二阶段为2020—2035年，主要任务是全面推进信息化建设；第三阶段是2035—2050年，战略目标是信息化高度发展。当前，我国的信息化建设已取得可喜成就。

据2023年第52次中国互联网络发展状况统计报告，中国信息高速公路的发展成就斐然。

2023年上半年，我国数字基础设施建设进一步加快，数字资源应用不断丰富，用网环境持续优化，推动信息通信业高质量发展迈上新台阶。一是数字基础设施服务能力不断提升。截至2023年6月，我国累计建成开通5G基站293.7万个，5G移动电话用户达6.76亿户，三家基础电信企业发展蜂窝物联网终端用户21.23亿户；具备千兆网络服务能力的10G PON端口数达2 029万个；IPv6规模部署应用深入推进，活跃用户数达7.67亿，移动网络中的IPv6流量占比超过一半。二是数字资源应用持续深化。截至2023年6月，移动互联网累计流量达1 423亿GB，同比增长14.6%；移动互联网应用蓬勃发展，国内市场上监测到的活跃App数量达260万款，进一步覆盖网民日常学习、工作、生活，提供服务便利。

在应用方面，这里列举与我们生活息息相关的几方面。[①]

1. 即时通信

目前，我国即时通信用户规模达10.47亿人，占网民整体的97.1%。

即时通信与短视频的融合竞争是当前行业发展的主要趋势，生成式人工智能等新兴技术也有望给行业带来新的发展机会。一方面，以微信为代表的即时通信产品积极拓展短视频功能；另一方面，以抖音集团为代表的短视频厂商也在尝试布局即时通信业务。

2. 搜索引擎

目前，我国搜索引擎用户规模达8.41亿人，占网民整体的78.0%。

搜索引擎企业相继推出生成式人工智能搜索服务。微软将ChatGPT与搜索引擎整合推出“新必应”，首次展示了生成式人工智能在搜索领域的应用实践和发展前景；百度推出“文心一言”并整合到搜索服

① 无特别说明，相关统计数据截至2023年6月。

务中；360搜索发布“360智脑”并向公众开放产品测试。

3. 网络新闻

当前，云计算、人工智能、虚拟现实等新技术迅猛发展，为媒体融合提供有力支撑，全程媒体、全息媒体、全员媒体、全效媒体特征逐步显现。生成式人工智能技术取得突破，网络新闻媒体积极跟进布局。例如，在深度合成内容检测方面，人民日报社发布了“深度合成内容检测平台AIGC-X”；在助力内容生产方面，新华社发布“新华融易”下一代融媒体生产云服务项目，围绕“零低代码、协同管理、AI赋能提效”三个重点，通过技术赋能，解决非媒体机构的融媒互动内容生产和发布问题。微博推出生成式人工智能创作助手，帮助创作者提高内容质量和效率。在制播技术提升方面，中央广播电视总台公布XR虚实融合超高清制作技术研究项目，构建起超清、移动，具有沉浸感和交互性的XR虚拟制作智能生产平台。

4. 线上办公

线上办公市场发展日趋成熟。一是产品功能日益完善。线上办公企业通过不断细化服务，针对个人用户，钉钉打通设备间使用障碍，让用户使用更加方便；针对企业用户，飞书推出“业务三件套”，包括多维表格、应用引擎和集成平台三款产品，帮助企业提升业务能力，实现降本增效。二是商业模式持续迭代。随着线上办公用户规模不断积累，付费模式成为线上办公行业发展趋势。2023年上半年，钉钉、腾讯会议进一步推动产品向付费模式转化，并推出更丰富的增值服务。

5. 网络支付

目前，我国网络支付用户规模达9.43亿人，占网民整体的87.5%。

在民生支付方面，不断拓展深度应用场景，织密普惠民生服务网络；在数字人民币支付方面，持续扩大试点推广范围，延伸至国际支付体系。网络支付快速发展普惠民生。移动支付正在试点接入医保系统，实现挂号、缴费等流程实时汇算清缴，借助手机完成医保统筹基金报销、个人账户、个人自付费用一键结算，数字人民币推广应用也驶入快车道。

6. 网络购物

目前，我国网络购物用户规模达8.84亿人，占网民整体的82.0%。

网络购物作为数字经济的重要业态，在助力消费增长中持续发挥积极作用。跨境电商保持快速增长，成为外贸新增长点。目前全国已设立165个跨境电商综合试验区，区内跨境电商进出口额占我国跨境电商进出口规模的比重已超90%。同时，跨境电商综合试验区积极推进线上综合服务平台建设，服务跨境电商企业已超过6万家，约占全国跨境电商企业60%左右，各类综合服务持续惠及跨境电商企业。

7. 网络视频

目前，网络视频用户规模为10.44亿人，占网民整体的96.8%。其中，短视频用户规模为10.26亿人，占网民整体的95.2%。

网络视频平台坚持高品质内容创作，持续探索影视工业化道路。近年来，各网络视频平台加强优质内容创作，不断提高节目品质，打造核心竞争力。在技术上，平台将虚拟拍摄技术应用于剧集制作过程，解决了海洋、沙漠等极端场景的拍摄难题。在流程上，平台将数字化管理工具应用于审批、进度管理等环节，提升整体制作效率。在资产上，平台通过建立影视资产共享平台，将道具、服装等实物资产和场景等虚拟资产进行系统管理，降低制作成本。

8. 网络直播

目前，我国网络直播用户规模达7.65亿人，占网民整体的71.0%。网络直播还成为各地宣传特色文化、拉动地方经济的有力工具。

在产品技术方面，数字人虚拟主播实现行业降本增效。百度、腾讯云等企业均推出了数字人虚拟主播相关产品，让用户提交少量样本数据即可进行训练，24小时内就能制作出与真人近似的虚拟主播。科大讯飞发布了“讯飞智作”内容创作平台，依托人工智能技术构建虚拟直播室，输入文稿即可完成视频直播。

9. 网络文学

目前，我国网络文学用户规模达5.28亿人，占网民整体的49.0%。网络文学版权的产业生态持续完善。一是网络文学平台与视频网站在版权内容方面的合作进一步加深；二是网络文学作品在漫画、游戏等领域的改编已初见成果。生成式人工智能给网络文学行业带来诸多新变化。一是网络文学企业加强生成式人工智能技术布局有望开创行业新局面；二是生成式人工智能工具有望带来文学作品创作新方式。三是生成式人工智能技术的引入带来了监管新需求。

10. 互联网医疗

互联网医疗行业持续快速发展。目前，我国互联网医疗用户规模达3.64亿人，占网民整体的33.8%。得益于信息通信技术的赋能，以互联网医院为代表的线上医疗资源正持续增加。目前，全国互联网医院已超3 000家，开展互联网诊疗服务超2 590万人次。大型互联网医疗平台发展势头良好。“京东健康”2023年一季度实现营收139.5亿元，同比增长54.2%。“阿里健康”2023财年总收入267.6亿元，同比增长30.1% 。

1.4.4 我国新一代信息技术产业发展成就

2022年9月20日，工业和信息化部举行“新时代工业和信息化发展”系列新闻发布会，介绍了党的十八大以来新一代信息技术产业取得的主要成就。

党的十八大以来，在以习近平同志为核心的党中央坚强领导下，我国新一代信息技术产业规模效益稳步增长，创新能力持续增强，企业实力不断提升，行业应用持续深入，为经济社会发展提供了重要保障。

一是产业规模迈上新台阶。从2012年到2021年，我国电子信息制造业增加值年均增速达11.6%，营业收入从7万亿元增长至14.1万亿元，在工业中的营业收入占比已连续九年保持第一；利润总额达8 283亿元。软件和信息技术服务业业务收入从2.5万亿元增长至9.5万亿元，年均增速达16%，增速位居国民经济各行业前列；2021年利润总额达1.2万亿元，较2015年翻一番。

二是创新能力取得新发展。过去十年，我国新一代信息技术产业创新能力持续提升。集成电路、新型显示、第五代移动通信等领域技术创新密集涌现，超高清视频、虚拟现实、先进计算等领域发展步伐进一步加快。基础软件、工业软件、新兴平台软件等产品创新迭代不断加快，供给能力持续增强。全国软件著作权登记量从2012年的14万件增长至2021年的228万件，年均增长率达36%。

三是产业结构实现新突破。过去十年，我国新一代信息技术产业结构不断优化。2021年，14家“中国软件名城”软件和信息技术服务业业务收入占全国软件业比重达78.4%，产业集聚效应凸显。手机、彩电、计算机、可穿戴设备等智能终端产品供给能力稳步增长，内需升级趋势明显。如4K电视机加快普及，2021年我国4K电视机出货占比达到72%。国内多条全球最高世代液晶面板生产线投产，全柔性AMOLED面板生产线批量出货，8K超高清、窄边框、全面屏、折叠屏、透明屏等多款创新产品全球首发。

四是融合应用探索新空间。过去十年，我国新一代信息技术产业赋能、赋值、赋智作用深入显现。面向教育、金融、能源、医疗、交通等领域典型应用场景的软件产品和解决方案不断涌现。汽车电子、智能安防、智能可穿戴、智慧健康养老等新产品新应用发展取得扎实成效，虚拟现实、超高清视频等应用场景丰富用户体验。

五是操作系统的核心技术、产品、应用和生态都有提升。近年来，工信部大力支持操作系统发展，持续攻关核心技术，推动产品升级，深化应用推广，打造良好生态，主要有三方面：在桌面操作系统方面，推动桌面操作系统与国际主流芯片架构和应用软件的兼容适配，加快提升产品功能性能，深化推广应用。在服务器操作系统方面，推动服务器操作系统与主流CPU、数据库、中间件等软硬件的兼容适配，加快提高产品国际竞争力。例如，欧拉操作系统终端部署量超170万套。在移动操作系统方面，支持骨干企业开展核心技术攻关，加快移动操作系统应用推广和生态建设。例如，鸿蒙操作系统装机量已超3亿台。

六是信息技术服务业的软硬件水平提升，服务边界延伸。党的十八大以来，我国信息技术软硬件水平不断提升，服务边界不断延伸，推动数字经济加速走深向实，为加快推进制造强国、网络强国和数字中国建设提供了坚实基础和有力支撑。软件业服务化、云化趋势日益凸显，信息技术成果加速从“线下”走向“线上”，从“产品交付”转变为轻量化“服务订阅”。云计算、大数据、区块链等新兴技术加速创新，国际专利申请数量稳步增加，容器、微服务、海量数据存储、大规模并发处理等核心技术不断取得突破，产业综合实力显著增强。企业上云步伐不断加快。区块链加速向实体经济、民生服务、智慧城市和政务服务领域融合渗透。一批行业经验丰富、专业能力强的信息技术服务企业加速涌现，成为赋能全行业数字化转型的中坚力量。信息消费持续扩大和升级，信息技术服务需求潜力日益增长。

1.4.5　以信息化数字化驱动引领中国式现代化发展

2022年10月16日，党的二十大在北京胜利召开，习近平代表第十九届中央委员会向大会作了题为《高举中国特色社会主义伟大旗帜　为全面建设社会主义现代化国家而团结奋斗》的报告。报告在“过去五年的工作和新时代十年的伟大变革”“新时代新征程中国共产党的使命任务”“加快构建新发展格局，着力推动高质量发展”“实施科教兴国战略，强化现代化建设人才支撑”“推进文化自信自强，铸就社会主义文化新辉煌”等部分多次提及信息通信业和相关领域。

党的十八大以来，以习近平同志为核心的党中央深刻洞察新一轮科技革命和产业变革趋势，牢牢把握全球信息化发展与数字化转型的重大历史机遇，高度重视、全面布局、统筹推进网络强国、数字中国建设。党的二十大擘画了全面建设社会主义现代化强国、以中国式现代化全面推进中华民族伟大复兴的宏伟蓝图，明确了新时代新征程党和国家事业发展的目标任务，特别是高度重视信息化数字化发展，就加快建设网络强国、数字中国提出一系列新要求，作出一系列新部署。我们要全面贯彻落实党的二十大精神，充分发挥信息化数字化对中国式现代化的驱动引领作用，不断推动网络强国、数字中国建设，把握新机遇、塑造新优势、实现新发展，为全面建设社会主义现代化国家、全面推进中华民族伟大复兴提供有力支撑。

1.5　信息技术研究热点

当前信息技术的发展可谓是日新月异。基于计算机技术、微电子技术、通信技术和网络技术的研究热点层出不穷，并且取得了诸多可喜成就，应用广泛。这些研究热点包括：大数据、人工智能、互联网+、物联网技术、云计算、虚拟现实、智能终端、电子商务、O2O技术、智慧城市、智慧教育、大规模社会化协同等。

1.5.1　大数据

1. 大数据的概念

大数据是互联网发展到现今阶段的一种产物。麦肯锡全球研究所给出的大数据定义是：它是一种规模大到在获取、存储、管理、分析方面大大超出了传统数据库软件工具能力范围的数据集合，具有海量的数据规模、快速的数据流转、多样的数据类型和价值密度低四大特征。

现在的社会是一个高速发展的社会，科技发达，信息流通，人们之间的交流越来越密切，生活也越来越方便，大数据就是这个高科技时代的产物。大数据技术的战略意义不在于掌握庞大的数据信息，而在于对这些含有意义的数据进行专业化处理。换言之，如果把大数据比作一种产业，那么这种产业实现盈利的关键，在于提高对数据的“加工能力”，通过“加工”实现数据的“增值”。随着云时代的来临，大数据（big data）也吸引了越来越多的关注。

2. 大数据的应用

有人把数据比喻为蕴藏能量的煤矿。煤炭按照性质有焦煤、无烟煤、肥煤、贫煤等分类，而露天煤矿、深山煤矿的挖掘成本又不一样。与此类似，大数据并不在“大”，而在于“有用”。价值含量、挖掘成本比数量更为重要。对于很多行业而言，如何利用这些大规模数据是赢得竞争的关键。

据当前业内共识，大数据的价值可从以下几个方面理解：

（1）了解和定位客户

这是大数据目前最广为人知的应用领域。很多企业热衷于社交媒体数据、浏览器日志、文本挖掘等各类数据集，通过大数据技术创建预测模型，从而更全面地了解客户以及他们的行为、喜好。

（2）了解和优化业务流程

大数据也越来越多地应用于优化业务流程，比如供应链或配送路径优化。通过定位和识别系统跟踪货物或运输车辆，并根据实时交通路况数据优化运输路线。

（3）提供个性化服务

大数据不仅适用于公司和政府，也适用于我们每个人，比如从智能手表或智能手环等可穿戴设备采集的数据中获益。Jawbone的智能手环可以分析人们的卡路里消耗、活动量和睡眠质量等。Jawbone公司已经能够收集长达60年的睡眠数据，从中分析出一些独到的见解反馈给每个用户。

（4）改善医疗保健和公共卫生

大数据分析的能力可以在几分钟内解码整个DNA序列，有助于我们找到新的治疗方法，更好地理解和预测疾病模式。

大数据分析有助于我们监测和预测流行性或传染性疾病的暴发时期，可以将医疗记录的数据与有些社交媒体的数据结合起来分析。全球暴发新冠疫情期间，大数据对于疫情的统计分析、预测决策等发挥了重要作用。

（5）提升科学研究

大数据带来的无限可能性正在改变科学研究。比如政府需要的人口普查数据、自然灾害数据等，变的更容易获取和分析，从而为我们的健康和社会发展创造更多的价值。

（6）提升机械设备性能

大数据使机械设备更加智能化、自动化。例如，新型汽车配备了摄像头、全球定位系统以及强大的计算机和传感器，在无人干预的条件下实现自动驾驶。

（7）强化安全和执法能力

大数据在改善安全和执法方面得到了广泛应用。网络安全部门利用大数据技术，检测和防止网络攻击。警察运用大数据可更精准抓捕罪犯，预测犯罪活动，提高效率。

（8）改善城市和国家建设

大数据被用于改善我们城市和国家的方方面面。目前很多大城市致力于构建智慧交通。车辆、行人、道路基础设施、公共服务场所都被整合在智慧交通网络中，以提升资源运用的效率，优化城市管理和服务。

（9）金融交易

大数据在金融交易领域应用也比较广泛。大多数股票交易都是通过一定的算法模型进行决策的，如今这些算法的输入会考虑来自社交媒体、新闻网络的数据，以便更全面地做出买卖决策。同时根据客户的需求和愿望，这些算法模型也会随着市场的变化而变化。

1.5.2 人工智能

人工智能是计算机学科的一个分支，是当前信息技术的研究热点之一。

1. 人工智能的概念

美国斯坦福大学人工智能研究中心尼尔逊教授对人工智能的定义："人工智能是关于知识的学科——怎样表示知识以及怎样获得知识并使用知识的科学。"美国麻省理工学院的温斯顿教授认为："人工智能就是研究如何使计算机去做过去只有人才能做的智能工作。"这些说法反映了人工智能学科的基本思想和基本内容，即人工智能是研究人类智能活动的规律，构造具有一定智能的人工系统，研究如何让计算机去完成以往需要人的智力才能胜任的工作，也就是研究如何应用计算机的软硬件来模拟人类某些智能行为的基本理论、方法和技术。

从实用观点来看，人工智能是一门知识工程学：以知识为对象，研究知识的获取、知识的表示方法和知识的使用。

2. 计算机与智能

通常我们使用计算机时，不仅要告诉计算机要做什么，还必须详细地、正确地告诉计算机怎么做。也就是说，人们要根据任务的要求，以适当的计算机语言，编制针对该任务的应用程序，才能使计算机完成此项任务。这样做实际上是由人完全控制计算机完成的，体现不了计算机的"智能"特点。

3. 智能与知识

20世纪70年代以后，许多国家都相继开展了人工智能的研究。由于当时对实现机器智能的理解过于片面，认为只要有一些推理的定律加上强大的计算机就能有专家的水平和超人的能力。虽然这样也获得一定成果，但问题也跟着出现了，例如，对于机器翻译，当时人们往往认为只要用一部双向词典及词法知识，就能实现两种语言文字的互译，其实完全不是这么一回事。例如，把英语句子"Time flies like an arrow"（光阴似箭）翻译成日语，然后再译回英语，竟然成为"苍蝇喜欢箭"；当把英语"The spirit is willing but the flesh is weak"（心有余而力不足）译成俄语后，再译回来竟变成"The wine is good but the meat is spoiled"（酒是好的但肉已变质）。在其他方面也都遇到这样或者那样的困难。人工智能研究的先驱者们经过认真的反思、总结经验和教训，认识到人的智能表现在人能学习知识，有了知识，就能了解、运用已有的知识。要让计算机"聪明"起来，首先要解决计算机如何学会一些必要的知识，以及如何运用学到的知识解决一些问题。只对一般事物的思维规律进行探索是不可能解决较高层次问题的。人工智能研究的开展应当改变为以知识为中心来进行。

4. 人工智能的研究领域

（1）专家系统

专家系统是依靠人类专家已有的知识建立起来的知识系统，目前专家系统是人工智能研究中开展较早、最活跃、成效最多的领域，广泛应用于医疗诊断、地质勘探、石油化工、军事、文化教育等方面。它是在特定的领域内具有相应的知识和经验的程序系统，它应用人工智能技术、模拟人类专家解决问题时的思维过程，来求解领域内的各种问题，达到或接近专家的水平。

（2）机器学习

要使计算机具有知识，一般有两种方法：一种是由知识工程师将有关的知识归纳、整理，并且表示为计算机可以接受、处理的方式输入计算机；另一种是使计算机本身有获得知识的能力，它可以学习人类已有的知识，并且在实践过程中不断总结、完善。后者称为机器学习。机器学习的研究主要包括：研究人类学习的机理、人脑思维的过程和机器学习的方法以及建立针对具体任务的学习系统。

（3）模式识别

模式识别是研究如何使机器具有感知能力，主要研究方向是视觉模式和听觉模式的识别，如识别物体、地形、图像、字体（如签字）等，在日常生活各方面以及军事上都有广大的用途。近年来迅速发展起来的应用模糊数学模式、人工神经网络模式的方法逐渐取代传统的使用统计模式和结构模式相结合的识别方法。特别是神经网络方法在模式识别中取得较大进展。

（4）理解自然语言

如果计算机能“听懂”人的语言（如汉语、英语等），便可以直接用口语操作计算机，这将给人们带来极大的便利。计算机理解自然语言的研究有以下三个目标：一是计算机能正确理解人类的自然语言输入的信息，并能正确答复（或响应）输入的信息；二是计算机对输入的信息能产生相应的摘要，而且复述输入的内容；三是计算机能把输入的自然语言翻译成要求的另一种语言，如将汉语译成英语或将英语译成汉语等。目前，对计算机进行文字或语言的自动翻译的研究，人们做了大量的工作，还没有找到最佳的方法，有待于更进一步深入探索。

（5）智能决策支持系统

决策支持系统属于管理科学的范畴，它与“知识-智能”有着极其密切的关系。自20世纪80年代以来专家系统在许多方面取得成功，将人工智能中特别是智能和知识处理技术应用于决策支持系统，扩大了决策支持系统的应用范围，提高了系统解决问题的能力，这就成为智能决策支持系统。

（6）人工神经网络

人工神经网络是在研究人脑的奥秘中得到启发的，它试图用大量的处理单元（人工神经元、处理元件、电子元件等）模仿人脑神经系统工程结构和工作机理。

在人工神经网络中，信息的处理是由神经元之间的相互作用实现的，知识与信息的存储表现为网络元件之间分布式的物理联系，网络的学习和识别取决于和神经元连接权值的动态演化过程。

多年来，人工神经网络的研究取得了较大的进展，成为具有一种独特风格的信息处理学科。当然目前的研究还只是一些简单的人工神经网络模型。要建立起一套完整的理论和技术系统，需要做出更多努力和探讨。然而人工神经网络已经成为人工智能中极其重要的一个研究领域。

（7）神经计算机

模仿人类大脑功能的神经计算机已经开发成功，它标志着电子计算机的发展进入新一代。新一代电子计算机是具有模仿人的大脑进行判断和适应的能力，并具有可并行处理多种数据功能的神经网络计算机。与以逻辑处理为主的计算机不同，它本身可以判断对象的性质与状态，并能采取相应的行动，而且它可同时并行处理实时变化的大量数据，并导出结论。

神经电子计算机能识别文字、符号、图形、语言以及声呐和雷达收到的信号，判读支票，对市场进行估计，分析新产品，进行医学诊断，控制智能机器人，实现汽车和飞行器的自动驾驶，发展、识别军事目标，进行智能决策和智能指挥等，将广泛应用于各领域。

1.5.3 互联网+

1. “互联网+”的定义

通俗来说，“互联网+”就是“互联网+各个传统行业”，但这并不是简单的两者相加，而是利用信息通信技术以及互联网平台，让互联网与传统行业进行深度融合，创造新的发展生态。

这相当于给传统行业加一双“互联网”的翅膀，然后助飞传统行业。比如互联网金融，由于与互联网相结合，诞生出了很多普通用户触手可及的理财投资产品，如余额宝、理财通以及P2P投融资产品等；如互联网医疗，传统的医疗机构由于互联网平台的接入，使得人们实现在线求医问药成为可能，这些都是最典型的“互联网+”的案例。

“互联网+”的本质是传统产业的在线化、数据化。网络零售、在线批发、跨境电商、快的打车、淘点点所做的工作都是努力实现交易的在线化。只有商品、人和交易行为迁移到互联网上，才能实现“在线化”；只有“在线”才能形成“活的”数据，随时被调用和挖掘。在线化的数据流动性最强，不会像以往一样仅仅封闭在某个部门或企业内部。在线数据随时可以在产业上下游、协作主体之间以最低的成本流动和交换。数据只有流动起来，其价值才得以最大限度地发挥出来。

“互联网+”的前提是互联网作为一种基础设施的广泛安装。英国演化经济学家卡萝塔·佩蕾丝认为，每一次大的技术革命都形成了与其相适应的“技术—经济”范式。这个过程会经历两个阶段：第一阶段是新兴产业的兴起和新基础设施的广泛安装；第二个阶段是各行各业应用的蓬勃发展和收获（每个阶段各20～30年）。

2. “互联网+”的特征

“互联网+”有如下六大特征：

① 跨界融合。+就是跨界，就是变革，就是开放，就是重塑融合。敢于跨界了，创新的基础就更坚实；融合协同了，群体智能才会实现，从研发到产业化的路径才会更垂直。融合本身也指代身份的融合，客户消费转化为投资，伙伴参与创新，等等，不一而足。

② 创新驱动。粗放的资源驱动型增长方式早就难以为继，必须转变到创新驱动发展的道路上来。这正是互联网的特质，用所谓的互联网思维来求变、自我革命，也更能发挥创新的力量。

③ 重塑结构。信息革命、全球化、互联网业已打破了原有的社会结构、经济结构、地缘结构、文化结构。权力、议事规则、话语权不断在发生变化。互联网+社会治理、虚拟社会治理会是很大的不同。

④ 尊重人性。人性的光辉是推动科技进步、经济增长、社会进步、文化繁荣的根本力量。互联网的力量之强大最根本地来源于对人性的最大限度的尊重、对人体验的敬畏、对人的创造性发挥的重视。例如UGC、卷入式营销、分享经济。

⑤ 开放生态。关于“互联网+”，生态是非常重要的特征，而生态的本身就是开放的。推进“互联网+”，其中一个重要的方向就是要把过去制约创新的环节化解掉，把孤岛式创新连接起来，让研发的市场驱动由人性决定，让创业并努力者有机会实现价值。

⑥ 连接一切。连接是有层次的，可连接性是有差异的，连接的价值是相差很大的，但是连接一切是“互联网+”的目标。

1.5.4 物联网

1. 物联网的定义

物联网（IoT）是新一代信息技术。顾名思义，物联网就是“物物相连的互联网”。这有两层意思：第一，物联网的核心和基础仍然是互联网，是在互联网基础上的延伸和扩展的网络；第二，其用户端延伸和扩展到了任何物体与物体之间，进行信息交换和通信。因此，物联网的定义是：通过射频识别（radio frequency identification,RFID）、红外感应器、全球定位系统、激光扫描器等信息传感设备，按约定的协议，把任何物体与互联网相连接，进行信息交换和通信，以实现对物体的智能化识别、定位、跟踪、监控和管理的一种网络。

2. 物联网的应用

物联网将是下一个推动世界高速发展的“重要生产力”，是继通信网之后的另一个万亿级市场。业内专家认为，物联网一方面可以提高经济效益，大大节约成本；另一方面可以为全球经济的复苏提供技术动力。美国、欧盟等都在投入巨资深入研究探索物联网。我国也正在高度关注、重视物联网的研究，工业和信息化部会同有关部门，在新一代信息技术方面正在开展研究，以形成支持新一代信息技术发展的政策措施。

物联网普及以后，用于动物、植物和机器、物品的传感器与电子标签及配套的接口装置的数量将大大超过手机的数量。物联网的推广将会成为推进经济发展的又一个驱动器，为产业开拓了又一个潜力无穷的发展机会。按照对物联网的需求，需要亿计的传感器和电子标签，这将大大推进信息技术元件的生产，同时增加大量的就业机会。

物联网拥有业界最完整的专业物联产品系列，覆盖从传感器、控制器到云计算的各种应用。产品应用领域包括航天、军事、通信、安全隐私、智能家居、交通物流、环境保护、公共安全、智能消防、工业监测、个人健康、娱乐多媒体等各种领域。构建了“质量好、技术优、专业性强，成本低，满足客户需求”的综合优势，持续为客户提供有竞争力的产品和服务。物联网产业是当今世界经济和科技发展的战略制高点之一。

物联网的应用如图1-1所示。

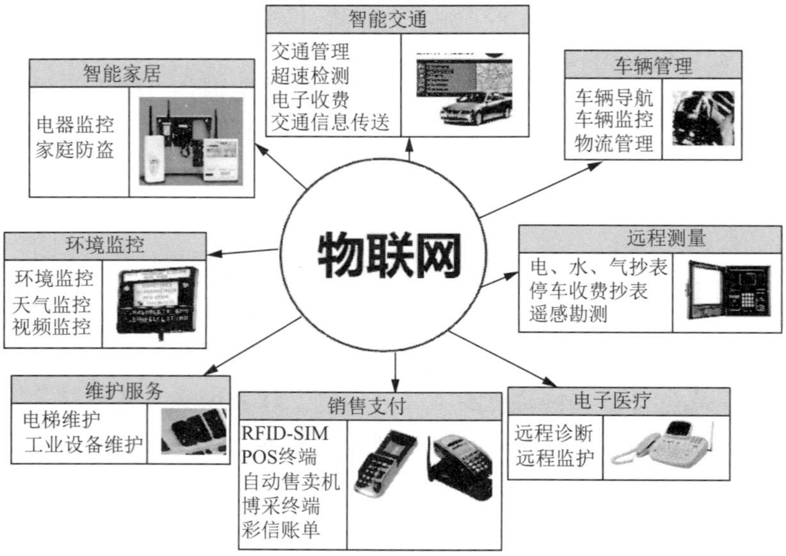

图 1-1　物联网的应用

1.5.5　云计算

1. 云计算的定义

云计算（cloud computing）是基于互联网的相关服务的增加、使用和交付模式，通常涉及通过互联网来提供动态易扩展且经常是虚拟化的资源。云是网络、互联网的一种比喻说法。过去在图中往往用云来表示电信网，后来也用来表示互联网和底层基础设施的抽象。因此，云计算甚至可以让你体验每秒10万亿次的运算能力，拥有这么强大的计算能力可以模拟核爆炸、预测气候变化和市场发展趋势。用户通过计算机、手机等方式接入数据中心，按自己的需求进行运算。

对云计算的定义有多种说法。对于到底什么是云计算呢，不同的IT厂商有不同的解释。现阶段广为接受的是美国国家标准及技术协会（National Institute of Standards and Technology, NIST）定义：云计算是一种按使用量付费的模式，这种模式提供可用的、便捷的、按需的网络访问，进入可配置的计算资源共享池（资源包括网络、服务器、存储、应用软件、服务），这些资源能够被快速提供，只需投入很少的管理工作，或与服务供应商进行很少的交互。

云计算是继20世纪80年代大型计算机到客户端/服务器的大转变之后的又一种巨变。云计算是分布式计算（distributed computing）、并行计算（parallel computing）、效用计算（utility computing）、网络存储（network storage technologies）、虚拟化（virtualization）、负载均衡（load balance）、热备份冗余（high available）等传统计算机和网络技术发展融合的产物。

2. 云计算的特征

云计算是将计算分布在大量的分布式计算机上，而非本地计算机或远程服务器中，企业数据中心的运行将与互联网更相似。这使得企业能够将资源切换到需要的应用上，根据需求访问计算机和存储系统。

云计算好比是从古老的单台发电机模式转向了电厂集中供电的模式。它意味着计算能力也可以作为一种商品进行流通，就像煤气、水电一样，取用方便，费用低廉。最大的不同在于，它是通过互联网进行传输的。

① 超大规模。“云”具有相当的规模，Google云计算已经拥有100多万台服务器，Amazon、IBM、微软、Yahoo等的“云”均拥有几十万台服务器。企业私有云一般拥有数百上千台服务器。“云”能赋予用户前所未有的计算能力。

② 虚拟化。云计算支持用户在任意位置、使用各种终端获取应用服务。所请求的资源来自“云”，而不是固定的有形的实体。应用在“云”中某处运行，但实际上用户无须了解，也不用担心应用运行的具体位置。只需要一台笔记本计算机或者一部手机，就可以通过网络服务实现需要的一切，甚至包括超级计算这样的任务。

③ 高可靠性。“云”使用了数据多副本容错、计算节点同构可互换等措施保障服务的高可靠性，使用云计算比使用本地计算机可靠。

④ 通用性。云计算不针对特定的应用，在“云”的支撑下可以构造出千变万化的应用，同一个“云”可以同时支撑不同的应用运行。

⑤ 高可扩展性。“云”的规模可以动态伸缩，满足应用和用户规模增长的需要。

⑥ 按需服务。“云”是一个庞大的资源池，按需购买；云可以像自来水、电、煤气那样计费。

⑦ 极其廉价。由于“云”的特殊容错措施可以采用极其廉价的节点来构成云，“云”的自动化集中式管理使大量企业无须负担日益高昂的数据中心管理成本，“云”的通用性使资源的利用率较之传统系统大幅提升，因此用户可以充分享受“云”的低成本优势。

3. 云计算的服务

云计算包括以下三个层次的服务：基础设施即服务（IaaS）、软件即服务（SaaS）和平台即服务（PaaS）。

（1）基础设施即服务（IaaS）

消费者通过Internet可以从完善的计算机基础设施获得服务。IaaS（infrastructure as a service）为客户提供的能力是提供处理能力、存储能力、网络和其他基本计算资源，客户可以使用这些资源部署或运行自己的软件，如操作系统或应用程序。客户无法管理和控制底层云基础设施，但可以控制操作系统，以及存储、部署的应用程序，或有限的网络组件控制权。

（2）软件即服务（SaaS）

SaaS（software as a service）是一种通过Internet提供软件的模式，用户无须购买软件，而是向提供商租用基于Web的软件，来管理企业经营活动。

（3）平台即服务（PaaS）

PaaS（platform as a service）实际上是指将软件研发的平台作为一种服务，以SaaS的模式提交给用户。因此，PaaS也是SaaS模式的一种应用。但是，PaaS的出现可以加快SaaS的发展，尤其是加快SaaS应用的开发速度。PaaS改变了传统的应用交付模式，促进了分工的进一步专业化，解放开发团队和运维团队，将极大地提高未来软件交付的效率。

4. 云计算的主要技术

（1）虚拟化技术

云计算离不开虚拟化技术的支撑。在当前全球金融危机的大环境下，虚拟化技术为企业节能减排、降低IT成本都带来了不可估量的价值。虚拟化的优势包括部署更加容易、为用户提供瘦客户机、数据中心的有效管理等。

（2）数据中心自动化

有业界专家指出，自动化技术是任何云计算基础设施的基础。数据中心自动化带来了实时的或者随需应变的基础设施管理能力，这是通过在后台有效地管理资源实现的。自动化能够实现云计算或者大规模的基础设施，让企业理解影响应用程序或者服务性能的复杂性和依赖性，特别是在大型的数据中心中。

（3）云计算数据库

关系数据库不适合用于云计算环境，许多被专门开发用于云计算环境下的新型数据库，例如Google公司的BigTable、Amazon公司的SimpleDB、10Gen公司的Mong、AppJet公司的AppJet、Oracle公司的BerkelyDB，都不是关系型的。这些数据库具有一些共同特征，正是这些特征使它们适用于服务云计算式的应用。它们中的大多数可以在分布式环境中运行——这意味着它们可以分布在不同地点的多台服务器上。它们本质上都不是事务性的，并且都牺牲了一些高级查询能力以换取更好的性能。

（4）云操作系统

云操作系统即采用云计算、云存储方式的操作系统，目前VMware、Google和微软分别推出了自称是云操作系统的产品。VMware在2009年4月发布了vSphere，并称其为第一个云操作系统；2009年7月Google宣布计划推出Chrome OS操作系统，在同一周，微软也宣布了Windows Azure云服务的定价和可用性等细节。Chrome OS和Azure代表着更新的和更好的从不同的计算终端来建设、运行以及存取应用的办法。Chrome OS操作系统将是一个针对上网本和个人计算机的云操作系统，而Windows Azure是为数据中心开发的云操作系统。

（5）云安全

IBM公司的一位研究人员2009年解决了公用密钥加密技术诞生以来就存在的一个棘手问题，这项被称为“隐私同态”（privacy homomorphism）的突破可以实现对加密信息进行深入和不受限制的分析，同时不会降低信息机密性。该公司的另一名研究人员Craig Gentry利用被称作“理想格”（ideal lattice）的数学对象使得人们能以前所未有的方式操纵加密数据。有了这些突破，数据存储服务上将能够在不和用户保持密切互动以及不查看敏感数据的条件下帮助用户全面分析数据，可以分析加密信息并得到详尽的结果，就如原始数据对各方都完全公开一般。云计算提供商可以按照用户需求处理用户的数据，但无须暴露原始数据。

5. 云计算的应用

（1）云存储

云存储是在云计算概念上延伸和发展出来的一个新的概念，是指通过集群应用、网络技术或分布式文件系统等功能，将网络中大量各种不同类型的存储设备通过应用软件集合起来协同工作，共同对外提供数据存储和业务访问功能的一个系统。当云计算系统运算和处理的核心是大量数据的存储和管理时，云计算系统中就需要配置大量的存储设备，那么云计算系统就转变成为一个云存储系统，所以云存储是一个以数据存储和管理为核心的云计算系统。

（2）云游戏

云游戏是以云计算为基础的游戏方式，在云游戏的运行模式下，所有游戏都在服务器端运行，并将渲染完毕后的游戏画面压缩后通过网络传送给用户。在客户端，用户的游戏设备不需要任何高端处理器和显卡，只需要基本的视频解压能力即可。

（3）云计算与大数据

从技术上看，大数据与云计算的关系就像一枚硬币的正反面一样密不可分。大数据必然无法用单台计算机进行处理，必须采用分布式计算架构。它的特色在于对海量数据的挖掘，但它必须依托云计算的分布式处理、分布式数据库、云存储和虚拟化技术。

（4）云教育

视频云计算应用在教育行业的实例：流媒体平台采用分布式架构部署，分为Web服务器，数据库服务器、直播服务器和流服务器，如有必要，可在信息中心架设采集工作站，搭建网络电视或实况直播应用，在各个学校已经部署录播系统或直播系统的教室配置流媒体功能组件，这样录播实况可以实时传送到流媒体平台管理中心的全局直播服务器上，同时录播的学校本色课件也可以上传存储到流存储服务器上，方便今后的检索、点播、评估等各种应用。

（5）云会议

云会议是基于云计算技术的一种高效、便捷、低成本的会议形式。使用者只需要通过互联网界面进行简单易用的操作，便可快速高效地与全球各地团队及客户同步分享语音、数据文件及视频，而会议中数据的传输、处理等复杂技术由云会议服务商帮助使用者进行操作。

目前国内云会议主要集中在以SaaS模式为主体的服务内容，包括电话、网络、视频等服务形式，基于云计算的视频会议称为云会议。云会议是视频会议与云计算的完美结合，带来了最便捷的远程会议体验。及时语移动云电话会议，是云计算技术与移动互联网技术的完美融合，通过移动终端进行简单的操作，提供随时随地高效地召集和管理会议。

（6）云社交

云社交（cloud social）是一种物联网、云计算和移动互联网交互应用的虚拟社交应用模式，以建立著名的“资源分享关系图谱”为目的，进而开展网络社交，云社交的主要特征，就是把大量的社会资源统一整合和评测，构成一个资源有效池，向用户按需提供服务。参与分享的用户越多，能够创造的利用价值就越大。

1.5.6　虚拟现实

1. 虚拟现实的内涵

虚拟现实技术（virtual reality, VR）又称“灵境技术”“虚拟环境”等。“virtual”的含义即这个世界或环境是虚拟的，不是真实的，是由计算机生成的，存在于计算机内部的世界；“reality”的含义是真实的世界或现实的环境，把两者合并起来就称为虚拟现实，也就是说采用计算机等设备，并通过各种技术手段创建出一个新的环境，让人感觉到就如同处在真实的客观世界一样。

虚拟现实技术是20世纪以来科学技术进步的结晶，集中体现了计算机技术、计算机图形学、多媒体技术、系统仿真技术、传感技术、显示技术、人体工程学、人机交互理论、人工智能等多个领域的最新成果。虚拟现实技术现在已成为信息领域中及多媒体技术、网络技术之后被广泛关注及研究、开发与应用的热点，也是目前发展最快的一项多学科综合技术。

虚拟现实技术的应用前景十分广阔，它始于军事和航空航天领域的需求，但近年来，虚拟现实技术的应用已大步走进工业、建筑设计、教育培训、文化娱乐等方面，正在改变人们的生活。

2. 虚拟现实技术的特性

虚拟现实技术系统提供了一种先进的人机接口，它通过为用户提供视觉、听觉、触觉等多种直观而自然的实时感知交互的方法与手段，最大限度地方便了用户的操作，从而减轻了用户的负担、提高了系统的工作效率，其效率主要由系统的沉浸程度与交互程度决定。美国科学家Burdea G和Philippe Coiffet在1993年世界电子年会上发表了一篇题为*Virtual Reality System and Applications*（虚拟现实系统与应用）的文章，在该文中提出一个“虚拟现实技术的三角形”，它表示虚拟现实技术具有的三个突出特征：沉浸性、交互性和想象性。

（1）沉浸性

沉浸性（immersion）又称浸入性，是指用户感觉到好像完全置身于虚拟世界之中一样，被虚拟世界所包围。虚拟现实技术的主要特征就是让用户觉得自己是计算机系统所创建的虚拟世界中的一部分，使用户由被动的观察者变成主动的参与者，沉浸于虚拟世界之中，参与虚拟世界的各种活动。比较理想的虚拟世界可以达到使用户难以分辨真假程度，甚至超越真实，实现比现实更逼真的效果。

（2）交互性

在虚拟现实系统中，交互性（interactivity）的实现与传统的多媒体技术有所不同。从计算机发明到现在，在传统的多媒体技术中，人机之间的交互工具主要是通过键盘与鼠标进行的，而虚拟现实系统强调人与虚拟世界之间要以自然的方式进行，如人的走动、头的转动、手的移动等，通过这些，用户与虚拟世界交互，并且借助于虚拟系统中特殊的硬件设备（如数据手套、力反馈设备等），以自然的方式与虚拟世界进行交互，实时产生在真实世界中一样的感知。例如，用户可以用手直接抓取虚拟世界中的物体，这时手有触摸感，并可以感觉物体的重量，能区分所拿的东西，并且场景中被抓的物体也立刻随着手的运动而移动。

（3）想象性

想象性（imagination）指虚拟的环境是人想象出来的，同时这种想象体现出设计者相应的思想，因而可以用来实现一定的目标。所以说虚拟现实技术不仅仅是一种媒体或一种高级用户接口，它同时还是为解决工程、医学、军事等方面的问题而由开发者设计出来的应用软件，通常它以夸大的形式反映设计者的思想。虚拟现实系统开发是虚拟现实技术与设计者并行操作，为发挥它们的创造性而设计的。

3. 虚拟现实的关键技术

虚拟现实是多种技术的综合，其关键技术包括以下几个方面：

（1）环境建模技术

环境建模技术即虚拟环境的建立，目的是获取实际三维环境的三维数据，并根据应用的需要，利用获取的三维数据建立相应的虚拟环境模型。

（2）立体声合成和立体显示技术

立体声合成和立体显示技术，即在虚拟现实系统中消除声音的方向与用户头部运动的相关性，同时在复杂的场景中实时生成立体图形。

（3）触觉反馈技术

触觉反馈技术，即在虚拟现实系统中让用户能够直接操作虚拟物体并感觉到虚拟物体的反作用力，从而产生身临其境的感觉。

（4）交互技术

虚拟现实中的人机交互远远超出了键盘和鼠标的传统模式，利用数字头盔、数字手套等复杂的传感器设备，三维交互技术与语音识别、语音输入技术成为重要的人机交互手段。

（5）系统集成技术

由于虚拟现实系统中包括大量的感知信息和模型，因此系统的集成技术为重中之重：包括信息同步技术、模型标定技术、数据转换技术、识别和合成技术等。

虚拟现实是在计算机中构造出一个形象逼真的模型。人与该模型可以进行交互，并产生与真实世界中相同的反馈信息，使人们获得和真实世界中一样的感受。当人们需要构造当前不存在的环境（合理虚拟现实）、人类不可能达到的环境（夸张虚拟现实）或构造纯粹虚构的环境（虚幻虚拟现实）以取代需要耗资巨大的真实环境时，就可以利用虚拟现实技术。

习　　题

1. 简述信息的基本概念。
2. 简述工业4.0的特点。
3. 简述计算思维的内容和特点。
4. 简述大数据的概念。
5. 简述云计算的定义及应用。

第2章 计算机基础知识

计算机科学是现代社会的重要组成部分，其应用已经渗透社会的各个领域，它史无前例地改变着人们的工作、学习和生活。它所带来的不仅仅是一种行为方式的变化，更大程度上是人类思维方式的革命；在大学计算机基础课程中，学生的计算机基本技能与计算思维的培养同等重要。

2.1 认识计算机

2.1.1 计算机的定义

计算机是一种电子设备，能够接收、存储、处理和输出数据，以完成各种复杂的计算、控制和通信任务。计算机能够高速进行数据处理和逻辑运算，具有存储大量数据和执行多种任务的能力。它广泛应用于各个领域，如科学研究、工程设计、商业管理、娱乐等。

1. 计算机的诞生

世界上第一台电子数字计算机于1946年2月15日在美国宾夕法尼亚大学正式投入运行，它的名称叫电子数值积分计算机（electronic numerical integrator and computer, ENIAC），如图2-1所示。ENIAC奠定了电子计算机的发展基础，开辟了一个计算机科学技术的新纪元。

ENIAC诞生后，美籍匈牙利数学家冯·诺依曼提出了新的设计思想。20世纪40年代末期诞生的EDVAC（electronic discrete variable automatic computer）是第一台具有冯·诺依曼设计思想的电子数字计算机。虽然计算机技术发展很快，但冯·诺依曼设计思想至今仍然是计算机内在的基本工作原理，是人们理解计算机系统功能与特征的基础。

图2-1 第一台电子数字计算机ENIAC

2. 计算机的发展

ENIAC诞生后，计算机所用的主要电子器件相继使用了真空电子管，晶体管，中、小规模集成电路和大规模、超大规模集成电路，这就是著名的摩尔定律，即处理器的性能大约每两年翻一倍，同时价格下降为之前的一半。它一定程度揭示了信息技术进步的速度，但这并非自然科学定律。

按计算机所用电子器件的不同，可把计算机的发展划分成四个时代，见表2-1。

表 2-1　计算机发展年代

年　代	时　间	主要元器件	参考图片	每秒运算次数	存储容量	主要用途
第一代	1946—1958年	电子管		5 000～4万	15万B	军事和科学研究
第二代	1959—1964年	晶体管		几十万～百万	20万B	科学计算、数据处理、事务处理
第三代	1965—1970年	集成电路		百万～几百万	50万B	科学计算、数据处理、事务处理，广泛应用在各个领域
第四代	1971年至今	超大规模集成电路		几百万～几亿	1 000万B	网络、科学计算、数据处理、事务处理以及多媒体技术应用

未来的计算机实际上就是人工智能（AI）机器。

计算机实现“人工智能”化，就是使它具有人的某些智能，如理解能力、适应能力和思维能力等。现在的人工智能主要是利用计算机强大的算力和海量的存储空间，通过各种方式采集大量的数据，在初步进行人工标注的基础上，使用机器学习的算法，建立各种大模型，使得机器具备初步的人工智能。

除了传统的计算机，还有一些新型的计算机，如量子计算机、光子计算机和生物计算机等。

① 量子计算机：是一种基于量子力学原理构建的计算机。它与传统计算机不同，因为它可以同时处理多个数据状态，并且可以在比传统计算机更短的时间内解决复杂的问题。

② 光子计算机：是一种使用光子进行计算的计算机。与电子计算机相比，光子计算机具有更高的速度和更低的能耗。

③ 生物计算机：是一种使用生物分子进行计算的计算机。这种类型的计算机可以模拟人脑的神经网络，并具有更高的智能和学习能力。

计算机的发展，归根结底是计算思维的传承与发扬，计算机从人工机械方式到动力机械方式，再到现在的电子器械方式，不仅是制作材料的进步，更是思维方式的进步。在不久的将来，计算机会成为多学科交叉、传承和发扬计算思维的人类文明精灵。到那时，人类社会的文明程度将会进入一个史无前例的高度。

3. 中国计算机事业的发展

中国的计算机事业始于1952年，当时著名的数学家华罗庚在中国科学院数学研究所成立了中国第一个电子计算机研究小组。经过几十年的发展，中国的计算机事业经历了无数的起伏和变化，最终在21世纪初迎来了飞速发展的阶段。

（1）中国计算机硬件事业的发展

1958年，中科院计算机所研制出了中国第一台电子管计算机。然而，由于技术水平和经济条件的限制，中国的计算机硬件事业在很长一段时间内都处于落后状态。直到20世纪80年代，随着改革开放政策的推动，中国计算机硬件事业才开始真正的发展。

① 发展初期。20世纪80年代初，中国开始引进国外计算机技术，开展计算机硬件的研究和生产。在这一时期，国内出现了一些硬件公司，如联想、长城等。这些公司在引进技术的同时，也开始注重自主研发，推动了中国计算机硬件事业的发展。

② 发展中期。进入20世纪90年代，中国的计算机硬件开始进入快速发展阶段。随着个人计算机的普及和互联网技术的兴起，中国的硬件公司开始注重技术创新，开发出一系列具有自主知识产权的硬件产品。例如，比亚迪在汽车制造领域的创新、海尔在家电制造领域的创新，都为中国计算机硬件事业的发

展做出了贡献。

③ 繁荣期。进入21世纪，中国的计算机硬件开始追赶国际先进水平，在超级计算机领域取得了重大突破。例如，华为2019年推出的麒麟系列芯片，集成了达芬奇架构的NPU，并支持5G网络；2021年推出的巴龙系列芯片，则主要面向平板电脑和笔记本计算机等产品；2023年9月，华为发布的最新手机Mate 60 Pro搭载的麒麟9000s芯片，采用7 nm技术，该芯片的设计、制造基本实现了国产化。

（2）中国计算机软件事业的发展

1956年，我国著名科学家钱学森提出了“计算力学”的新学科，为中国计算机软件事业的发展奠定了基础。

① 发展初期。20世纪80年代后期，随着微型计算机的迅速发展，中国软件产业随之发展。在这一时期，国内出现了一些软件公司，如东软、用友等。

② 发展中期。进入20世纪90年代，中国计算机软件进入快速发展的时期，呈现出多元化的趋势，许多科技巨头涌现，软件产品得到了广泛的发展和应用。例如，金山软件公司的WPS Office办公软件、金蝶的财务管理软件、瑞星杀毒软件等，这些软件的出现，不仅满足了国内用户的需求，也在国际市场上得到了一定的认可。

③ 繁荣期。进入21世纪，中国的计算机软件事业迎来了飞速发展的阶段。在全球化的背景下，中国的软件公司开始走向国际市场，成为全球领先的软件企业之一。华为、腾讯、阿里巴巴等公司的产品不仅在国内占有很高的市场份额，在国际市场上也获得了广泛认可。

到目前为止，中国计算机事业在硬件、软件方面已经取得了显著的成就。

① 硬件方面。据权威数据统计，2023年中国芯片的自给率预计为23.3%，2027年中国芯片的自给率有望达到26.6%；中国已经成为全球最大的计算机生产和消费市场之一，拥有自主研发和制造的超级计算机，位居全球领先地位。

2023年5月，中国超级计算机天河四号已成功完成测试并正式上线运行，如图2-2所示。其速度已达每秒百亿亿次。是目前全球最快的超级计算机之一。它由中国自行研制，采用了最新的硬件和软件技术，其中包括了由国内科技企业提供的芯片技术、操作系统、存储技术等。

图2-2　天河四号计算机

天河四号的主要优势在于其超高速的计算效率，这将在未来对许多领域的实现和发展都有着重大作用。该超级计算机不仅在自然科学、医学、天气预报等领域中具备着重要的实际应用前景，也被广泛用于军事和安全领域等方面。天河四号的成功运行，再次证明中国在超算领域的研究和应用已经迈上世界领先的水平，也代表着全球科技创新的最高境界之一。同时，它也为中国科技进步打下了坚实的基础，促进了国内科研实验室与企业之间的紧密合作和良性发展。

② 软件方面。中国的互联网和移动互联网应用非常发达，涌现出众多创新型企业，如华为、字节跳

动、中兴等。

2019年，华为推出了自己的操作系统HarmonyOS（鸿蒙），该系统基于开源社区进行开发，支持跨平台、跨设备、分布式部署，拥有统一的应用程序框架和开发工具，并且与Android应用程序兼容。在推出HarmonyOS后，华为推出了多款搭载该系统的设备，包括智能手机、平板电脑、智能手表、智能音箱等。

人工智能方面，中国在机器学习、图像识别、自然语言处理等领域取得了重要突破，成为全球人工智能领域的重要参与者。如百度开发的人工智能语言模型“文心一言”能够进行自然语言处理和生成，并在多个领域得到广泛应用。

近几年来，中国政府对软件行业的扶持力度不断加大，软件产业向高质量方向发展步伐加快，结构持续调整优化，服务和支撑两个强国建设能力显著增强，正在成为数字经济发展、智慧社会演进的重要驱动力量。

2.1.2 计算机的分类

根据分类标准的不同，计算机可以分成各种不同的类型，它们的用途也各不相同。表2-2所示为按规模、使用范围和处理数据形态进行的分类。

表 2–2 计算机的分类

分类方式	分类名称
规模	巨型机、大型机、小型机、微型机（PC）
使用范围	专用计算机、通用计算机
处理数据形态	数字计算机、模拟计算机、数模混合计算机

1. 按规模分类

按规模分类，可把计算机分为以下几种。

① 巨型计算机（简称巨型机）：主要用于解决大型的、复杂的问题。巨型计算机已成为衡量一个国家经济实力和科技水平的重要标志。

② 大型计算机（简称大型机）：其容量比巨型机稍小些，用于图形图像处理、数据采集、金融、大型商业管理或大型数据库管理系统，也可用于大型计算机网络中的主机。

③ 中小型计算机（简称小型机）：主要用于数值计算、科学研究、生产过程控制及部门管理等，也可用作网络服务器。

④ 微型计算机（简称微型机）：一般用于数据处理、检索、计算等方面，人们常说的PC就是指微型计算机，又称个人计算机，俗称个人电脑。

2. 按使用范围分类

按使用范围分类，可分为专用计算机及通用计算机两类。

① 专用计算机：用于解决某个特定方面的问题，例如用于火箭发射工作的计算机就是专用计算机。

② 通用计算机：能解决多种类型的问题，应用领域广泛。

3. 按处理数据的形态分类

按处理数据的形态分类，可把计算机分为数字计算机、模拟计算机及数模混合计算机三类。

① 数字计算机：输入/输出的都是不连续的、离散的数字量，如考试成绩、工资收入等。

② 模拟计算机：直接处理连续的模拟量，如电压、温度、速度等。

③ 数字模拟混合计算机：输入/输出既可以是数字量也可以是模拟量。

这些分类方式并不是完全独立的，它们之间可能存在重叠。例如，巨型机通常被归类为专用计算机，但也可以用于通用计算。此外，数字计算机、模拟计算机和混合计算机之间的界限也可能因不同的应用而有所模糊。

2.1.3 计算机的特点及应用

1. 计算机的主要特点

① 运算速度快。处理速度是计算机的一个重要性能指标。计算机的处理速度可以用每秒执行的指令条数来衡量。当今计算机系统的运算速度已达到每秒亿亿次，使大量复杂的科学计算问题得以解决。例如，现代计算机运算速度最快的是美国能源部和IBM合作开发的“峰”（Summit）超级计算机，峰值性能超过200 petaFLOPS，即每秒200万亿次浮点运算。

② 计算精度高。在科学研究和工程设计中，对运算结果精度有很高要求。计算机对数据的结果精度可达到十几位、几十位有效数字，根据需要甚至可达到任意精度。

③ 存储容量大。计算机内部的存储器具有记忆特性，可以存储大量信息，不仅包括各类数据信息，还包括加工这些数据的程序。

④ 逻辑运算能力强。计算机除了能够完成基本的算术运算外，还具有进行比较、判断等逻辑运算功能。这种能力是计算机处理逻辑推理问题、实现信息处理自动化的前提。

⑤ 自动化程度高。由于计算机具有存储记忆能力和逻辑判断能力，所以人们可以将预先编好的程序组纳入计算机内存，在程序控制下，计算机可以连续、自动地工作，不需要人的干预。

2. 计算机的应用

计算机应用分为数值计算和非数值应用。归纳起来，计算机的应用主要有以下几方面：

① 科学计算：又称数值计算，是指用计算机来解决科学研究和工程技术中所提出的复杂数学问题，如火箭运行轨迹、天气预报、地质勘探等方面的尖端科技计算。

② 信息管理：是目前计算机应用最广泛的一个领域。利用计算机来加工、管理与操作任何形式的数据资料，如企业管理、物资管理、报表统计、账目计算、信息情报检索等。国内许多机构纷纷建设自己的管理信息系统（management information system, MIS）；生产企业也开始采用物资需求计划（material requirement planning, MRP）软件，商业流通领域则逐步使用电子数据交换（electronic data interchange, EDI）系统，即所谓无纸贸易。

③ 过程检控：利用计算机对工业生产过程中的各种信号自动进行检测，并把检测到的数据处理后反馈给被控机器。从而实现工业自动化，现在流行的自动驾驶技术也是一种过程检控技术。

④ 计算机辅助系统：有计算机辅助设计（computer aided design, CAD）、计算机辅助制造（computer aided manufacturing, CAM）、计算机辅助测试（computer aided test, CAT）、计算机集成制造系统（computer integrated manufacturing system, CIMS）和计算机辅助教学（computer aided instruction, CAI）等。

⑤ 人工智能（AI）：是指利用计算机来模仿人类的智力活动，如人脑学习、推理、判断、理解、问题求解等过程，辅助人类进行决策，减少工作量等。

⑥ 网络应用：计算机技术与现代通信技术的结合构成了计算机网络。计算机网络实现数据的远程共享，随着通信技术的高速发展，实现远程办公、远程医疗、网上支付等。

2.1.4 计算机芯片的未来发展趋势

在未来，计算机将继续朝着更高性能、更低功耗和更智能化的方向发展。随着CPU（中央处理器）高速发展，计算机变得更加小型化和可靠。同时出现了更多的新型芯片，如ARM、开源RISC-V。其中，图形处理单元（graphics processing unit, GPU）、神经网络处理单元（neural processing unit, NPU）和张量处理单元（tensor processing unit, TPU）等更是发展迅猛，使得计算机性能大幅提升。

1. GPU（图形处理单元）

GPU起源于20世纪80年代，最初用于计算机图形渲染。随着电子游戏和多媒体应用的兴起，GPU的需求迅速增加。GPU在图形渲染方面已经取得了巨大成功，但未来的发展将更加注重在高性能计算领域的应用。GPU具备并行计算能力，可以同时处理大量的数据，因此在科学计算、机器学习、人工智能等领域有着广泛的应用前景。

人工智能加速：随着人工智能技术的快速发展，GPU被广泛应用于加速深度学习算法。未来的GPU将进一步优化和专门设计用于人工智能任务，提供更高的计算性能和能效，以满足对于实时、大规模的人工智能计算需求。

光线追踪和实时渲染：光线追踪是一种高级的图形渲染技术，可以模拟光在场景中的传播和反射，从而产生逼真的视觉效果。未来的GPU将进一步提升对于光线追踪的支持，实现更高质量的实时渲染，使虚拟现实、增强现实等应用更加逼真和沉浸式。

嵌入式和移动设备应用：随着物联网和移动设备的普及，GPU在嵌入式和移动设备上的应用也将持续增加。未来的GPU将更加注重能效和功耗优化，以满足嵌入式设备和移动设备对于图形处理和计算的需求，并提供更长的续航时间和更好的用户体验。

2. NPU（神经网络处理单元）

NPU是近年来兴起的一种特殊处理器。随着人工智能和深度学习的发展，对于处理大规模神经网络的需求日益增加。NPU专门设计用于加速神经网络计算，提供高效的运算能力和低能耗。未来的NPU还能提供更多的硬件加速功能，以加速特定的人工智能任务，同时更加注重软硬件协同设计，通过优化软件算法和硬件架构的配合，更好地适应不断变化的人工智能任务。

3. TPU（张量处理单元）

TPU是由谷歌开发的一种专门用于机器学习任务的处理器。它在处理大规模矩阵运算和张量计算时具有出色的性能。TPU的设计目标是提供高效的并行计算能力，以加速机器学习模型的训练和推理过程。

这些处理器的历史发展与计算机技术的进步紧密相关。随着科技的不断演进，它们在不同领域的应用得到了广泛的推广和发展。

2.2 计算机系统

2.2.1 计算机工作原理

1. 冯·诺依曼构想

当今所有的计算机，包括移动端设备，都属于冯·诺依曼结构。冯·诺依曼是一位美籍匈牙利数学家（见图2-3），他提出了“存储程序”的通用计算机方案，该方案奠定了现代计算机的体系结构，其原理是：

① 计算机应包括运算器、存储器、控制器、输入和输出设备五大基本部件。

② 计算机内部应采用二进制表示指令和数据。

③ 将编好的程序和原始数据送入内存储器中，然后启动计算机工作，计算机应在不需要操作人员干预的情况下，自动逐条取出指令和执行任务。

图 2-3　冯·诺依曼

目前，计算机芯片采用了很多新技术，如指令流水线技术、多核处理技术，但原理还是一样。

2. 计算机的工作过程

计算机的工作过程就是取出一条条的指令进行运算。指令运算分为以下四个基本操作：

① 取出指令：控制器根据程序计数器的内容从内存中取出指令送到CPU的指令寄存器。

② 分析指令：把保存在指令寄存器中的指令送到指令译码器，译出该指令对应的微操作。

③ 执行指令：根据指令译码，向各个部件发出相应控制信号，完成指令规定的各种操作。

④ 程序计数器加1或将转移地址码送入程序计数器，重复步骤①，进入下一条指令的执行周期。

计算机的工作流程如图 2-4 所示。

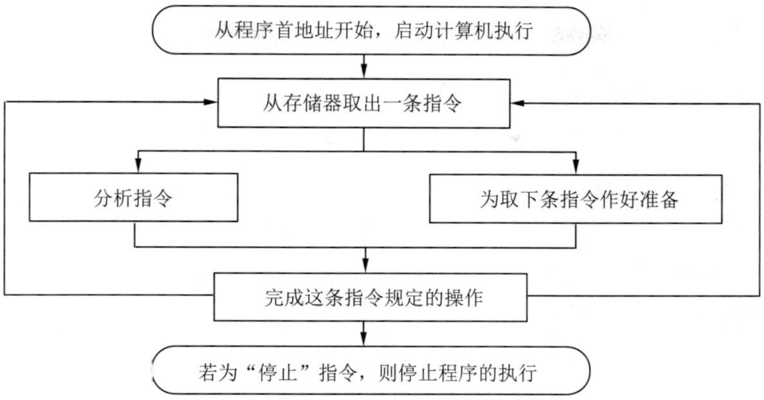

图 2-4　计算机的工作流程图

2.2.2　计算机系统构成

一个完整的计算机系统由硬件系统和软件系统两大部分构成，如图 2-5 所示。硬件系统和软件系统相互依赖，不可分割。

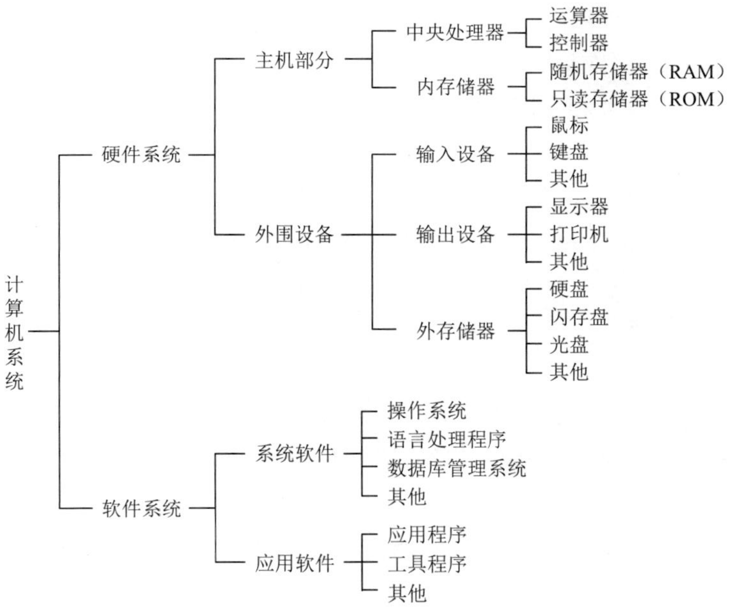

图 2-5　计算机系统构成

2.2.3　计算机硬件系统

组成计算机的物理设备总称为计算机硬件系统。计算机硬件系统由五个基本部分组成：运算器、控制器、存储器、输入设备和输出设备，如图 2-6 所示。

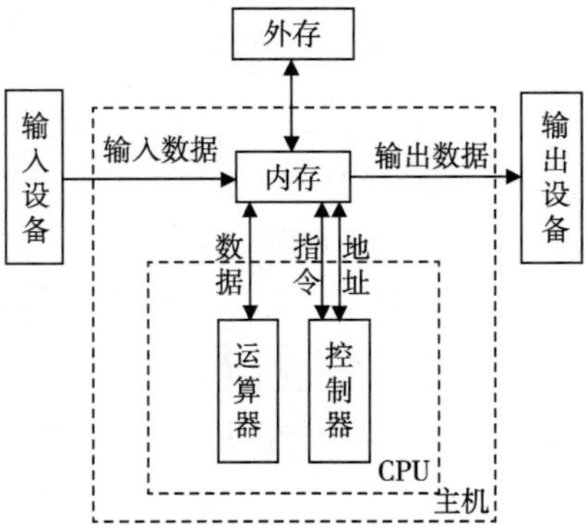

图 2-6　计算机的硬件基本组成

其中，控制器和运算器构成了计算机硬件系统的核心——中央处理器（central processing unit, CPU），主机则由中央处理器和存储器构成。

① 运算器（arithmetic logic unit, ALU）：用来对数据或指令快速地执行算术运算、逻辑运算。它由加法器、移位器及寄存器等部件组成。

② 控制器（control unit, CU）：功能是将指令翻译成操作的控制代

码，安排操作次序，并发出适当的命令到计算机各部件，协同工作。通常把运算器和控制器总称为中央处理器（CPU）。

③ 存储器（memory unit, MU）：用于存放程序和数据，一般分为内存和外存两大类。

存储器的基本单位为一个存储单元，每个单元可以记录一个计算机字（称为计算机字长），一个计算机字可由若干个二进制数组成（如8位、16位、32位、64位等）；微型计算机中常用字节（1 byte = 8 bit）作为存储基本单位；信息的存取通过地址访问存储单元。

外存主要有硬盘、移动硬盘、闪存盘、光盘等。内存即RAM，也就是通常所说的内存条。

④ 输入设备（input device）：用于向计算机输入程序、数据、控制信号等的设备，如键盘、鼠标、话筒、手写笔、扫描仪、摄像机、触摸屏、光笔等。

⑤ 输出设备（output device）：计算机输出信息的设备，如打印机、显示器、投影仪、绘图仪、影像输出系统和语音输出系统等。

外存储器、输入设备和输出设备统称为外围设备（peripheral equipment）。

2.2.4 计算机软件系统

计算机软件系统是指为运行、维护、管理、应用计算机所编制的所有程序和数据的集合，是计算机系统重要的组成部分。如果把计算机硬件看作计算机的“躯体”，那么计算机软件就是计算机系统的“灵魂”。没有任何软件支持的计算机称为“裸机”，只是一些物理设备的堆积，几乎是不能工作的，只有配备了一定的软件，计算机才能发挥其作用。

计算机软件一般分为系统软件和应用软件两大类。

1. 系统软件

系统软件居于计算机系统中最靠近硬件的一层，其他软件都需要通过系统软件发挥作用。系统软件与具体的应用领域无关。系统软件通常是负责管理、控制和维护计算机的各种软硬件资源，并为用户提供一个友好的操作界面，以及服务于应用软件的资源环境。

系统软件主要包括操作系统和系统支持软件等。

（1）操作系统

操作系统（operating system, OS）是计算机系统中最重要的系统软件。操作系统能对计算机系统的软件和硬件资源进行有效管理和控制，合理地组织计算机工作流程，为用户提供一个使用计算机的工作环境，起到用户和计算机之间的接口作用。

只有在操作系统支持下，计算机系统才能正常运行，如果操作系统遭到破坏，计算机系统就无法正常工作。

目前，在计算机上的主要操作系统有：Windows、Linux、UNIX和Mac OS等；在移动端方面，安卓（Android）、iOS（iPhone OS X）、鸿蒙OS（HarmonyOS）占了市场的大部分份额。不同的移动操作系统具有不同的特点和生态系统，用户可以根据自己的需求和设备选择适合的操作系统。

（2）系统支持软件

系统支持软件是介于系统软件和应用软件之间，用来支持软件开发、计算机维护和运行的软件，它为应用层的软件和最终用户处理程序和数据提供服务，如程序设计语言、软件开发工具、数据库管理系统、网络支持程序等。

2. 应用软件

应用软件是指为解决某一领域的具体问题而开发的软件产品。较常见的应用软件有：压缩软件（WinRAR、好压等）、办公软件（MS Office、WPS Office等）、看图软件、杀毒软件、播放软件、聊天软件等。

3. 计算机硬件、软件与用户的关系

图2-7所示为硬件、软件与用户的关系。

① 软件是用户与硬件的接口。系统软件为用户和应用程序提供控制和访问硬件的手段，只有通过系统软件才能访问硬件。

② 操作系统是系统软件的核心，它是最靠近硬件的，用它来对硬件进行控制和管理，其他软件位于操作系统外层。

③ 应用软件位于系统软件外层，是以系统软件作为开发平台的。

④ 软件系统与硬件系统是不可分割的，只有硬件而没有软件，系统是无法工作的。

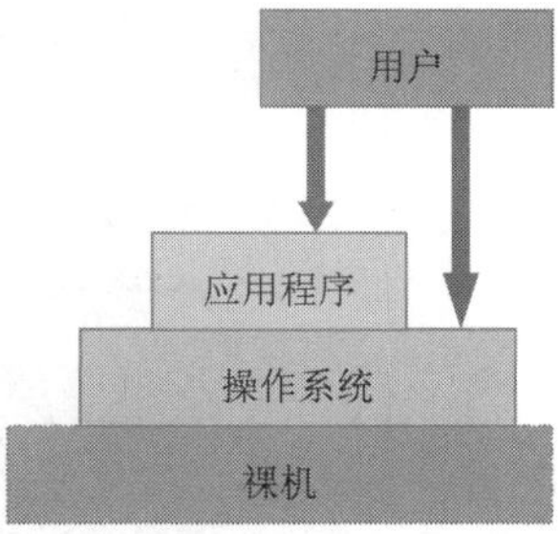

图2-7 硬件、软件与用户的关系

2.3 个人计算机

个人计算机（personal computer, PC）属于微型计算机，是以中央处理器（CPU）为核心，加上存储器、输入/输出接口及系统总线所组成的计算机。从台式机、笔记本计算机到上网本和平板电脑以及超级本等都属于个人计算机的范畴。

2.3.1 个人计算机的类型

1. 台式计算机

台式计算机又称桌面计算机，组成计算机的物理部件相对独立（见图2-8）。主要特点是散热性好和扩展性强。

2. 一体机

一体机把台式机的显示器、机箱、键盘、鼠标和电源集成在显示器的背面组成的计算机（见图2-9），整机只有一根电源线，解决了台式机线缆多而杂的问题。

3. 笔记本计算机

笔记本计算机又称手提电脑或膝上型电脑，是一种小型、可携带的个人计算机，通常重1～6 kg（见图2-10）。它的集成度更高，价格也较昂贵，但方便携带，现在笔记本计算机已成为主流。

图2-8 台式计算机

图2-9 一体机

图2-10 笔记本计算机

4. 平板电脑

iPad就是一款平板电脑（Tablet），是一种介于手机和笔记本计算机之间的电子产品。其主要特点是没有键盘鼠标、使用触屏作为交互，使用ARM处理器。性能较弱，主要用于娱乐、游戏等。图2-11所示为2022年8月上市的HUAWEI MatePad Pro11。

5. 掌上电脑

掌上电脑（personal digital assistant, PDA）又称个人数字助手（见图2-12）。在工业领域，PDA常见的有条码扫描器、RFID读写器、POS机等；在消费领域PDA比较多，如智能手机、手持游戏机等。图2-12所示为2023年8月上市的HUAWEI Mate 60系列智能手机，也属于PDA。

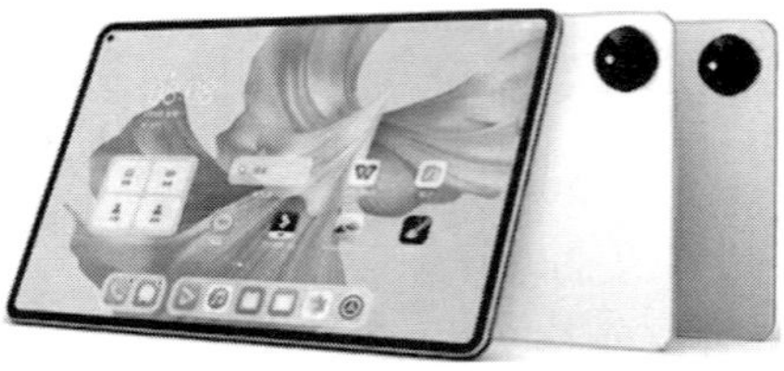

图 2-11　平板电脑

图 2-12　掌上电脑

2.3.2　个人计算机的性能指标

1. 主频

主时钟的频率f指的是计算机系统中主要的时钟信号的频率，通常以赫兹（Hz）为单位表示，即每秒振荡的次数。主时钟的频率f称为CPU的主频。主频越高，计算机的运算速度越快。通常把PC的类型与主频标注在一起，如Intel Core i7-9700K 3.6 GHz，其中，Intel Core i7-9700K表示处理器型号，而3.6 GHz表示主频为3.6 GHz。主频仅是CPU性能表现的一个方面，而不代表CPU的整体性能，因为CPU的运算速度还要看CPU流水线各方面的性能指标（如缓存、指令集、CPU位数等）。

2. 运算速度

计算机的运算速度是指每秒所能执行的指令数，用每秒百万条指令（MIPS）来描述，是一项综合性的性能指标。

3. 字长

字长是指计算机进行信息处理时一次存取、加工和传送的二进制数据位数。字长是衡量计算机性能的一个重要指标，字长越长，计算机一次所能处理信息的实际位数就越多，运算精度就越高，最终表现为计算机的处理速度越快。目前，PC的字长一般为32位或64位。

4. 内存储器容量

内存储器简称主存，是CPU可以直接访问的存储器，内存储器容量的大小反映了计算机即时存储信息的能力。目前，PC的内存容量一般为8 GB、16 GB等。

5. 外存储器容量

外存储器容量通常是指硬盘容量（包括内置硬盘和移动硬盘）。外存储器容量越大，可存储的信息就越多。目前，PC的硬盘容量可达到TB级。

2.3.3　个人计算机的选购原则

购买PC一般可选择购买品牌机或兼容机，也可以自己组装。

配置计算机的基本原则是：实用、高性价比、性能稳定、配置均衡。具体考虑如下几点：

① 按用途决定所采购计算机的硬件档次，同时要有一定的前瞻性。

② 在选择配置时不要只强调CPU的档次而忽视主板、内存、显卡等重要部件的性能，做到配置均衡，这样才能发挥各部件的最好性能。

③ 选购硬件应该优先考虑信誉度高的品牌产品，或老牌厂家的产品，并在选购中注意考察产品的做工、标牌、序列号及售后服务，防止假冒和伪劣产品。

④ 确保不存在硬件和软件冲突问题，软硬件是否兼容或冲突的问题要详细咨询销售商和对计算机软硬件比较了解的人员。

⑤ 选择售后服务和保修较有保障的经销商。

2.3.4　个人计算机的硬件配置

一台计算机由许许多多零部件组成，只有这些零部件组合在一起协调地工作，才能发挥它的作用。以台式机为例，PC一般由主机和外围设备组成。主机包括主板、CPU、内存、硬盘、显卡、声卡、电源等；外围设备包括外存储器、键盘、鼠标、显示器和打印机等。

1. 主板

主板（mainboard）又称系统板（systemboard）或母板（motherboard），是整个计算机的基板，是CPU、内存、显卡及各种扩展卡的载体。主板是否稳定关系着整个计算机是否稳定，主板的速度在一定程度上也制约着整机的速度。主板结构如图2-13所示。

图 2-13　主板结构

2. CPU

CPU（central processing unit, 中央处理器）是一块超大规模的集成电路，是一台计算机的运算核心和控制核心。主要包括运算器（arithmetic and logic unit, ALU）和控制器（control unit, CU）两大部件。此外，还包括若干个寄存器和高速缓冲存储器及实现它们之间联系的数据、控制及状态的总线。

CPU的运行速度通常用主频表示，以Hz作为计量单位。在评价PC时，首先要看CPU是哪一种类型，在同一档次中还要看其主频的高低，主频越高，速度越快，性能越好。CPU的生产厂商有Intel公司、AMD公司和IBM公司等。图2-14所示为中国龙芯中科在2023年第四季度发布的龙芯3A6000外观。

图 2-14　龙芯 3A6000 微处理器

3. 内存储器

内存储器简称内存，是计算机系统必不可少的基本部件。内存的质量好坏与容量大小会影响计算机的运行速度。微型机的内存都采用半导体存储器。

半导体存储器从使用功能上分为随机存取存储器（random access memory, RAM）和只读存储器（read

only memory, ROM）。

（1）随机存取存储器RAM

随机存取存储器是一种可以重复读/写数据的存储器，又称读/写存储器。RAM有以下两个特点：一是可以读出，也可以写入。读出时并不损坏原来存储的内容，只有写入时才修改原来所存储的内容。二是RAM只能用于暂时存放信息，一旦断电，存储内容立即消失，即具有易失性。

（2）只读存储器ROM

顾名思义，ROM的特点是只能读出原有的内容，不能由用户再写入新内容。原来存储的内容是采用掩膜技术由厂家一次性写入的，并永久保存下来。它一般用来存放专用的固定的程序和数据。只读存储器是一种非易失性存储器，一旦写入信息，无须外加电源来保存信息，不会因断电而丢失。

（3）CMOS存储器（complementary metal oxide semiconductor memory, 互补金属氧化物半导体内存）

CMOS内存是一种只需要极少电量就能存放数据的芯片。由于耗能极低，CMOS内存可以由集成到主板上的一个小电池供电，这种电池在计算机通电时还能自动充电。因为CMOS芯片可以持续获得电量，所以即使在关机后，也能保存有关计算机系统配置的重要数据。

高速缓冲存储器一般用SRAM（static RAM）做成；DRAM（dynamic RAM）的速度相对较慢，但价格较低，在PC中普遍采用它做成内存条。DRAM常见的有SDRAM（synchronous dynamic random access memory, 同步动态随机存储器）、DDR SDRAM（double data rate synchronous dynamic random access memory, 双倍速率的同步动态随机存储器）、DDR2 SDRAM和DDR3 SDRAM等几种。DDR5内存标准于2020年正式发布，与DDR4内存相比，DDR5内存频率更高，电压更低，同时内存带宽也更高。如图2-15所示，DDR5内存条的接口和DDR4内存条的接口不一样，所以不同型号的内存条互不兼容。目前计算机内存容量包括8 GB、16 GB、32 GB和64 GB。

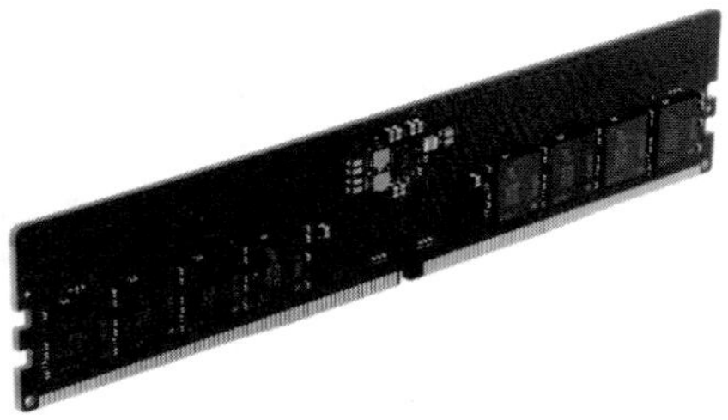

图2-15　DDR5内存条

4. 外存储器

外存储器又称外存，用于长期保存数据。与内存储器相比，外存储器容量大、价格低，但是存取速度慢。内存储器用于存放那些立即要用的程序和数据；外存储器用于存放暂时不用的程序和数据。内存储器和外存储器之间常常频繁地交换信息。常见的外存储器有硬盘、移动硬盘、闪存盘等。

（1）硬盘存储器

硬盘存储器简称硬盘，是个人计算机中最重要的外部存储器。硬盘由接口电路板、驱动器和硬盘片组成，驱动器和硬盘片被密封在一个金属壳中，并固定在接口电路板上。硬盘可以分为固态硬盘和机械硬盘两种类型。图2-16所示为国产致态2 TB固态硬盘。目前，常用的硬盘容量一般为几百GB甚至几TB。

图2-16　固态硬盘

（2）移动存储器

常见的移动存储器有“闪存盘”（俗称U盘）、“移动硬盘”等，具有高度集成、快速存取、方便灵活、性价比高、容易保存等特点。

闪存盘（U盘）如图2-17所示，它不仅具有RAM内存可擦、可写、可编程的优点，而且所写入的数据在断电后不会消失。只要计算机上有USB接口就可以相互传递数据，由于这种存储器没有机械装置，因此不怕震动，性能稳定。

图2-17　闪存盘

移动硬盘用电量一般比闪存盘大，有的计算机上的USB接口提供不了足够的电量让移动硬盘工作，因此移动硬盘数据线往往有两个插头，使用时最好两个插头都插在计算机的USB接口上。移动硬盘的存储容量可达到TB级，适合于大容量数据的携带、备份和交换，如图2-18所示。

（3）光盘存储器

光盘存储器由光盘驱动器和光盘片组成。光盘（compact disc, CD）是利用激光原理进行读/写的外存储器，光盘由于易损坏，大部分一次性写入，目前基本上被淘汰了。图2-19所示为USB外置移动光驱，它通过USB接口连接到计算机或其他设备上，并能够提供光盘驱动器的功能。由于其便携性和易用性，USB外置移动光驱成为没有内置光驱的笔记本计算机和一些便携式设备的常见选择。

图 2-18　移动硬盘

图 2-19　USB 外置移动光驱

5. 输入设备

输入设备是人机交换的重要设备，目前常见的输入设备有键盘、鼠标、笔输入设备、扫描仪和触摸屏。

（1）键盘

键盘（keyboard）是计算机最常用也是最主要的输入设备。键盘有机械式和电容式、有线和无线之分。用于计算机的键盘有多种规格，目前普遍使用的是104键的键盘，如图2-20所示。

（2）鼠标

鼠标（mouse）是一种指点设备，它将频繁的击键动作转换成为简单的移动、单击。鼠标彻底改变了人们在计算机上的工作方式，从而成为计算机必备的输入设备，如图2-21所示。鼠标有机械式和光电式、有线和无线之分；按照按键数目，又可分为单键、两键、三键以及滚轮鼠标。

图 2-20　键盘

图 2-21　鼠标

随着技术的进步，还出现了更多新型的鼠标，图2-22所示分别是激光投影鼠标和激光投影键盘。最新的鼠标还可以进行语音输入和识别。图2-23所示为科大讯飞的智能鼠标Lite，支持28种语言实时翻译，有效识别23种方言，支持OCR识别，每分钟可输入400字。

图 2-22　激光投影鼠标和激光投影键盘

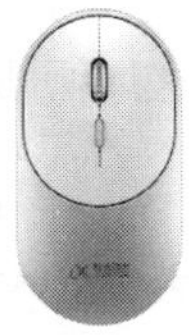

图 2-23　能进行语音输入和识别的鼠标

（3）笔输入设备

笔输入设备主要完成写字、绘图、操控鼠标等操作。目前最新的笔输入设备具有更快的响应速度和更高的精度，可以提供更真实的书写和绘画体验。它还支持手势操作，可以通过双击切换工具，例如橡皮擦和荧光笔。它还支持充电和磁力吸附，可以在使用时轻松地吸附在设备上，如图2-24所示。

（4）扫描仪

扫描仪（scanner）是常用的办公设备，可以把图片和文字材料快速地输入计算机。扫描仪通过光源照射到被扫描材料上来获得材料的图像，被扫描材料将光线反射到扫描仪的光电器件上，由于被扫描材料不同的位置反射的光线强弱不同，光电器件将光线转换成数字信号，并存入计算机的文件中，然后就可以用OCR（光学字符识别）软件进行识别和处理。图2-25所示为一款新型的数码蓝光3D扫描仪，它采用先进的单眼技术/单相机技术，可以方便地进行三维数据采集，还可用于大型物体的数字化测量。

图 2-24　笔输入设备

图 2-25　数码蓝光 3D 扫描仪

（5）触摸屏

触摸屏是一种可接收触头等输入信号的感应式液晶显示装置，如图2-26所示。触摸屏作为一种输入设备，主要应用于公共信息的查询、工业控制、军事指挥、电子游戏、点歌点菜、多媒体教学、房地产预售等。

图 2-26　触摸屏计算机

6. 输出设备

输出设备的功能是用来输出计算机的处理结果。常用的输出设备如下：

（1）显示器

显示器是计算机最主要的输出设备。显示器主要有三类：阴极射线管（cathode ray tube, CRT）显示器、液晶显示器（liquid crystal display, LCD）和发光二极管（light emitting diode, LED）显示器。阴极射线管显示器基本被淘汰。台式机多采用LCD，笔记本计算机多采用LED。专业级显示器通常会提供具有人体工程学的支架，可以调节到一个比较舒适的角度，如图2-27所示。

（a）LCD显示器　（b）LED显示器　（c）具有人体工程学支架的LED显示器

图 2-27　多种显示器

（2）打印机

常见打印机有三类：针式打印机、喷墨打印机和激光打印机，如图2-28所示。针式打印机常见于票据行业。喷墨和激光打印机成为当今家用和办公的主流。其中激光打印机具有较高的打印质量和较快的打印速度。激光彩色打印机主要用在比较高端的场合。

（a）针式打印机　（b）喷墨打印机　（c）激光打印机

图 2-28　多种打印机

（3）绘图仪

绘图仪在绘图软件的支持下可以绘制出复杂、精确的图形。常用的绘图仪有平板型和滚筒型两种类型。平板型绘图仪的绘图纸平铺在绘图板上，通过绘图笔架的运动绘制图形；滚筒型绘图仪依靠绘图笔架的左右移动和滚筒带动绘图纸前后滚动绘制图形。滚筒型绘图仪如图2-29所示。

图2-29　滚筒型绘图仪

2.4　数制和信息存储

2.4.1　数制的概念

数制又称计数制，是用一组固定的符号和统一的规则表示数值的方法。人们日常生活中通常使用十进制，而计算机则采用二进制。

不论是哪一种数制，其计数和运算都有共同的规律和特点。

（1）逢N进一

N是指数制中所需要的数字字符的总个数，称为基数。如0、1、2、3、4、5、6、7、8、9这10个不同的符号来表示数值，这个10就是数字字符的总个数，也是十进制的基数，表示逢10进1。

（2）位权表示法

位权是指一个数字在某个固定位置上所代表的值，处在不同位置上的数字所代表的值不同，每个数字的位置决定了它的值或者位权。位权与基数的关系是：各进位制中位权的值是基数的若干次幂。如十进制数的权值为10^0，10^1，10^2，10^3，10^4，…，二进制数的单位值是2^0，2^1，2^2，2^3，2^4，…，等等。

2.4.2　常用的数制

1. 二进制数及其运算规则

日常生活中人们习惯使用十进制，有时也使用其他进制。如十六进制、十二进制等。在计算机中，信息都是采用二进制的形式进行存储、运算、处理和传输的。因为二进制数的运算规则相当简单，如下所示：

（1）加法运算规则

$$0+0=0$$
$$0+1=1$$
$$1+0=1$$
$$1+1=10\text{（有进位）}$$

（2）减法运算规则

$$0-0=0$$
$$1-0=1$$
$$0-1=1\text{（有借位）}$$
$$1-1=0$$

（3）乘法运算规则

$$0\times 0=0$$
$$0\times 1=0$$
$$1\times 0=0$$
$$1\times 1=1$$

为了区分二进制数和十进制数，可在二进制数后面加上字符“B”的方法。如10110101B，表示这个数是二进制数，而不是十进制数。

2. 八进制数和十六进制数

在计算机科学中，除了二进制数，也可使用八进制数、十六进制数。

八进制数的运算规则是逢8进1，借1当8。它用的数码符号为0～7。

十六进制数是逢16进1，借1当16。所用的数码符号是0～9和大写的英文字母A～F，其中十六进制中的数码A，代表十进制的数10，十六进制中的数码B，代表十进制数的11，依此类推，为了与标识符区别，若是以字母开头的十六进制数，则在字母前加“0”。

3. 不同数制的表示方法

在计算机的数制中，常采用以下两种方法标识不同数制的数。

（1）字母后缀

二进制数：字母B（binary）表示。

八进制数：字母O（octonary）表示。

十进制数：字母D（decimal）表示。

十六进制数：字母H（hexadecimal）表示。

说明

八进制中，为避免与数字0混淆，字母O常用Q代替；十进制中，后缀D一般可以省略。

例如，十进制数169，可表示为169或169D，其对应的二、八、十六进制数分别为10101001B、251Q、0A9H。

（2）括号外面加下标

可用下标的形式表示对应的数制。如$(10101001)_2$、$(251)_8$、$(169)_{10}$、$(0A9)_{16}$分别表示对应的二、八、十、十六进制数。

2.4.3 数制的转换

1. 二、八、十六进制转换为十进制

按权展开求和，即将每位数码乘以各自的权值并累加。

【例2-1】$(1011)_2=1\times2^3+0\times2^2+1\times2^1+1\times2^0$

$=8+2+1$

$=(11)_{10}$

2. 十进制数转换为二、八、十六进制

将十进制数转换为R进制数，采用除R取余的方法。即不断除以R取余数，直到商为0为止，最先得到的余数为最低位，最后得到的余数为最高位。

【例2-2】将$(43)_{10}$转换成二进制数。

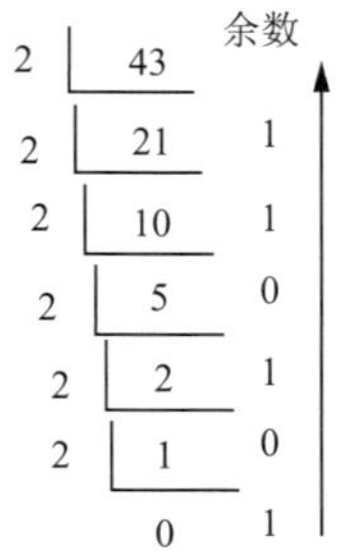

得$(43)_{10}=(101011)_2$。

3. 二进制数转换为八、十六进制数

因为2^3=8，2^4=16，所以3位二进制数对应1位八进制数，4位二进制数对应1位十六进制数。

将二进制以小数点为中心分别向两边分组，转换成八进制数，则每3位为一组；转换成十六进制数，则每4位为一组，不够位数在两边补零，再将每组二进制数化成八或十六进制数。

【例2-3】将$(1101010)_2$转换成八进制数及十六进制数。

$(1101010)_2=(152)_8=(6A)_{16}$

$$(\underline{001}\ \underline{101}\ \underline{010})_2=(152)_8$$

$$(\underline{0110}\ \underline{1010})_2=(6A)_{16}$$

4. 利用“计算器”对不同数制的数进行转换

使用Windows操作系统提供的“计算器”应用程序可以方便地对不同数制的数进行转换，方法是：

① 单击任务栏左下角的Windows开始按钮，在开始菜单中找到并单击“计算器”应用程序图标，即可打开计算器。

② 单击左上角的≡，切换到“程序员”模式，如图2-30所示。

③ 默认是十进制（DEC），输入一个十进制数，则可显示对应不同进制的转换结果，其中，HEX、OCT、BIN分别表示十六、八、二进制数。

④ 可以在对应数制数字对象上右击，在弹出的快捷菜单中选择“复制”命令复制转换的结果。

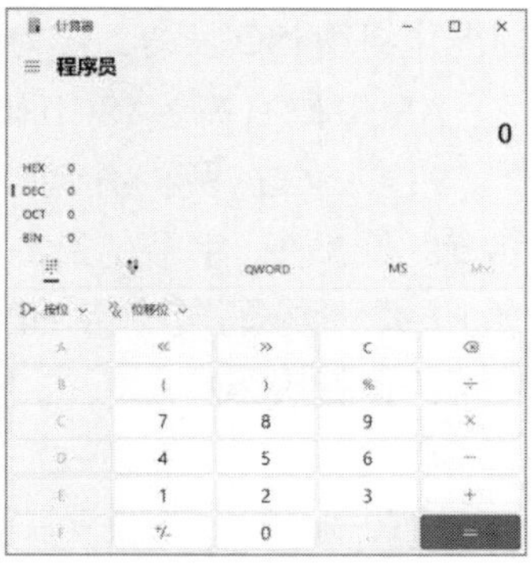

图2-30 计算器

2.4.4 信息存储的组织形式

1. 数字信息的表示

如上所述，任何一个数都以二进制形式在计算机内存储。计算机的内存是由千千万万个细小的电子线路组成的，每个代表0和1的电子线路能够存储一位二进制数，若干个这样的电子线路就能存储若干位二进制数。关于内存，常用到下面这些术语：

① 位（bit），简记为b。每个能够代表0和1的电子线路称为一个二进制位，是计算机内部存储信息的最小单位。

② 字节（byte），简记为B。是计算机内部存储信息的基本单位。一个字节由8个二进制位组成，即1B = 8b。

在计算机中，其他经常使用的信息存储单位还有：千字节KB（kilobyte）、兆字节MB（megabyte）、千兆字节GB（gigabyte）和太字节TB（terabyte），其中：

1 KB=1 024 B=2^{10} B

1 MB=1 024 KB=2^{10} KB=2^{20} B=1 024 × 1 024 B

1 GB=1 024 MB=2^{10} MB=2^{30} B=1 024 × 1 024 × 1 024 B

1 TB=1 024 GB=2^{10} GB=2^{40} B=1 024 × 1 024 × 1 024 × 1 024 B

一个字节可以存储一个字符，两个字节可以存储国标码的一个汉字。例如，一首MP3的容量一般为MB级，大约为3～6 MB；硬盘的容量一般为GB级，比如512 GB的硬盘；再如，一本50万汉字的书，所占容量约为$5\times2\times10^5$ B≈977 KB，即是说，1 MB空间足够存放一本50万汉字的书。

③ 字（word）。一个字通常由一个字节或若干个字节组成，是计算机进行信息处理时一次存取、加工和传送的数据长度。每个字中二进制位数的长度，称为字长。字长是衡量计算机性能的一个重要指标。字长越长，计算机一次所能处理信息的实际位数就越多，运算精度就越高，最终表现为计算机的处理速度越快。常用的字长有8位、16位、32位和64位等。

2. 非数字信息的表示

文本、图形图像、声音之类的信息，称为非数字信息。在计算机中用得最多的非数字信息是文本字符。由于计算机只能够处理二进制数，这就需要用二进制的“0”和“1”按照一定的规则对各种字符进行编码。

计算机内部按照一定的规则表示西文或中文字符的二进制编码称为机内码。

（1）西文字符编码

西文字符集由字母、数字、标点符号和一些特殊符号组成。字符集中的每一个符号都有一个数字编码，即字符的二进制编码。目前计算机中使用最广泛的西文字符集是ASCII字符集，其编码称为ASCII码，它是美国标准信息交换码的英文American Standard Code for Information Interchange的缩写，已被国际标准化组织ISO采纳，作为国际通用的信息交换标准代码，对应的国际标准是ISO 646。

ASCII码有7位ASCII码和8位ASCII码两种。

7位ASCII码称为标准（基本）ASCII码字符集，采用一个字节（8位）表示一个字符，但实际只使用字节的低7位，字节的最高位为0，所以可以表示128个字符。其中95个是可打印（显示）字符，包括数字0～9，大小写英文字母以及各种标点符号等，剩下的33个字符，是不可打印（显示）的，它们是控制字符，详见表2-3。

表 2–3　ASCII 码表

低　位	高　位							
	0	1	2	3	4	5	6	7
0	Ctrl+@	Ctrl+P	空格	0	@	P	、	p
1	Ctrl+A	Ctrl+Q	!	1	A	Q	a	q
2	Ctrl+B	Ctrl+R	"	2	B	R	b	r
3	Ctrl+C	Ctrl+S	#	3	C	S	c	s
4	Ctrl+D	Ctrl+T	$	4	D	T	d	t
5	Ctrl+E	Ctrl+U	%	5	E	U	e	u
6	Ctrl+F	Ctrl+V	&	6	F	V	f	v
7	Ctrl+G	Ctrl+W	'	7	G	W	g	w
8	BS（退格）	Ctrl+X	(	8	H	X	h	x
9	→	Ctrl+Y	)	9	I	Y	i	y
A	Ctrl+J	Ctrl+Z	*	:	J	Z	j	z
B	Ctrl+K	Esc	+	;	K	[	k	{
C	Ctrl+L	Ctrl+/	,	<	L	\	l	|
D	（回车）	Ctrl+]	_	=	M	]	m	}
E	Ctrl+N	Ctrl+6	.	>	N	^	n	～
F	Ctrl+O	Ctrl+-	/	?	O	-	o	DEL

说明

表中的高位是指ASCII码二进制的前3位，低位是指ASCII码二进制的后4位，此处以十六进制数表示，由高位和低位合起来组成一个完整的ASCII码。例如，数字0的ASCII码可以这样查：高位是3，低位是0，合起来组成的ASCII码为30（十六进制），转换成十进制数为48。

8位ASCII码称为扩展的 ASCII 码字符集。由于7位 ASCII码只有128个字符，在很多应用中无法满足要求，为此国际标准化组织ISO又制定了ISO 2002标准，它规定了在保持与ISO 646兼容的前提下，将ASCII 码字符扩充为 8 位编码的统一方法。

8位ASCII 码可以表示256个字符。

（2）中文字符编码

汉字在计算机中也采用二进制编码。汉字的数量大、字形复杂、同音字多，因此计算机在处理汉字的输入和输出时，要比处理英文复杂。

为了满足国内在计算机中使用汉字的需要，中国国家标准总局发布了一系列的汉字字符集国家标准编码，统称为GB码，或国标码。国标码用两个字节表示一个汉字。GB 2312（国家标准信息交换用汉字编码字符集）所收录的汉字已经覆盖99.75%的使用频率，基本满足了汉字的计算机处理需要。

2.4.5　计算机中数的表示及编码

送入计算机的数值不仅要转换成二进制数，还要解决数的符号问题。将一个数连同符号数字化，即机器数的最高位为0时，表示的是正数，最高位为1表示的是负数，这种已经数码化了的正负数称为机器数。

例如，假设机器数为8位，最高位是符号位，那么在定点整数的情况下，00101110和10010011的真值分别为十进制数+46和-19。

计算机中的符号数有三种表示方法，即原码、反码和补码。

1. 原码

在计算机规定的字长范围内，按上面所述，其最高位为0表示正数，最高位为1表示负数，后面的各位为其数值，这种数的表示方法称为原码。例如：

对于正数（字长=8位）

$[+25]_{原}=00011001$　　$[+1]_{原}=00000001$

$[+127]_{原}=01111111$　　$[+105]_{原}=01101001$

对于负数（字长=8位）

$[-25]_{原}=10011001$　　$[-1]_{原}=10000001$

$[-127]_{原}=11111111$　　$[-105]_{原}=11101001$

对于0，可以是（+0），也可以是（-0），因此，0在原码中有这两种表示方法：

$[+0]_{原}=00000000$　　$[-0]_{原}=10000000$

原码表示法简单直观，但不便于进行加减运算。当两原码作加减运算时，首先要判断两者的符号，然后确定实际的运算，最后再确定结果的符号。采用这种方法，不仅费时，而且硬件线路十分复杂。

2. 反码

反码的表示分两种情况，如果是正数，反码与原码的形式完全一样；如果是负数，则把其原码除符号位以外的各位取反（即0变1，1变0）。例如：

设字长为8位

$[+0]_{反}=00000000$　　$[-0]_{反}=11111111$

$[+1]_{反}=00000001$　　$[-1]_{反}=11111110$

$[+127]_{反}=01111111$　　$[-127]_{反}=10000000$

3. 补码

在补码的表示中，正数的表示方法与原码相同；负数的补码在其反码的最低有效位上加1。例如：

设字长为8位

$[+0]_{补}=00000000$　　$[-0]_{补}=00000000$

$[+127]_{补}=01111111$　　$[-127]_{补}=10000001$

$[+36]_{补}=00100100$　　$[-36]_{补}=11011100$

通过补码运算，可以把减法运算变成加法运算；而乘法可以用加法来做，除法可以转变成减法。这样一来，加、减、乘、除四种运算最终都可以用“加法”和“移位”来实现。这对简化CPU的设计非常有意义，CPU里面只要有一个加法器就可以做算术运算。

2.5 中英文输入法

2.5.1 认识键盘

键盘是计算机中最常用的输入设备之一，键盘的主要功能是把文字信息和控制信息输入计算机，其中文字信息的输入是其最重要的功能。

1. 键盘的分类

键盘根据按键的触点结构可分为机械触点式键盘、电容式键盘和薄膜式键盘几种，但从表面是很难看出区别的。根据键盘插头的不同，可将键盘分为五芯电缆键盘和六芯电缆键盘，其实两种键盘所传送的信号是相同的，只要加一个接头就能实现相互转换。现在USB接口的键盘也很普及。根据按键的数目可分为101键键盘和104键键盘等几种。不同种类的键盘的键位分布基本一致。

2. 键盘的分区

以最常见的101键键盘为例，可以把键盘划分为四个区域：功能键区、主键盘区、控制键区和数字键区（又称副键盘区），另外在键盘的右上方还有三个指示灯，即状态指示区，如图2-31所示。

图 2-31　标准 104 键盘的布局

（1）功能键区介绍

功能键区是位于键盘上部的一排按键，如图2-32所示。

图 2-32　功能键区

功能键区从左到右分别如下：

① Esc：退出键。一般起退出或取消作用。

② F1～F12：共12个功能键，一般是作“快捷键”使用。

③ PrintScreen：部分键盘缩写为Ptr Scr，屏幕打印键。在DOS中可以直接将屏幕图像输出到打印机，在Windows中则把当前屏幕的显示内容作为一个图像复制到剪贴板上，以供处理。

④ Scroll Lock：在某些环境下可以锁定滚动条，在右边有一盏Scroll Lock指示灯，灯亮表示锁定。

⑤ Pause/Break：用以暂停程序或命令的执行。

（2）主键盘区和控制键区的介绍

主键盘区主要由字母键、数字键、符号键和制表键等组成，它的按键数目及排列顺序与标准英文打字机基本一致，通过主键盘区可以输入各种命令，但一般是和控制键区一起用于文字的录入和编辑。控制键区主要用于控制光标的移动。

① Tab：跳格键。主要用于窗口和表格操作中的跳格。在文字处理软件中，每按一次，默认情况下光标向右移动8个字符位置。

② Enter：回车键。输入文字时，表示换行；一个命令完毕，表示确定，执行命令。

③ Backspace：退格键。删除光标前一个字符或汉字，光标的位置左退一格。

④ Caps Lock：大小写转换键。相当于大小写字母开关，Caps Lock指示灯亮，表示大写状态，否则为小写状态。Caps Lock键只对26个字母起作用。

⑤ Shift：换档键（主键盘左右下方各一个，其功能一样），主要有两个用途。

a. 同时按住【Shift】键和具有上下档字符的键，输入的是上档字符。

b. 用于大小写字母输入。当处于大写状态，同时按【Shift】和字母键，输入小写字母；反之，当处于小写状态，同时按住【Shift】和字母键，输入大写字母，这样可以快速方便地完成少量字母输入时的大小写切换。

⑥ Ctrl：控制功能键。【Ctrl】须与其他键同时组合使用，才能完成某些特定功能。

⑦ Alt：组合功能键。【Alt】键也须与其他键同时组合使用，才能完成某些特定功能。

⑧ 空格键：最长的一个键，每按一下，输入一个空格，它是键盘上使用频率最高的按键之一。

（3）数字键区介绍

数字键区是为提高数字输入的速度而增设的，由主键盘区和控制键区中最常用的一些键组合而成，一般被编制成适合右手单独操作的布局。数字键区左上方的【Num Lock】键，称为数字/编辑转换键，用于控制数字键区的功能，按【Num Lock】键，指示灯亮，表明小键盘处于数字输入状态；再按【Num Lock】键，指示灯灭，表明小键盘回到编辑状态，不能用小键盘输入数字。

2.5.2 键盘的基本指法

正确的键盘指法是提高计算机信息输入速度的关键，因此，初学计算机的用户必须从一开始就严格按照正确的键盘指法进行学习。

1. 正确的姿势

只有正确的姿势才能做到准确快速地输入而又不容易疲劳。

① 调整椅子的高度，使得前臂与键盘平行，前臂与后臂成略小于90°；上身保持笔直，并将全身重量置于椅子上。

② 手指自然弯曲成弧形，指端的第一关节与键盘成垂直角度，两手与两前臂成直线，手不要过于向里或向外弯曲。

③ 打字时，手腕悬起，手指指肚要轻轻放在字键的正中面上，两手拇指悬空放在空格键上。此时的手腕和手掌都不能触及键盘或机桌的任何部位。

④ 注意击键的方法，"击键"，顾名思义，就是手指要用"敲击"的方法去轻轻地击打字键，击毕即缩回。

2. 正确的指法

指法分区的目的是使手指分工操作，提高输入的速度和准确性。另外，为了帮助操作者不看键盘就能找到基准键位，在【F】键和【J】键上各有一个小凸起，以便于盲打时手指能通过触觉定位。当用左右食指触摸到这两个键时，其他手指也就自然地放到了基准键位上。基准键位共有8个，分别是【A】、【S】、【D】、【F】、【J】、【K】、【L】和符号键【；】，它们与手指的对应关系是：左手小指按【A】键，无名指按【S】键，中指按【D】键，食指按【F】键，右手小指按【；】键，无名指按【L】，中指按【K】键，食指按【J】键。

在基准键位的基础上，对于其他字母、数字、符号也都分别合理地分配给十个手指，并且规定每个手指按哪几个字符键。手指的分工如图2-33所示。

图 2-33　键盘的指法分区图

手指定位后不能随意移开，更不能放错位置。在打字过程中，每个手指只能击打指法所规定的字符键，击完键后手指必须立刻返回到对应的基准键上。

2.5.3　键盘的操作

键盘除了对计算机输入数据外，还可以用来执行命令，完成相应的功能。利用键盘的功能键和一些组合键，也能完成鼠标实现的命令。除【F1】～【F12】功能键外，还可以利用【Ctrl】、【Shift】和【Alt】这三个键与其他键的组合，实现不同的命令。

【F1】～【F12】部分功能键的功能见表2-4。

表 2–4　【F1】～【F12】部分功能键及功能

按　键	功　能
F1	快速打开某些程序的帮助文件
F2	相当于右键快捷菜单中的“重命名”命令
F3	打开“搜索”窗口
F5	相当于右键快捷菜单中的“刷新”命令
F6	快速展开IE地址栏的下拉菜单
F8	在启动计算机时，进入Windows界面之前按【F8】键，用来显示启动菜单，从而进入安全模式
F10	定位到工具栏的“文件”，配合【Enter】键，快速打开“文件”下拉菜单。按【Shift+F10】组合键快速打开右键快捷菜单
F11	使资源管理器或IE的窗口在完整模式与全屏显示之间进行切换

其他几个功能键在不同的程序窗口中也有不同的作用，比如在文字编辑工具中，按【F12】键可以打开“另存为”对话框，在Windows Media Player播放器中，按【F9】键可以减小音量，按【F10】键可以加大音量。

2.5.4　设置默认输入法切换顺序

单击语言栏上的按钮，从弹出的输入法列表中选择一种输入法。直接按【Ctrl+Space】组合键可以切换中/英文输入法状态。按【Ctrl+Shift】组合键可以轮流选择不同的输入法。

可以通过设置不同的默认输入法，来方便用户的输入法选择，从而简化日常的操作。Windows 10系统中的操作方法如下：

① 单击计算机桌面左下角的“开始”菜单中的“设置”命令。

② 在打开的“Windows 设置”窗口中选择“时间和语言”选项，如图2-34所示。

图 2-34　“Windows 设置”窗口

③ 进入图2-35所示语言设置界面，单击导航左侧的“语言”选项，在右侧窗格的“语言”区域单击“键盘”选项。

④ 单击“使用语言列表（推荐）”选项，从弹出的输入法列表中选择一个作为默认输入法，如图2-36所示。

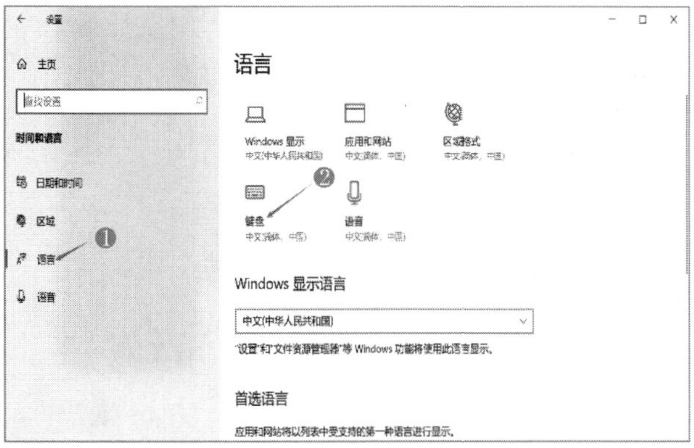

图 2-35　打开“语言”设置界面

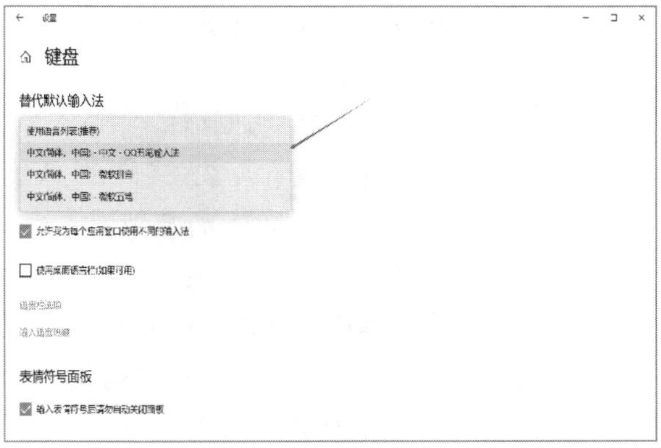

图 2-36　打开“键盘”设置界面

⑤ 关闭当前窗口，重启系统，新的默认输入法设置即生效，如图2-37所示。

图 2-37　设置默认输入法

习　　题

一、选择题

1. 电子计算机技术在半个世纪中虽有进步，但一直遵循着（　　）提出的基本原理。

   A. 爱迪生　　B. 冯·诺依曼　　C. 布尔　　D. 图灵

2. 为解决某一特定问题而设计的指令序列称为（　　）。

   A. 文档　　B. 语言　　C. 系统　　D. 程序

3. 显示器显示图像的清晰程度，主要取决于其性能指标（　　）的高低。

   A. 分辨率　　B. 对比度　　C. 尺寸　　D. 亮度

4. 计算机中对数据进行加工与处理的部件，通常称为（　　）。

A. 控制器　　B. 运算器　　C. 存储器　　D. 显示器

5. 用MIPS衡量的计算机性能指标是（　　）。

A. 运算速度　　B. 存储容量　　C. 安全性　　D. 可靠性

6. 下列字符中，ASCII码值最小的是（　　）。

A. a　　B. A　　C. x　　D. Y

7. 存储容量1 GB等于（　　）。

A. 1 024 MB　　B. 1 000 MB　　C. 1 024 B　　D. 1 024 KB

8. 在微机中，一个字节包含（　　）个二进制位。

A. 12　　B. 16　　C. 8　　D. 7

9. 汉字国际标码（GB 2312—1980）规定，每个汉字用（　　）个字节表示。

A. 1　　B. 3　　C. 2　　D. 4

10. 计算机中，应用最普遍的字符编码是（　　）。

A. 补码　　B. 汉字编码　　C. ASCII码　　D. BCD码

11. 下列二进制运算中，结果正确的是（　　）。

A. 1+1=10　　B. 1 × 1=0　　C. 1+0=0　　D. 1 × 0=1

12. 所谓“裸机”是指（　　）。

A. 主机没装机箱的计算机

B. 没有电源的计算机

C. 只装操作系统的计算机

D. 只有硬件，没有安装任何软件系统的计算机

13. 主频是指微机（　　）的时钟频率。

A. 系统总线　　B. 主机　　C. CPU　　D. 内存

14. 8位无符号二进制能表示的最大十进制整数是（　　）。

A. 255　　B. 256　　C. 254　　D. 128

15. 微机硬件系统的基本组成是（　　）。

A. 主机、输入设备、存储器　　B. CPU、存储器、输入/输出设备

C. 主机、输出设备、显示器　　D. 键盘、显示器、打印机、运算器

二、综合题

1. 计算机的发展经历了哪几个时代？每个时代的特点是什么？
2. 简述计算机的用途和特点。
3. 简述计算机系统的组成结构。
4. 简述计算机系统的工作原理。
5. 把下列二进制数转换为十进制数、八进制数和十六进制数。

（1）100100　　（2）1100010　　（3）101110001　　（4）11010011001

6. 把下列十进制数转换为二进制数。

（1）1024　　（2）78　　（3）159　　（4）1861

第 3 章 操作系统 Windows 10

作为计算机系统的控制和管理中心，操作系统（operating system, OS）是用户与计算机的接口，是应用软件运作的平台。微软公司真正意义的图形界面操作系统是从Windows 95开始的，后续经历了Windows XP、Windows 7和Windows 8等版本。作为微软公司的新一代跨平台及设备操作系统，Windows 10于2015年7月发布，包括家庭版、专业版、企业版、教育版、移动版、专业工作站版和物联网核心版等版本，凭借图形界面简单，兼容性良好，功能强大等优点，深受用户青睐。

本章通过介绍Windows 10操作系统的基本知识、文件管理、程序管理和系统管理等基本操作，让用户掌握操作系统应用和管理的方法和技巧。

3.1 Windows 10 的基本操作

3.1.1 Windows 10的启动和退出

1. 启动

在确保电源供电正常，各电源线、数据线及外围设备连接正常的基础上，按主机的开机按钮，Windows 10完成系统自检后即可登录系统。

注意

① 若为多用户界面，则需在“用户选择”界面中选择正确的用户名。

② 若该用户设置了密码，则输入正确密码后按【Enter】键登录系统。

2. 退出

① 关闭程序，保存文档。为保证数据安全，退出系统前必须保存编辑文件，关闭运行程序。

② 单击“开始”按钮，选择“电源”→“关机”命令关机，退出Windows 10操作系统，关闭主机电源。

③ 关闭外设电源，如显示器、打印机等。

“电源”选项包括四项内容，如图3-1所示。

- 睡眠：系统将正在处理的数据保存到内存中，关闭显示器和硬盘。可随时通过鼠标、键盘或者开机按钮唤醒，唤醒时只给部分硬件加电，无须自检和加载系统，启动速度非常快。
- 休眠：将当前处于运行状态的数据保存在硬盘中，整机完全停止供电，开机后直接恢复到休眠前的状态，即使完全断电也可以恢复数据。

图 3-1 “电源”选项

- 关机：关闭系统，计算机断电。
- 重启：结束当前所有任务，重新启动计算机。

技巧

- 按【+L】组合键，快速锁定计算机。
- 按【+R】组合键，快速打开“运行”窗口。

3.1.2 桌面

登录Windows 10后的计算机屏幕称为桌面，如图3-2所示。桌面由图标、空白区、任务栏组成。

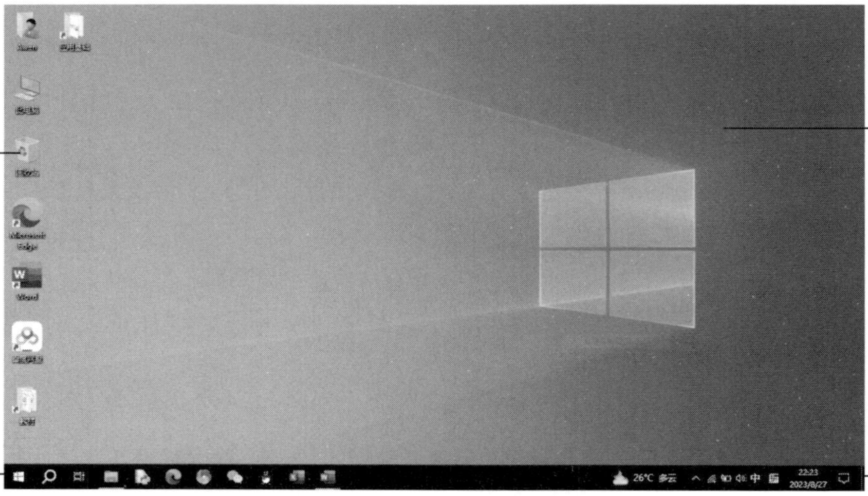

图 3-2 桌面

1. 图标

图标由图形和文本组成，代表某程序、文件或文件夹的快捷图标。利用桌面的图标可以快速打开该图标指向的程序或文件夹。

Windows 10默认包括以下几个图标：

①“此电脑”：管理和组织计算机资源的工具。

②“回收站”：暂存用户删除的文件或文件夹。

③“用户的文件”：存放用户常用文档的文件夹。

④“控制面板”：系统管理工具。

⑤“网络”：用于网络设置和浏览局域网共享资源。

2. 空白区

空白区是桌面的主体区域，Windows 10默认为桌面设置了颜色和图像，用户可以根据个人的喜好进行更改。

视频 个性化桌面的设置

【例3-1】个性化桌面的设置。

① 在桌面的空白区域右击，在弹出的快捷菜单中选择“个性化”命令，如图3-3所示，打开“个性化”设置窗口，如图3-4所示。

② 桌面背景包括图片、纯色和幻灯片放映三种效果，从图3-4“选择图片”下方选择个人喜欢的图片，从“选择契合度”下拉列表中选择效果（如“填充”），完成桌面背景设置。

图 3-3　选择“个性化”命令

图 3-4　“个性化”设置窗口

技巧

- “选择契合度”包括填充、适应、拉伸、平铺、居中和跨区六种效果。
- 单击上方的“浏览”按钮可以使用系统文件夹以外的图片作为桌面背景。

③ 单击图3-4中的“高对比度设置”超链接，打开“高对比度”设置界面，如图3-5所示。

④ 单击“主题设置”超链接，打开“主题”设置界面，如图3-6所示。

- 更改主题：利用主题列表中的选项修改主题模板。
- 设置背景、颜色、声音、鼠标光标：通过对应的命令打开对话框完成操作。
- 桌面图标设置：显示/隐藏桌面图标、更改图标图案效果，如图3-7和图3-8所示。

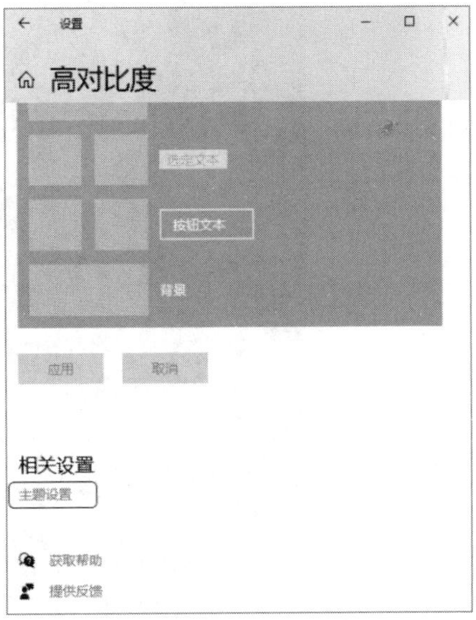

图 3-5　“高对比度”设置界面

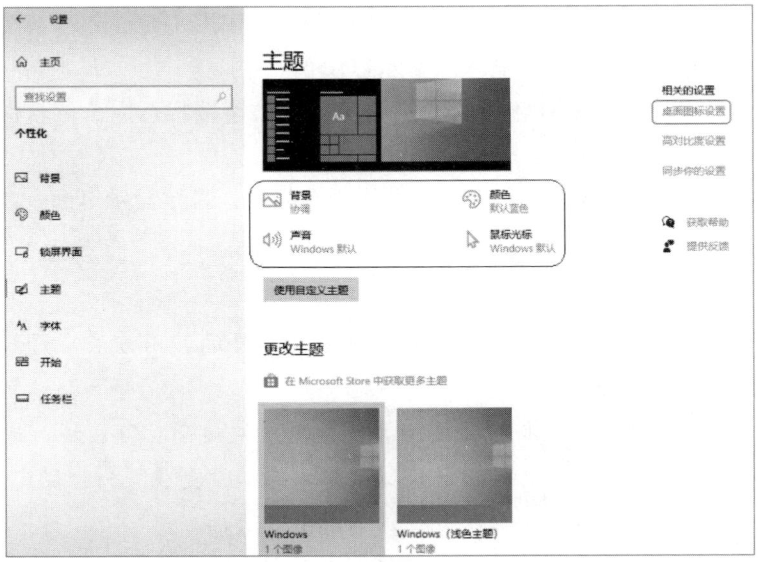

图 3-6　“主题”设置界面

图 3-7 “桌面图标设置”对话框

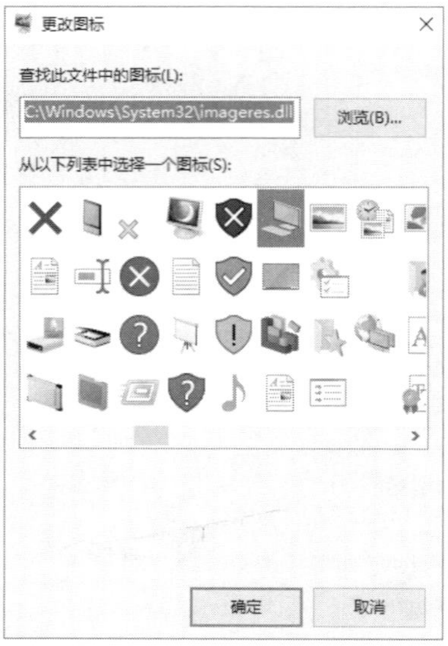

图 3-8 “更改图标”对话框

3. 任务栏

任务栏一般位于桌面的底部，它由“开始”按钮、快捷图标、应用程序栏、通知区域、语言栏“显示桌面”按钮组成，如图3-9所示。

图 3-9 任务栏

①“开始”按钮：打开“开始”菜单，如图3-10所示。通过“开始”菜单实现程序运行、系统设置、硬件管理等操作。“开始”菜单左侧提供用户、文档、图片、设置和电源按钮，单击对应按钮，可快速打开对应的功能项。

② 快捷图标：单击快捷图标，打开指向的应用程序。

③ 应用程序栏：显示打开的程序窗口按钮。

④“语言”栏：输入法显示、设置。

⑤ 通知区域：包括时间、音量、网络连接状态、杀毒软件等常驻内存的应用程序图标。

⑥“显示桌面”按钮：最小化所有窗口，直接显示桌面。

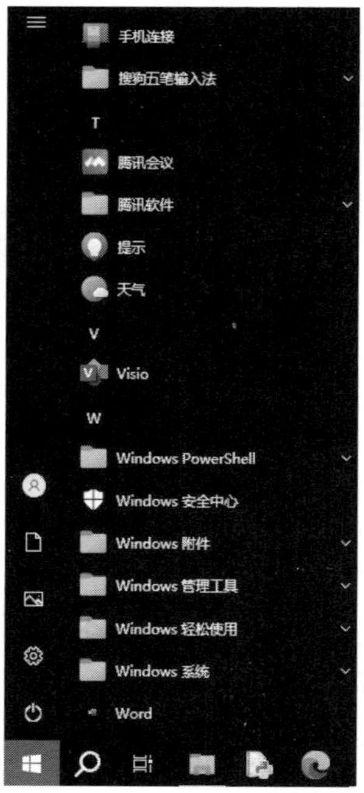

图 3-10 “开始”菜单

技巧

- 快捷图标和桌面图标是快速打开程序的常用方法，好好规划，可有效简化桌面。
- 添加对象：将桌面图标直接拖到“快捷图标”区域，或者右击开始菜单中的图标，在弹出的快捷菜单中选择“更多”→“固定到任务栏”命令，可为该区域添加新成员，如图3-11所示。
- 删除对象：右击“快捷图标”区域的某个图标，在弹出的快捷菜单中选择“从任务栏取消固定”命令，可删除该图标。

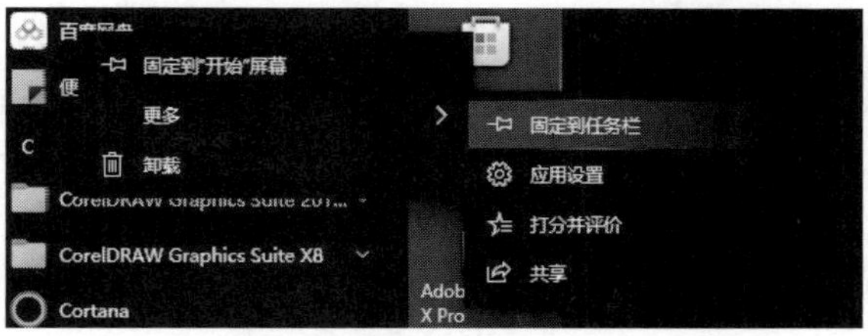

图 3-11　添加快捷图标

【例 3-2】任务栏应用。

右击任务栏空白区域，在弹出的快捷菜单中选择“任务栏设置”命令，弹出图3-12所示对话框。

① 设置任务栏。包括锁定任务栏、自动隐藏任务栏、任务栏位置、合并任务栏按钮等内容。

视 频

任务栏应用

图 3-12　任务栏设置

② 打开应用程序，常用的方法如下：

- 单击“快捷图标”中的图标。
- 双击桌面快捷图标。
- 单击“开始”菜单中的应用程序图标。
- 打开任务栏“搜索”按钮，输入程序名称，从搜索结果中单击打开，如图3-13所示。

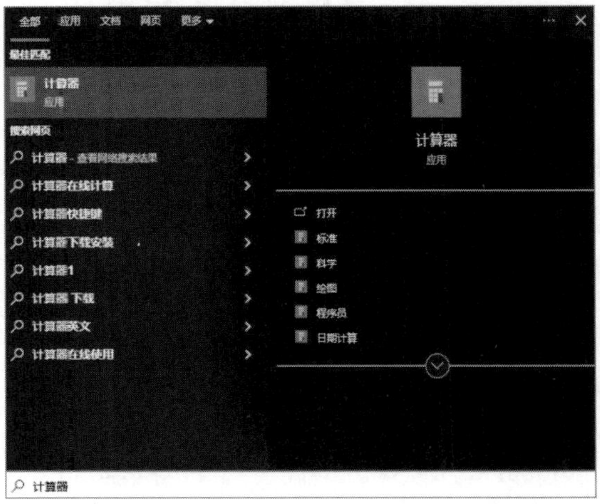

图 3-13　“搜索”应用程序

③ 显示桌面：单击任务栏最右侧的“显示桌面”按钮，直接显示桌面。

3.1.3　鼠标

鼠标是Windows操作系统最常用的输入设备，其基本操作见表3-1。

表 3-1　鼠标操作

操　作	方　法	含　义
单击	按一下鼠标左键	用于选中某个对象或选取某个按钮、菜单、选项等
双击	快速连续单击鼠标左键两次	用于运行程序或打开文件夹
拖动	按下鼠标左键同时移动鼠标	用于文件、文件夹、文本的批量选择或移动、复制；窗口调整、滚动条移动等操作
指向	移动鼠标，使鼠标指针定位在某个对象上	显示提示信息
右击	按一下鼠标右键	弹出与当前对象相关的快捷菜单
滚动轮	推动鼠标的滚动轮	用于移动窗口上、下页内容

在Windows 10操作系统中，在“控制面板”的“设备”组中选择“鼠标”，可进行主按键、光标速度等设置，如图3-14所示。单击“其他鼠标选项”超链接，打开“鼠标 属性”对话框，在其中可进行详细操作，如鼠标键配置、指针、指针选项等应用习惯，如图3-15所示。其中，“切换主要和次要的按钮”复选框用于实现鼠标左键和右键功能转换。

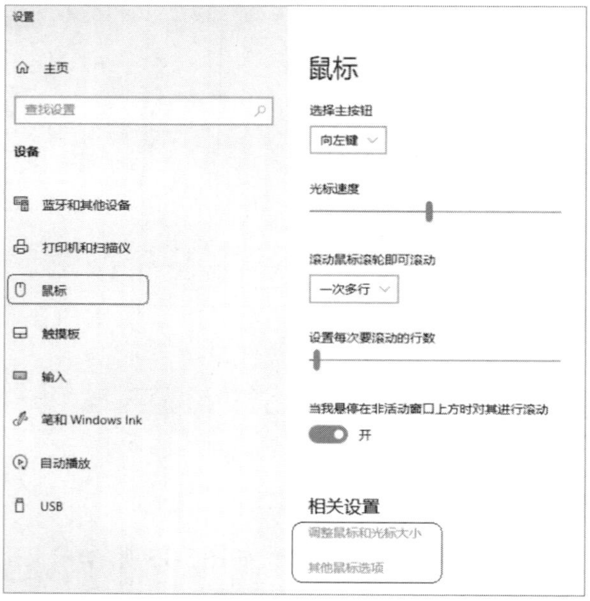

图 3-14　设置鼠标

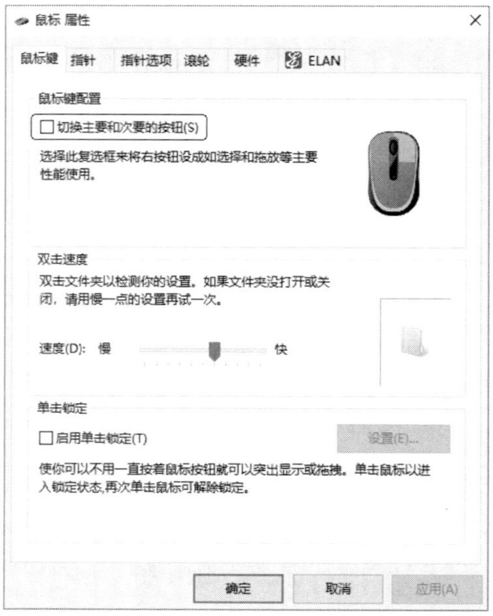

图 3-15　“鼠标 属性”对话框

3.1.4　快捷键

善用快捷键可有效提高工作效率。Windows 10常用的快捷键及功能见表3-2。

表 3-2　常用快捷键及功能

快 捷 键	功　能	快 捷 键	功　能
【Ctrl + C】	复制	【Ctrl + X】	剪切
【Ctrl + V】	粘贴	【Ctrl + A】	全选
【Ctrl + Z】	撤销	【Ctrl + Y】	重做
【Ctrl + Shift +Esc】	打开Windows任务管理器	【Alt + Tab】	轮流切换打开的项目
【Ctrl + Shift】	轮流切换中文输入法	【Ctrl + Space】	中英文输入法切换
【Ctrl + Esc】	打开开始菜单	【Alt + F4】	关闭当前窗口
【⊞ + Shift + S】	快速截图	【⊞ + M】	最小化所有窗口
【⊞ + D】	显示桌面	【⊞ + E】	打开“此电脑”窗口
【⊞ + I】	打开“Windows设置”窗口	【⊞ + R】	打开“运行”功能
【⊞ + Tab】	创建虚拟桌面	【⊞ + Ctrl + ←/→】	快速切换虚拟桌面

【例3-3】多桌面应用。

视 频

多桌面应用

① 创建新桌面。按【⊞ + Tab】组合键，打开创建桌面界面，如图3-16所示。

图3-16　新建桌面

② 单击图3-16左上角的“新建桌面”按钮，创建一个新桌面。单击下方的最近查看记录，可在新桌面上打开该文档，如图3-17所示。

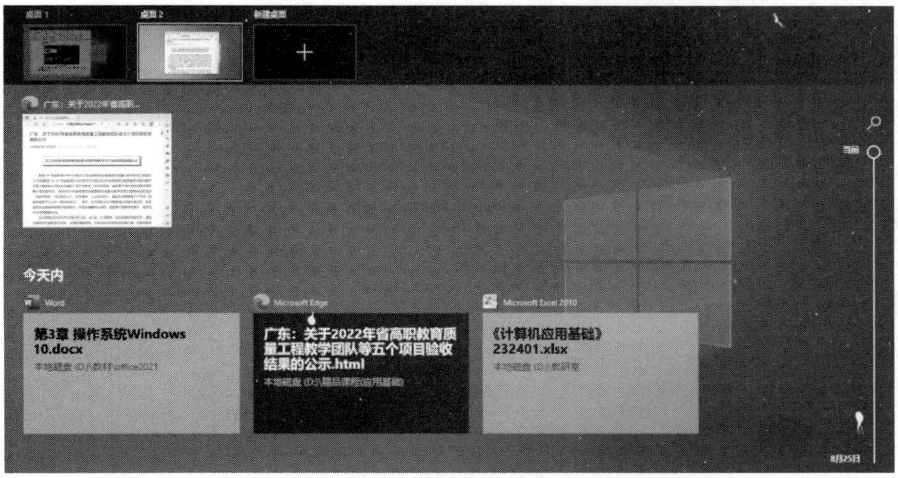

图3-17　多桌面状态

③ 各桌面相互独立，可保持工作环境的整洁。按【⊞ + Ctrl + ←/→】快捷键实现各桌面切换。通过图3-17可查看各桌面的情况，拖动某桌面已打开的程序窗口到其他桌面，可把该程序传送到其他桌面运行。

3.1.5　窗口

窗口是Windows系统为完成用户任务而在桌面上打开的矩形区域，是用户与计算机应用程序交流信息、实现互动的界面。

Windows是多任务操作系统，可以同时打开多个窗口。在打开的多个窗口中，用户正在操作的窗口称为当前窗口或活动窗口，其标题栏颜色和亮度非常醒目，而其余窗口的标题栏呈浅色显示。

1. 窗口的组成

Windows 10窗口一般包括标题栏、窗口按钮、路径栏、搜索栏、工具栏、工作区、目录面板和状态栏等，如图3-18所示。

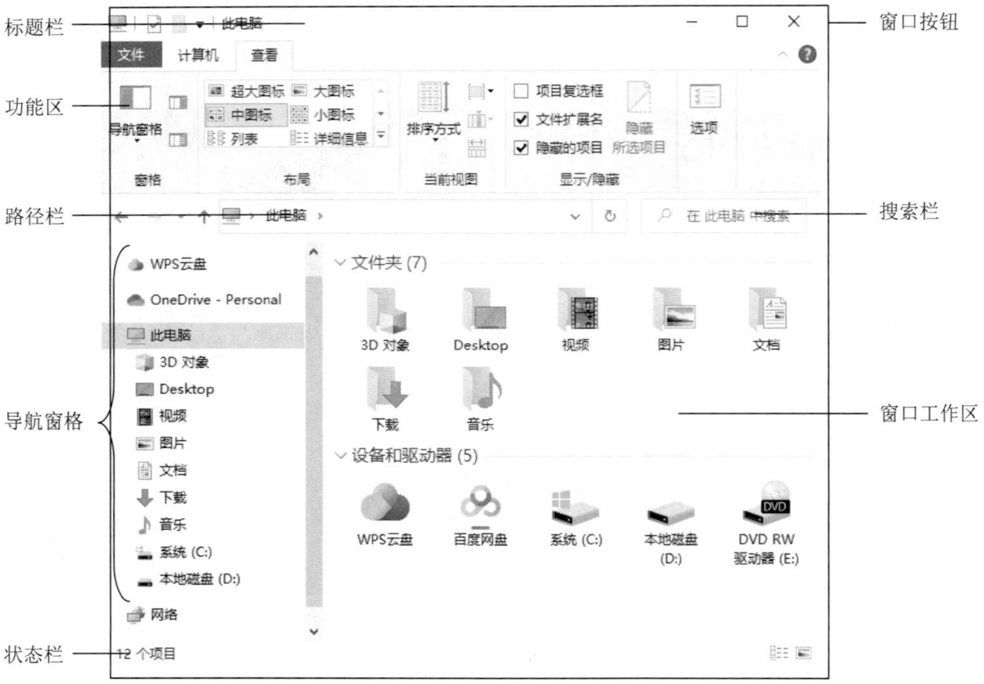

图 3-18　窗口

① 标题栏：显示应用程序及编辑文档名称。在“还原”状态下，拖动窗口实现窗口移动；双击标题栏可以“最大化/还原”窗口。

② 功能区：以选项卡的形式列出各种操作命令。

③ 路径栏：路径框显示当前目录层次关系及位置，单击路径组成项目，可直接定位到相应位置。单击左侧的“返回”“前进”“上移”按钮可根据历史浏览记录快速定位。

④ 导航窗格：提供计算机中的顶层及常用目录，可展开/隐藏下级目录。

⑤ 状态栏：位于窗口底端，显示与窗口操作相关的提示信息。

⑥ 窗口按钮：包括“最小化”“最大化/还原”“关闭”按钮。

- “最小化”按钮：使当前窗口隐藏到任务栏，以图标显示，该程序仍在运行。
- “最大化/还原”按钮：使窗口在全屏模式和普通模式之间切换。
- “关闭”按钮：关闭窗口。

⑦ 搜索栏：根据搜索框中的关键字，在当前位置搜索，结果显示在工作区中。

⑧ 工作区：窗口的内部区域称为工作区，是应用程序核心显示的区域。

2. 窗口的操作

(1) 最大化/还原、最小化和关闭窗口

窗口的最大化/还原、最小化和关闭操作均可通过窗口对应按钮完成。

技巧

常用的窗口关闭操作有以下三种：

- 双击标题栏左侧的系统图标。
- 单击标题栏左侧的系统图标，从弹出的菜单中选择“关闭”命令。
- 按【Alt+F4】组合键。

(2) 移动窗口

① 将鼠标指向窗口标题栏后拖动鼠标，可实现窗口的移动。

② 单击系统图标，从弹出的菜单中选择“移动”命令，然后使用键盘上的四个方向键【↑】【↓】【←】【→】可实现窗口的上、下、左、右移动。

（3）调整窗口大小

调整窗口大小有鼠标和菜单两种方法：

① 鼠标方法：移动鼠标光标到窗口边框，当光标变为“↔”或“↕”形状时，拖动鼠标，可改变窗口的宽度或高度；将鼠标光标移动到窗口转角，光标变为“⤡”或“⤢”形状时，拖动鼠标，可按比例改变窗口的宽度和高度。

② 菜单方法：从系统菜单中选择“大小”命令，然后使用键盘上的四个方向键【↑】【↓】【←】【→】改变窗口的高度或宽度，按【Enter】键确认。

（4）排列窗口

若桌面上打开了多个应用程序窗口，可将它们按不同的方式进行排列。右击任务栏，在弹出的快捷菜单中选择“层叠窗口”“堆叠显示窗口”“并排显示口”等命令，可改变窗口的排列方式，如图3-19所示。

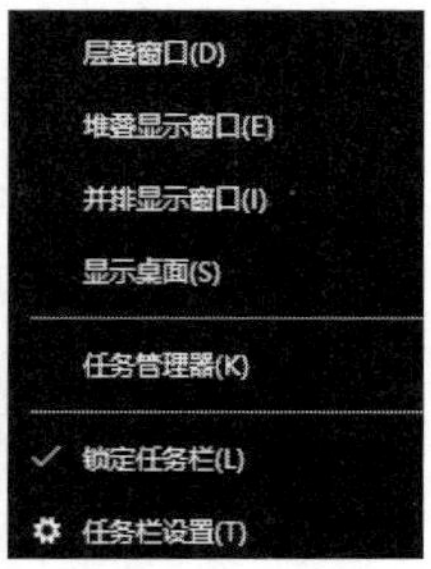

图 3-19　排列窗口命令

（5）切换窗口

Windows 10是一个多任务操作系统，用户可同时运行多个应用程序，即同时打开多个窗口。但任何情况下，只有一个窗口处于前台工作状态，与用户直接交互。单击非活动窗口区域，可激活该窗口为活动窗口。

技巧

按【Alt+Tab】组合键可快速更改活动窗口。

3. 对话框

对话框是一种特殊的Windows窗口，是用户与计算机进行信息交流的基本手段。对话框中通常包含标题栏、选项卡、列表框、下拉列表框、文本框、复选框、单选按钮、数值框、按钮等项目，如“字体”对话框，如图3-20所示。

常用的对话框要素如下：

① 按钮：

- “确认”按钮：应用对话框的设置并关闭对话框。
- “取消”按钮：取消对话框的设置并关闭对话框。
- “应用”按钮：应用对话框的设置但不关闭对话框。

② 下拉列表框：单击其右侧的下拉按钮弹出下拉列表，供用户选择需要的项目。

③ 复选框：选择一个或多个项目。☑表示选中项目；□表示未被选中状态。

④ 单选按钮：单选按钮以组的形式出现，各选项之间互斥，只能选择一个选项。◉表示选中项目；○表示未被选中状态。

⑤ 文本框：用于接收用户输入的内容。

⑥ 游标：拖动游标滑块可以改变数值大小。

⑦ 数值框：在数值框中直接输入或单击向下、向上按钮可以设置数值大小。

注意

对话框与窗口外形类似，但没有控制菜单按钮、窗口按钮。对话框和窗口一样可以移动、关闭，但其窗口大小固定，不可随意更改。

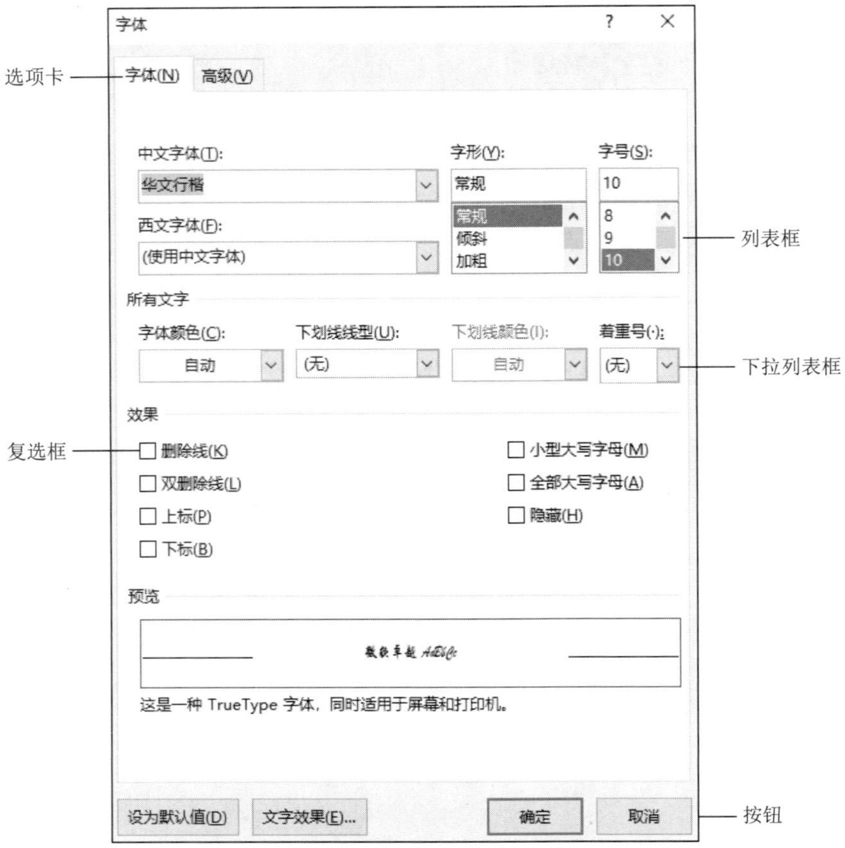

图 3-20 “字体”对话框

3.1.6 菜单

菜单是一系列操作命令的集合，用户选择对应的菜单项执行该项操作。

1. 菜单类型

Windows有以下三种菜单：

①“开始”菜单：单击“开始”按钮打开“开始”菜单。

② 快捷菜单：右击，弹出与当前操作对象相关的菜单。

③ 系统菜单：单击窗口左上角系统图标弹出的菜单。

2. 菜单约定

虽然菜单中的命令形态各式各样，但命令的不同形态代表不同的含义，称为菜单约定，图3-21显示常用菜单约定的状态。具体含义如下：

① 右端带省略号（…）：选择该命令，将弹出对应的对话框。

② 右端带黑色箭头（>）：表示该命令还有下一级菜单，选中后将弹出其下级子菜单。

③ 灰色命令：表示该命令当前不能使用。当条件达到时，该命令将被激活。

④ 带有快捷键或字母：位于命令后面的组合键（如【Ctrl+Z】）是该命令的快捷键。在打开菜单时，按命令后面的字母可执行对应的命令。

⑤ 带有选中标记：有些命令的左边带有选中标记“√”或“●”，表示该命令已经在起作用。“√”表示复选标志，命令前有“√”标志，表示该项已被选取，单击该命令可在两种状态间进行切换；“●”表示单选标记，在其所属的菜单分组中仅能选择一项。

⑥ 菜单分隔线：位于菜单项之间的分隔线，可形成菜单分组。

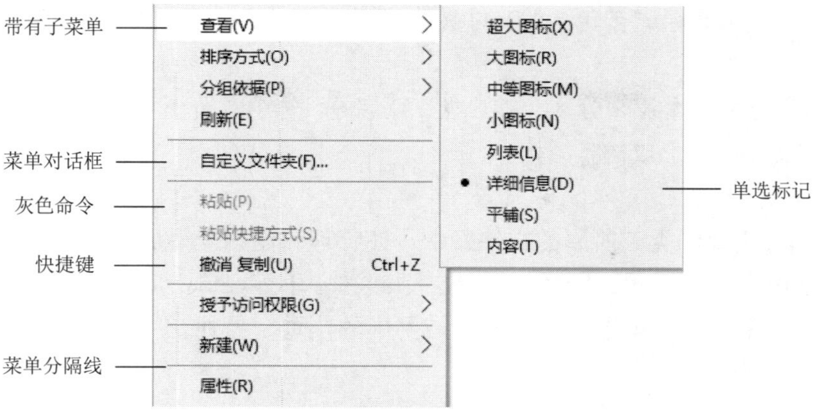

图 3-21　菜单约定

3.2　文件及文件夹管理

3.2.1　文件管理基本概念

1. 文件

文件是一组逻辑上相互关联的信息集合，如文档、图片、歌曲、视频等。

（1）文件命名

文件名通常由两部分组成：主文件名和扩展名，中间用点号“.”连接。其格式为：

```
<主文件名>[.扩展名]
```

Windows文件的命名规则见表3-3。

表 3–3　文件命名规则

命 名 规 则	规 则 描 述
文件名长度	支持长文件名，总长度不超过256个字符；不区分字母大小写
不可以包含的符号	? : * \ / < > “ |
文件间隔符	允许使用多间隔符“.”，规定最后一个分隔符后面的内容是扩展名
其他规则	同一文件夹中不允许存在同名文件

（2）文件类型

不同类型的文件通常以文件的扩展名和图标区分文件。表3-4列举了Windows中常用的文件类型。

表3–4　常用文件类型

扩 展 名	文 件 类 型	扩 展 名	文 件 类 型
.bmp .jpg .gif .png	图片文件	.htm .html .asp .php	网页文件
.mp3 .wav .mp4 .mid	音频文件	.rar .zip	压缩文件
.xlsx .xls	Excel工作簿文件	.txt .rtf	文本文件
.pptx .ppt	PowerPoint文件	.docx .doc	Word文档文件
.bat	批处理文件	.sys	系统文件
.exe .com	可执行文件	.ini	系统配置文件

（3）文件属性

文件属性是相关文件的说明信息，如文件类型、文件路径、大小、修改和创建时间等。一个文件（夹）通常包括只读、隐藏、存档等几种属性。

2. 文件夹

Windows采用树状结构进行文件管理。将相互联系的一组文件或文件夹存放在磁盘同一个文件项目下，这个项目称为文件夹或目录，被包含的文件夹称为子文件夹。

3. 盘符

Windows将硬盘划分为几个逻辑分区，如C盘、D盘等。每个盘符下可包含多个文件或文件夹，每个文件夹下又有文件或文件夹，形成树状结构。

4. 库

Windows 10把相关资源归类到所属的文件库中，使管理和使用变得更轻松。图3-18所示的“导航窗格”显示计算机的常用库，如视频、图片、文档、下载和音乐等。单击库中的链接，就能快速打开库中的文件，而不管它们原来存放在本地计算机或局域网中的位置。另外，库中的信息会随着原始文件夹的变化而自动更新。

5. 路径

路径是指从根文件夹到目标文件夹之间所经过的各个文件夹的名称组合，两个文件夹名之间用分隔符“\”分开，逻辑分区符号后面紧跟冒号“：”表示最顶层目录。

路径的表达格式为：

```
<盘符>:\<文件夹名>\……\<文件夹名>\<文件名>
```

例如，Microsoft Edge浏览器完整的表示地址为：

```
C:\Program Files (x86)\Microsoft\Edge\Application\msedge.exe
```

Windows中包含很多文件夹，用户正在操作的文件夹称为当前文件夹。

3.2.2 “此电脑”窗口

Windows 10使用“此电脑”窗口管理计算机系统资源。

双击桌面上的“此电脑”图标，打开图3-22所示的“此电脑”窗口。

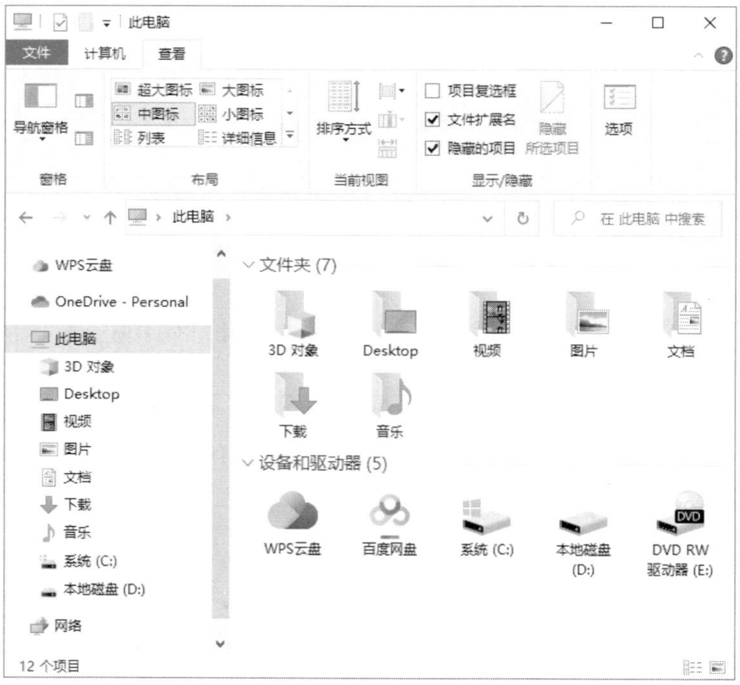

图 3-22 “此电脑”窗口

1. 智能工具栏

“此电脑”窗口的工具栏能根据当前位置的内容自动调整显示相应的命令选项。图3-23展示了顶层逻辑盘和文件夹的效果。

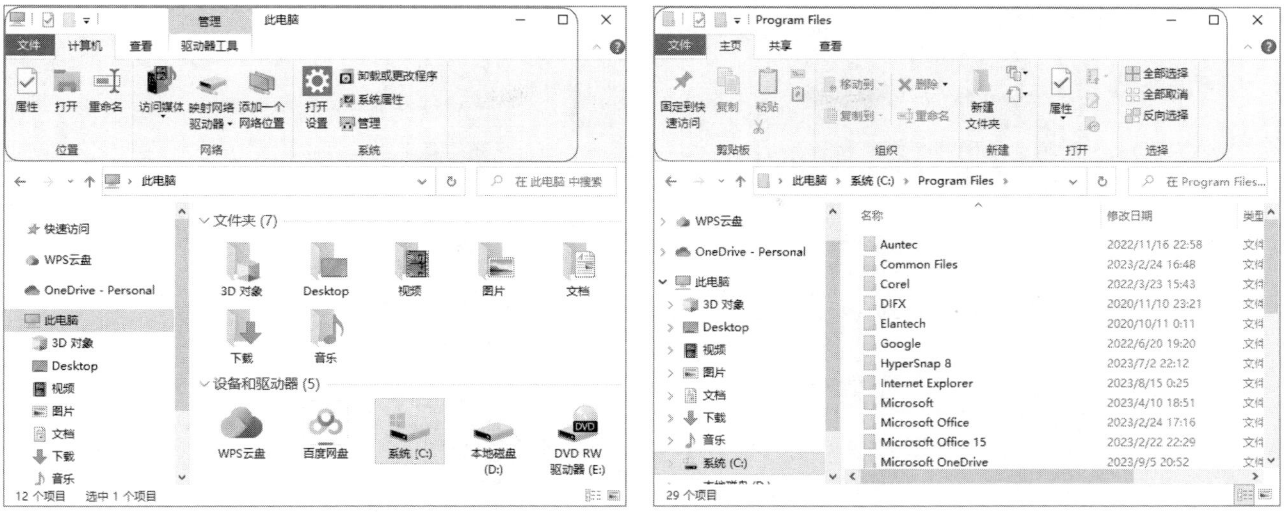

图 3-23 “此电脑”工具栏

2. 常用操作项

（1）主页

主页包括剪贴板、组织、新建、打开和选择五个组，集成了文件夹常用的操作选项。

（2）共享

共享包括发送、共享和高级安全三组。

（3）查看

查看包括窗格、布局、当前视图、显示/隐藏和选项五个组，如图3-24所示。Windows 提供超大图标、大图标、列表、详细信息等八种显示方式，通过“布局”组进行选择。通过“当前视图”可以修改文件的排序方式。利用“显示/隐藏”组中的“文件扩展名”和“隐藏的项目”复选框，控制文件的显示状态。单击“选项”按钮，打开“文件夹选项”对话框，在其中可进行更详细的设置，如图3-25所示。

在“常规”选项卡中可设置“浏览文件夹”和“打开项目的方式”等文件查看方式。

在“查看”选项卡中可设置文件的显示方式。若设置“查看”选项卡中的“隐藏文件和文件夹”方式为“不显示隐藏的文件和文件夹”，则文件属性为隐藏的文件和文件夹将无法显示；若选中“隐藏已知文件类型的扩展名”复选框，则常用类型的文件将隐藏其扩展名，仅显示主文件名。

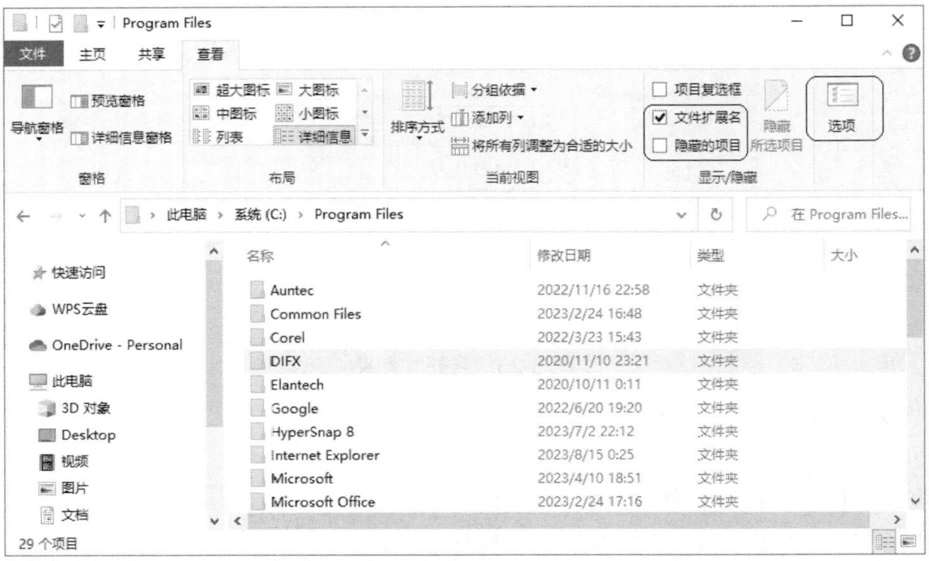

图 3-24 “查看”选项卡

（a）“常规”选项卡　　　　（b）“查看”选项卡

图 3-25 “文件夹选项”对话框

3. 展开和折叠文件夹

“此电脑”左侧的“导航窗格”显示了Windows顶层文件夹，很多文件夹还包含有多级子文件夹。必须展开该文件夹，用户才能查看其内部内容。

若文件夹图标前有“>”标志，表示该文件夹包含子文件夹，单击“>”标志可展开文件夹列表，单击文件夹图标则在右侧“窗口工作区”显示该文件夹中的内容；当一个文件夹被展开后，其前面的标志将由“>”变为“⌄”，单击“⌄”标志可收缩折叠文件夹。图3-26显示了msedge.exe的文件位置。

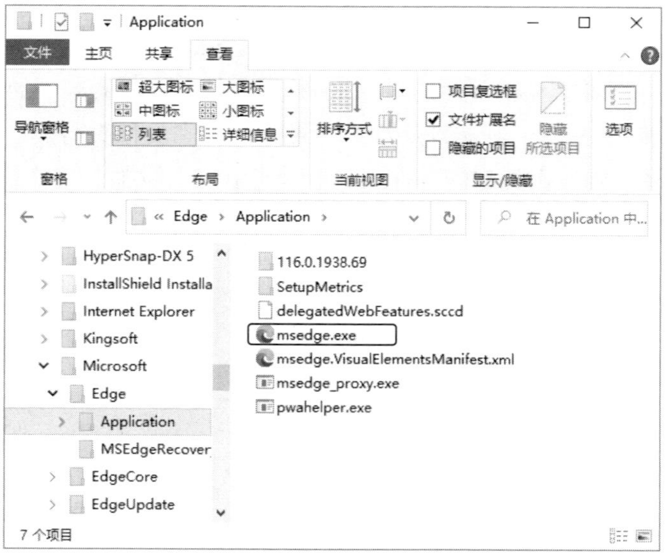

图 3-26 展开文件夹

4. 打开文件夹

打开文件夹的方法有如下两种：

① 双击“窗口工作区”的文件夹图标打开该文件夹。

② 通过“此电脑”左侧的“导航窗格”展开目标文件夹，单击文件夹，文件夹中包含的对象将显示在右侧“窗口工作区”中。

3.2.3　文件和文件夹的基本操作

1. 选定文件和文件夹

在对文件或文件夹进行操作之前，必须先选定操作对象。文件和文件夹的选定方法见表3-5。

表 3–5　文件或文件夹的选定方法

选 择 对 象	方　　法
单个文件和文件夹	单击要选定的文件和文件夹
连续排列的多个文件	单击待选文件的第一个文件，按住【Shift】键，单击该文件区域的最后一个文件，便可选中该连续区域的所有文件，如图3-27所示
	用鼠标在文件区域拖出一个矩形范围，即可选中矩形选框覆盖的文件，如图3-28所示
不连续排列的多个文件	选中第一个文件（或文件区域），按住【Ctrl】键的同时依次单击或拖动鼠标选择其他文件区域，如图3-29所示
全部选择	按【Ctrl+A】组合键
	选择“主页”→“选择”→“全部选择”命令
反向选择	先选定所有非选择对象，选择“主页”→“选择”→“反向选择”命令，即可选定除已选对象外的全部内容
取消选择	在选定区域外单击

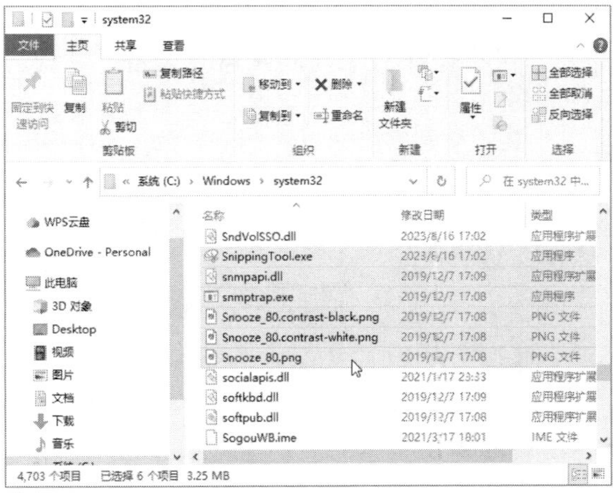

图 3-27　用【Shift】选择连续文件

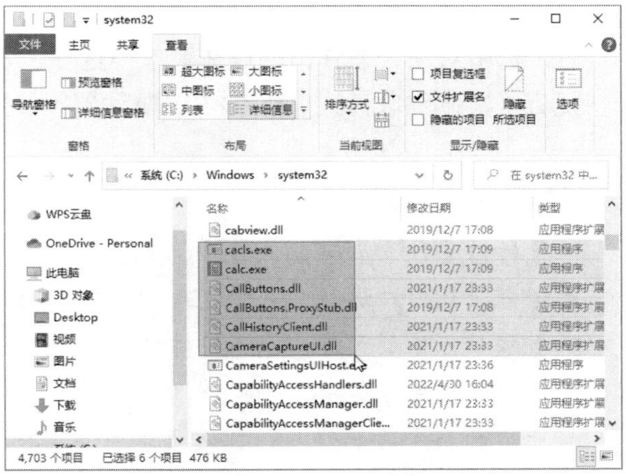

图 3-28　用框选方法选择连续文件

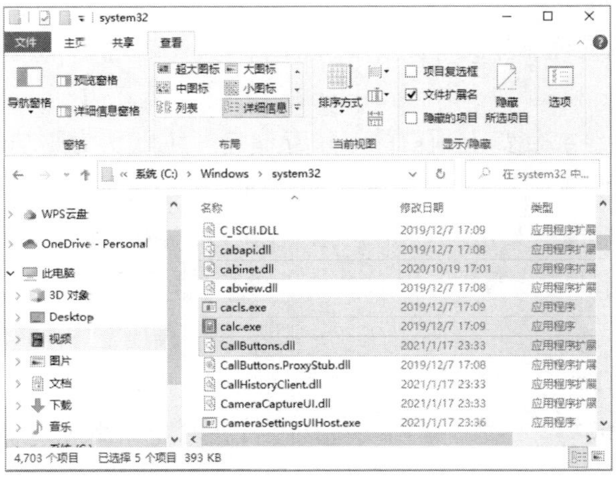

图 3-29　选择不连续区域

2. 复制、移动文件和文件夹

文件复制是指生成对象的副本并存放于用户选择的位置，原位置的文件和文件夹仍存在。文件移动是指将对象从原位置移动到新位置。

选中操作对象后，常用的对象复制、移动操作如下：

（1）选项卡方法

① 复制操作：选择“主页”→“剪贴板”→“复制”命令（或按【Ctrl+C】组合键）；移动操作：选择“主页”→“剪贴板”→“剪切”命令（或按【Ctrl+X】组合键）。

② 打开目标位置，选择“主页”→“剪贴板”→“粘贴”命令（或按【Ctrl+V】组合键）。

另外，利用右键快捷菜单中的“复制”“剪切”“粘贴”命令也可实现以上操作。

（2）鼠标方法

移动：拖动鼠标选中区域到目标位置后松开鼠标，实现移动操作。

复制：按住【Ctrl】键的同时拖动鼠标选中区域到目标位置（此时鼠标的下方多了一个“+”号），释放鼠标实现复制操作。

注意

若原位置和目的位置在不同的逻辑分区，则直接拖动鼠标完成复制操作；此时，按住【Shift】键拖动鼠标方可实现移动操作。

（3）发送文件和文件夹

右击选中对象，在弹出的快捷菜单中选择“发送到”命令，可将操作对象复制到蓝牙设备、U盘、桌面快捷方式、邮件收件人、DVD-RW驱动器等位置。

注意

当目标位置包含有与源文件同名的对象时，将弹出“替换或跳过文件”对话框，让用户进行下一步处理，如图3-30所示。

- 替换目标中的文件：用新文件替换已存在的文件。
- 跳过该文件：取消复制操作，保留原文件。
- 比较两个文件的信息：比较文件信息，确定是否同时保留两个文件，新文件将增加一个区别编号。

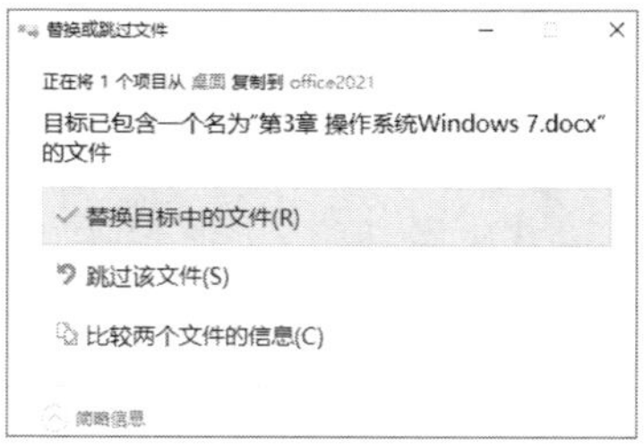

图 3-30 “替换或跳过文件”对话框

3. 删除、恢复文件或文件夹

Windows采用回收站机制处理删除文件。

（1）回收站

“回收站”是Windows系统在硬盘上预留的一块存储空间（默认为驱动器总容量的10%），用于临时存放被删除的对象。右击“回收站”图标，在弹出的快捷菜单中选择“属性”命令，可了解回收站属性，如图3-31所示。被删除对象并没有真正从磁盘删除，还可以从回收站中恢复。当确认要永久删除该对象时，可在回收站中将其删除，此时它们所占用的磁盘空间才得到释放。

注意

若选中“不将文件移到回收站中。移除文件后立即将其删除”单选按钮，则文件直接删除，不再暂存到回收站，要慎用。

（2）删除文件或文件夹

选中待删除的文件及文件夹后，可以采用以下任一种方法完成删除操作。

① 按【Delete】键。

② 选择“主页”→“组织”→“删除”命令（或按【Ctrl + D】组合键）。

③ 使用右键快捷菜单中的“删除”命令。

④ 将选中的文件或文件夹直接拖动到桌面的“回收站”中。

执行以上操作后，将弹出“删除文件”对话框，单击“是”按钮将删除对象放入“回收站”，单击“否”按钮取消删除操作，如图 3-32 所示。

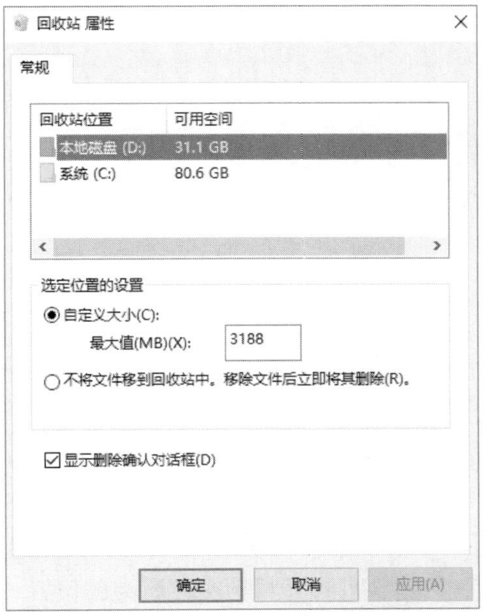

图 3-31　“回收站 属性”对话框

图 3-32　“删除文件”对话框

（3）恢复被删除的文件

双击“回收站”图标，打开“回收站”窗口，用“回收站工具”酌情处理。

① 还原所有项目：回收站的所有项目被还原到被删除前的位置。

② 还原选定项目：选定待还原对象，单击该按钮，选定对象将还原到被删除前的位置。

（4）彻底删除文件或文件夹

永久删除将文件和文件夹从磁盘上清除，释放占用空间。打开“回收站”窗口，选定文件或文件夹，按【Delete】键即可完成操作。

单击“管理”→“清空回收站”命令，将永久删除“回收站”中的所有项目（或选择“回收站”右键快捷菜单中的“清空回收站”命令）。

技巧

在删除文件或文件夹时按住【Shift】键，则文件直接从磁盘上彻底删除，而不放入回收站。

4. 查看、更改文件或文件夹属性

右击选中对象，在弹出的快捷菜单中选择“属性”命令，打开文件属性对话框，可查看、更改文件或文件夹的属性（或选择“主页”→“打开”→“属性”命令）。

5. 新建文件或文件夹

打开建立文件或文件夹的位置，使用如下方法完成操作：

① 选择“文件”→“新建”组中对应的命令。

② 右击窗口工作区空白区域，在弹出的快捷菜单中选择“新建”命令，在子菜单中选择创建对象。

③ 此时工作区显示一个新的文件夹或文件，其文件名处于编辑状态，输入名称后按【Enter】键完成新建操作。

6. 重命名文件或文件夹

选中要重命名的文件或文件夹，使用以下任一种方法进入“重命名”状态：

- 选择“文件”→“组织”→“重命名”命令。
- 按【F2】键。
- 从右键快捷菜单中选择“重命名”命令。
- 两次单击该对象（不是双击）。

输入新的名字后按【Enter】键或在窗口空白位置单击，完成重命名操作。

7. 创建快捷方式

快捷方式是外存中原文件或外围设备的一个映像，双击快捷方式可快速访问到它指向的对象或外围设备。

创建快捷方式通常有以下两种方法：

① 快捷方式通常显示在桌面上，右击某个文件或文件夹，在弹出的快捷菜单中选择“发送到”→“桌面快捷方式”命令，即可在桌面上创建该对象的快捷方式。

② 右击窗口工作区空白位置，在弹出的快捷菜单中选择“新建”→“快捷方式”命令，弹出“创建快捷方式”对话框，输入对象的路径和名字（或利用“浏览”按钮查找链接对象、输入快捷方式名称），完成快捷方式创建操作。

右击快捷方式图标，在弹出的快捷菜单中选择“属性”命令，可了解快捷方式的相关信息。图3-33显示百度网盘快捷图标信息，单击“打开文件所在的位置”按钮，可打开目标文件所在的位置。

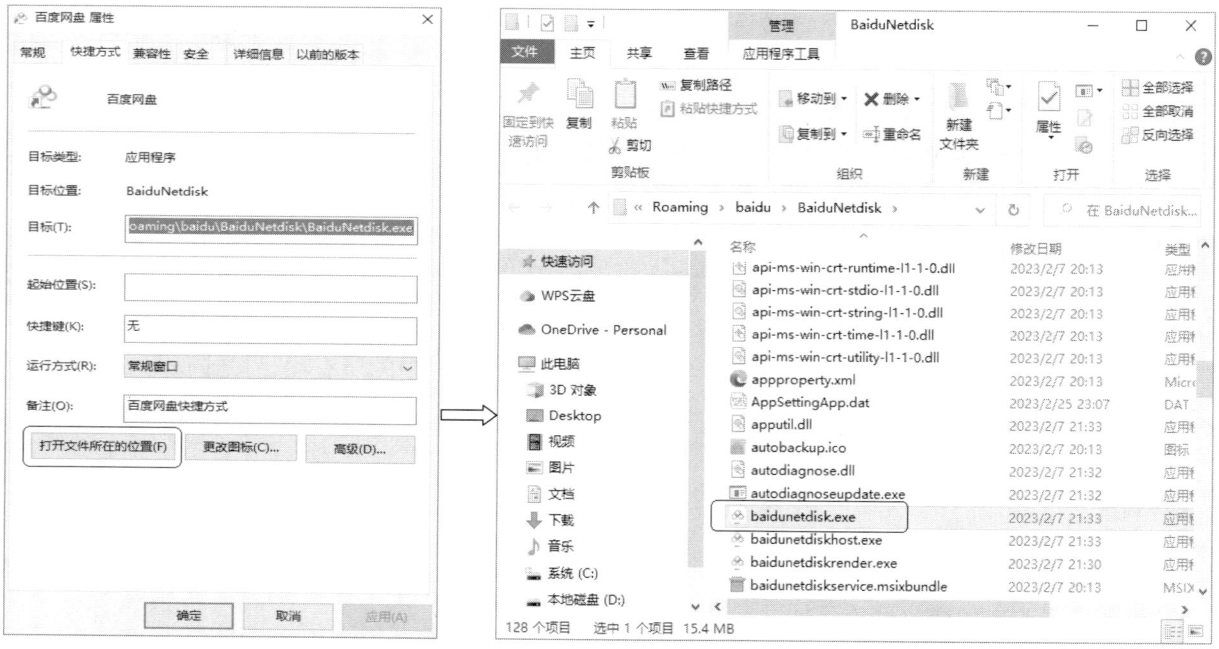

图 3-33 快捷方式

【例3-4】快捷方式的应用。

视 频

快捷方式的应用

Windows桌面是用户最直接、快捷的操作界面，很多用户喜欢将文件直接放置到桌面上，通过鼠标双击即可快速打开对应内容。然而，这种习惯具有如下缺陷：

① 随着时间的推移，桌面将变得杂乱无章。

② 文件存放在桌面上，将占用C盘的存储空间。

③ 桌面上的文件在易于使用的同时，也易于被意外删除，造成损失。

④ 重装操作系统后，桌面文件将全部丢失，无法恢复。

⑤ 为便于管理，不少学校学生计算机的C盘均使用“开机立即还原”模式，计算机重启后桌面文件丢失。

用户在使用计算机时必须养成规范存储文件的良好习惯，如C盘为系统盘、D盘为学习盘、E盘为娱乐盘等，将文件归类存储在对应的逻辑分区中。对于经常访问的文件或文件夹，可在桌面上创建该对象的快捷方式，便于快速调用。由于快捷方式只是访问对象的一个映像，实际文件存放在另外的逻辑分区中，因此，不会占用C盘过多的空间。另外，即使该快捷方式被删除，也不会影响其指向的对象。图3-34中为“教材”文件夹和一个教材文档的桌面快捷方式，实际文件则存放在D盘中。

图 3-34　快捷方式的应用

8. 搜索文件或文件夹

搜索栏位于地址栏右侧。确定搜索位置后，在搜索栏中输入关键字按【Enter】键（或单击右侧的搜索按钮），则窗口工作区中将显示搜索的结果，如图3-35所示。

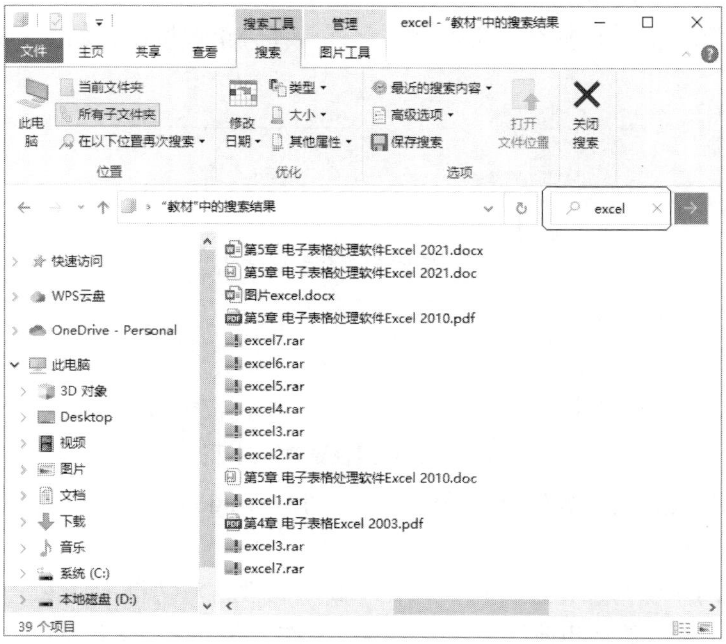

图 3-35　搜索文件

通过图3-35“搜索工具”中的位置、优化和选项，可优化搜索参数，提高搜索效率。

技巧

Windows系统支持使用通配符“？”或“*”进行模糊查询。“？”表示任意一个字符，“*”表示任意长度的任意字符。例如，“A?.TXT”表示主文件名有2个字符，第一个为A的所有记事本文件；“A*.TXT”表示第一个字符为A的所有记事本文件，不限定文件名长度。

9. 加密文件或文件夹

对文件或文件夹进行加密，可以有效保护它们免受未经授权的访问。

（1）加密文件或文件夹

加密文件或文件夹的步骤如下：

① 右击待加密的对象，在弹出的快捷菜单中选择“属性”命令，如图3-36所示。

② 单击“常规”选项卡中的“高级”按钮，弹出“高级属性”对话框，选中“加密内容以便保护数据”复选框后单击“确定”按钮，返回到“属性”对话框，如图3-37所示。

图3-36 “常规”选项卡

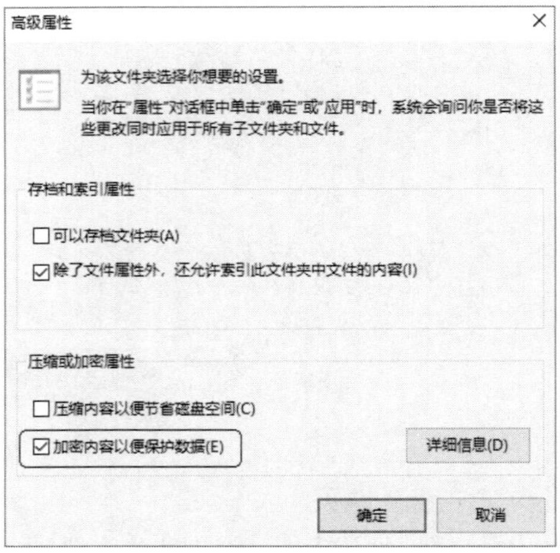

图3-37 “高级属性”对话框

③ 单击“属性”对话框的“确定”按钮，弹出“确认属性更改”对话框，选择“仅将更改应用于此文件夹”或“将更改应用于此文件夹、子文件夹和文件”任一单选按钮，如图3-38所示，确定完成加密操作。

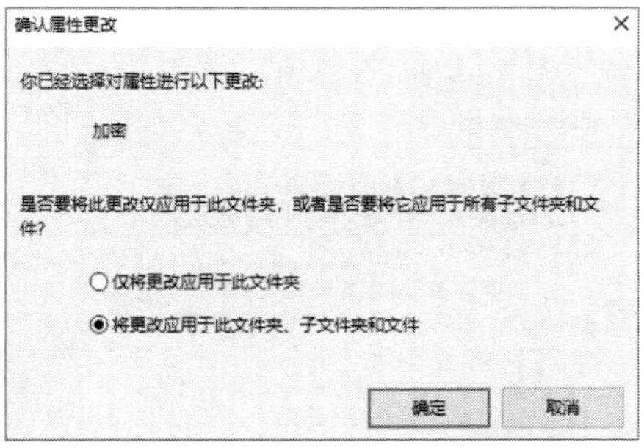

图3-38 “确认属性更改”对话框

④ 完成加密后的文件夹或文件名称将以绿色显示，切换Windows用户后将无法查看加密文件内容。

（2）解密文件或文件夹

解密文件或文件夹的步骤与加密过程相同，在“高级属性”对话框中，取消选择“加密内容以便保护数据”复选框，并在“确认属性更改”对话框中确认操作，即可取消文件加密。

10. 共享文件夹

选择文件夹，在“属性”对话框中切换到“共享”选项卡，如图3-39所示。单击“高级共享”按钮，弹出“高级共享”对话框，选中“共享此文件夹”复选框，如图3-40所示，单击“确定”按钮完成共享设置。

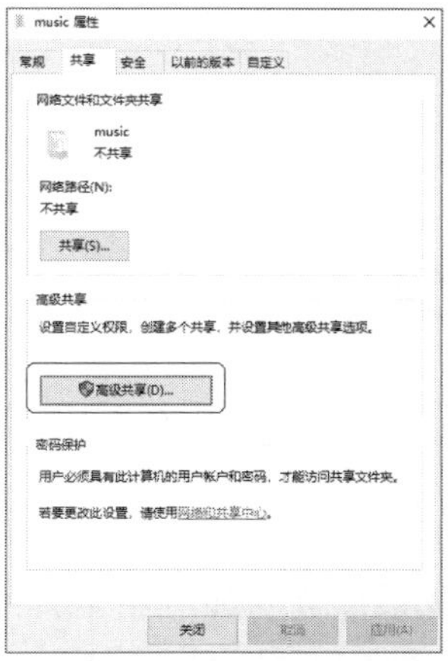

图 3-39　文件夹属性对话框

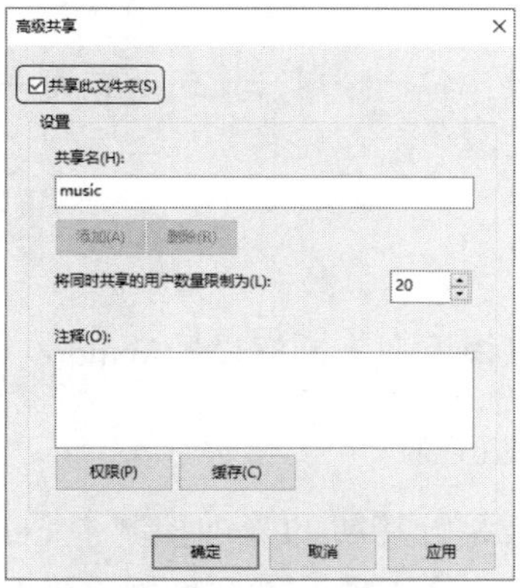

图 3-40　“高级共享”对话框

3.3　磁 盘 管 理

3.3.1　查看磁盘属性

在“此电脑”窗口中选择某个驱动器图标，选择“计算机”→“位置”→“属性”命令，打开驱动器属性对话框，如图3-41所示。

利用驱动器属性对话框，用户可设置驱动器的卷标号（如系统），查看该驱动器的已用空间、可用空间、驱动器的总容量，进行磁盘清理，设置磁盘共享等。

3.3.2　磁盘格式化

格式化是指对磁盘或磁盘中的分区（partition）进行初始化的一种操作，这种操作通常会导致现有磁盘或分区中所有文件被清除。格式化是一种纯物理操作，同时对硬盘介质做一致性检测，并且标记出不可读和坏的扇区。

单击待格式化的磁盘，选择“驱动器工具”→“管理”→“格式化”命令，弹出格式化对话框，如图3-42所示。选择文件系统格式，输入卷标后单击“开始”按钮执行格式化操作。

图 3-41　磁盘属性对话框

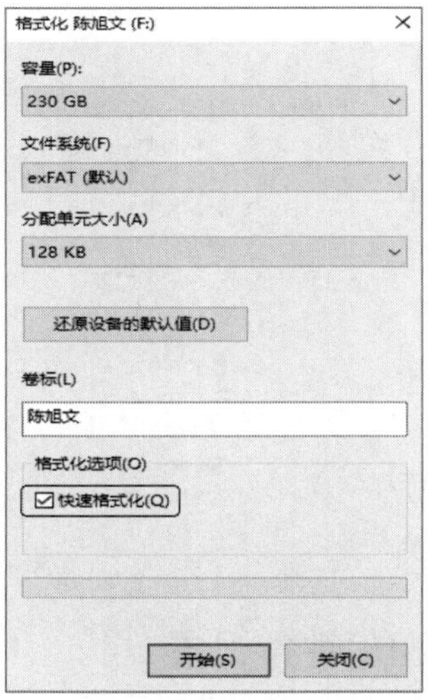

图 3-42　磁盘格式化对话框

若选中图3-42中的“快速格式化”复选框，则格式化时仅从分区文件分配表中做删除标记，而不扫描磁盘以检查是否有坏扇区，格式化过程比较快。

注意

格式化操作将删除磁盘上的所有文件，应该慎用。

3.4 系 统 设 置

用户可以根据个人爱好设置Windows 10系统环境，系统设置通过“控制面板”实现。

3.4.1 控制面板

控制面板是计算机的管理控制中心，用户通过控制面板实现系统资源和应用工具的控制。选择“开始”→“Windows系统”→“控制面板”命令，打开“控制面板”窗口，如图3-43所示。

图 3-43 “控制面板”分类视图窗口

“控制面板”默认为分类视图。在“查看方式”中选择“大图标”或“小图标”，将列出所有管理项目，如图3-44所示。

图 3-44 “控制面板”小图标视图窗口

3.4.2 外观和个性化设置

个性化设置可修改Windows 10桌面背景、颜色、锁屏界面、主题、字体等内容。单击“控制面板”

中的“外观和个性化”图标，打开“外观和个性化”窗口，如图3-45所示。单击“任务栏和导航”，进入“个性化”设置主页，详细操作可参考3.1.2节。

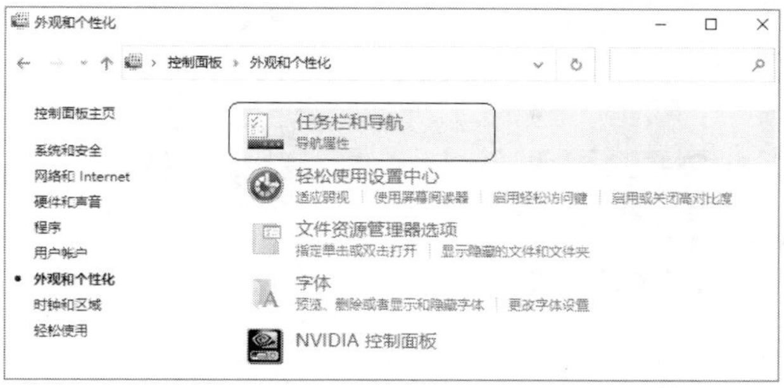

图 3-45 “外观和个性化”窗口

3.4.3 字体设置

“字体”描述字的样式，“字号”描述字的大小。Windows 10 自带一些字体，如宋体、黑体、Arial等，某些字体随其他应用程序一起安装。用户也可根据需要安装个性化字体。

（1）预览字体

单击“外观和个性化”窗口的“字体”图标，打开“字体”窗口，如图3-46所示。双击某种字体图标，可以预览字体效果。

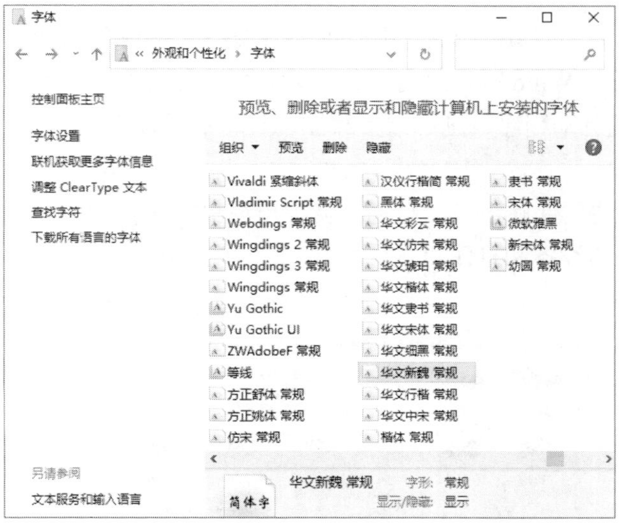

图 3-46 “字体”窗口

（2）安装字体

字体文件的扩展名为“.TTF”。复制新字体文件，并粘贴到“字体”文件夹中，系统显示字体安装过程，如图3-47所示，安装成功后即可使用该字体。

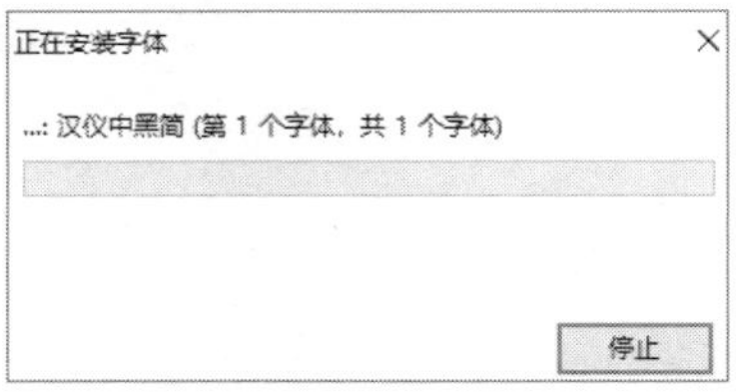

图 3-47 安装新字体

（3）删除字体

选择“字体”窗口中待删除的字体图标，单击窗口上方的“删除”按钮，确认操作后即可将其删除。

3.4.4 时钟和区域设置

单击“控制面板”中的“时钟和区域”图标，在弹出的窗口中选择“日期和时间”，打开“日期和时间”对话框，如图3-48所示。单击“设置日期和时间”按钮，可以调整系统日期和时间，如图3-49所示。

图 3-48 “日期和时间”对话框

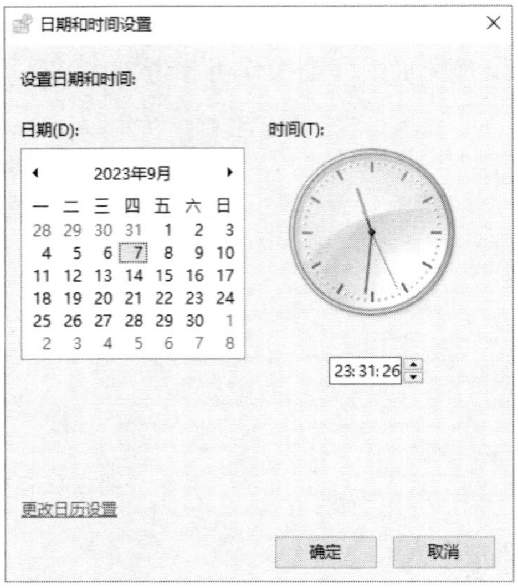

图 3-49 “日期和时间设置”对话框

3.4.5 打印机

打印机是计算机中常见的输出设备，用户编辑的文档、图片常常经过打印机打印输出。

1. 安装打印机

打印机的安装步骤如下：

① 连接打印机。使用计算机USB口与打印机的信号线连接，并接通电源。

② 安装打印机驱动程序。Windows 10内置很多硬件的驱动程序，系统能自动识别设备并自动安装。若Windows 10不含某打印机驱动程序，则必须下载驱动程序后手动安装。

2. 设置打印机

单击“控制面板”中的“硬件和声音”图标，从弹出窗口中选择“设备和打印机”命令，打开图3-50所示的窗口，显示系统安装的设备和打印机。

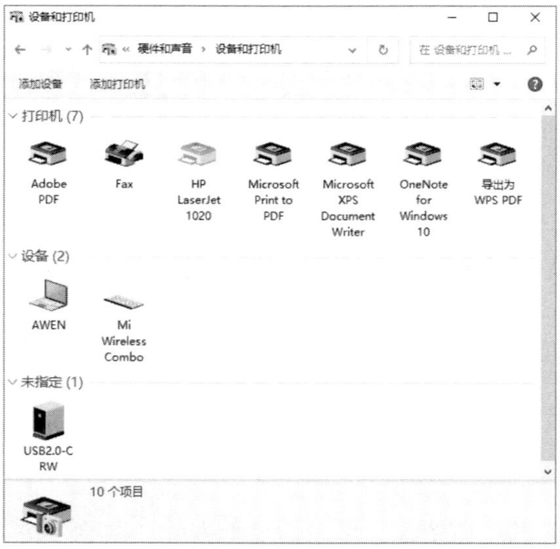

图 3-50 “设备和打印机”窗口

若系统安装多台打印机，必须设置一台为默认打印机。右击打印机图标，在弹出的快捷菜单中选择“设置为默认打印机”命令，此时，该打印机图标的右上角出现“✔”标志。

双击打印机图标可打开打印机任务管理器，进行打印任务的查看、取消、暂停、继续、重启等管理工作。

3. 共享打印机

右击打印机图标，在弹出的快捷菜单中选择“打印机属性”命令，打开打印机属性对话框，设置打印机的共享、端口、高级、安全等属性。

通过打印机共享，可让局域网的其他计算机用户共同使用，如图3-51所示。

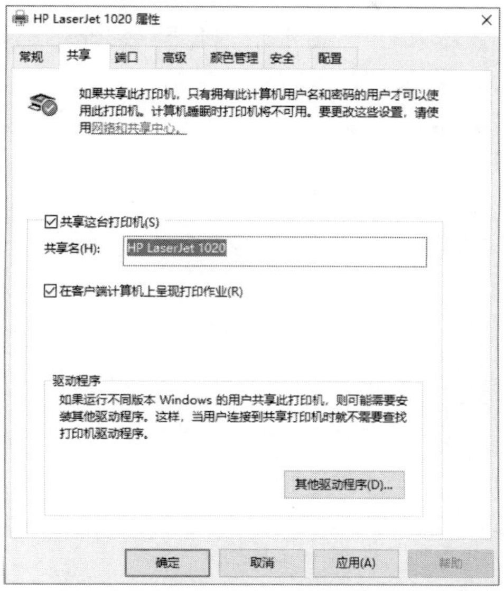

图3-51 设置共享打印机

3.4.6 程序和功能设置

单击“控制面板”窗口中的“程序”图标，在弹出的窗口中选择“程序和功能”→“卸载程序”命令，如图3-52所示，该窗口中列出了系统已安装的应用程序。

1. 卸载程序

若要卸载某个应用程序，只需双击列表中的应用程序名称，按提示完成确认操作即可。也可使用该应用程序自带的卸载程序更改或删除程序。

2. 添加/删除Windows组件

单击“程序和功能”窗口中的“启用或关闭Windows功能”按钮，弹出“Windows功能”对话框，如图3-53所示。

图3-52 “程序和功能”窗口

图3-53 “Windows 功能”对话框

利用各项目前面的复选框可增加/删除Windows功能，单击项目前面的“+”可以展开下级目录信息。取消组件列表框左侧的复选框选中标志“√”，将删除该功能；选中复选框则添加该功能，单击“确定”按钮完成操作。

3.4.7 系统属性设置

在“控制面板”窗口中单击“系统和安全”图标，打开“系统和安全”窗口，如图3-54所示。

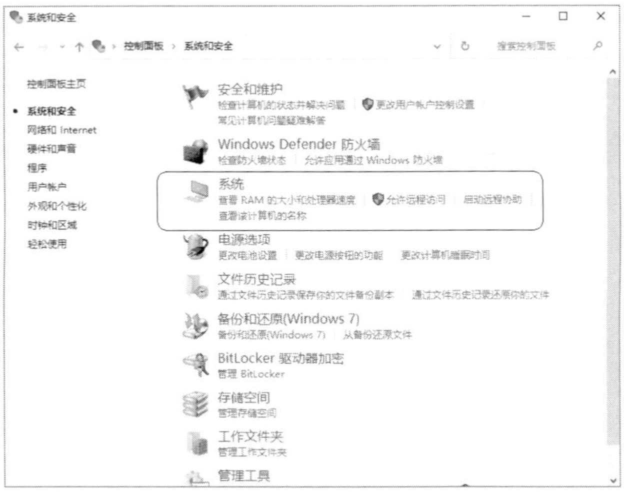

图 3-54 “系统和安全”窗口

1. 主页

单击“查看RAM的大小和处理器速度”图标（或从桌面“此电脑”图标的快捷菜单中选择“属性”命令），弹出“系统”设置窗口，显示当前系统基本信息，如处理器、机带RAM、系统版本等信息，如图3-55所示。

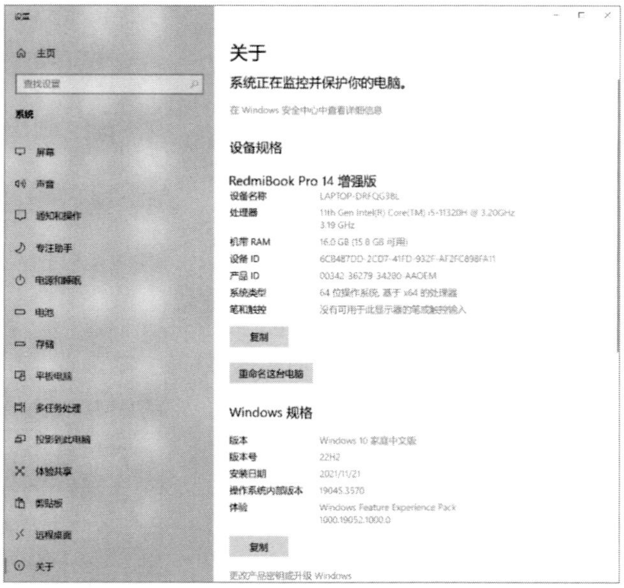

图 3-55 系统“设置”窗口

2. 设备管理器

单击“系统”窗口中的“设备管理器”命令，打开“设备管理器”对话框，如图3-56所示。选中某设备后单击“操作”菜单，实现更新驱动程序、禁用/启用设备和卸载设备等操作。右击“设备管理器”中某个设备，在弹出的快捷菜单中选择“属性”命令，打开属性对话框，如图3-57所示。

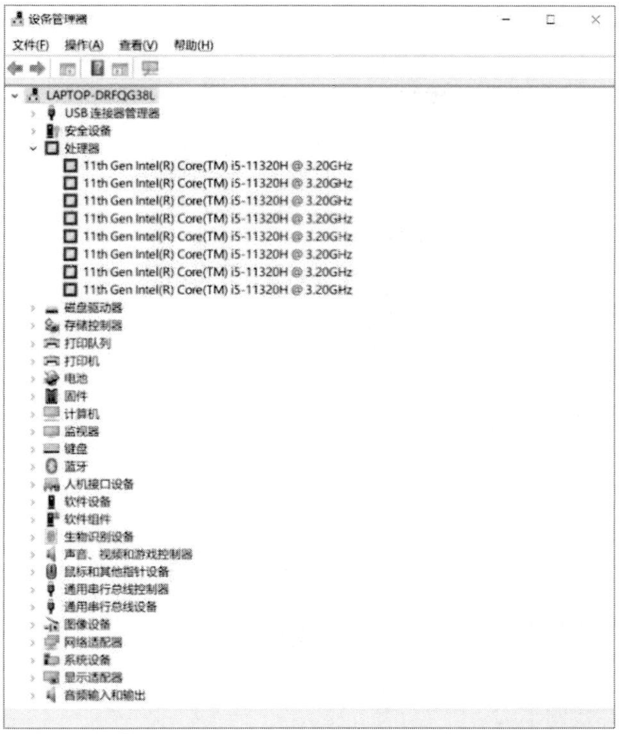

图 3-56　“设备管理器”窗口

图 3-57　设备属性

3. 远程设置

单击“系统”窗口中的“允许远程访问”命令，弹出“系统属性”对话框，如图3-58所示。远程控制功能有两种方式：远程协助和远程桌面。

远程协助允许你信任的人员随时随地接管你的计算机并解决问题。选择“允许远程协助连接这台计算机”复选框，再单击“高级”按钮，打开“远程协助设置”对话框，进行“远程控制”和“邀请”设置。远程协助中被协助方的计算机将暂时受远程专家控制，进行系统维护、软件安装、演示操作、处理计算机问题等。

远程桌面使用户可以通过网络远程实时控制计算机，安装软件、运行程序、使用计算机中的数据和网络资源，仿佛直接操控该计算机一样。选中“远程桌面”区域的单选按钮启用远程桌面功能，单击“选择用户”按钮，打开“远程桌面用户”对话框添加或删除远程桌面用户。

图 3-58　设置远程访问

3.4.8　任务管理器

任务管理器提供计算机运行的程序和进程信息、系统性能、启动信息等内容。利用任务管理器可以查看计算机状态、结束进程等操作。

程序因故障而停止运行（又称挂起）时，既不响应用户的直接命令（如敲击键盘），也不响应用户的间接命令（如任务栏上的各种命令），无法动弹。此时，用户可通过“任务管理器”结束该程序的运行。

1. 启动任务管理器

右击任务栏，在弹出的快捷菜单中选择“任务管理器”命令（或按【Ctrl + Shift +Esc】组合键），弹出Windows“任务管理器”窗口，如图3-59所示。

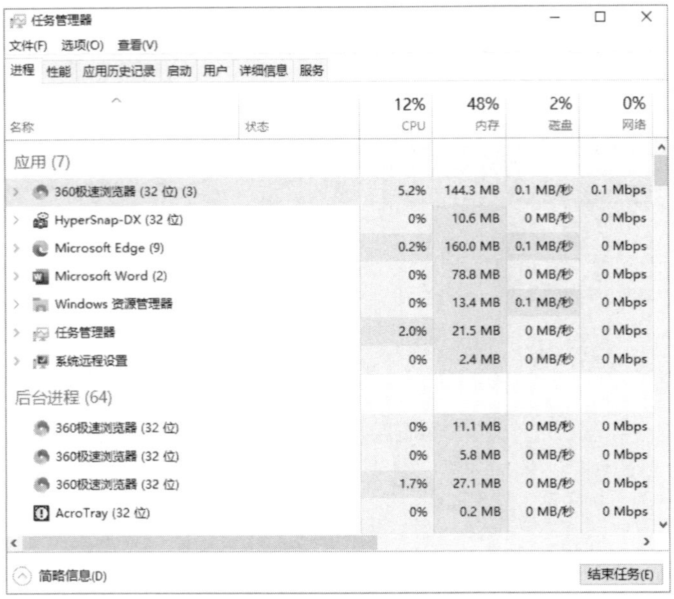

图 3-59 “任务管理器”窗口

2. 任务管理器的功能

① 查看进程：查看正在运行的应用程序和后台进程状态。

② 结束任务：选中某任务，单击“结束任务”按钮，可关闭该应用程序。如果一个程序停止响应，可单击“结束任务”按钮终止它。

③ 切换任务：右击某任务，在弹出的快捷菜单中选择“切换到”命令，系统将跳转到该任务。

④ 启动新任务：选择“文件”→“运行新任务”命令，弹出“新建任务”对话框。在“打开”文本框中输入程序名称，如msedge.exe，然后单击“确定”按钮，打开Microsoft Edge浏览器应用程序。

⑤ 查看性能：单击“性能”选项卡，查看系统的CPU、内存、磁盘、Wi-Fi、GPU等信息。

⑥ 启动项管理：单击“启动”选项卡，了解当前系统的启动项情况，进行启动项禁用/启动操作，提升开机性能。

3.5 附件应用程序

Windows 10系统提供一些常用的应用程序，如记事本、画图、计算器、截图工具等。从“开始”→“Windows附件”子菜单中可选择对应应用程序。

3.5.1 记事本

记事本（notepad.exe）是一个简单的纯文本编辑器，只能处理仅包含文本和数字的纯文本格式的文件，不能插入图形，也没有独立格式设置功能。记事本文件的扩展名为“.txt”。记事本程序窗口如图3-60所示。

选择“格式”→“自动换行”命令可设置文字根据窗口宽度自动换行。选择“格式”→“字体”命令，弹出“字体”对话框，在其中可设置所有文本的字体格式。

技巧

右击“计算机”工作窗口空白位置，在弹出的快捷菜单中选择“文本文档”命令，可快速建立记事本文档，如图3-61所示。

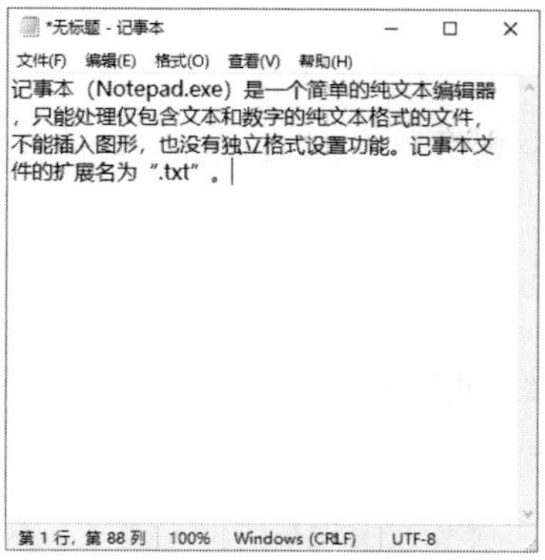

图 3-60　记事本

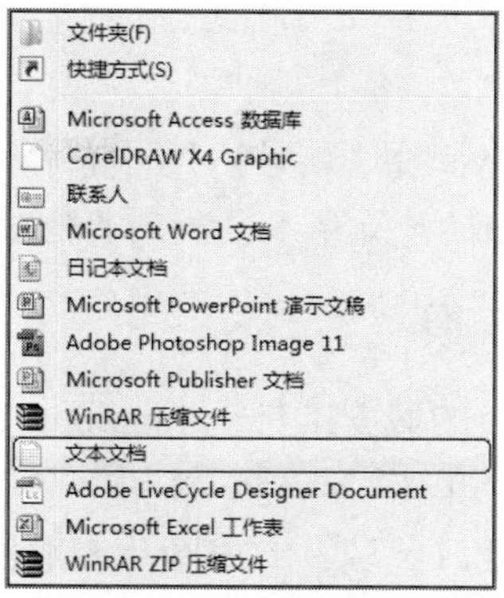

图 3-61　快速建立记事本文档

3.5.2　画图

画图（mspaint.exe）是Windows的位图绘制、编辑软件，具有图形绘制、编辑、打印等基本功能。利用“画图”程序可以生成单色、16色、256色及真彩色24位位图，也可以编辑“.bmp”“.jpeg”“.gif”“.tiff”等常用的图片文件。画图应用程序窗口如图3-62所示。

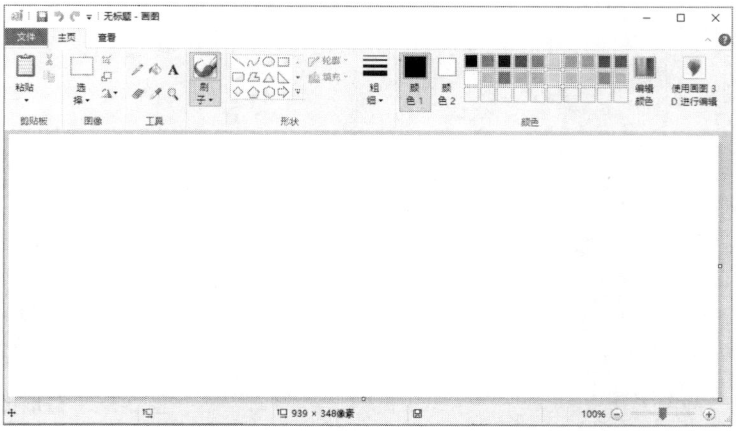

图 3-62　画图

3.5.3　计算器

计算器（calc.exe）可以帮助用户完成数据运算。计算器有标准、科学、绘图、程序员和日期计算五种模式。计算器应用程序窗口如图3-63所示。

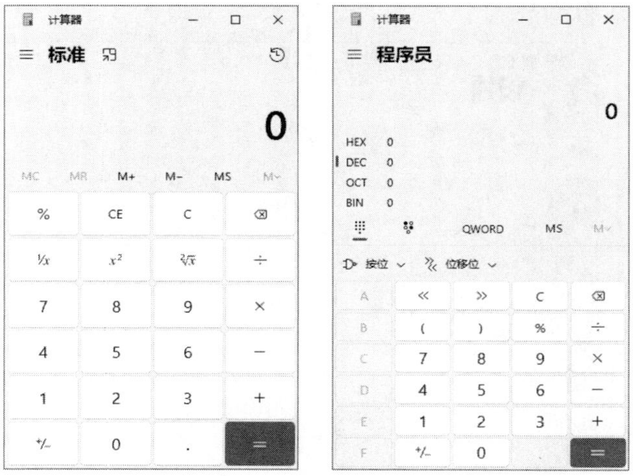

图 3-63　计算器

技巧

利用Windows的“复制”和“粘贴”命令，可以从另一个应用程序把数字粘贴到计算器的显示区上，也可把显示区上的计算结果复制到其他应用程序中。

3.5.4 截图工具

Windows 10的截图工具（snippingtool.exe）可以帮助用户快速抓取屏幕图片。截图工具应用程序窗口如图3-64所示。单击“新建”按钮，在“模式”中选择截图类型：任意格式截图、矩形截图、窗口截图，拖动鼠标选取截取区域，完成图片截取操作，如图3-65所示。单击图3-65中的“保存”按钮保存图片文件，使用“复制”按钮可在不同程序之间传递图片。

图 3-64 截图工具

图 3-65 截取图片

3.5.5 媒体播放器

Windows 10的媒体播放器是一款优秀的音频、视频播放软件。在“设置”界面中单击“添加文件夹”按钮，添加音频或视频库，如图3-66所示。单击音乐库（或按【Ctrl + R】组合键）或视频库（或按【Ctrl + D】组合键）即可查看库中的文件并进行播放，如图3-67所示。在播放媒体时可以进行播放进度、速度、均衡器等调节。

图 3-66 设置媒体播放器

图 3-67 “媒体播放器”播放列表

习　题

一、选择题

1. 下列关于Windows菜单的说法中不正确的是（　　）。
   A. 命令前有“•”记号的命令，表示该命令已经选用
   B. 当鼠标指针指向带有大于号符号的命令时，将弹出一个子菜单
   C. 带省略号（…）的命令执行后会打开一个对话框
   D. 用灰色字符显示的命令表示相应的程序被破坏
2. 在Windows中，下列不能进行文件夹重命名操作的是（　　）。
   A. 选定文件后按【F4】键
   B. 选定文件后单击文件名一次
   C. 右击文件，在弹出的快捷菜单中选择“重命名”命令
   D. 从资源管理器窗口的“主页”选项卡中选择“重命名”命令
3. Windows任务栏不能设置（　　）。
   A. 自动隐藏　　B. 显示新闻和兴趣　　C. 显示时钟　　D. 总在底部
4. 在下列叙述中正确的是（　　）。
   A. 在Windows中，可以同时有多个活动应用程序窗口
   B. 在Windows中，可以运行多个应用程序
   C. 在Windows中，关闭下拉菜单的方法是单击菜单内的任何位置
   D. 对话框可用改变窗口的方法改变大小
5. 在Windows中，为保护文件不被修改，可将其属性设置为（　　）。
   A. 只读　　B. 存档　　C. 系统　　D. 隐藏
6. 在Windows中，按【Print Screen】键，则整个桌面内容被（　　）。
   A. 复制到指定文件　　B. 复制到剪贴板上
   C. 打印到打印纸上　　D. 打印到指定文件
7. 在Windows中，关于窗口和对话框，下列说法正确的是（　　）。
   A. 对话框可以改变大小，而窗口不能　　B. 窗口可以改变大小，而对话框不能
   C. 窗口、对话框都可以改变大小　　D. 窗口、对话框都不可以改变大小

8. 在Windows中删除某程序的快捷方式图标，表示（　　）。
   A. 只删除了图标，而没有删除该程序
   B. 既删除了图标，又删除该程序
   C. 隐藏图标，删除与该程序的联系
   D. 将图标存放在剪贴板，同时删除与该程序的联系
9. 在Windows中，下面的操作能激活应用程序的有（　　）。
   A. 按【Alt+Tab】组合键　　B. 单击任务栏中要激活的应用程序按钮
   C. 单击要激活的应用程序窗口的任意位置　　D. 以上方法都可以
10. 隐藏文件在资源管理器中（　　）。
   A. 任何情况下不能显示任何信息量　　B. 通过设置可以显示
   C. 只能显示文件名　　D. 不能显示文件名
11. 在Windows中，剪贴板是用来在程序和文件间传递信息的临时存储区，此存储区是（　　）。
   A. 硬盘中的一块区域　　B. U盘中的一块区域
   C. 内存中的一块区域　　D. 高速缓存中的一块区域
12. 按（　　）组合键可以启动Windows的任务管理器。
   A. 【Alt+Shift+Enter】　　B. 【Alt+Shift+Del】
   C. 【Ctrl+Alt+Enter】　　D. 【Ctrl+Shift+Esc】
13. 在Windows中，回收站实际上是（　　）。
   A. 内存区域　　B. 文档
   C. 硬盘上的文件夹　　D. 文件的快捷方式
14. 在Windows中，打开“开始”菜单的组合键是（　　）。
   A. 【Shift + Esc】　　B. 【Alt + Esc】　　C. 【Ctrl + Esc】　　D. 【Alt + Ctrl】
15. 若要选定多个不连续排列的文件，可以先单击第一个待选的文件，然后按住（　　）键，再单击另外的待选文件。
   A. 【Ctrl】　　B. 【Shift】　　C. 【Tab】　　D. 【Alt】
16. 通常在Windows的“附件”中不包含的应用程序是（　　）。
   A. 画图　　B. 记事本　　C. 公式　　D. 计算器
17. “Windows是一个多任务操作系统”指的是（　　）。
   A. Windows可同时运行多个应用程序　　B. Windows可提供多个用户同时使用
   C. Windows可运行多种类型各异的应用程序　　D. Windows可同时管理多种资源
18. Windows 10是一种（　　）。
   A. 应用软件　　B. 工具软件　　C. 诊断程序　　D. 系统软件
19. 在Windows中，文件名不能包括的符号是（　　）。
   A. >　　B. !　　C. --　　D. #
20. 在Windows中，文件夹不可存放（　　）。
   A. 文件夹　　B. 多个文件　　C. 一个文件　　D. 字符

二、思考题

1. 简述Windows菜单的约定。
2. 简述Windows截取图片的常用方法。
3. 简述Windows文件命名规则及文件选取的方法。
4. 简述Windows应用程序安装和卸载方法。

第 4 章 文字处理软件 Word 2021

Microsoft Office是一款由微软公司开发的办公软件套件，它提供了丰富的功能和工具，并支持多种操作系统和平台，使得用户可以随时随地轻松地完成办公任务。它的发展历程可以追溯到20世纪80年代，随着时间的推移，Office套件不断扩展，包含了Word、Excel、PowerPoint、Access、Outlook、OneNote、Publisher等程序和工具，可以帮助用户完成文档处理、表格计算、演示制作、个人信息管理、数据库管理、数字笔记本制作、桌面出版等各种办公任务。本书采用的Office 2021版本，在界面设计、功能和性能上都有所改进，可以满足不同用户的需求，提高办公效率。

Word 2021是Office 2021办公套装软件的重要组成部分，也是当前流行的文字处理工具。它既可以编写文字类的简单文档，也可以制作图、文、表格等混排的复杂文档，还可以批量制作名片、征稿启事等特色文档，同时为协同办公提供更加便捷的途径。

4.1 认识 Word 2021

4.1.1 Word 2021 的启动和退出

1. 启动

方法一：“开始”菜单启动：选择“开始”→“Word 2021”命令。

方法二：快捷图标方式：双击桌面上的Word快捷图标。

方法三：已存文档启动：双击打开已保存的Word文档，打开该文档的同时启动应用程序。

2. 退出

方法一：单击Word标题栏右侧的“关闭”按钮。

方法二：选择“文件”→“关闭”命令。

方法三：按【Alt＋F4】组合键。

方法四：双击Word窗口左上角的空白区域。

技巧

关闭Word文档时，如果文档在此之前做了修改而未保存，则会弹出图4-1所示的对话框，提示用户是否对修改的文档进行保存，根据需要单击“保存”或“不保存”按钮，单击“取消”按钮表示不关闭当前文档。

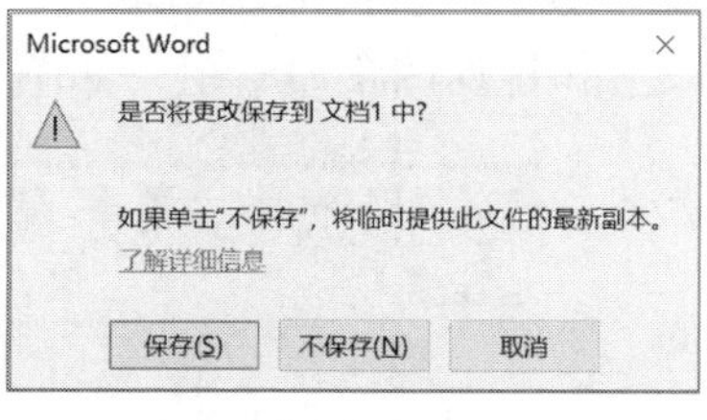

图 4-1 保存文件对话框

4.1.2 Word 2021的操作界面

Word 2021操作界面由上至下主要由标题栏、选项卡、功能区、编辑区、状态栏及视图栏组成，如图4-2所示。

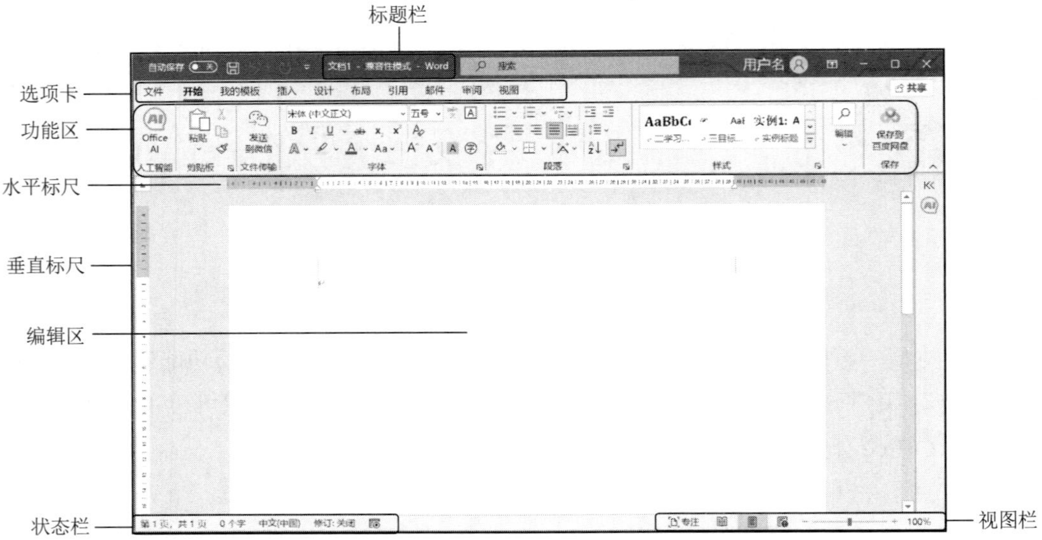

图4-2 Word 2021窗口组成

1. 选项卡

Word 2021默认包含“文件”“开始”“我的模板”“插入”“设计”“布局”“引用”“邮件”“审阅”“视图”选项卡。也可根据个人需求，选择“文件”菜单中的“选项”→“自定义功能区”命令增减选项卡。下面介绍几个常用选项卡：

①“开始”选项卡：包括剪贴板、字体、段落、样式和编辑五个命令组，如图4-3所示，主要用于Word文档的文字编辑和格式设置。

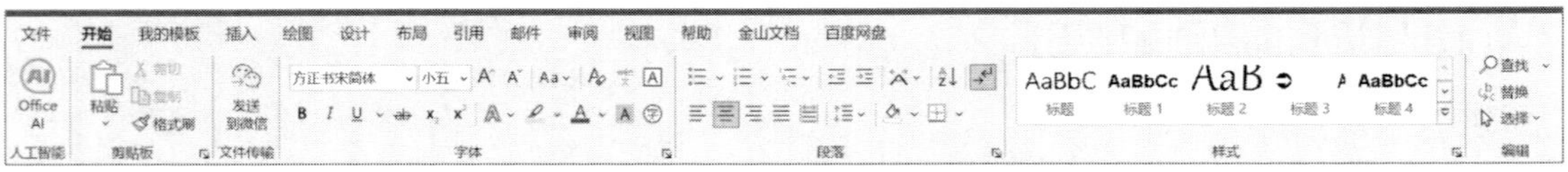

图4-3 “开始”选项卡

②“插入”选项卡：包括页面、表格、插图、素材、加载项、媒体、链接、批注、页眉和页脚、文本和符号十一个命令组，如图4-4所示，主要用于在Word文档中插入各种元素。

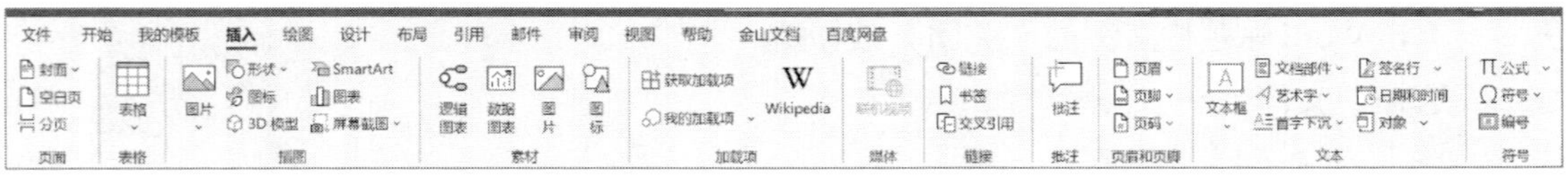

图4-4 “插入”选项卡

③“设计”与“布局”选项卡：将传统的“页面布局”选项卡分为“设计”与“布局”选项卡。“设计”选项卡包括文档格式和页面背景两个命令组，如图4-5所示；“布局”选项卡包括页面设置、稿纸、段落和排列四个命令组，如图4-6所示，这两个选项卡主要用于设置Word文档页面样式。

图4-5 “设计”选项卡

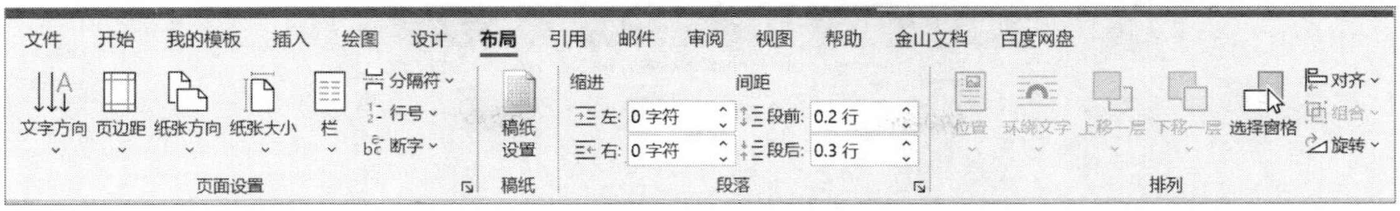

图 4-6　“布局”选项卡

④“引用”选项卡：包括目录、脚注、信息检索、引文与书目、题注、索引和引文目录七个命令组，如图 4-7 所示，用于实现在 Word 文档中插入目录等功能。

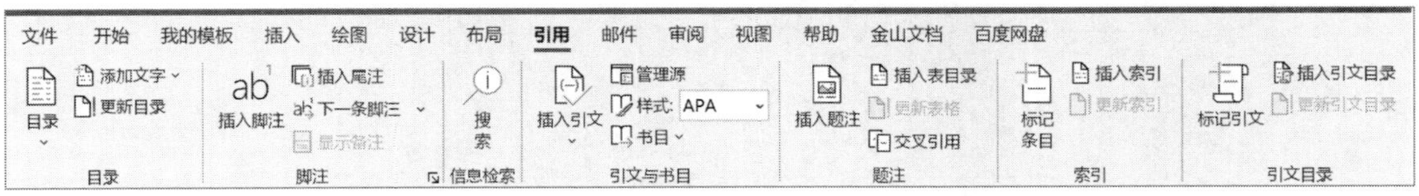

图 4-7　“引用”选项卡

⑤“邮件”选项卡：包括创建、开始邮件合并、编写和插入域、预览结果和完成五个命令组，如图 4-8 所示，专门用于在 Word 文档中进行邮件合并方面的操作。

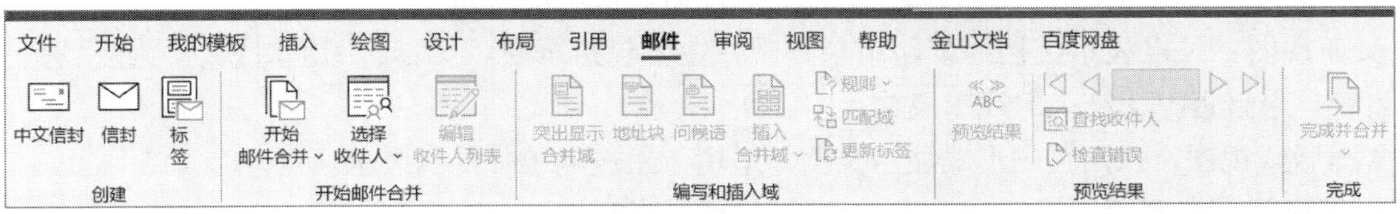

图 4-8　“邮件”选项卡

⑥“审阅”选项卡：包括校对、语音、辅助功能、语言、中文简繁转换、批注、修订、更改、比较、保护墨迹十一个命令组，如图 4-9 所示，主要用于对 Word 文档进行校对和修订等操作，适用于多人协作处理 Word 长文档。

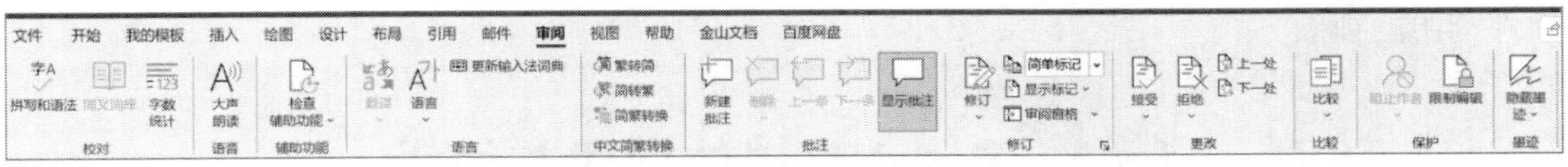

图 4-9　“审阅”选项卡

⑦“视图”选项卡：包括视图、沉浸式、页面移动、显示、缩放、窗口、宏和 SharePoint 八个命令组，如图 4-10 所示，主要用于设置 Word 操作窗口的视图类型，方便操作。

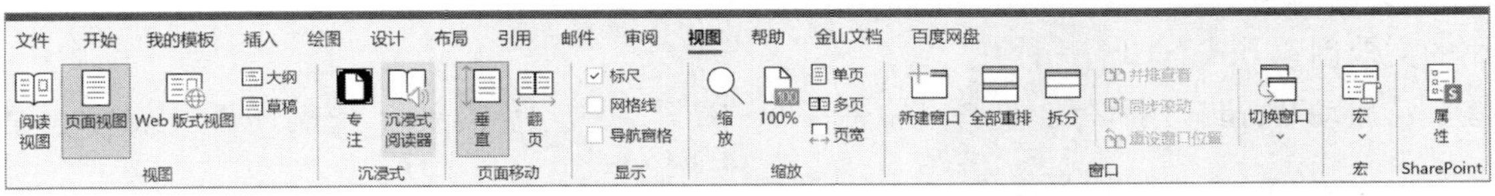

图 4-10　“视图”选项卡

2. 快速访问工具栏

快速访问工具栏位于标题栏左侧，将使用较频繁的命令项前置。单击快速访问工具栏右侧的下拉按钮▼，弹出的菜单包含一些常用的命令，根据需要选择相应的命令即可将其添加到快速访问工具栏中，如图 4-11 所示。

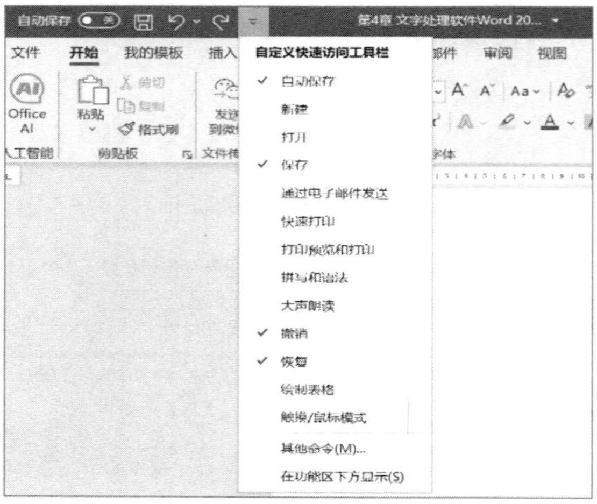

图 4-11　执行自定义快速访问工具栏功能

3. 文档视图

文档视图是指文档在屏幕中的显示方式，不同的视图模式下配备的操作工具会有所不同。可以根据文本编排情况，在“视图”选项卡中选择所需文档视图。常用视图如下：

① 页面视图：可以显示文档的打印结果外观，主要包括页眉、页脚、图形对象、分栏设置、页面边距等元素，是最接近打印结果的视图模式。

② Web版式视图：以网页的形式显示文档，适用于发送电子邮件和展示网页。

③ 大纲视图：主要用于文档的设置和显示标题的层级结构，并可以方便地折叠和展开各种层级的文档。大纲视图广泛用于长文档的快速浏览和设置。

④ 阅读版式视图：以图书的分栏样式显示文档内容，“文件”按钮、功能区等窗口元素被隐藏起来。在阅读版式视图中，还可以单击“工具”按钮选择各种阅读工具。

⑤ 草稿视图：取消了页面边距、分栏、页眉页脚和图片等元素，仅显示标题和正文，是最节省计算机系统硬件资源的视图方式。

4.2　Word 文档的创建与编辑

4.2.1　创建、打开和保存Word文档

1. 创建文档

常用的文档创建方式有如下三种：

方法一：启动Word应用程序，选择“文件”→“新建”→“空白文档”→“创建”命令，建立空白文档。

方法二：启动Word应用程序，按【Ctrl+N】组合键，直接建立一个空白文档。

方法三：右击目标位置，在弹出的快捷菜单中选择“新建”→“Microsoft Word 文档”命令，在当前位置创建一个空白Word文档。

2. 保存文档

方法一：单击快速访问工具栏中的“保存”按钮。

方法二：选择“文件”→“保存”命令。

方法三：按【Ctrl+S】组合键，快速保存文档。

方法四：新建文档第一次保存时将弹出“另存为”对话框，设置文件存放的位置及文件的名称，选择文件的保存类型即可，如图4-12所示。如果文件已经保存过，则直接将当前内容保存于磁盘中。

3. 另存文档

“另存为”可将文档以新的文件名或新路径保存起来。操作步骤如下：

① 打开文档。

② 选择“文件”→“另存为”命令，打开图4-12所示的“另存为”对话框。

③ 重新选择保存路径或修改文件名称，单击“保存”按钮完成操作。

4. 设置保存选项

选择“文件”→“选项”命令，弹出“Word选项”对话框，在左窗格中选择“保存”选项，如图4-13所示，可设置“默认本地文件位置”“保存自动恢复信息时间间隔”等文档属性。

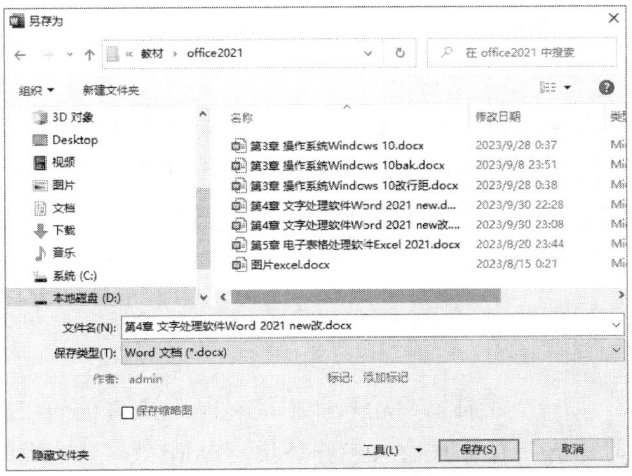

图4-12 “另存为”对话框

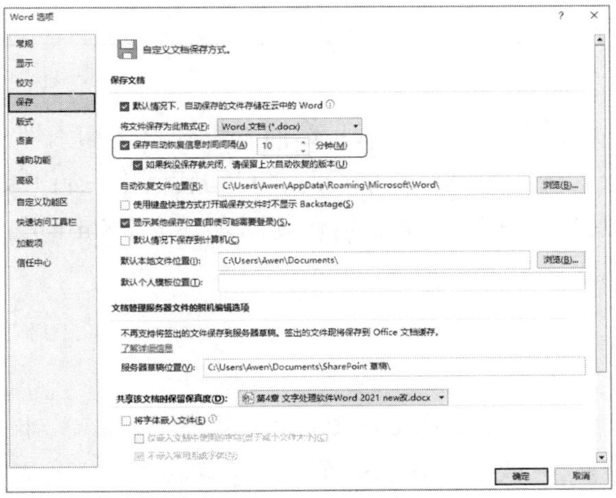

图4-13 “Word选项”对话框

5. 文档模板

Word模板用于帮助用户快速生成特定类型的Word文档。在Word 2021中使用模板创建文档的步骤如下：

① 打开Word 2021文档窗口，选择“文件”→“新建”命令。

② 在“新建”面板中选择或搜索所需模板，单击“创建”按钮创建文档，如图4-14所示。

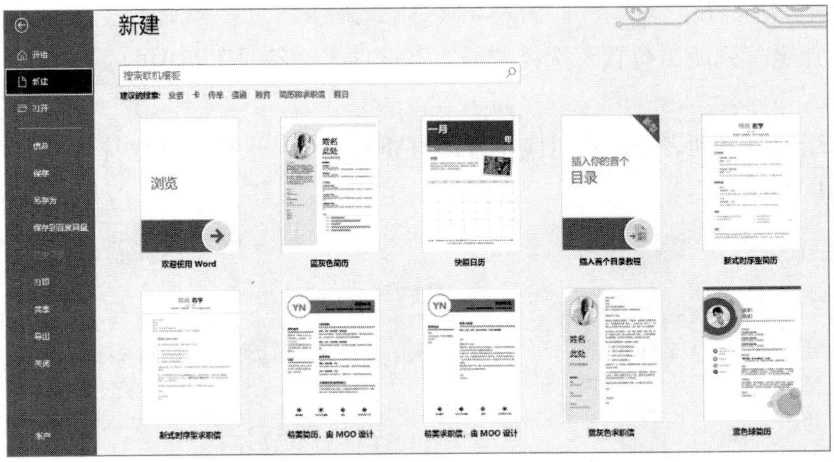

图4-14 使用模板创建文档

4.2.2 输入文档内容

1. 认识光标

启动Word应用程序后，在文档编辑区不停闪烁的“|”为光标插入点，即输入文本的位置。无论输入文本还是插入图形都是从当前光标所在的位置开始。定位光标可使用鼠标单击或快捷，见表4-1。

表 4–1　快速定位输入位置的快捷键

键 盘 名 称	光标移动情况	键 盘 名 称	光标移动情况
↑	上移一行	Ctrl + ↑	光标到了当前段落或上一段的开始位置
↓	下移一行	Ctrl + ↓	光标移到下一段落的首行首字前面
←	左移一个字符或一个汉字	Ctrl + ←	光标向左移动一个词的距离
→	右移一个字符或一个汉字	Ctrl + →	光标向右移动一个词的距离
Home	移到行首	Ctrl + Home	光标移到文档的开始位置
End	移到行尾	Ctrl + End	光标移到文档的结束位置
PageUp	上移一页	Ctrl + PageUp	光标移到当前页或上一页的首行首字前面
PageDown	下移一页	Ctrl + PageDown	光标移到下一页的首行首字前面
Backspace	删除光标左边的内容	Delete	删除光标右边的内容

2. 文本输入

选择所需输入法在光标插入点处直接输入即可。需要注意的是：文本输入到一行的末尾时无须手动换行，在输入下一个字符时将自动转到下一行开始。按一次【Enter】键表示生成一个新的段落，段落末尾以段落标记↵结束，俗称硬回车。按【Shift+Enter】组合键，则在句末生成手动换行符标记↓，俗称软回车。

技巧

文本输入有插入和改写两种状态。“插入”状态：在一个字符前面输入新内容时插入点右侧的字符自动后移；“改写”状态：在一个字符的前面输入字符时原有字符会被输入字符替换。Word默认状态是“插入”状态，在键盘功能区按【Insert】键或在状态栏中选择“插入”或“改写”实现输入状态的切换。

3. 字符的删除

若输入错误的字符可以将其删除。当光标位于错误字符的左边时，按【Delete】键即可删除。当光标位于错误字符的右边时，按【Backspace】键即可删除。选中字符后按【Delete】或【Backspace】键，可删除选中内容。

4. 输入特殊符号

输入特殊符号的方法如下：

① 将光标插入点定位到所需位置，选择“插入”选项卡“符号”组中的Ω符号命令，打开“符号”面板，如图4-15所示。

② 面板显示常用的符号列表，单击对应符号即可插入字符。选择“其他符号（M）”命令，弹出“符号”对话框，如图4-16所示。

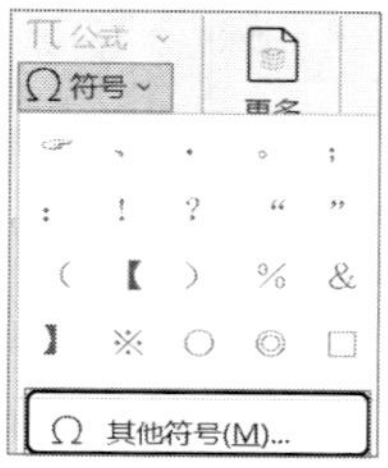

图 4-15　“符号”面板

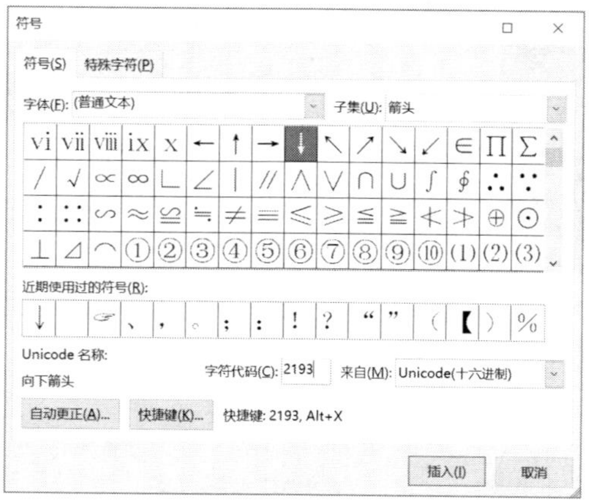

图 4-16　“符号”对话框

③ 通过“符号”对话框中的垂直滚动条切换字符内容，选中字符后，单击“插入”按钮即可插入字符到文档中。在“字符代码”文本框中输入字符代码精准定位输入字符；单击“字体”下拉列表切换符号类别，如Wingdings。

5. 输入日期和时间

将光标插入点定位到需要插入日期和时间的位置，选择“插入”选项卡中的“日期和时间”命令，在弹出的对话框中选择所需的日期和时间格式即可。

6. 自动更正、拼写和语法

Word可自动监测输入的文本内容，对录入的单词、中文词组的拼写和语法进行检查，并标识可能有错误的地方，如红色波浪线代表拼写错误，蓝色双横线代表语法错误。在这些单词或词组上右击，在弹出的快捷菜单中根据提示进行操作，此功能能够对输入词句进行检查，减少输入文档的差错率。

4.2.3 编辑文本内容

1. 文本的选定

（1）全文选取

全文选取的操作方法有如下几种：

① 选择“开始”→“编辑”→“选择”→“全选”命令。

② 移动鼠标至文档左侧选择栏区域，当指针变为指向右上角的箭头形状时，快速三击鼠标左键。

③ 按【Ctrl+A】组合键。

（2）选定部分文档

选定部分文档的操作方法见表4-2。

表 4–2　选取文档的操作方法

选 取 范 围	操 作 方 法
字符的选取	选取一个字符：将鼠标指针移到字符前，单击并拖动一个字符的位置
	选取多个字符：把鼠标指针移动到要选取的第一个字符前，按住着鼠标左键，拖动到选取字符的末尾，释放鼠标
行的选取	选取一行：在行左边文本选定区单击
	选取多行：选取一行后，继续按住鼠标左键并向上或下拖动便可选取多行或者按住【Shift】键，单击结束行
	选取光标所在位置到行尾（行首）的文字：把光标定位在要选定文字的开始位置，按【Shift＋End】组合键（或【Home】键）即可
	选取从当前插入点到光标移动所经过的行或文本部分：确定插入点，按【Shift】＋光标移动键
句的选取	选取单句：按住【Ctrl】键，单击文档中的一个地方，单击处的整个句子被选取。 选中多句：按住【Ctrl】键，单击选中第一个句子，松开【Ctrl】键，按下【Shift】键，单击最后一个句子的任意位置，即可选中多句
段落的选取	双击段落左边的选定区，或快速三击段落中的任何位置
矩形区的选取	按住【Alt】键，同时拖动鼠标

技巧

结合鼠标与键盘进行文本操作是灵活多变的。鼠标与【Shift】键结合使用时，可以选择连续的多行、多段等；鼠标与【Ctrl】键结合使用时，可以选择不连续的多行、多段等；单击选择区域以外的区域，即可撤销选取的文本。

2. 文本的复制与移动

在Word中，文本的复制与移动是文档编辑时最常用的操作。选定需操作的文本内容后，可按表4-3所示方法实现文本复制或移动。

表 4–3　文本的复制与移动

操作方式	复　制	移　动	粘　贴
功能区命令	“开始”→“剪贴板”→“复制”命令	“剪切”命令	“粘贴”命令
右键菜单	选择“复制”命令	选择“剪切”命令	选择“粘贴”命令
鼠标拖动	选中需复制的文本后按住【Ctrl】键的同时拖动鼠标左键到需要插入文本的位置释放即可	选中需移动的文本后拖动鼠标左键到需要插入文本的位置释放鼠标左键即可	—
使用快捷键	【Ctrl＋C】	【Ctrl＋X】	【Ctrl＋V】

技巧

在粘贴内容时，可应用“粘贴选项”命令组中的四个按钮，如图4-17所示，分别为：“保留源格式”按钮、“合并格式”按钮、“保留图片”按钮和“只保留文本”按钮，根据需要单击不同的按钮完成粘贴操作。

图 4-17　“粘贴选项”命令组

3. 文本的删除

删除文本的常用方法有如下三种：

①【Delete】键：删除插入点后面的字符。

②【Backspace】键：删除插入点前面的字符。

③ 快速删除：选定要删除的文本区域，按【Delete】键或【Backspace】键即可删除所选择的文本区域。

4. 撤销、恢复与重复操作

Word会自动记录执行过的操作。可单击快速访问工具栏中的“撤销”按钮（快捷键为【Ctrl+Z】）完成撤销操作；单击“恢复”按钮（快捷键为【Ctrl+Y】）完成恢复操作。在没有进行任何撤销操作的情况下，“恢复”按钮会显示为“重复”按钮，单击“重复”按钮（快捷键为【F4】），可重复上一步操作。

技巧

连续单击“撤销”按钮，Word将依次撤销从最近一次操作往前的各次操作。恢复操作与撤销操作是相辅相成的，只有执行撤销操作才能激活“恢复”按钮。

4.2.4　查找与替换

“查找”功能是指在文档中搜索指定的内容并快速定位。“替换”功能是指将文档中的指定内容修改为新内容。使用查找和替换功能可以提高文本的编辑效率。

1. 文档内容的查找

① 选择“开始”→“编辑”→“查找”命令（快捷键为【Ctrl+F】），在屏幕左侧打开“导航”窗格，如图4-18所示。

② 在编辑框中输入需查找的内容，文档中所有被查找的内容就被突出显示出来。

技巧

单击“导航”窗格编辑框右侧的下拉按钮，在图4-18所示的下拉菜单中选择“高级查找”命令，可打开图4-19所示的“查找和替换”对话框。在“查找内容”文本框中输入要查找的内容，单击“查找下一处”按钮进行查找操作。若要取消查找，单击“导航”窗格右上角的“关闭”按钮即可。

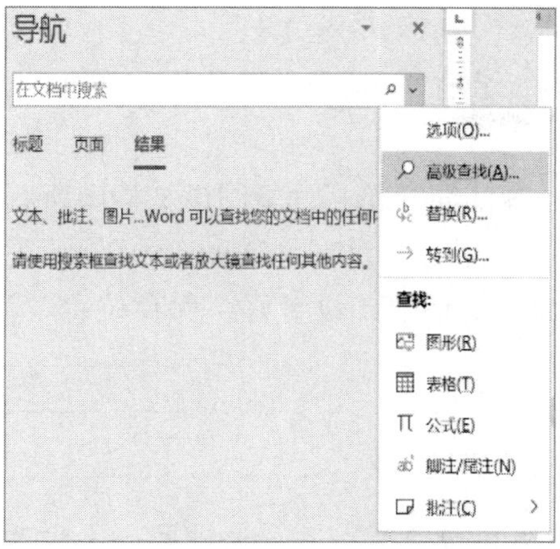

图4-18 “导航”窗格

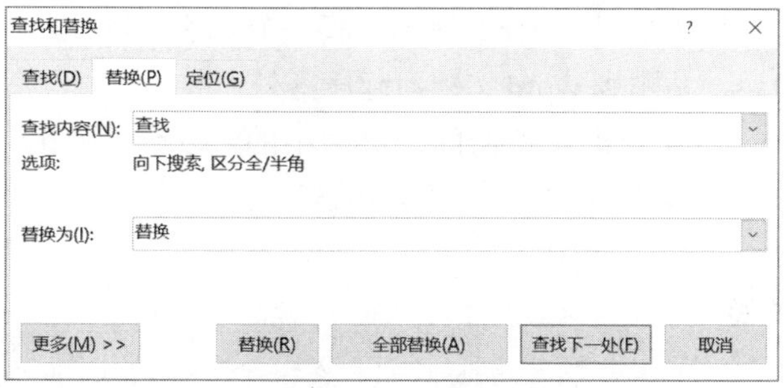

图4-19 “查找和替换”对话框

2. 文档内容的替换

Word 2021的“替换”功能可快速替换文档中的目标内容，操作如下：

① 选择“开始”→“编辑”→“替换”命令（快捷键为【Ctrl+H】），打开“查找和替换”对话框，如图4-19所示。

② 在“查找内容”文本框中输入要查找的内容，在“替换为”文本框中输入替换内容。

③ 单击“替换”按钮，Word将当前搜索到的一项内容进行替换；单击“全部替换”按钮，则自动搜索所有查找内容并一次性完成替换。

④ 单击“更多”按钮，可以进行更高级的自定义替换，如格式替换等操作设置。

⑤ 单击“关闭”按钮，退出“查找和替换”操作。

4.2.5 实例：制作文档“潮汕之美.docx”

1. 操作要求

创建一个新的空白文档，输入文本内容及复制素材文档中的文本，如图4-20所示，并把文件以“潮汕之美.docx”为文件名保存。

潮汕之美：自然与人文的完美融合
潮汕，一个历史悠久、文化灿烂的地区，位于广东省东南沿海，包括揭阳、潮州和汕头三个城市。这里不仅有着丰富的自然景观，还有着独特的人文景观。潮汕之美，体现在它的自然风光、历史文化和美食文化等多个方面。
自然风光
潮汕地区有着得天独厚的自然环境，山水相依，风景秀丽。其中，揭阳黄满寨瀑布、大南山风景区、潮州古城、汕头南澳岛等是潮汕地区最具代表性的自然景点。
黄满寨瀑布
揭阳黄满寨瀑布，被誉为“岭南第一瀑”，以水势浩大、落差巨大而著称。整个瀑布总高度达300米，其中主瀑高270米，宽80米。瀑布从高处倾泻而下，犹如银河倒挂，蔚为壮观。在阳光的照耀下，水雾中的小水珠呈现出美丽的彩虹，十分迷人。
那里有茂密的森林，清澈的溪流，还有形态各异的岩石，构成了一幅优美的画卷。
大南山风景区
揭阳大南山风景区，位于揭阳市揭西县河婆镇，是一个集自然风光、人文景观和革命历史于一体的综合性旅游景区。大南山风景区总面积约20平方公里，层峦叠嶂，山势峻峭，森林茂密，被誉为揭阳的“城市后花园”。这里不仅有优美的山水景观，还有丰富的文化底蕴，如玉弗苑、南岳佛教文化博览园等。
潮州古城
潮州古城是广东省重点文物保护单位，也是中国最具代表性的古城之一。这里有着丰富的历史文化遗产，如广济桥、潮州城墙、陈府庙等。广济桥是一座古老的石拱桥，横跨韩江两岸，是潮州古城的标志性建筑之一。潮州古城不仅有着古老的历史和文化，还有着美丽的自然风光。韩江两岸的青山绿水，与古城相映成趣，构成了一幅美丽的画卷。
潮州牌坊街
牌坊街特色建筑是中西合璧的骑楼，矗立的22座中式明清石牌坊与两侧南洋风味的骑楼互为映衬，明末清初引入具有南洋建筑风格的骑楼建筑，形成中西合璧的独特侨乡风貌。牌坊街骑楼的店铺主要围绕潮州非物质文化遗产：潮绣、手拉壶、陶瓷、工夫茶等
汕头南澳岛
南澳岛是广东省最大的海岛，这里有着优美的海滩和清澈的海水。游客可以在这里尽情地享受阳光、沙滩和海水，感受大自然的魅力。南澳岛的海景壮观，沙滩细腻，是一个理想的度假胜地。
历史文化
潮汕地区有着悠久的历史和丰富的文化遗产。这里有许多古建筑、文化遗址和历史名人纪念馆等，展示了潮汕地区的历史和文化风貌。其中，揭阳学宫、潮州韩文公祠、汕头市澄海区陈府庙和潮阳贵屿古镇是潮汕地区最具代表性的历史文化景点。
揭阳学宫
揭阳学宫又称孔庙，是揭阳的文化中心和历史象征。这座始建于南宋的古建筑群，历经多次重修，现存建筑组群由21座单体建筑构成，占地面积约16000平方米。揭阳学宫是广东规模最大、配套建筑最完善、保存最完整的同类历史建筑组群之一，是潮汕地区最具规模和影响的古建筑之一。
进贤门
进贤门是揭阳的标志性建筑，建于明朝，是揭阳古城的标志性景观。这座城楼高耸壮观，是明清时期揭阳县衙的前门，见证了揭阳的历史和文化。
揭阳城隍庙
揭阳城隍庙位于揭阳市区城隍路，是揭阳的宗教文化中心之一。这座庙宇建于明朝，是广东省重点文物保护单位，也是潮汕地区规模最大、保存最完整的城隍庙之一。
潮州韩文公祠
潮州韩文公祠是潮汕地区最重要的文化景点之一，是为了纪念唐代文学家韩愈而建的。韩文公祠位于潮州市韩江之畔，是一座典型的唐代建筑，内有韩愈的雕像和碑刻，展示了韩愈在文学和政治上的成就。
汕头市澄海区陈府庙
汕头市澄海区陈府庙是潮汕地区规模最大的妈祖庙，也是广东省重点文物保护单位之一。陈府庙建于明代，内有妈祖的神像和大量的历史文物，展示了潮汕地区民间信仰和文化风貌。
潮阳贵屿古镇
潮阳贵屿古镇是一个保存完好的明代古镇，被誉为“潮汕第一村”。古镇内的民居、古建筑和历史遗址都保存完好，展示了明代潮汕地区的生活方式和文化风貌。
美食文化
潮汕地区的美食文化源远流长，以独特的烹饪技巧和口味而闻名于世。这里有许多美食，如潮汕牛肉火锅、手打牛肉丸、砂锅粥等：
文档结束

图4-20 “潮汕之美”文字内容

2. 参考步骤

视 频

制作文档

① 启动Word 2021，在文档中按照要求录入图4-20所示的“潮汕之美”第一、二自然段文字内容。

② 按【Enter】键，新起一个段落；打开素材文档“潮汕简介.txt”，复制该文档中所有文字内容，粘贴到Word文档新起段落处。

③ 单击快速访问工具栏中的按钮，弹出“另存为”对话框，设置好“保存位置”为D盘，“文件名”为“潮汕之美.docx”。

注意

录入文字时不要人为地添加多余的空行或空格调整段落间距、行间距、首行缩进等，这些设置将在后面的格式设置中完成。

4.3 Word 文档基础格式设置

Word 文档格式设置是编辑文档的基础，包括文档字符格式、段落格式、页眉页脚、文档格式、页面背景、页面布局、分页分节等设置。

4.3.1 字符格式化

设置并改变字符的外观称为字符格式化，包括设置字体、字号、粗体、斜体、下画线、字符颜色、文本突出显示、字符间距、文字效果等。

1. 字体效果设置

（1）“字体”命令组

选定要修改的文本，单击“开始”选项卡“字体”命令组中的相应按钮（见图4-21），可进行字体、字号、文本效果、颜色、文本突出显示、为文本注音等设置；单击“字体”命令组中的按钮，打开图4-22所示的面板，可设置轮廓、阴影、映像、发光等字体特效。

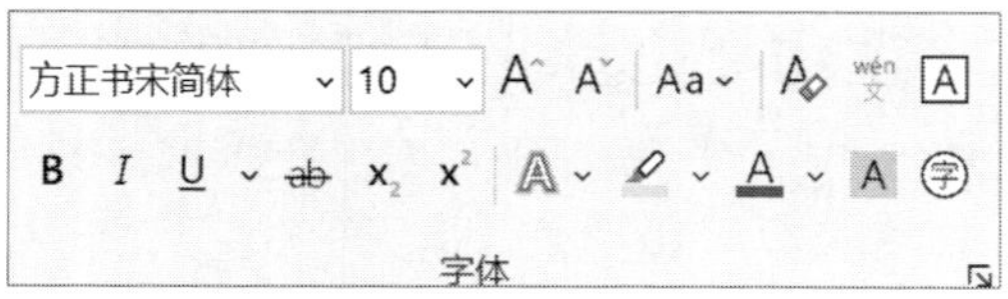

图4-21 “字体”命令组

图4-22 “文本效果”面板

（2）“字体”对话框

单击“字体”命令组右下角的箭头（或按【Ctrl + D】组合键），打开“字体”对话框，如图4-23所示。选择“高级”选项卡，可设置字符间距等属性，如图4-24所示。字符间距是指相邻字符间的距离；字符缩放是指字符的宽高比例，用百分数表示。

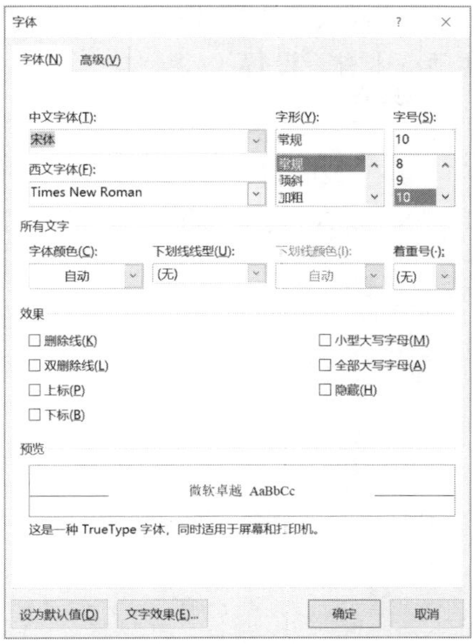

图4-23　“字体”对话框

图4-24　“字体”对话框的“高级”选项卡

在“字体”对话框中，单击“文字效果”按钮，打开“设置文本效果格式”对话框，可设置文本填充与文本轮廓等属性，如图4-25所示。

技巧

表示Word字号时，中文数字值越小，字号越大；阿拉伯数字值越大，字号越大。在字号选择框中直接输入数值（如50）后按【Enter】键，可直接设置字号为50。单击A按钮增大字号，单击A按钮缩小字号。

图4-25　“设置文本效果格式”对话框

2. 边框和底纹的设置

（1）利用“字体”命令组设置

选定文本，选择“开始”→“字体”→“字符边框”A命令即可完成字符边框设置；选择“开始”→“字体”→“字符底纹”A命令可完成字符底纹设置。再次单击相应的命令可取消边框和底纹的设置。

（2）利用“边框和底纹”对话框设置

选择“设计”→“页面背景”→“页面边框”命令，打开“边框和底纹”对话框，选择“边框”选项卡进行设置，如图4-26所示。在“边框”选项卡中设置边框的样式、边框线的类型、颜色和宽度；单击“底纹”选项卡，可设置填充色、底纹的图案和颜色，在预览中查看设置的效果。

技巧

若要将此“边框和底纹”应用于整个段落，则在“应用于”下拉列表中选择“段落”；若是只应用于所选文字，则在“应用于”下拉列表中选择“文字”。

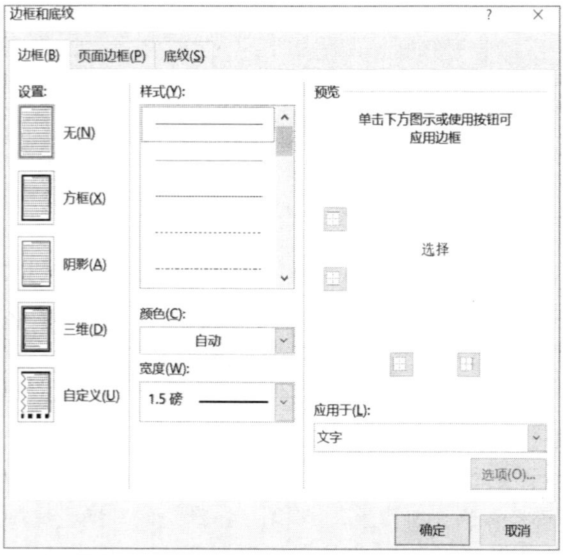

图 4-26 “边框和底纹”对话框

3. 文字方向

选择“布局”→“页面设置”→“文字方向”命令，打开图4-27所示的下拉菜单，在该菜单中选择不同的命令完成文字方向设置；选择“文字方向选项”命令，打开图4-28所示的“文字方向”对话框，设置所需文字方向与应用范围。

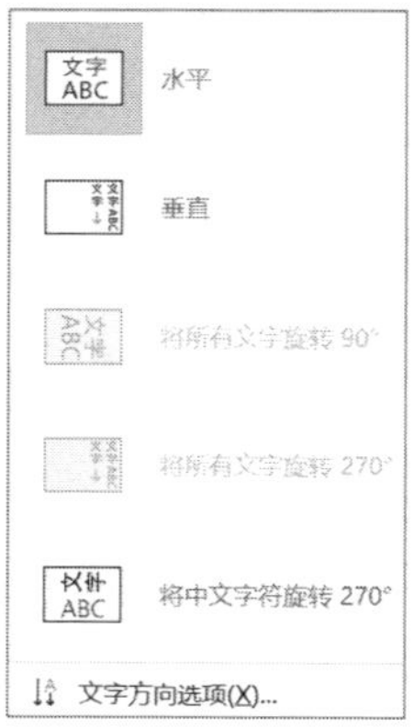

图 4-27 “文字方向”下拉菜单

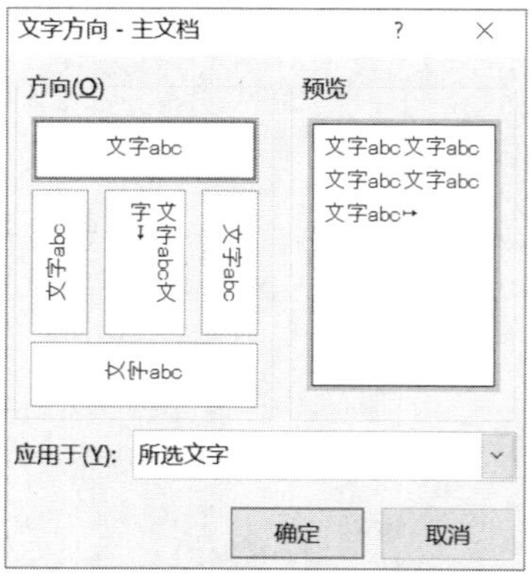

图 4-28 “文字方向”对话框

4.3.2 段落格式化

在Word中，段落格式是以段落为单位进行格式设置。为段落设置对齐方式、缩进、间距等基本格式时，只需将光标插入点定位到该段落内即可。如果需要为多个段落设置相同格式，则须先选中所需段落再进行设置。

1. 段落对齐方式

对齐方式是指段落在页面上的分布规则，主要包括左对齐、居中对齐、右对齐、两端对齐和分散对齐。其中两端对齐是指段落的每行在页面中首尾对齐，当各行之间的字体大小不同时，Word会自动调节字符间距；分散对齐是指定段落在页面中分散对齐排列，并根据需要自动调节字符间距，当段落末行有大量空白时会自动增大字符间距而填满。

2. 段落间距与行距

实际应用中通常对文档设置适当的段落间距和行距：

① 段落间距：段间距指相邻两段间的间隔距离，包括段前间距和段后间距。

② 行距：行间距表示各行文本间的垂直距离。行间距包括单倍行距、1.5倍行距、2倍行距、最小值、固定值、多倍行距等内容。若要设置1.8等非规则行距，必须通过多倍行距实现。

3. 段落缩进

（1）认识段落缩进

为增强段落的层次感，通常为段落设置合适的缩进。段落的缩进方式有如下四种：

① 左缩进：段落的左边距离页面左边距的距离。

② 右缩进：段落的右边距离页面右边距的距离。

③ 首行缩进：段落第一行由左缩进位置向内缩进的距离，中文习惯首行缩进两个字符。

④ 悬挂缩进：段落中除第一行以外的其余各行由左缩进位置向内缩进的距离。

（2）设置段落缩进

① 应用“段落”命令组：在“开始”选项卡的“段落”命令组中有多个按钮，可以完成段落格式的设置。“段落”命令组如图4-29所示。

② 应用“段落”对话框：单击“开始”→“段落”命令组右下角的箭头，打开“段落”对话框，如图4-30所示。选择“缩进和间距”选项卡，在“缩进”区域的“左侧”或“右侧”文本框中输入数值；在“特殊格式”下拉列表框中选择“首行缩进”或“悬挂缩进”选项，在“磅值”微调框中输入数值，即可设置对应的缩进。

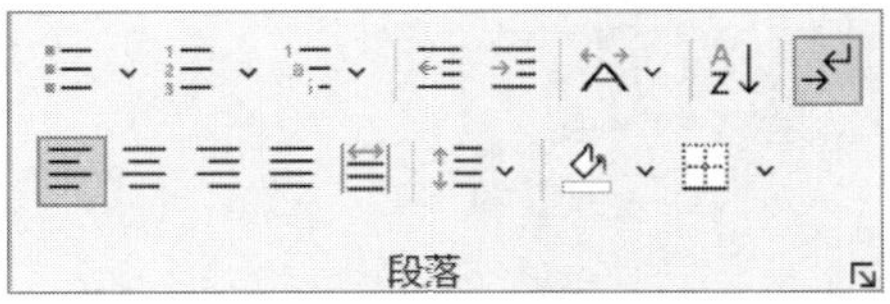

图4-29 “段落”命令组

图4-30 “段落”对话框

③ 应用水平标尺：在精确度要求不高的情况下，可以通过水平标尺设置段落缩进。把光标定位到需要设置缩进的段落内，使用以下方法实现缩进操作：

- 拖动水平标尺上的“首行缩进”标记完成设置。
- 拖动水平标尺上的“悬挂缩进”标记完成设置。
- 拖动水平标尺上的“左缩进”或“右缩进”标记实现左右缩进操作，如图4-31所示。

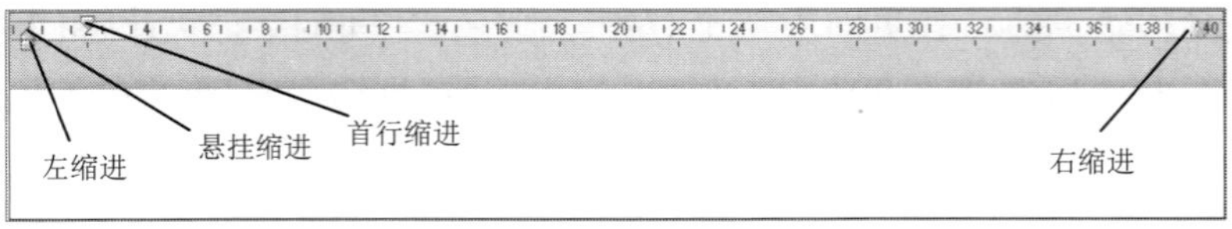

图 4-31 段落缩进标记

4. 项目符号

添加项目符号常用方法如下：

① 将光标置于要添加项目符号的段落或同时选中多个需要添加项目符号的段落，选择“开始”→“段落”→“项目符号”命令，打开图4-32所示的“项目符号库”面板，单击一种符号，直接添加项目符号。

② 如需自定义项目符号，则选择“项目符号库”下方的“定义新项目符号”命令，打开图4-33所示的“定义新项目符号”对话框，单击“符号”或“图片”按钮可修改项目符号，单击“字体”按钮修改字体属性。

图 4-32 项目符号库

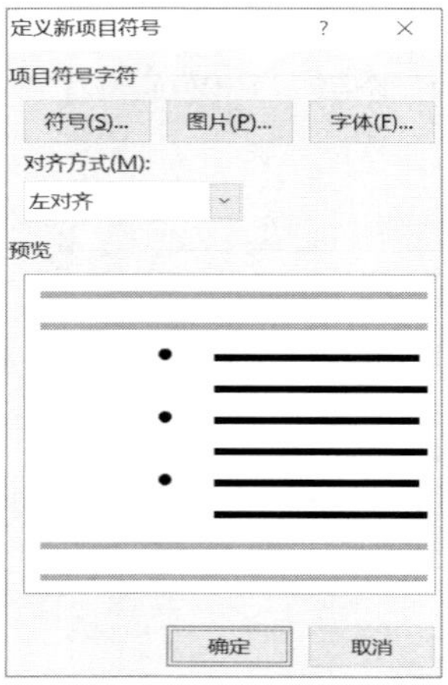

图 4-33 “定义新项目符号”对话框

5. 项目编号

添加项目编号的常用方法如下：

① 将光标置于要添加项目编号的段落中或同时选中需添加编号的段落，选择“开始”→“段落”→“编号”命令，打开图4-34所示的“编号库”面板，单击所需编号形式，添加项目编号。

② 如需自定义项目编号，则选择“编号库”下方的“定义新编号格式”命令，打开“定义新编号格式”对话框，如图4-35所示。可修改编号样式、编号格式、字体及对齐方式。

图 4-34 编号库

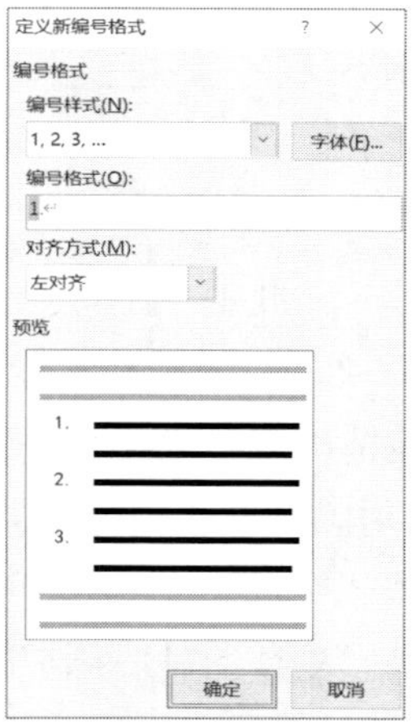

图 4-35 “定义新编号格式”对话框

6. 多级列表

如文档中存在多个层次的段落，可为这些段落添加多级列表，能够更清晰地体现层次结构。添加多级列表的常用方法如下：

① 选中要应用多级列表的所有段落，选择“开始”→“段落”→“多级列表” 命令，打开图4-36所示的“列表库”，单击所需列表形式，根据实际需要调整段落级别，即展开图4-36中的“更改列表级别”的下一级菜单，选择所需要的级别。

② 如需自定义项目编号，则选择“列表库”下方的“定义新的多级列表”命令，打开“定义新多级列表”对话框，如图4-37所示，在“单击要修改的级别”列表框中选择级别，然后修改“编号格式”“字体”“编号对齐方式”等属性。

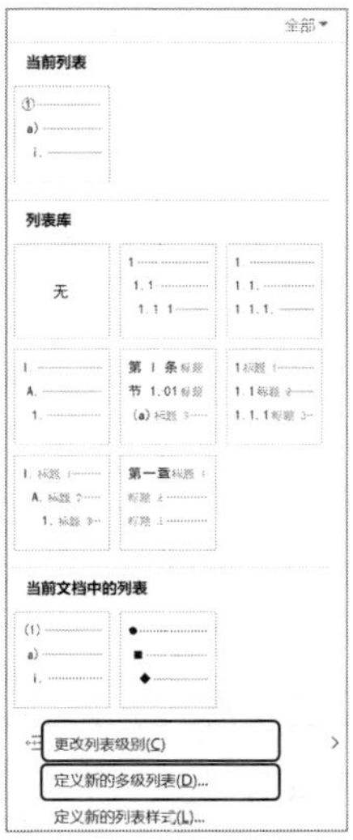

图 4-36　列表库

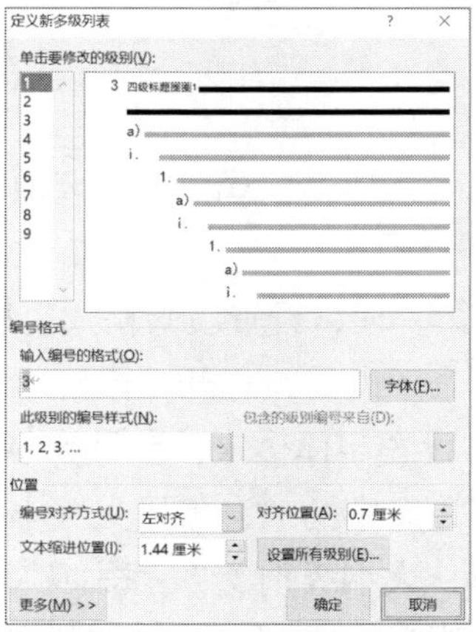

图 4-37　“定义新编号格式”对话框

技巧

将光标插入点定位在编号与文本之间，按【Tab】键可降低一个列表级别；按【Shift+Tab】组合键可提高一个列表级别。

7. 格式刷

使用格式刷可以快速复制、应用字符及段落格式。格式刷的应用方法如下：

① 选中提供格式的文本或段落对象。

② 单击“开始”→“剪贴板”命令组中的“格式刷”按钮，鼠标箭头变成刷子形状。

③ 按住鼠标左键拖选需应用格式的文字或段落，格式刷经过的文字或段落将被设置成源对象的格式。

技巧

单击“格式刷”按钮，只能刷一次格式，格式刷就自动取消；双击“格式刷”按钮可连续使用，直到用户再次单击“格式刷”按钮或按【Esc】键退出格式刷应用。

4.3.3　实例：为文档设置基础格式

1. 操作要求

综合应用Word文档编辑技巧，打开文档“潮汕之美.docx”，为其设置字体、段落等格式，参考效果如图4-38所示。

潮汕之美：自然与人文的完美融合

潮汕，一个历史悠久、文化灿烂的地区，位于广东省东南沿海，包括揭阳、潮州和汕头三个城市。这里不仅有着丰富的自然景观，还有着独特的人文景观。潮汕之美，体现在它的自然风光、历史文化和美食文化等多个方面。

一、自然风光

潮汕地区有着得天独厚的自然环境，山水相依，风景秀丽。其中，揭阳黄满寨瀑布、大南山风景区、潮州古城、汕头南澳岛等是潮汕地区最具代表性的自然景点。

黄满寨瀑布

揭阳黄满寨瀑布，被誉为"岭南第一瀑"，以水势浩大、落差巨大而著称。整个瀑布总高度达 300 米，其中主瀑高 270 米，宽 80 米。瀑布从高处倾泻而下，犹如银河倒挂，蔚为壮观。在阳光的照耀下，水雾中的小水珠呈现出美丽的彩虹，十分迷人。那里有茂密的森林，清澈的溪流，还有形态各异的岩石，构成了一幅优美的画卷。

大南山风景区

揭阳大南山风景区，位于揭阳市揭西县河婆镇，是一个集自然风光、人文景观和革命历史于一体的综合性旅游景区。大南山风景区总面积约 20 平方公里，层峦叠嶂，山势峻峭，森林茂密，被誉为揭阳的"城市后花园"。这里不仅有优美的山水景观，还有丰富的文化底蕴，如玉佛苑、南岳佛教文化博览园等。

潮州古城

潮州古城是广东省重点文物保护单位，也是中国最具代表性的古城之一。这里有着丰富的历史文化遗产，如广济桥、潮州城墙、陈府庙等。广济桥是一座古老的石拱桥，横跨韩江两岸，是潮州古城的标志性建筑之一。潮州古城不仅有着古老的历史和文化，还有着美丽的自然风光。韩江两岸的青山绿水，与古城相映成趣，构成了一幅美丽的画卷。

潮州牌坊街

牌坊街特色建筑是中西合璧的骑楼，矗立的 22 座中式明清石牌坊与两侧南洋风味的骑楼互为映衬，明末清初引入具有南洋建筑风格的骑楼建筑，形成中西合璧的独特侨乡风貌。牌坊街骑楼的店铺主要围绕潮州非物质文化遗产：潮绣、手拉壶、陶瓷、工夫茶等

汕头南澳岛

南澳岛是广东省最大的海岛，这里有着优美的海滩和清澈的海水。游客可以在这里尽情地享受阳光、沙滩和海水，感受大自然的魅力。南澳岛的海景壮观，沙滩细腻，是一个理想的度假胜地。

二、历史文化

潮汕地区有着悠久的历史和丰富的文化遗产。这里有许多古建筑、文化遗址和历史名人纪念馆等，展示了潮汕地区的历史和文化风貌。其中，揭阳学宫、潮州韩文公祠、汕头市澄海区陈府庙和潮阳贵屿古镇是潮汕地区最具代表性的历史文化景点。

揭阳学宫

揭阳学宫又称孔庙，是揭阳的文化中心和历史象征。这座始建于南宋的古建筑群，历经多次重修，现存建筑组群由 21 座单体建筑构成，占地面积约 16000 平方米。揭阳学宫是广东规模最大、配套建筑最完善、保存最完整的同类历史建筑组群之一，是潮汕地区最具规模和影响的古建筑之一。

进贤门

进贤门是揭阳的标志性建筑，建于明朝，是揭阳古城的标志性景观。这座城楼高耸壮观，是明清时期揭阳县衙的前门，见证了揭阳的历史和文化。

揭阳城隍庙

揭阳城隍庙位于揭阳市区城隍路，是揭阳的宗教文化中心之一。这座庙宇建于明朝，是广东省重点文物保护单位，也是潮汕地区规模最大、保存最完整的城隍庙之一。

潮州韩文公祠

潮州韩文公祠是潮汕地区最重要的文化景点之一，是为了纪念唐代文学家韩愈而建的。韩文公祠位于潮州市韩江之畔，是一座典型的唐代建筑，内有韩愈的雕像和碑刻，展示了韩愈在文学和政治上的成就。

汕头市澄海区陈府庙

汕头市澄海区陈府庙是潮汕地区规模最大的妈祖庙，也是广东省重点文物保护单位之一。陈府庙建于明代，内有妈祖的神像和大量的历史文物，展示了潮汕地区民间信仰和文化风貌。

潮阳贵屿古镇

潮阳贵屿古镇是一个保存完好的明代古镇，被誉为"潮汕第一村"。古镇内的民居、古建筑和历史遗址都保存完好，展示了明代潮汕地区的生活方式和文化风貌。

三、美食文化

潮汕地区的美食文化源远流长，以独特的烹饪技巧和口味而闻名于世。这里有许多美食，如潮汕牛肉火锅、手打牛肉丸、砂锅粥等：

图 4-38 “潮汕之美”文档效果参考图

2. 参考步骤

视 频

设置文档格式

① 选中文本第一段，设置段落格式：居中对齐、大纲级别1级；字体格式：黑体、三号。

② 全选文档余下内容，打开“段落”对话框：设置首行缩进2字符，行距固定值 16磅；打开“字体”对话框：设置字体仿宋，字号为小四。

③ 选择文档方案中的“自然风光”小标题段落设置字体格式：黑体、加粗；段落格式：段前段后间距：0.5行；大纲级别2级；添加项目编号：一,二,三，…。

④ 应用格式刷把上一步小标题段落格式复制到图4-38所示的“历史文化”和“美食文化”段落。

4.4 Word 文档特殊格式设置

4.4.1 首字下沉

首字下沉是指将段落首行的第一个字符增大，使其占据两行或多行位置。选择“插入”→“文本”→“首字下沉”命令，进行“首字下沉”操作。“首字下沉”下拉菜单和对话框如图4-39和图4-40所示。下沉的首字是以图文框的形式插入，可以通过鼠标调节其具体的格式。

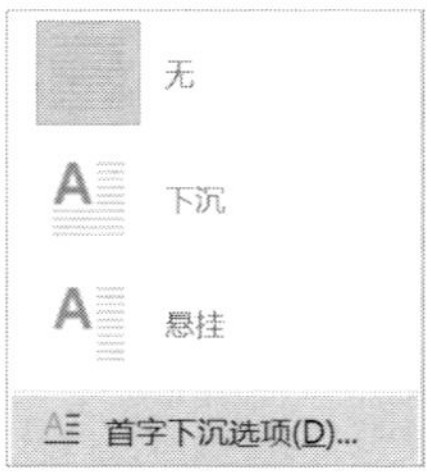

图 4-39 “首字下沉”菜单

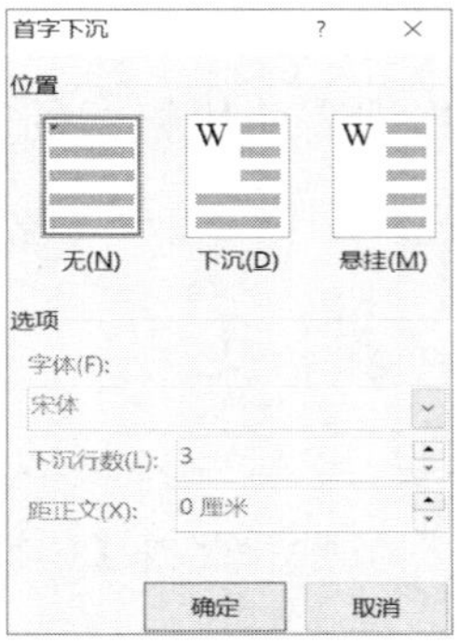

图 4-40 “首字下沉”对话框

4.4.2 分栏设置

分栏功能可以将版面分成多栏。选定要设置分栏格式的文本，选择“布局”→“页面设

置”→“栏”→“更多栏”命令，如图 4-41 和图 4-42 所示。设置分栏栏数、栏宽和栏间距等，单击“确定”按钮，完成分栏操作；打开“栏”对话框，选取“预设”下方的“一栏”选项，单击“确定”按钮，则可取消分栏。

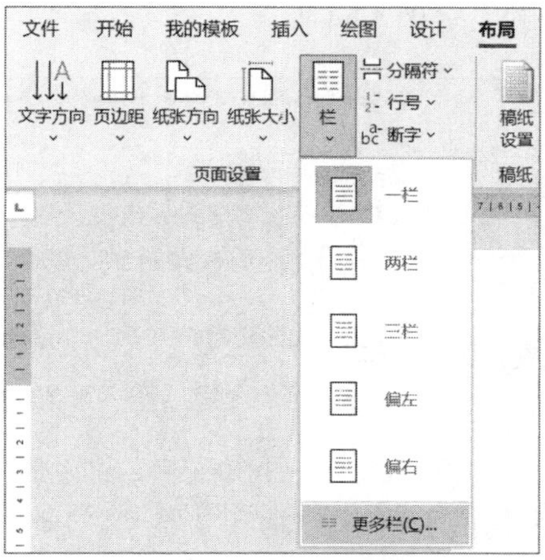

图 4-41 “栏”下拉菜单

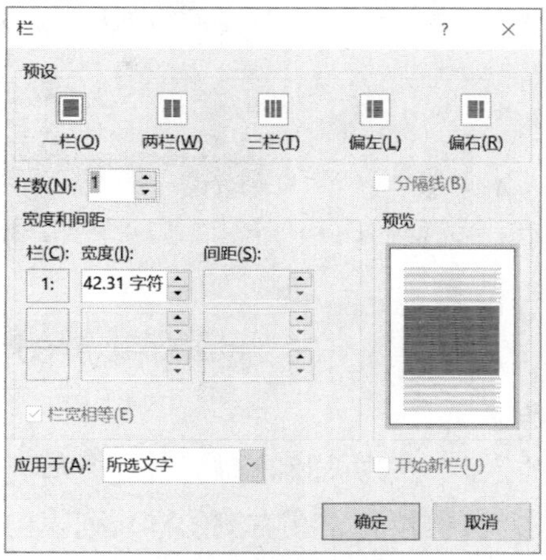

图 4-42 “栏”对话框

4.4.3 分页与分节设置

编辑格式比较复杂的长文档时，经常在文档中插入分页符或分节符。将光标定位到需要分页或分节的位置，进行如下操作：

① 选择“插入”→“页面”→“分页”命令或按【Ctrl+Enter】组合键完成分页。

② 选择“布局”→“页面设置”→“分隔符”命令，打开图 4-43 所示的“分隔符”下拉菜单，在分节符区域选择“下一页”选项，完成分页且分节；若选择“连续”，则只插入分节符并在同一页上开始新节。

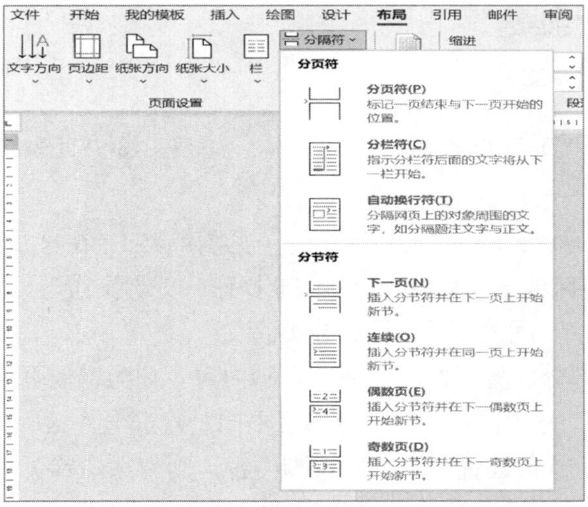

图 4-43 “分隔符”下拉菜单

技巧

分页符和分节符的区别在于页眉、页脚和页面设置，分页符单纯分页，前后还是同一节；而分节符是对文档内容进行分节，可以是同一页中的不同节，也可以在分节的同时跳转到下一页，分节后可以为某一节设置单独的版面格式。

4.4.4 页眉与页脚设置

页眉与页脚主要用于显示文档的标题、页码、日期等附属信息，可以是文字、图形、图片、艺术字等内容。添加页眉和页脚后，将出现“页眉和页脚工具/设计”选项卡，可根据需要进行相应设置，单击“关闭”命令组中的“关闭页眉和页脚”按钮退出编辑操作，如图4-44所示。

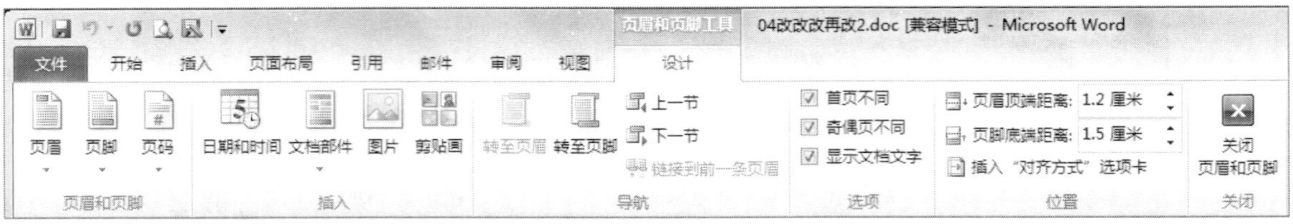

图 4-44 “页眉和页脚工具 / 设计”选项卡

1. 添加页码

① 选择“插入”→“页眉和页脚”→“页码”命令，打开“页码”下拉菜单，如图4-45所示，在下拉菜单中选择所需页码位置，在右侧的样式列表中选择所需的页码格式即可。

② 选择“页眉和页脚”选项卡，选择“页码”→“设置页码格式”命令，打开“页码格式”对话框，可修改页码编号、编号格式等内容，如图4-46所示。

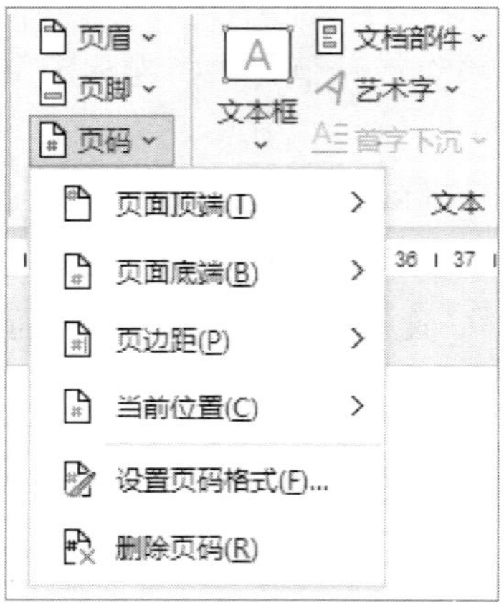

图 4-45 “页码”下拉菜单

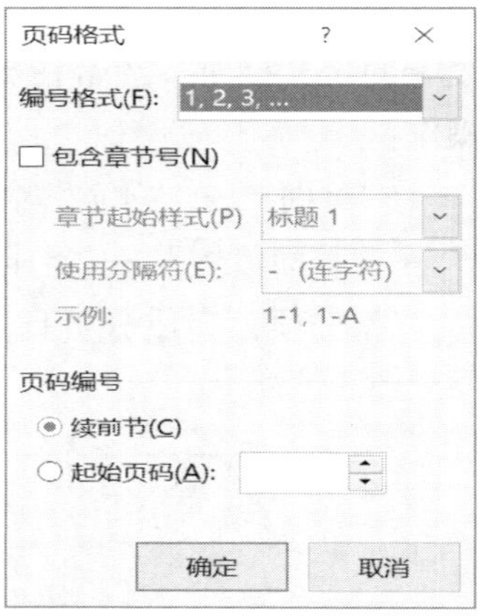

图 4-46 “页码格式”对话框

2. 添加页眉或页脚

选择“插入”→“页眉和页脚”→“页眉”命令（见图4-45），在打开的下拉面板中选择页眉样式，插入页眉。在页面顶端的页眉区域输入页眉内容，完成操作。页脚操作与页眉类似，不再赘述。

3. 为文档的不同部分添加不同的页眉、页脚或页码

Word可以为文档的不同部分设置不同的页眉和页脚内容。如为奇偶页设置不同的页码页脚内容，则选择“页眉和页脚工具/设计”→“选项”→“奇偶页不同”复选框，然后分别在奇数页和偶数页中编辑不同的页眉和页脚内容；若为首页设置不同页码页脚内容，则勾选“首页不同”复选框后再设置；若要为每一小节设置不同的页眉和页脚，则需先为文档添加“分页分节符”后再设置。

4. 删除页眉和页脚

双击页眉、页脚，然后选择要删除的页眉、页脚内容，按【Delete】键完成操作。

技巧

若要编辑页眉和页脚，只要双击页眉或页脚的区域即可。可以像编辑文档正文一样编辑页眉和页脚的文本内容。

4.4.5　主题、背景和水印设置

1. 主题设置

主题是一套统一的设计元素和颜色方案。选择“设计”→“主题”命令，打开主题面板，单击“主题样式”列表中的所需主题即可，如图 4-47 所示。若要清除文档中应用的主题，在出现的面板中选择“重设为模板中的主题”命令即可。

2. 背景设置

Word 文档默认背景是白色，用户可根据实际应用，选择“设计”→“页面背景”命令组中的各项内容进行调整，如水印、页面颜色和页面边框背景等，如图 4-48 所示。

（1）水印设置

选择“水印”→“自定义水印”命令，打开图 4-49 所示的“水印”对话框，可根据需要设置文字水印或图片水印；若要删除水印，选择对话框中的“无水印”单选按钮或在“水印”下拉列表中选择“删除水印”选项即可。

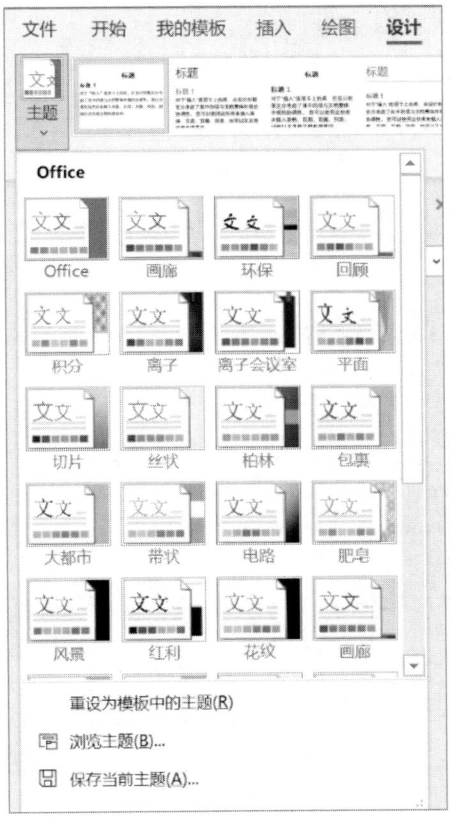

图 4-47　“主题”面板

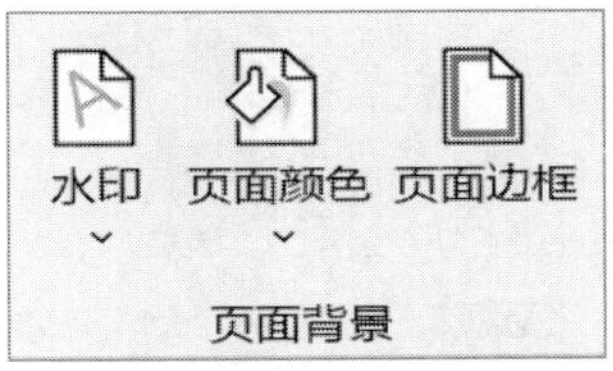

图 4-48　“页面背景”命令组

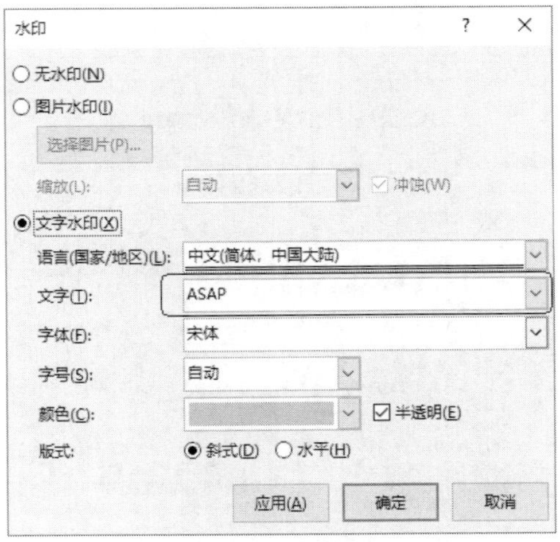

图 4-49　“水印”对话框

技巧

在图 4-49 所示的“水印”对话框中选中“文字水印”选项，修改“文字”选项右侧下拉列表框内容（默认值为 ASAP），即可修改文字水印内容。

（2）页面颜色设置

选择“页面颜色”命令，在弹出的面板中选择所需背景颜色或填充效果等，如图 4-50 和图 4-51 所示。若要删除页面颜色，则在图 4-50 所示面板中选择“无颜色”命令即可。

（3）页面边框设置

选择“页面边框”命令，打开图4-52所示的“边框和底纹”对话框。在“页面边框”选项卡中选择边框类型、线的样式、颜色、宽度、艺术型，单击“确定”按钮即可；若要删除页面边框，在“边框和底纹”对话框的“设置”选项中选择“无”，单击“确定”按钮即可。

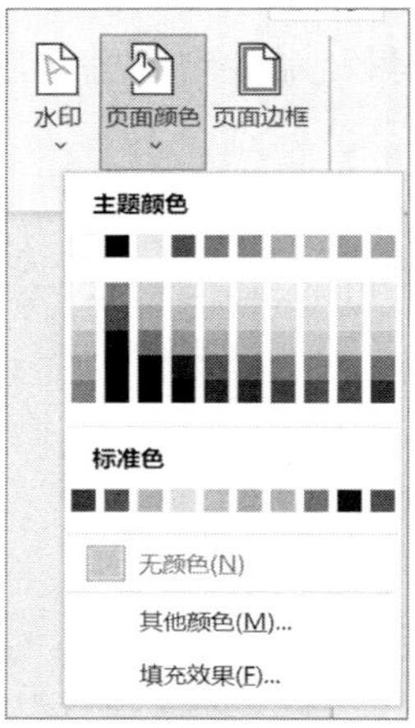

图4-50 “页面背景”面板

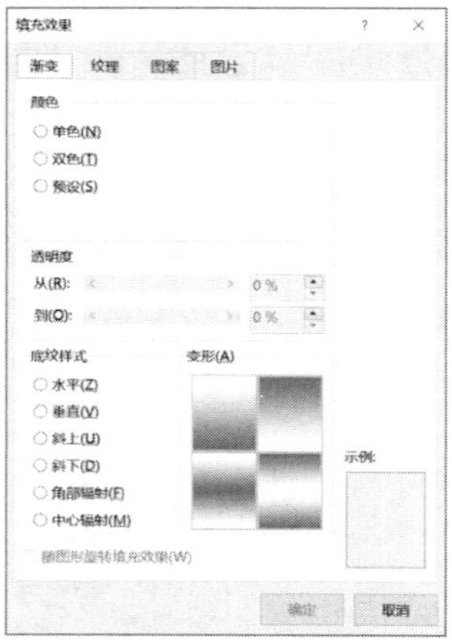

图4-51 “填充效果”对话框

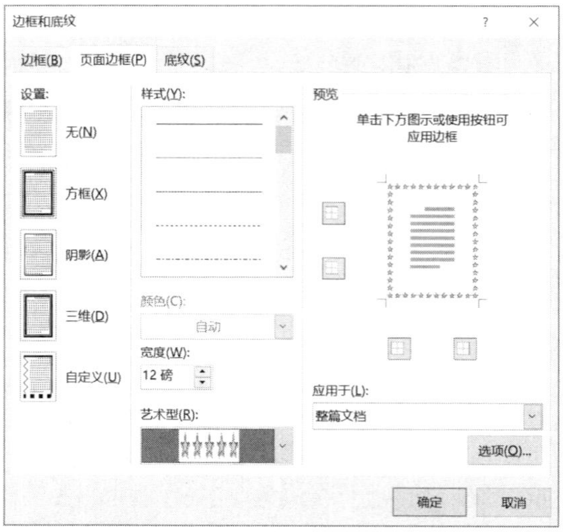

图4-52 “边框和底纹”对话框

4.4.6 实例：为文档设置特殊格式

1. 操作要求

综合应用Word文档编辑技巧，将“潮汕之美”文档编辑为图4-53所示效果。

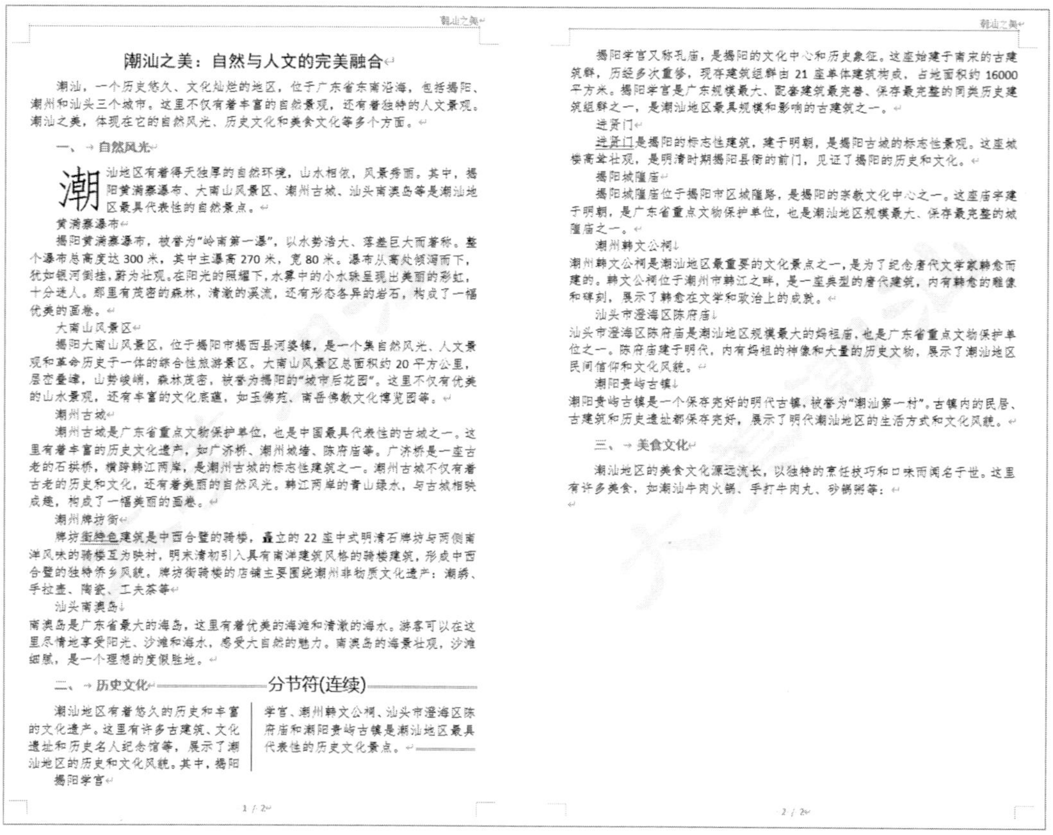

潮汕之美

潮汕之美：自然与人文的完美融合

潮汕，一个历史悠久、文化灿烂的地区，位于广东省东南沿海，包括揭阳、潮州和汕头三个城市。这里不仅有着丰富的自然景观，还有着独特的人文景观。潮汕之美，体现在它的自然风光、历史文化和美食文化等多个方面。

一、自然风光

潮汕地区有着得天独厚的自然环境，山水相依，风景秀丽。其中，揭阳黄满寨瀑布、大南山风景区、潮州古城、汕头南澳岛等是潮汕地区最具代表性的自然景点。

黄满寨瀑布

揭阳黄满寨瀑布，被誉为“岭南第一瀑”，以水势浩大、落差巨大而著称。整个瀑布总高度达300米，其中主瀑高270米，宽80米。瀑布从高处倾泻而下，犹如银河倒挂，蔚为壮观。在阳光的照耀下，水雾中的小水珠呈现出美丽的彩虹，十分迷人。那里有茂密的森林，清澈的溪流，还有形态各异的岩石，构成了一幅优美的画卷。

大南山风景区

揭阳大南山风景区，位于揭阳市揭西县河婆镇，是一个集自然风光、人文景观和革命历史于一体的综合性旅游景区。大南山风景区总面积约20平方公里，层峦叠嶂，山势峻峭，森林茂密，被誉为揭阳的“城市后花园”。这里不仅有优美的山水景观，还有丰富的文化底蕴，如玉佛苑、南岳佛教文化博览园等。

潮州古城

潮州古城是广东省重点文物保护单位，也是中国最具代表性的古城之一。这里有着丰富的历史文化遗产，如广济桥、潮州城墙、陈府庙等。广济桥是一座古老的石拱桥，横跨韩江两岸，是潮州古城的标志性建筑之一。潮州古城不仅有着古老的历史和文化，还有着美丽的自然风光。韩江两岸的青山绿水，与古城相映成趣，构成了一幅美丽的画卷。

潮州牌坊街

牌坊街特色建筑是中西合璧的骑楼，矗立的22座中式明清石牌坊与两侧南洋风味的骑楼互为映衬，明末清初引入具有南洋建筑风格的骑楼建筑，形成中西合璧的独特侨乡风貌。牌坊街骑楼的店铺主要围绕潮州非物质文化遗产：潮绣、手拉壶、陶瓷、工夫茶等

汕头南澳岛

南澳岛是广东省最大的海岛，这里有着优美的海滩和清澈的海水。游客可以在这里尽情地享受阳光、沙滩和海水，感受大自然的魅力。南澳岛的海景壮观，沙滩细腻，是一个理想的度假胜地。

二、历史文化 分节符(连续)

潮汕地区有着悠久的历史和丰富的文化遗产。这里有许多古建筑、文化遗址和历史名人纪念馆等，展示了潮汕地区的历史和文化风貌。其中，揭阳学宫、潮州韩文公祠、汕头市澄海区陈府庙和潮阳贵屿古镇是潮汕地区最具代表性的历史文化景点。

揭阳学宫

1 / 2

潮汕之美

揭阳学宫又称孔庙，是揭阳的文化中心和历史象征。这座始建于南宋的古建筑群，历经多次重修，现存建筑组群由21座单体建筑构成，占地面积约16000平方米。揭阳学宫是广东规模最大、配套建筑最完善、保存最完整的同类历史建筑组群之一，是潮汕地区最具规模和影响的古建筑之一。

进贤门

进贤门是揭阳的标志性建筑，建于明朝，是揭阳古城的标志性景观。这座城楼高耸壮观，是明清时期揭阳县衙的前门，见证了揭阳的历史和文化。

揭阳城隍庙

揭阳城隍庙位于揭阳市区城隍路，是揭阳的宗教文化中心之一。这座庙宇建于明朝，是广东省重点文物保护单位，也是潮汕地区规模最大、保存最完整的城隍庙之一。

潮州韩文公祠

潮州韩文公祠是潮汕地区最重要的文化景点之一，是为了纪念唐代文学家韩愈而建的。韩文公祠位于潮州市韩江之畔，是一座典型的唐代建筑，内有韩愈的雕像和碑刻，展示了韩愈在文学和政治上的成就。

汕头市澄海区陈府庙

汕头市澄海区陈府庙是潮汕地区规模最大的妈祖庙，也是广东省重点文物保护单位之一。陈府庙建于明代，内有妈祖的神像和大量的历史文物，展示了潮汕地区民间信仰和文化风貌。

潮阳贵屿古镇

潮阳贵屿古镇是一个保存完好的明代古镇，被誉为“潮汕第一村”。古镇内的民居、古建筑和历史遗址都保存完好，展示了明代潮汕地区的生活方式和文化风貌。

三、美食文化

潮汕地区的美食文化源远流长，以独特的烹饪技巧和口味而闻名于世。这里有许多美食，如潮汕牛肉火锅、手打牛肉丸、砂锅粥等：

2 / 2

图4-53 “潮汕之美”编辑效果

2. 参考步骤

① 在“插入”选项卡的“页眉和页脚”命令组中，选择“页眉”→“空白”类型，输入文字“潮汕之美”，右对齐；在页脚插入页码：“页码”→“页面底端”→“加粗显示的数字 1”，居中对齐。

视 频

特殊格式设置

② 在“设计”选项卡的“页面背景”命令组中为文档添加“自定义水印”→“文字水印”：大美潮汕；隶书；其他属性不修改。

③ 为文档第四段设置首字下沉：下沉行为 3。

④ 为文档第 16 段设置分栏效果，即“历史文化”小标题下一段：两栏，分隔线。

4.5 Word 2021 表格处理

4.5.1 插入表格

在 Word 中，插入表格的常用方法如下：

1. 拖动鼠标插入表格

如果插入的表格在 10 列 8 行内，可选择“插入”→“表格”命令，拖动鼠标选中合适的行和列的数量，释放鼠标即可在页面中插入相应的表格，如图 4-54 所示。

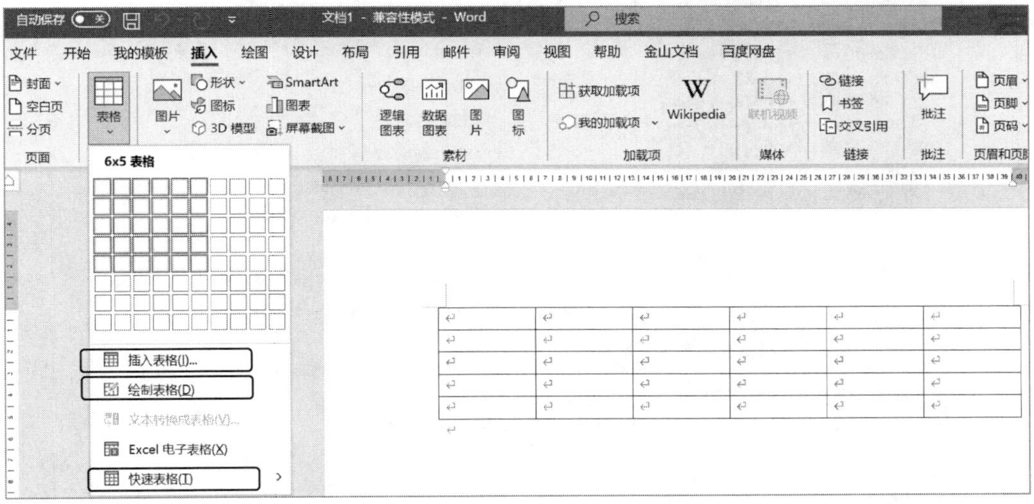

图 4-54 拖动鼠标插入表格

2. 使用“插入表格”对话框

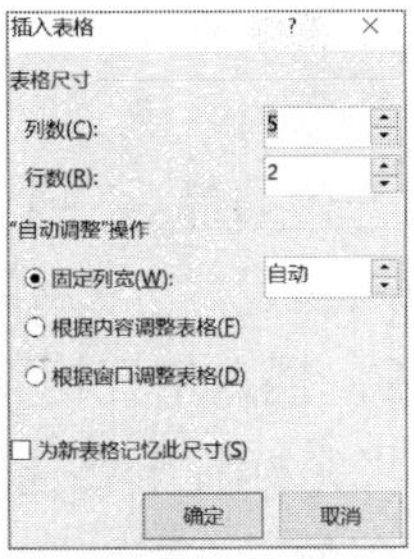

图 4-55 “插入表格”对话框

① 选择图 4-54 中的“插入表格”命令，打开“插入表格”对话框，如图 4-55 所示。

② 在对话框中设置表格行数和列数，单击“确定”按钮即可。可选择“固定列宽”“根据内容调整表格”“根据窗口调整表格”等自动调整选项。

3. 手工绘制表格

使用绘制工具可创建具有斜线、多样式边框、单元格大小相异的表格。操作如下：

① 选择图 4-54 中的“绘制表格”命令，此时鼠标指针变为铅笔状🖉。

② 在文档区域拖动鼠标绘制一个表格框，在表格框中向下拖动鼠标画列，向右拖动鼠标画行，对角线拖动鼠标绘制斜线。

③ 手工绘制表格过程中自动激活“表设计”与“布局”选项卡（以下称为“表布局”选项卡），如

图4-56和图4-57所示，可进一步实现表格的编辑和修饰。

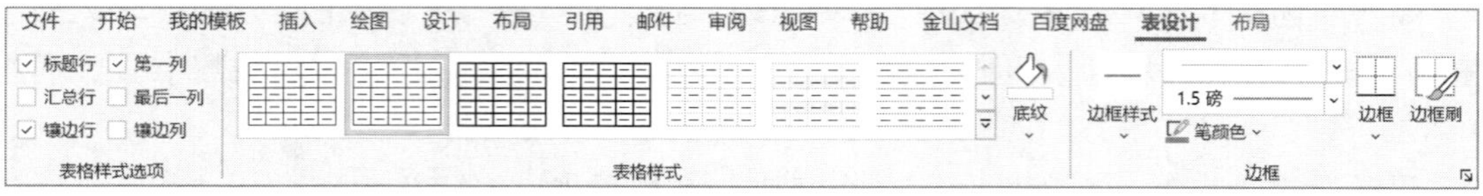

图 4-56 “表设计”选项卡

图 4-57 “表布局”选项卡

4. 将文本转换为表格

Word可以将格式化的文本转换为表格。如图4-58所示，将左边文本转换成表格，操作步骤如下：

① 选定需要转换成表格的文本。

② 选择“插入”→“表格”→“文本转换成表格”命令，打开“将文字转换成表格”对话框。

③ 在“文字分隔位置”区域选择符号。该例分隔符不是常用的四种符号，应选择“其他字符”并输入“*”，单击“确定”按钮，实现文本到表格的转换。

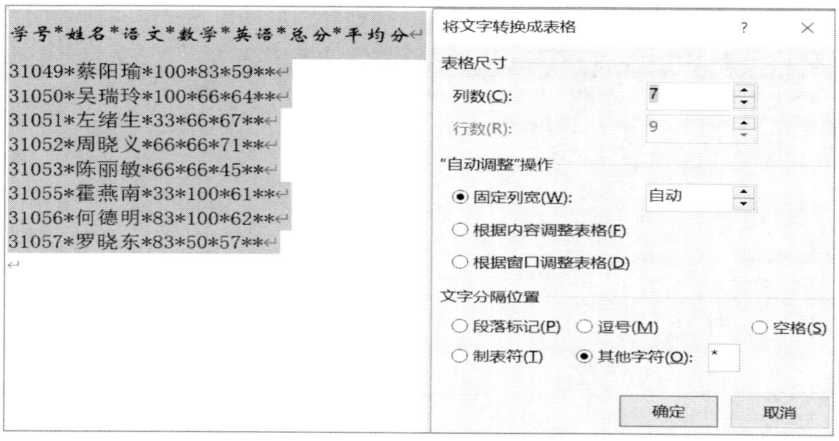

图 4-58 文本转换成表格

4.5.2 编辑表格

1. 插入行和列

将光标置于表格中，选择“表布局”→“行和列”命令组，选择“在上方插入”或“在下方插入”命令插入行；选择“在左侧插入”或“在右侧插入”命令插入列。若想在表格末尾快速添加一行，单击最后一行的最后一个单元格，按【Tab】键即可插入，或将光标置于行尾的段落标记前，直接按【Enter】键插入一行。

2. 插入单元格

将光标置于要插入单元格的位置，单击“表布局”→“行和列”命令组右下角的箭头，弹出图4-59所示的“插入单元格”对话框。选择插入方式后单击“确定”按钮即可。

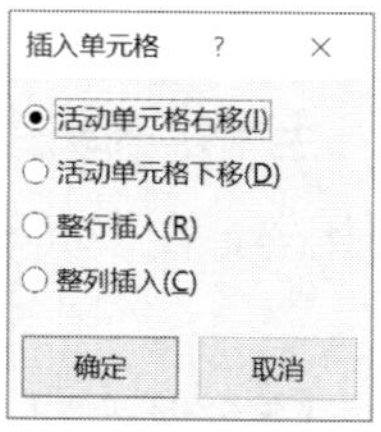

图 4-59 “插入单元格”对话框

3. 删除行和列

把光标定位到要删除的行或列所在的单元格中，或者选定要删除的行或列，选择“表布局”→“行和列”→“删除”→“删除行”或“删除列”命令即可，如图4-60所示。

4. 删除单元格

把光标移动到要删除的单元格中或选定要删除的单元格，选择“表布局”→“行和列”→“删除”→“删除单元格”命令，打开“删除单元格”对话框，如图4-61所示，选择相应的删除方式，单击“确定”按钮即可。

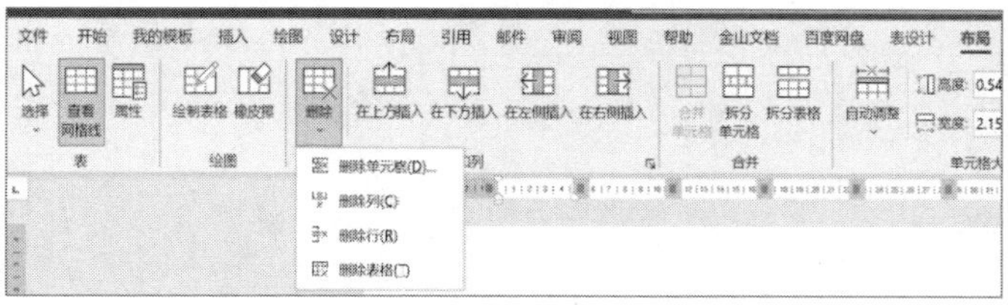

图 4-60 “删除行或列”命令组

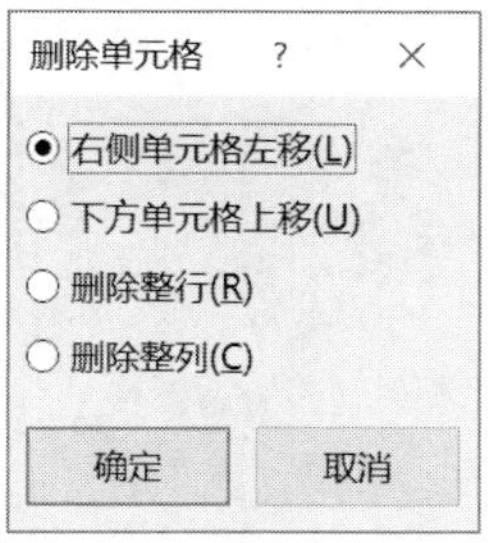

图 4-61 “删除单元格”对话框

5. 合并与拆分单元格

合并单元格：将多个单元格合并为一个。选中需要合并的单元格，选择“表布局”→“合并”→“合并单元格”命令即可。

拆分单元格：将一个单元格拆分为多个。选中要拆分的单元格，选择“表布局”→“合并”→“拆分单元格”命令，打开“拆分单元格”对话框，如图4-62所示。输入要拆分的列数和行数，单击“确定”按钮即可。

技巧

对表格的操作都可以用右键快捷菜单命令快速完成。

6. 调整表格的列宽与行高

创建表格后，可以根据表格内容的需要调整表格的列宽与行高。

（1）使用鼠标调整表格的列宽与行高

将鼠标停留在要更改其宽度（或高度）的列（或行）的边框线上，直到鼠标指针变为·||·（或÷）形状时，按住鼠标左键拖动，达到所需列宽（或行高）时，释放鼠标即可。

（2）使用对话框调整行高与列宽

选择表格后，选择“表布局”→“表”→“属性”命令，打开“表格属性”对话框，如图4-63所示。在对话框中选择“行”或“列”选项卡，设置相应的行高或列宽。

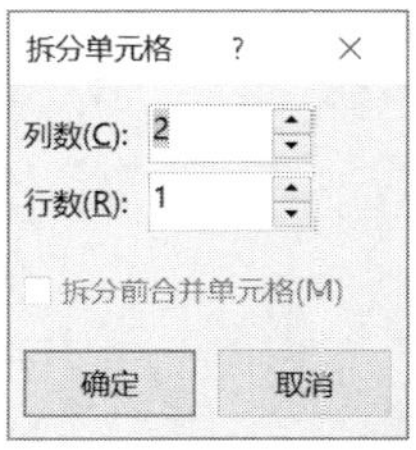

图 4-62 “拆分单元格”对话框

图 4-63 “表格属性”对话框

4.5.3 为表格设置边框和底纹

选定要设置边框和底纹的单元格，选择“表设计”→“边框”命令组右下角的箭头，打开图4-64所示的“边框和底纹”对话框。在“边框”选项卡中设置边框的样式、颜色、宽度和应用范围；在“底纹”选项卡中设置填充色、底纹的图案和颜色。

另外，“边框和底纹”命令可在表格的浮动命令面板中选择，还可在“开始”选项卡的“段落”命令组中打开。

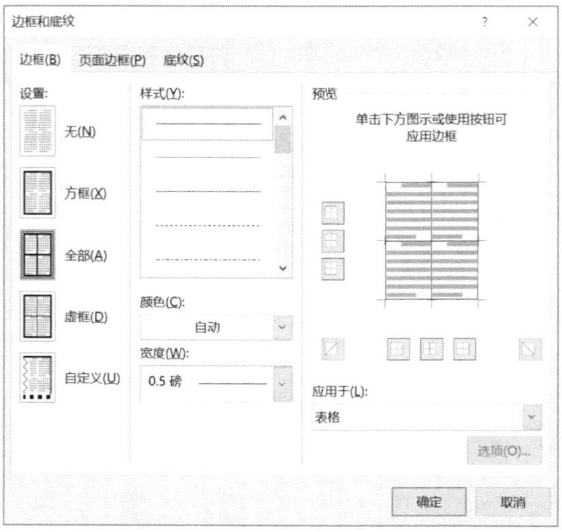

图 4-64 “边框和底纹”对话框

4.5.4 表格样式应用

使用Word的表格样式，可快速修饰表格，也称“自动套用格式”。

选定表格，单击“表设计”→“表格样式”命令组右边的按钮，打开图4-65所示的“表格样式”面板，选择表格样式进行应用。也可选择相关命令修改样式、清除样式、新建样式等。

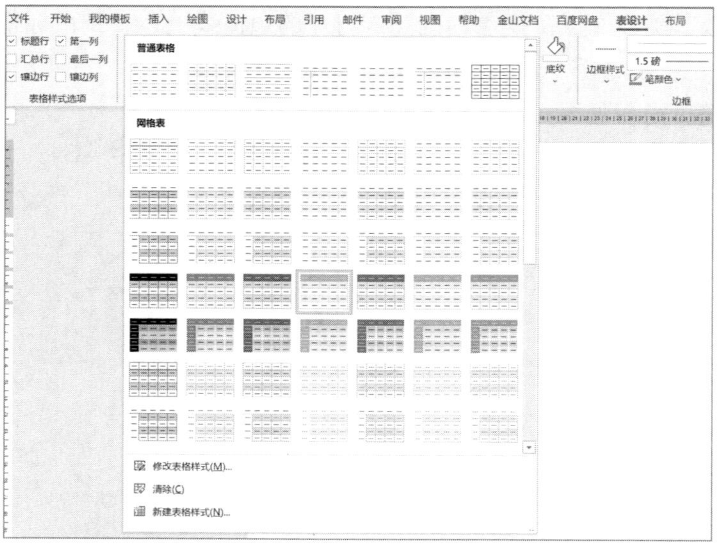

图 4-65 “表格样式”面板

4.5.5 表格数据的计算与排序

1. 表格数据的计算

Word表格提供数据的计算功能，如求和、平均值等。方法如下：

① 将光标定位在放置结果的单元格中，选择“表布局”→“数据”→“公式”命令f_x，打开“公式”对话框，如图4-66所示。

② 在“公式”文本框中编辑公式内容，在“编号格式”下拉列表中设置数字格式，在“粘贴函数”下拉列表中选择对应的函数。

③ 如需应用同一公式连续计算，可将光标定位在放置结果的下一单元格中，应用快捷键【F4】粘贴公式。

2. 表格的排序

Word可以对表格中的数字、文字和日期数据进行排序操作，操作步骤如下：

① 在要排序的表格中单击任意单元格。选择“表布局”→“数据”→“排序”命令，打开“排序”对话框，如图4-67所示。

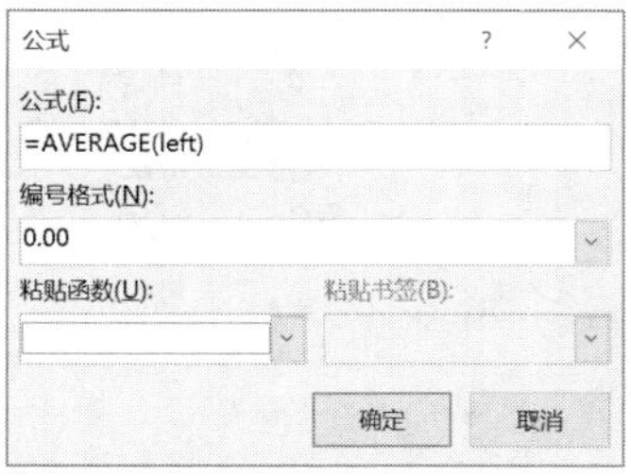

图4-66 “公式”对话框

图4-67 “排序”对话框

② 在“列表”区域选中“有标题行”单选按钮。如果选中“无标题行”单选按钮，则表格的标题也会参与排序。

③ 依次在“主要关键字”“次要关键字”“第三关键字”区域进行相关设置。在“类型”下拉列表框中选择排序方法，包括笔画、数字、日期和拼音。选中“升序”或“降序”单选按钮设置排序的顺序类型，单击“确定”按钮进行排序。

4.5.6 实例：制作“潮汕美食一览表”

1. 操作要求

综合应用Word表格编辑技巧，设计“潮汕美食一览表”，效果如图4-68所示。

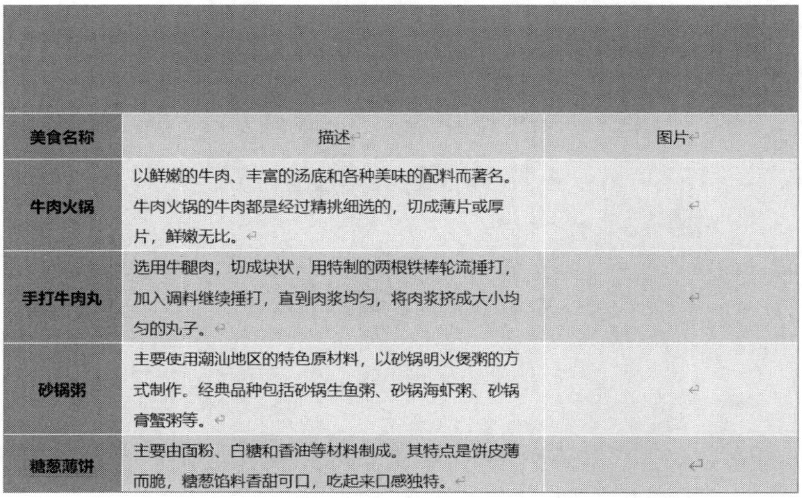

美食名称	描述	图片
牛肉火锅	以鲜嫩的牛肉、丰富的汤底和各种美味的配料而著名。牛肉火锅的牛肉都是经过精挑细选的，切成薄片或厚片，鲜嫩无比。	
手打牛肉丸	选用牛腿肉，切成块状，用特制的两根铁棒轮流捶打，加入调料继续捶打，直到肉浆均匀，将肉浆挤成大小均匀的丸子。	
砂锅粥	主要使用潮汕地区的特色原材料，以砂锅明火煲粥的方式制作。经典品种包括砂锅生鱼粥、砂锅海虾粥、砂锅膏蟹粥等。	
糖葱薄饼	主要由面粉、白糖和香油等材料制成。其特点是饼皮薄而脆，糖葱馅料香甜可口，吃起来口感独特。	

图4-68 “美食一览表”设置效果

2. 参考步骤

视 频

美食一览表

① 在文末插入一个6行3列的表格。

② 选中表格第一行，设置单元格合并居中，设置行高：2厘米。

③ 选中整个表格打开“表格属性”对话框，设置：表格宽度14厘米；表格居中；所有单元格的水平、垂直对齐方式居中；应用表格样式：网格表5 深色-着色1。

④ 选中表格第2列（描述及描述内容所在单元格），设置列宽：7.5厘米；单元格水平对齐：左对齐；垂直对齐：居中对齐。

⑤ 选中表格第一列及第二行文字，设置字体格式：黑体、小五；选中第二列文字，设置字体格式：宋体、六号；也可根据需要单独修改表格及文字格式。

4.6 Word 2021 图文混排

Word提供图像、图形、图表、曲线、线条和艺术字等图形图像对象，使文档排版图文并茂、形象直观。

4.6.1 绘制图形

1. 插入形状

单击“插入”→“插图”→“形状”命令，打开“形状”面板，如图4-69所示。选择所需图形，在合适位置按住鼠标左键拖动绘制。拖动鼠标的同时按住【Shift】键，可绘制等比例图形，如圆、正方形等。

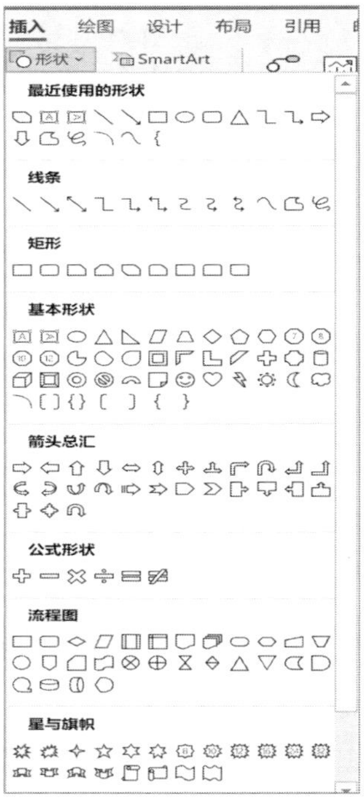

图 4-69 “形状”面板

2. 编辑图形

图形编辑包括图形位置、图形大小、向图形中添加文字、组合图形等基本操作。

① 设置图形大小和位置：选定图形对象，在非“嵌入型”版式下，直接拖动图形对象，即可改变图形的位置；将鼠标指针置于所选图形四周的编辑点上，拖动鼠标可缩放图形。

② 向图形对象中添加文字：右击图形，在弹出的快捷菜单中选择“添加文字”命令，输入文字即可。

③ 组合图形：选择多个图形对象并右击，在弹出的快捷菜单中选择“组合”→“组合”命令即可。

3. 修饰图形

选择已绘制好的图形，即可选择“形状格式”选项卡，如图4-70所示，通过该选项卡可便捷地修改图形填充颜色、图案、边框等效果，以及图形的位置、文字环绕方式、排列方式等。

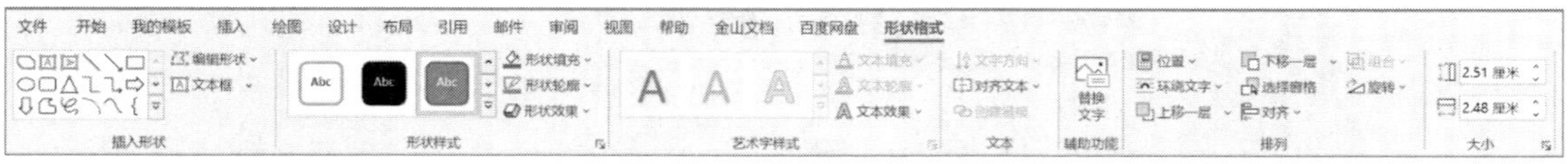

图 4-70 “形状格式”选项卡

技巧

选中形状对象，在打开的“形状格式”选项卡中，选择“插入形状”命令组中的“编辑形状”→“更改形状”命令，可直接修改形状效果。

4.6.2　插入及编辑图片

1. 插入图片

Word图片包括内置图像集、联机图片和外部图片等类型，不同类型图片插入方法大同小异。单击“插入”→“插图”→“图片”命令，在下拉菜单中选择所需类型，如图4-71所示。如插入“此设备”图片，操作方法如下：

① 光标定位到需插入图片的位置，选择“插入”→“插图”→“图片”→“此设备”命令。

② 打开“插入图片”对话框，在其中选择要插入的图片即可。

另外，Word可截取计算机屏幕任意区域并将其插入到文档中。将光标定位到需要插入图片的位置，单击“插入”→“插图”→“屏幕截图”→“屏幕剪辑”命令，如图4-72所示，拖动鼠标左键选择所需区域，被选中的区域呈高亮显示，松开鼠标左键，所截取图像则插入到文档中。

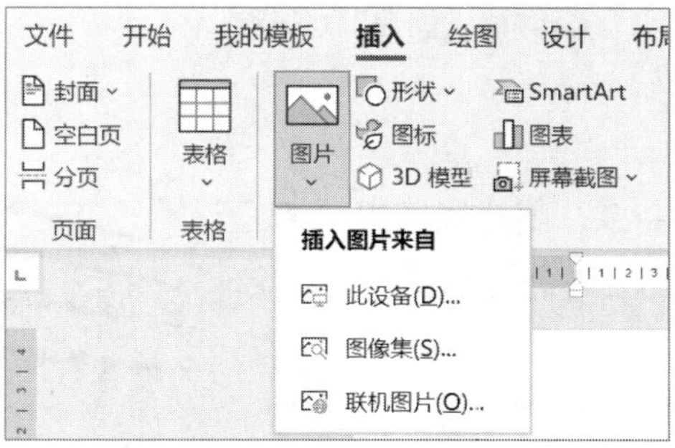

图 4-71　插入“图片”下拉菜单

图 4-72　“屏幕截图”下拉菜单

2. 编辑图片

（1）设置图片格式

插入图片后，可通过“设置图片格式”任务窗格设置图片效果，如图4-73和图4-74所示。

图 4-73　“设置图片格式”效果面板

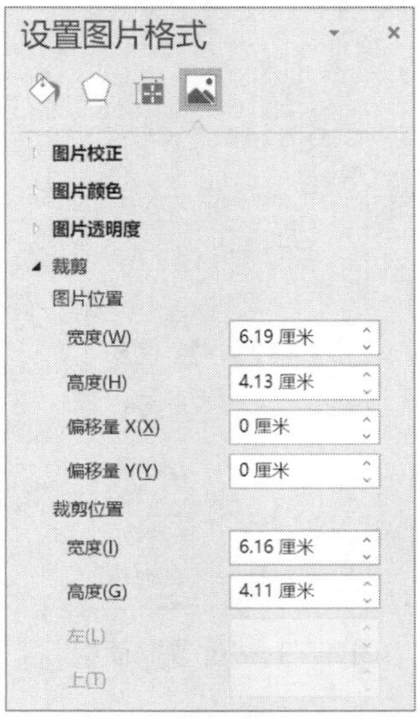

图 4-74　“设置图片格式”图片面板

（2）修改图片大小与位置

① 使用鼠标拖动方式：选中图片，图片四周会出现控制点，将鼠标停放在控制点上即可任意拖动鼠标左键调整大小。

② 使用对话框方式：选中图片，在鼠标右键快捷菜单中选择“大小和位置”命令，如图4-75所示，打开“布局”对话框，精确设置图片位置和大小，如图4-76所示。

图 4-75 “图片”右键快捷菜单

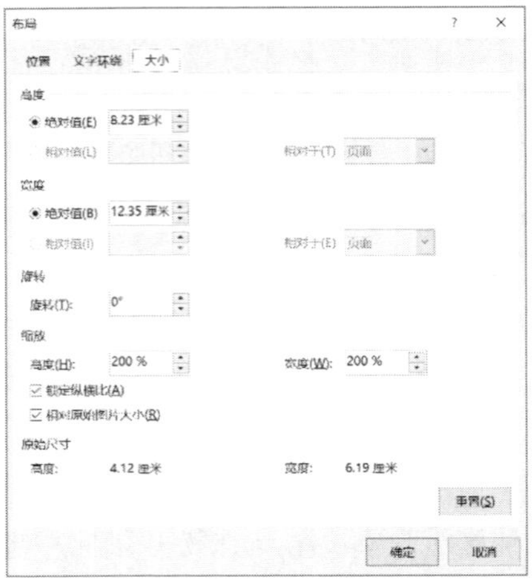

图 4-76 “布局”对话框

（3）裁剪图片

裁剪图片操作步骤如下：

① 选中图片，选择“图片格式”→“大小”→“裁剪”命令，图片周围出现8个裁剪控制柄，如图4-77所示，用鼠标拖动控制柄将对图片进行相应方向的裁剪，反方向拖动控制柄将图片复原，直至调整合适为止。

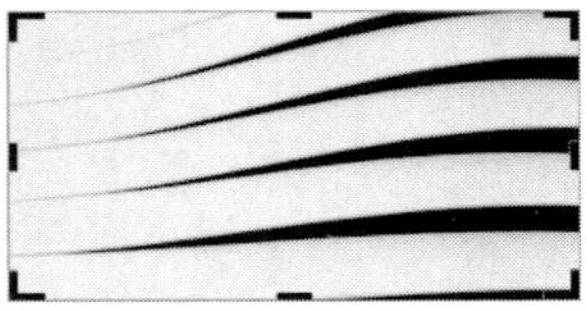

图 4-77 裁剪图片

② 单击图片外区域完成裁剪。

（4）设置文字环绕图片方式

文字环绕图片方式是指在图文混排时，正文与图片之间的排版关系。

选中需要设置文字环绕的图片，选择“布局”选项卡中的“位置”和“环绕文字”命令进行设置。也可直接单击图片右上角的布局工具，在打开的预设位置列表中选择合适的文字环绕方式，如图4-78所示；选择“查看更多”命令，利用“布局”对话框中的“文字环绕”选项卡进行详细设置，如图4-79所示。

图 4-78 “位置”面板

图 4-79 “布局”对话框

4.6.3 插入SmartArt图形

SmartArt图形是信息和观点的视觉表示形式，它能快速、轻松和有效地传递信息，主要用于演示流程、层次结构、循环或关系。插入与编辑SmartArt图形的操作方法如下：

① 选择“插入”→“插图”→“SmartArt”命令 SmartArt，打开“选择 SmartArt图形”对话框，如图4-80所示。

② 在左侧选择所需的SmartArt图形类型，在列表中选择某一种布局，单击“确定”按钮插入SmartArt图形。

③ 选择“SmartArt设计”选项卡，如图4-81所示，根据需要删除或增加形状、改变布局、修改颜色、编辑样式等。

④ 选择SmartArt图形，可直接输入文字并编辑字体效果。

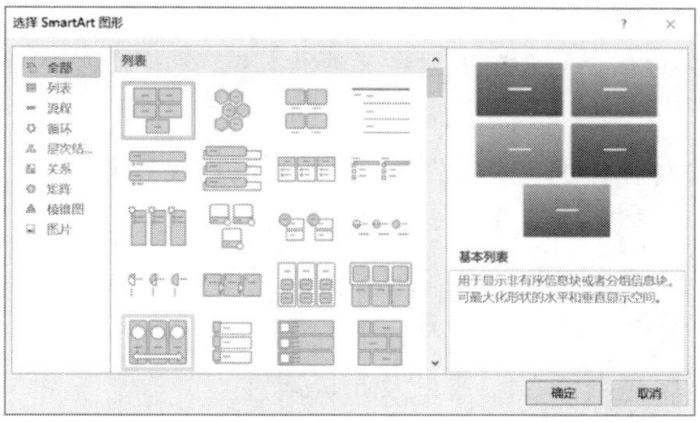

图 4-80　SmartArt　图形

图 4-81　“SmartArt 设计”选项卡

4.6.4　编辑艺术字

艺术字结合了文本和图形的特点，能够使文本具有图形的某些属性，如旋转、三维、映像等效果。插入艺术字的操作步骤如下：

① 将光标定位到准备插入艺术字的位置。

② 选择“插入”→“文本”→“艺术字”命令艺术字，打开“艺术字”预设样式面板，如图4-82所示，在面板中选择合适的艺术字样式，插入艺术字文字编辑框。

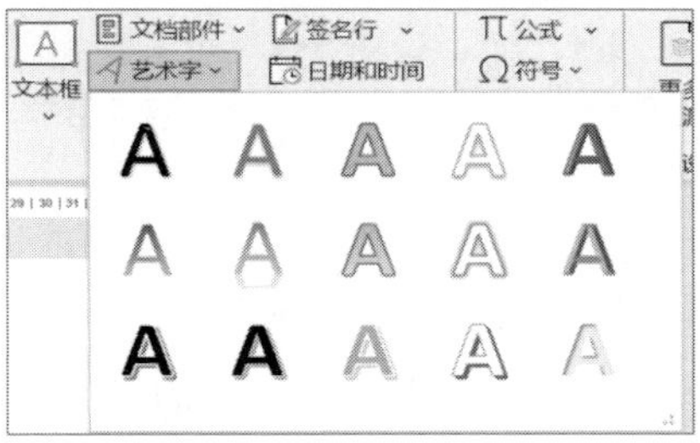

图 4-82　“艺术字”预设样式面板

③ 在文字编辑框中，直接输入艺术字文本，设置艺术字字体和字号等。

④ 选中艺术字，在图4-83所示的“形状格式”选项卡中，利用相关命令修改或设置艺术字样式、边框效果、填充效果等。

图 4-83　艺术字“形状格式”选项卡

4.6.5　插入文本框

通过使用文本框，可以将文本方便地放置到页面的指定位置。文本框有横排文本框和竖排文本框两种。

（1）插入文本框

① 选择“插入”→“文本”→“文本框”命令，打开“文本框”面板，如图4-84所示，选择合适的文本框类型，拖动鼠标，即可在文档窗口中插入文本框，然后输入文本内容或者插入图片。

② 为现有内容设置文本框，可直接选中需要设置文本框的内容，选择“插入”→“文本”→“文本框”命令，选择“绘制横排文本框”或“绘制竖排文本框”命令，被选中的内容将被添加到文本框中。

（2）设置文本框格式

处理文本框中的文字就像处理页面中的文字一样，可以在文本框中设置内部边距。也可像处理图片一样用“布局”对话框设置其文字环绕方式、大小等。

设置文本框格式时，右击文本框边框，在弹出的快捷菜单中选择“设置形状格式”命令，打开图4-85所示的“设置形状格式”任务窗格，设置以下内容：

① 形状选项：包括文本框填充与线条、效果及布局属性。

② 文本选项：包括文本填充与轮廓、文字效果及与形状选项中相通的布局属性。

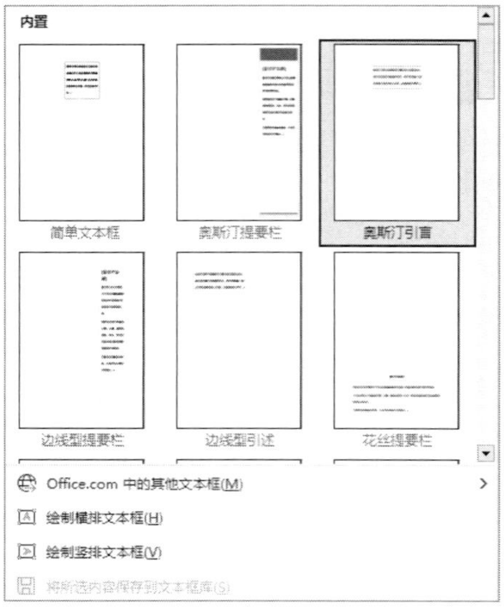

图 4-84 “文本框”面板

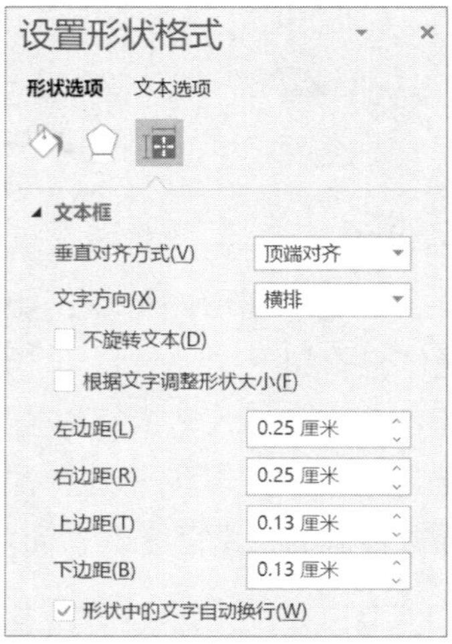

图 4-85 “设置形状格式”任务窗格

4.6.6 插入公式

在文档中插入数学公式的方法如下：

① 选择“插入”→“符号”→“公式”命令，插入一个公式编辑框，然后在其中编写公式。或者单击“公式”命令右侧的下拉按钮，在打开的公式列表中选择插入一个常用数学公式。

② 使用“公式”选项卡，在工具、符号、结构命令组中完成公式编辑，如图4-86所示。

图 4-86 “公式”选项卡

4.6.7 实例：在“潮汕美食一览表”中插入对象

1. 操作要求

在“潮汕美食一览表”中插入艺术字和图片，并设置艺术字效果及图片大小等格式。效果如图4-87所示。

图 4-87 “潮汕美食一览表”中插入对象效果

2. 参考步骤

① 在表格第一行中插入艺术字：第一行第四列；应用文本效果 - 映像 - 紧密映像：接触；适当调整大小、位置。

② 在第三列单元格中插入对应图片并手动调整大小，使图片能显示在单元格中。

③ 选中第一张图片，设置图片大小：取消“锁定纵横比”；宽度：绝对值 2.5 厘米；高度：绝对值 1.5 厘米。

④ 选中第二张图片，应用“重复”功能设置图片大小。依次重复操作，插入相应图片即可。

视 频

表格中插入对象

4.7 Word 2021 的高级应用

4.7.1 插入脚注与尾注

脚注和尾注是对文本的补充说明，由两个关联的部分组成，即注释标记和对应的注释文本。脚注一般位于页面的底部，可以作为文档某处内容的注释；尾注一般位于文档的末尾，列出引文的出处等。

插入脚注和尾注的方法相同，此处仅介绍脚注的应用方法。

（1）插入脚注

① 将光标移到要插入脚注的位置，选择“引用”→“脚注”→“插入脚注”命令。

② 这时在插入脚注处的右上角出现一个脚注序号（通常是阿拉伯数字）上标，同时在文档对应页面底部出现脚注编辑区，输入脚注内容即可。

（2）修改脚注

① 将光标定位到页面底端脚注位置即可修改脚注内容。

② 单击“脚注”命令组右下角的箭头，打开“脚注和尾注”对话框，如图 4-88 所示，可修改位置、布局、格式等属性。

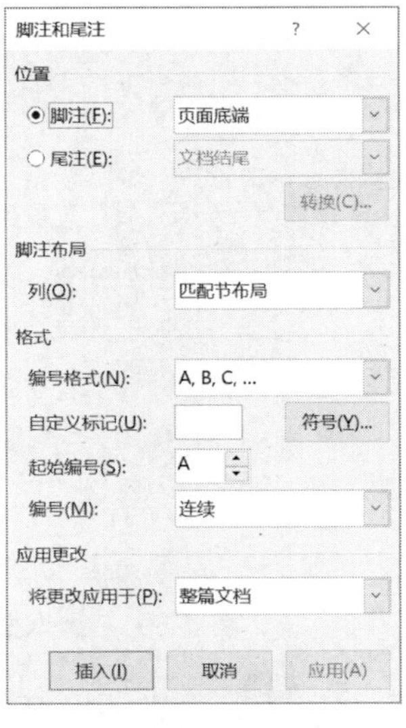

图 4-88 “脚注和尾注”对话框

（3）删除脚注

选择文档中要删除脚注的注释标记，按【Delete】键，即可删除脚注。

4.7.2 邮件合并

Word 邮件合并可轻松创建和发送个性化的批量邮件，提高工作效率，如通知书、奖状等。邮件合并需要两个文档：主文档和数据源。

1. 相关术语

① 主文档：包含批量邮件的通用内容，固定不变。

② 数据源：包含每个收件人的个性化信息（通常是一个表格，一行表示一个实体，如在邮件合并中使用的名称和地址列表）。

③ 数据记录：对应于数据源中一行信息。例如，客户邮件列表中某位客户的所有信息为一条数据记录。

④ 合并域：可插入主文档中的一个占位符。例如，通过合并域“姓名”，显示数据源中“姓名”字段的内容。

⑤ 套用：根据合并域的名称用相应数据记录取代，以实现成批信函、信封制作。

2. 邮件合并方法

Word为邮件合并提供了信函、电子邮件、标签、目录和普通Word文档等文档类型。以下以制作“信函”文档类型为例，简要说明邮件合并的方法。

学生奖状制作要求：使用文档“奖状.docx”和“学生名单.docx”，应用邮件合并制作学生奖状，将邮件全部合并到一个新文档，以“学生奖状.docx”为文件名保存。

参考步骤如下：

① 打开文档“奖状.docx”，选择“邮件”→“开始邮件合并”→“信函”命令，设定主文档。

② 选择“邮件”→“开始邮件合并”→“选择收件人”→“使用现有列表”命令，弹出“选择数据源”对话框，选择数据源文档“学生名单.docx”，如图4-89所示。

③ 选择“邮件”→“编写和插入域”→“插入合并域”命令，在主文档的适当位置分别插入“姓名”“奖项”“名次”等各个合并域，如图4-90所示。

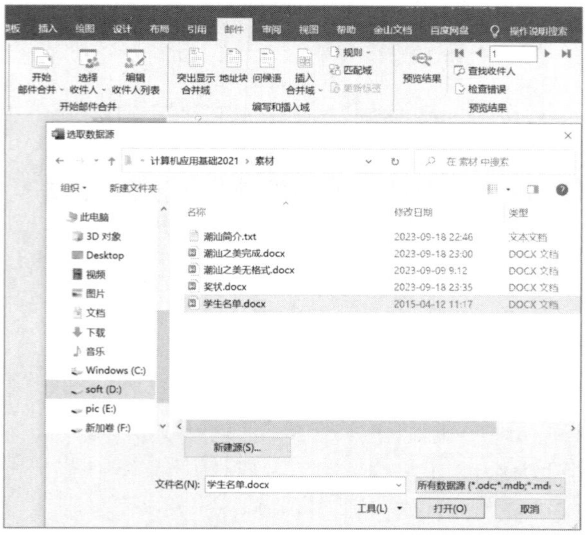

图 4-89 “选取数据源”对话框

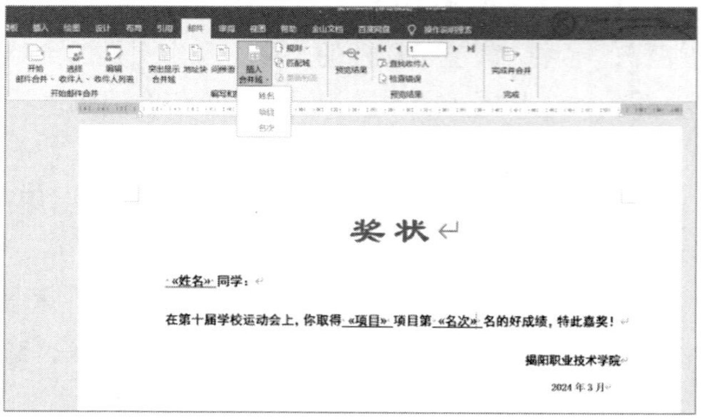

图 4-90 插入合并域

④ 选择“邮件”→“完成”→“完成并合并”→“编辑单个文档”命令，按要求保存文档，完成邮件合并。

技巧

邮件合并也可通过“邮件”→“开始邮件合并”下拉菜单，选择“邮件合并分步向导”命令打开任务窗格，根据任务窗格中的分步提示完成邮件合并。另外，如数据源为Word文档时，文档中的表格必须位于文档顶部。

4.7.3　样式

1. 样式的基本概念

样式是一种预先定义好的文本或段落格式集合，包括字体、字号、颜色、对齐方式、缩进等。Word 内置一些样式，如正文、标题1、标题2、标题3等，用户可直接把这些内置样式应用于文档中的文字或段落，提高工作效率。

如果在实际应用中需要其他样式，可自行定义或修改样式。单击“开始”→“样式”命令组右下角的箭头，打开图4-91所示的“样式”任务窗格。利用此任务窗格可以浏览、应用、编辑、新增和管理样式。

2. 样式的分类

样式包括“段落样式”和“字符样式”。

① 段落样式：具有字符和段落格式特征的组合，如文本对齐、制表位、行间距、边框等段落格式，字体、字号、颜色等字符格式。

② 字符样式：选定文字的字符格式，如字体、字号、加粗及倾斜等。即使某段落已应用某种段落样式，该段中的字符仍可以有自己的样式。

3. 样式应用

选定段落，单击“样式”窗格中的样式名，即可将该样式应用到选定段落上。

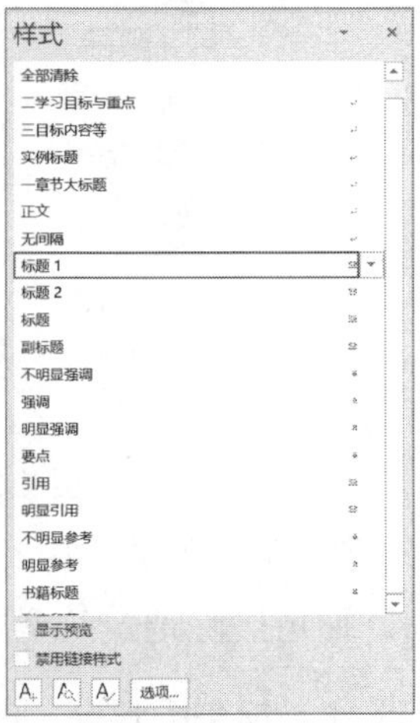

图 4-91　“样式”任务窗格

4. 样式管理

① 创建新样式：单击“样式”任务窗格左下角的“新建样式”按钮，弹出图4-92所示的“根据格式化创建新样式”对话框。在“名称”文本框中输入样式名，在“样式类型”下拉列表框中选择类型，通过“格式”按钮设置样式格式，单击“确定”按钮创建一个新样式。

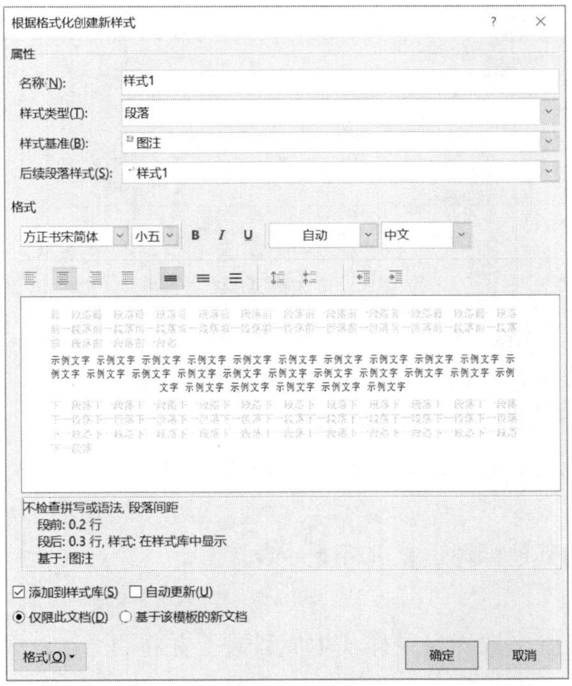

图 4-92　“根据格式化创建新样式”对话框

② 修改样式：在“样式”任务窗格中，右击样式列表中的某一样式，在弹出的快捷菜单中选择“修改”命令，如图4-93所示。弹出“修改样式”对话框，单击“格式”按钮，设置、修改样式中的格式，如图4-94所示。

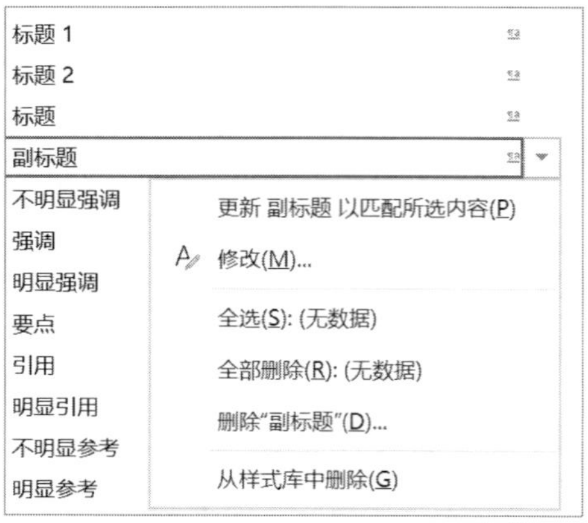

图 4-93 “样式”快捷菜单

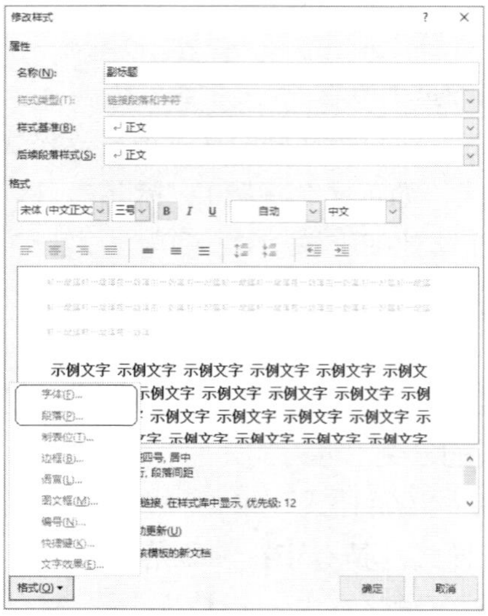

图 4-94 “修改样式”对话框

③ 删除样式：右击“样式”任务窗格样式列表中的某一样式，在弹出的快捷菜单中选择“删除”命令，即可删除选定的样式。

4.7.4 编制目录

1. 目录概述

目录是文档中各级标题的列表，通过目录可以浏览文档大纲，同时也便于快速跳转到指定标题所在页面。

2. 用大纲级别创建标题级别

① 选择“视图”选项卡→“视图”→“大纲”命令，将文档显示为大纲视图。

② 在“大纲工具”命令组中选择目录中显示的标题级别数，如图4-95所示。

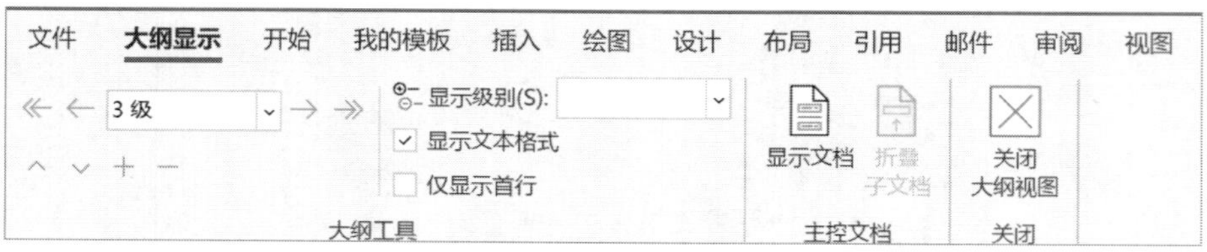

图 4-95 “大纲工具”分组

③ 选择要设置为标题的各段落，在“大纲工具”命令组中分别设置各段落级别。

④ 设置完成后，单击“关闭大纲视图”按钮，返回页面视图。

3. 用内置标题样式或自定义样式创建标题级别

① 选择标题段落，应用所需样式，修改该样式“段落”格式中的大纲级别。

② 对需要包含在目录中的其他标题重复进行上一步骤。

4. 编制目录

指定目录要包含的标题之后，选择目录样式生成目录，并将目录显示在文档中。操作步骤如下：

① 使用大纲级别或应用样式设置目录要包含的标题级别。

② 确定需要制作目录级别。

③ 将光标定位到插入目录的位置，选择“引用”→“目录”→“目录”→“自定义目录”命令，打开图4-96所示的

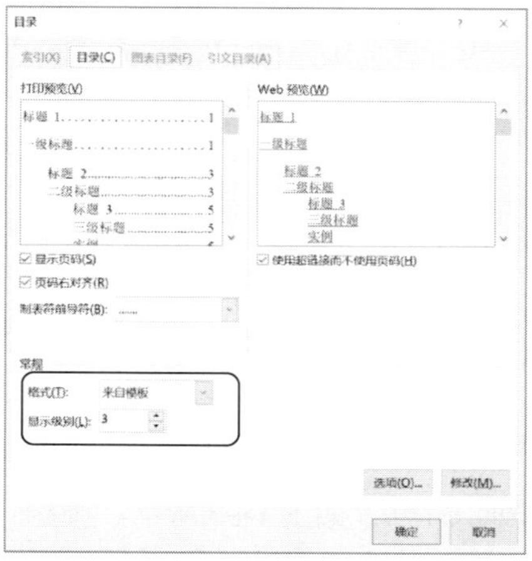

图 4-96 “目录”对话框

"目录"对话框。

④ 选择"目录"选项卡，在"格式"下拉列表框中选择目录格式、显示级别等选项。

⑤ 单击"确定"按钮即可生成目录。

5. 更新目录

在页面视图中，右击目录中的任意位置，在弹出的快捷菜单中选择"更新域"命令，弹出"更新目录"对话框，选择更新类型，单击"确定"按钮更新目录。

4.7.5　文档修订与批注的应用

1. 修订和批注的含义

① 修订：用来跟踪文档的修改过程，方便作者和其他审阅者对修改内容进行查看和决策。

② 批注：是一种针对文档的评论和建议的工具，可以帮助用户在阅读文档时添加自己的意见或建议。

2. 修订的应用

① 启用修订功能：选择"审阅"→"修订"→"修订"命令，打开修订功能后，所有修改的文档内容都将以修订的形式显示，如修改的内容会以红色字体显示，删除的内容会以一条红色直线标记，插入的文字以红色字体加下画线呈现。用户可以修改显示的颜色。

② 设置修订选项：单击"修订"命令组右下角的箭头，可打开"修订选项"对话框及"高级修订选项"对话框，根据自己的习惯设置修订选项。

③ 关闭修订功能：启动修订功能后，再次单击"修订"命令组中的"修订"按钮关闭修订功能（或按【Ctrl＋Shift＋E】组合键）。

④ 接受或拒绝修订：选择"审阅"→"更改"→"接受"（或"拒绝"）下拉列表中的命令完成操作，如图 4-97 所示。

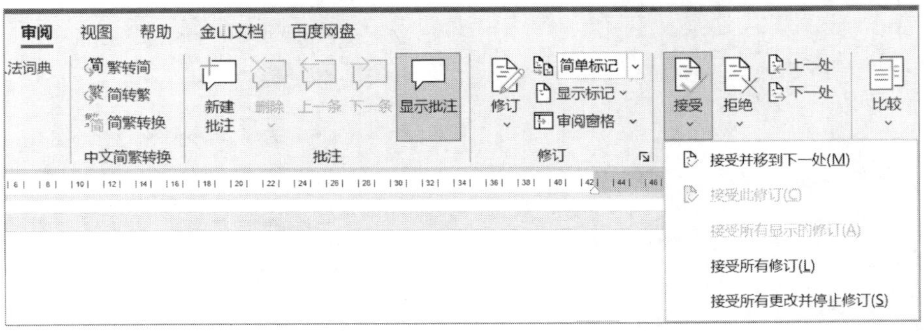

图 4-97　接受 / 拒绝修订

3. 批注的应用

① 插入批注：选中要插入批注的文字，选择"审阅"→"批注"→"新建批注"命令，并输入批注内容。

② 删除批注：右击要删除的批注，在弹出的快捷菜单中选择"删除批注"命令即可。

4.7.6　页面设置

Word 默认页面为 A4（21 cm × 29.4 cm），按纵向格式编排与打印文档，可以通过页面设置进行修改。

1. 设置纸张大小

选择"布局"→"页面设置"→"纸张大小"命令，从打开的"纸张大小"下拉列表中选择合适的纸张，如图 4-98 所示。单击"布局"→"页面设置"命令组右下角的箭头，打开"页面设置"对话框，在其中可进行更详细的设置，如图 4-99 所示。

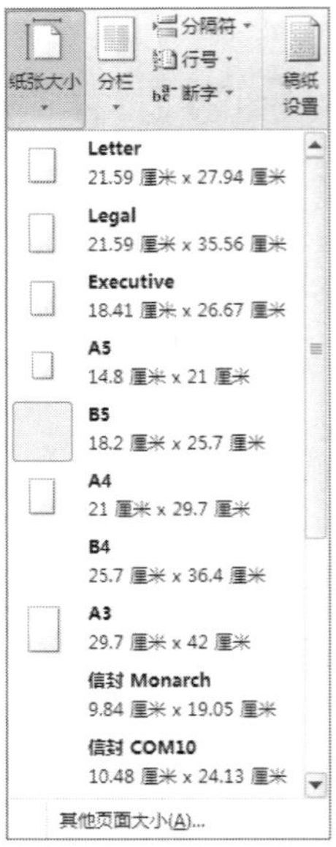

图 4-98 “纸张大小”下拉列表

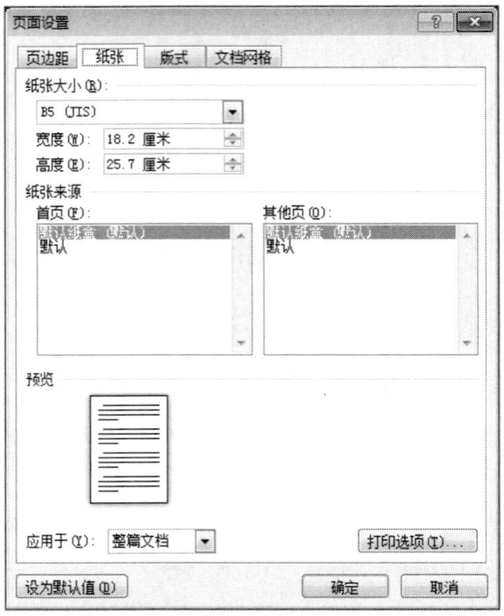

图 4-99 “纸张”选项卡

2. 设置页边距

页边距是纸张在上、下、左、右四个边界分别留出的空白位置。设置页边距有以下两种方法：

① 选择“页面布局”→“页面设置”→“页边距”命令，从打开的下拉列表中选择合适的页边距选项，如图4-100所示。

② 也可单击列表中的“自定义边距”命令，打开“页面设置”对话框，选择“页边距”选项卡进行设置，如图4-101所示。

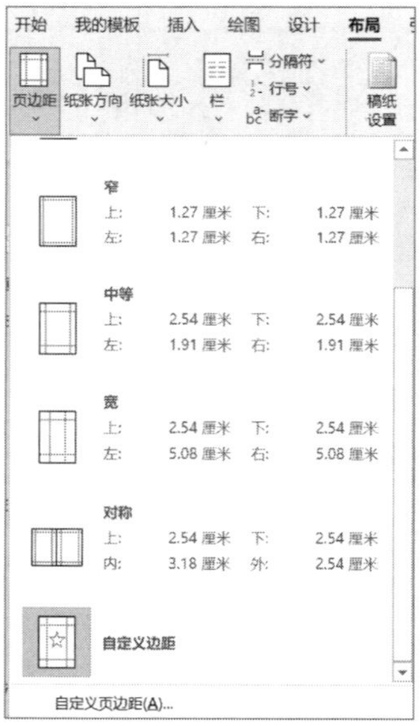

图 4-100 “页边距”下拉列表

图 4-101 页边距设置

4.7.7 打印预览及打印

1. 打印预览

通过“打印预览”功能查看文档的打印效果。操作步骤如下：

① 选择“文件”→“打印”命令，打开“打印”面板，如图4-102所示。

② 在“打印”面板右侧预览区域可以查看打印效果，如纸张方向、页边距等，还可以通过调整预览区下面的滑块改变预览视图的大小。

③ 若需要调整页面设置，可到“页面设置”命令组中调整至合适效果。

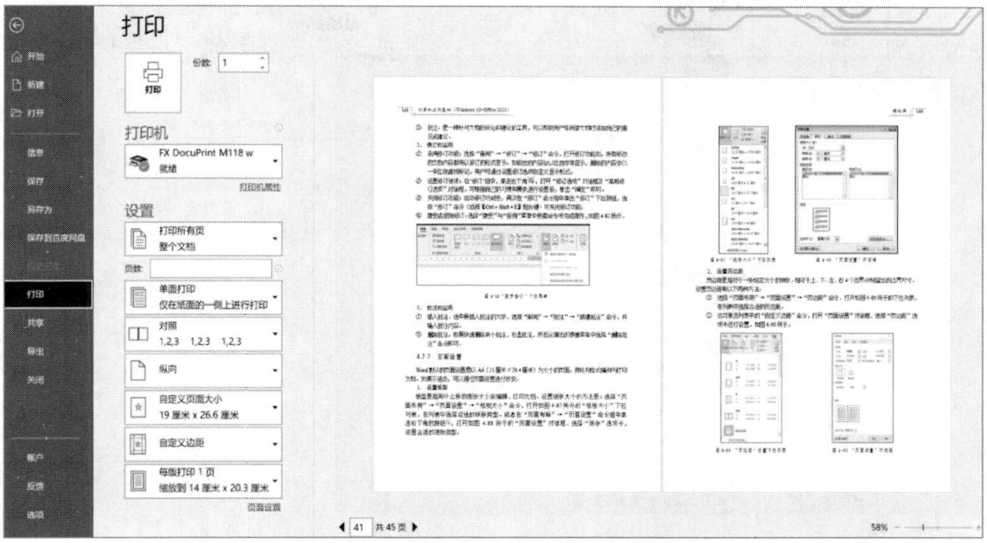

图 4-102　“打印”面板

2. 打印文档

在“打印”面板中设置打印机、页面范围、单双面等选项后，单击“打印”按钮即可打印文档。设置打印范围的方法如下：

① 双面打印：可选择手动双面打印，双面打印（从长/短边翻转页面）。

② 常规选项：打印当前页面、仅打奇数页、仅打偶数页。

③ 自定义打印范围：选择“自定义打印范围”命令，在“页数”文本框中输入页码范围设定打印页面，用逗号分隔不连续的页码，用连字符连接连续的页码。例如，要打印1、3、6、7、11、12、13、14、15可以在文本框中输入“1,3,6-7,11-15”。

4.7.8　实例：文档的高级应用

1. 操作要求

为文档“潮汕之美”设置综合效果，完成后的文档整体参考效果如图4-103所示。

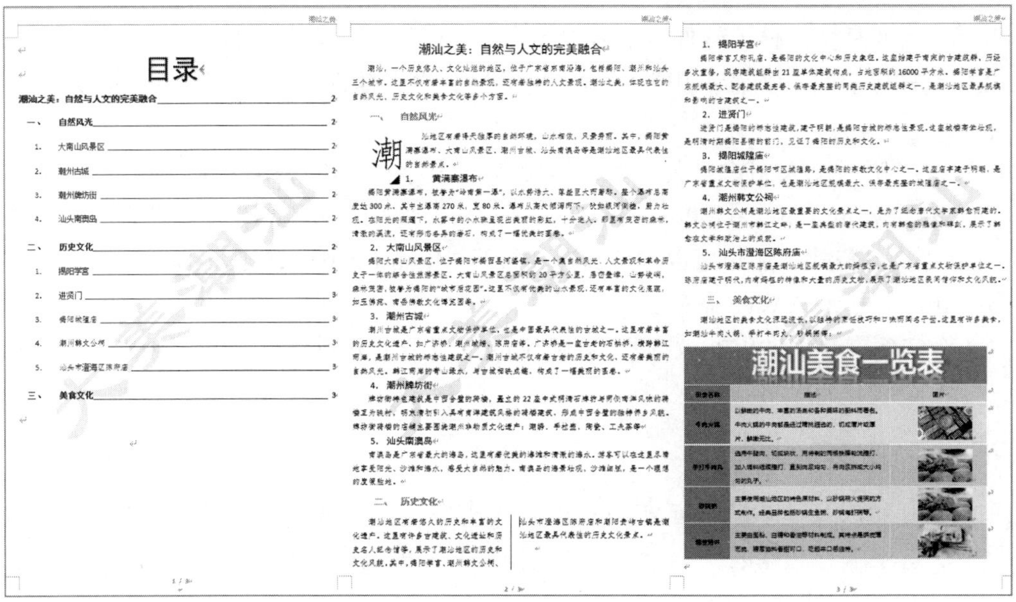

图 4-103　“潮汕之美”整体效果

2. 参考步骤

① 鼠标定位到小标题“黄满寨瀑布”位置，新建样式，命名为：自定三级标题；设置样式的字体与段落格式；设置大纲级别：3级；设置编号：1，2，3，… 并把该样式应用到“自然风光”与“历史文化”之下的所有小标题，如图4-104所示。

视 频

文档的高级应用

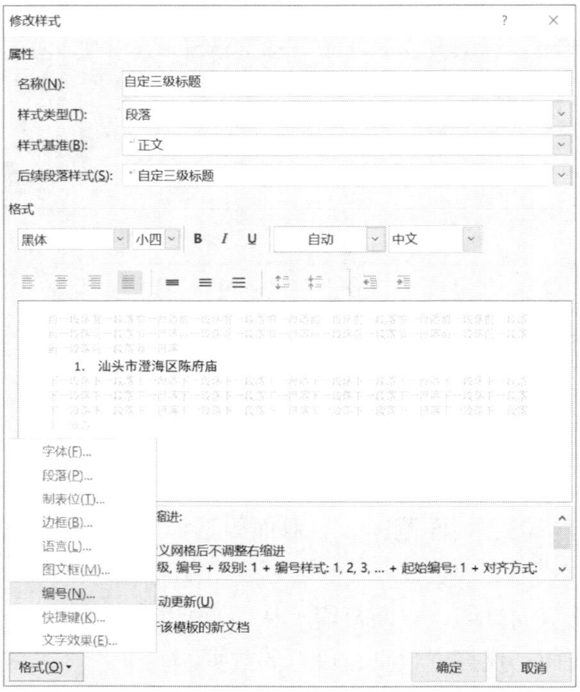

图4-104 样式设置

② 在文档开始位置插入分页符；在第一页（即空白页）插入目录：显示级别3级；格式：来自模板。

③ 在生成的目录上方插入艺术字：文字内容为“目录”；样式、大小等属性自定义。

④ 根据需要调整目录的字体及段落格式，使整体效果协调。

4.8 认识WPS文字

WPS Office是由北京金山办公软件股份有限公司自主研发的一款办公软件，可以用于处理各种文档、表格、演示文稿等任务。具有内存占用低、运行速度快、强大插件平台支持、免费提供在线存储空间及文档模板等优点。

WPS Office个人版对个人用户永久免费，包含WPS文字、WPS表格、WPS演示三大功能模块，与Microsoft Office中的Word、Excel、PowerPoint一一对应，应用XML数据交换技术，无障碍兼容.docx、.xlsx、.pptx、pdf等文件格式，用户可以直接保存和打开Microsoft Word、Excel和PowerPoint文件，也可以用Microsoft Office轻松编辑WPS系列文档。

下面通过一个实例来认识“WPS文字”，在后续的章节中将分别介绍“WPS表格”“WPS演示”的应用方法。

4.8.1 WPS文字的窗口组成

WPS文字的窗口组成及基本操作与Microsoft Word类似。WPS文字的窗口由文档标题、“文件”菜单、快速访问工具栏、选项卡、功能区、文档编辑区及稻壳模板等组成。选项卡由开始、插入、页面、引用、审阅、视图等组成，如图4-105所示。

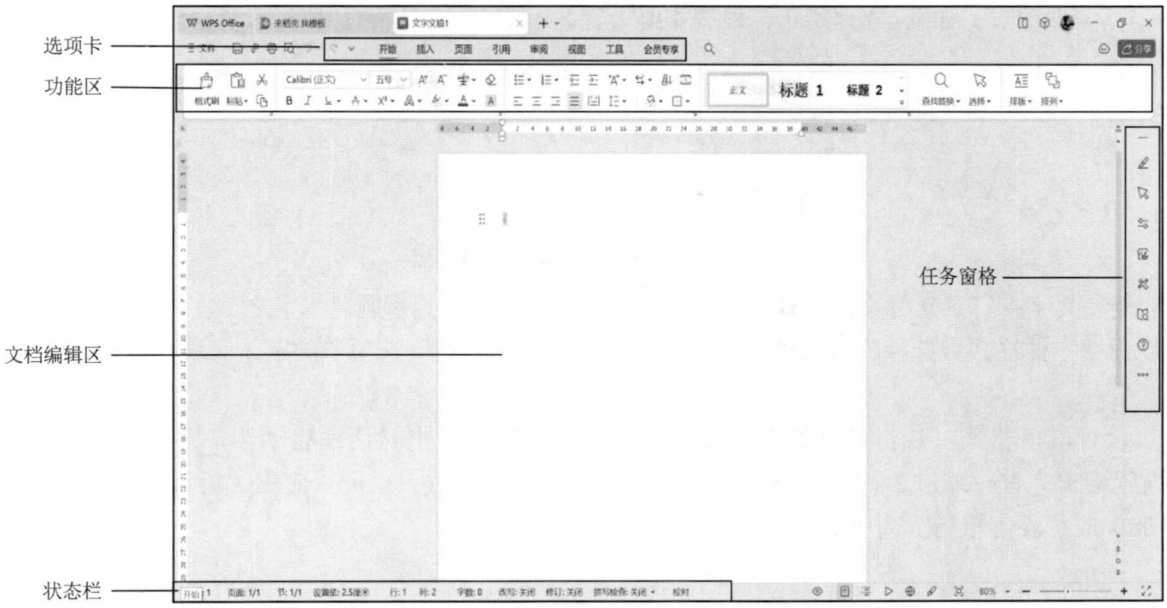

图 4-105　WPS 文字窗口

4.8.2　实例：应用WPS文字编辑文档

1. 操作要求

应用WPS文字新建并编辑美化文档，参考效果如图4-106所示。

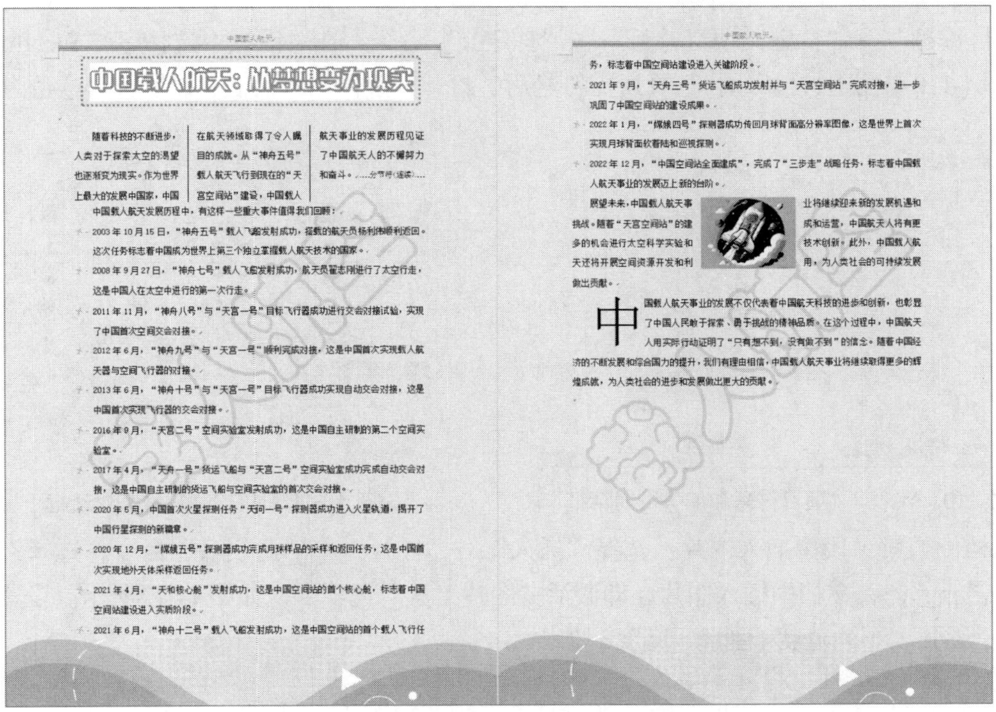

图 4-106　WPS 文字编辑参考效果

2. 参考步骤

视 频

WPS文字编辑文档

① 创建文档：启动WPS Office，选择WPS文字，新建空白文档，并将其保存到素材文件夹中，命名为航空历程.docx。

② 插入艺术字：在文档开始位置输入标题文字“中国载人航天：从梦想变为现实”；选中标题文本，选择“插入”→“艺术字”命令，在样式库中选择所需艺术字效果。选中艺术字可激活

“文本工具”选项卡，如图4-107所示，根据需要设置艺术字大小、轮廓、填充、背景等属性。

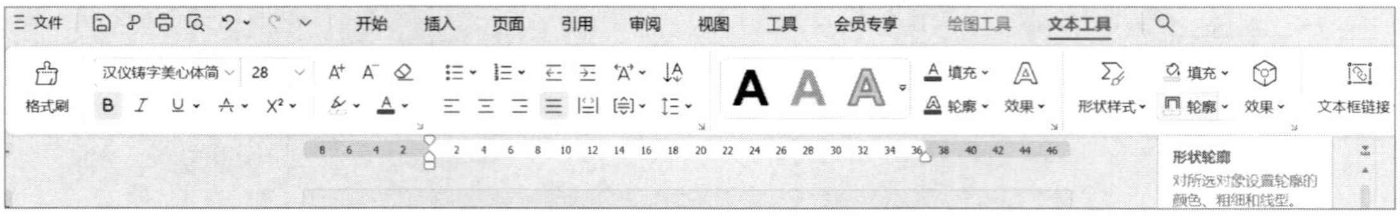

图4-107 WPS艺术字预设面板

③ 复制文字：打开素材文档“载人航空.txt”，复制所有文字到标题艺术字之下。

④ 设置字体格式：选择除标题外的所有文字内容，在“开始”选项卡的字体区域，设置字体：宋体、五号。

⑤ 设置段落格式：选择“开始”选项卡中的段落区域，单击对话框启动器 ↘，打开“段落”对话框，设置格式为首行缩进2字符、1.5倍行距；在设置段落格式时，也可以应用“段落柄”工具面板（如图4-108）或“段落布局”选项卡（如图4-109）进行设置。

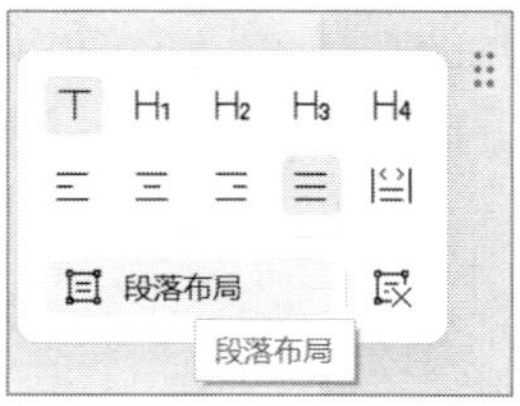

图4-108 “段落柄”工具面板

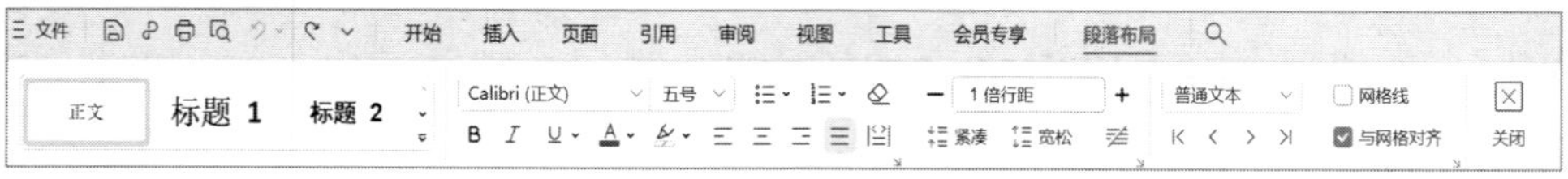

图4-109 “段落布局”选项卡

⑥ 为段落添加项目符号：选中从“2003年10月15日”到“2022年12月”的所有段落，选择“开始”→“项目符号”→“自定义项目符号”→“自定义”命令，在对话框中选择字体Webdings，字符代码241，如图4-110与图4-111所示。选择所需符号后，打开“字体”对话框，设置符号颜色为橙色。

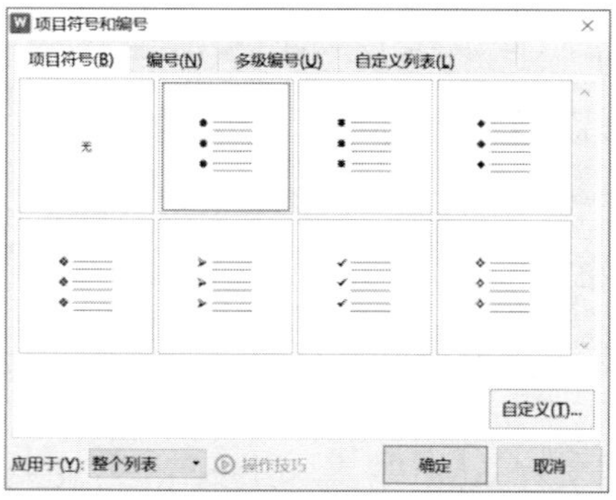

图4-110 WPS “项目符号和编号”对话框

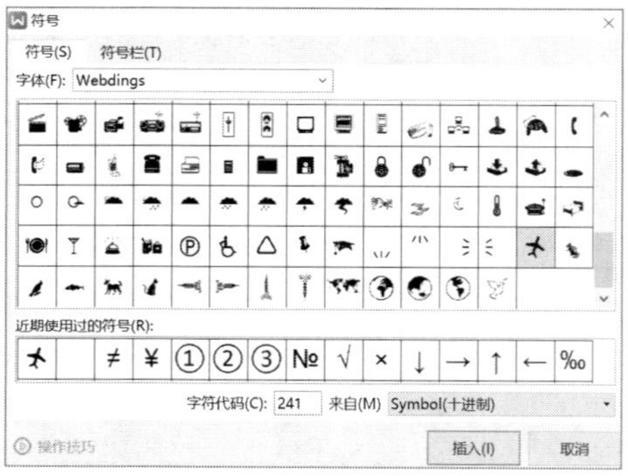

图4-111 WPS“符号”对话框

⑦ 在文档倒数第二段中插入图片：选择“插入”→“图片”→“此设备”命令，选择素材文件夹中的图片“航空.jpg”，在文档中插入图片，即激活“图片工具”选项卡，如图4-112所示。设置图片环绕方式为四周型；图片大小为宽度4厘米、高度3厘米。

图4-112 WPS“图片工具”选项卡

⑧ 设置首字下沉：鼠标定位到文档最后一段，选择“插入”→“首字下沉”命令，打开“首字下沉”对话框，设置下沉属性，如图4-113所示。

⑨ 设置分栏效果：选中文档第一段，选择“页面布局”→“分栏”→“更多分栏”命令，打开“分栏”对话框，在其中设置分栏属性，如图4-114所示。

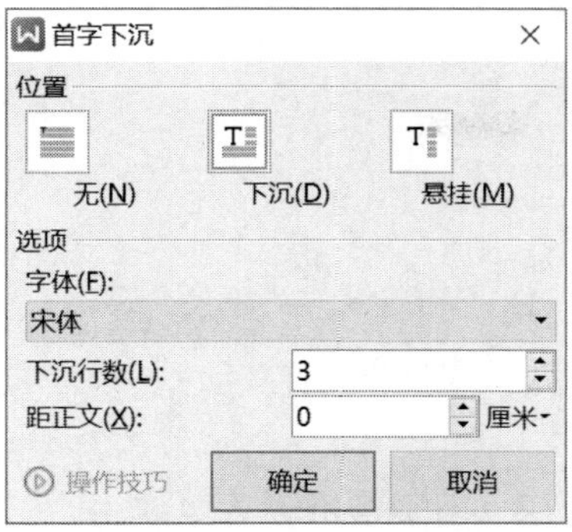

图4-113 “首字下沉”对话框

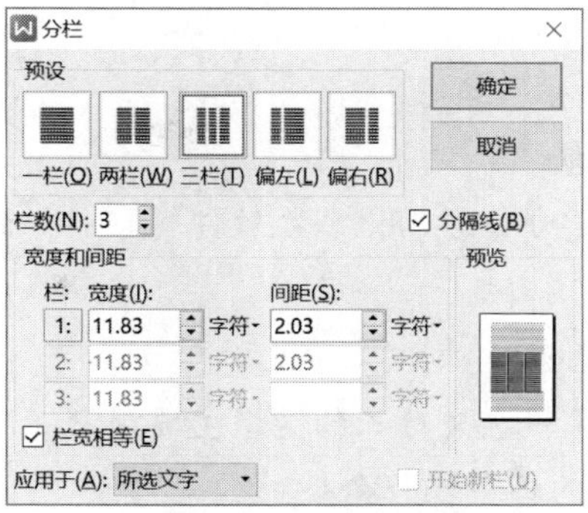

图4-114 “分栏”对话框

⑩ 设置页面背景及页边距：选择“页面”→“背景”命令，设置页面颜色为“钢蓝，着色1，浅色80%”；修改左、右页边距均为2.5 cm，如图4-115所示。

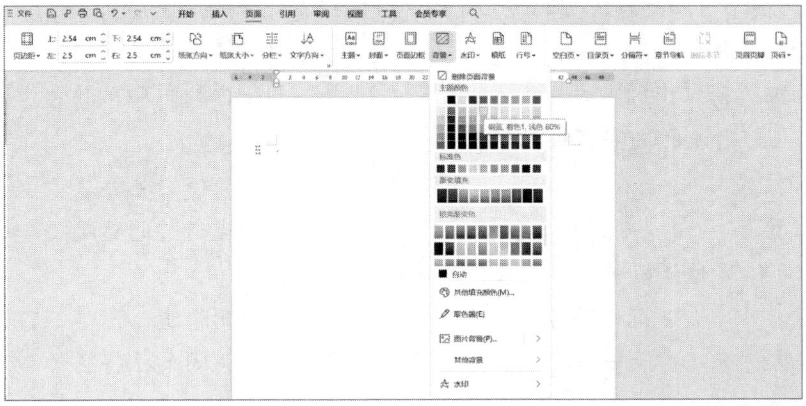

图4-115 页面背景选项面板

⑪ 添加文字水印：选择“页面”→“水印”→“插入水印”命令，打开“水印”对话框，在其中设置文字内容、透明度等属性，如图4-116所示。

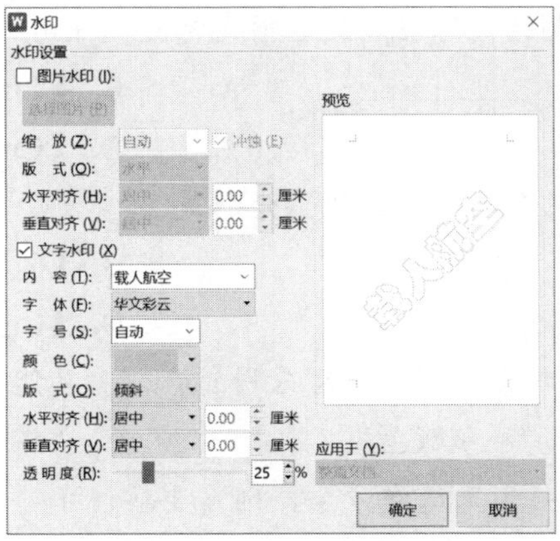

图4-116 “水印”对话框

⑫ 插入页眉页脚：选择“插入”→“页眉页脚”命令，激活“页眉页脚”选项卡，如图4-117所示。单击“页眉横线”按钮选择横线线型，输入文字“中国载人航天”，居中对齐；单击“页脚”按钮，选择所需页脚预设效果。

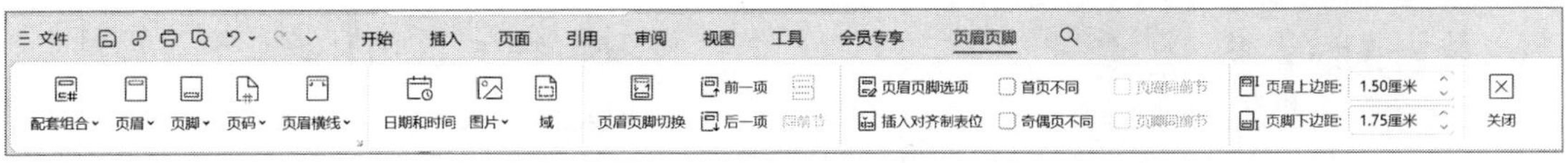

图4-117 “页眉页脚”选项卡

习　题

一、选择题

1. Word是办公自动化套装软件（　　）的重要组成部分。

A. DOS　　B. WPS　　C. Office　　D. Windows

2. Word编辑区又称工作区，主要用来（　　）。

A. 输入各种操作命令　　B. 存放各种命令、工具　　C. 输入各种程序语句　　D. 输入、编辑文本

3. 在Word中，想插入分页符，可以使用（　　）组合键。

A.【Ctrl+Enter】　　B.【Shift+Enter】　　C.【Alt+Enter】　　D.【Ctrl+Shift】

4. 拖动Word滚动条中的滚动块，主要用来（　　）。

A. 显示命令工具按钮　　B. 弹出菜单命令　　C. 滚动显示编辑窗口中的内容　　D. 得到帮助信息

5. 在Word中，当前输入的文字将被显示在（　　）。

A. 鼠标指针位置　　B. 文档的尾部　　C. 插入点位置　　D. 当前行的行尾

6. 在Word的“字体”对话框中，不可设定文字的（　　）。

A. 字符间距　　B. 字号　　C. 删除线　　D. 行距

7. 在Word编辑状态下，打开一个文档，对文档进行修改后，关闭文档将会（　　）。

A. 文档将被直接关闭
B. 文档被关闭，并自动保存修改后的内容
C. 文档被关闭，修改后的内容不能保存
D. 弹出对话框，并询问是否保存对文档的修改

8. 在Word编辑状态下，将复制的内容粘贴到当前光标处，使用的快捷键是（　　）。

A.【Ctrl+C】　　B.【Ctrl+A】　　C.【Ctrl+V】　　D.【Ctrl+X】

9. 在Word中，查找、替换这两个功能的快捷键分别是（　　）。

A.【Ctrl+F】、【Ctrl+H】　　B.【Ctrl+H】、【Ctrl+F】　　C.【Ctrl+C】、【Ctrl+V】　　D.【Ctrl+V】、【Ctrl+C】

10. 下列选项中，Word文档的批量制作与处理采用（　　）功能完成的。

A. “邮件合并”　　B. “稿纸设置”　　C. “样式设置”　　D. “布局”

11. 在Word中，如果要执行“矩形”选取命令，则需要按住（　　）键。

A.【Ctrl】　　B.【Shift】　　C.【Alt】　　D. 直接拖动鼠标

12. 在Word中，对已输入的文档进行分栏操作，需要使用（　　）选项卡。

A. 开始　　B. 插入　　C. 引用　　D. 页面布局

13. 在Word中，选定文档的某行内容后，使用拖动鼠标的方法将其移动时，需配合的键盘操作是（　　）。

A. 按住【Esc】键　　B. 按住【Ctrl】键　　C. 按住【Alt】键　　D. 不按任何键，直接拖动选定内容

14. 在Word中，删除一个段落标记后，前后两段的文字将合并成一段，原段落的格式将（　　）。
　A. 前一段将采用后一段文档的格式　　B. 后一段将采用前一段文档的格式
　C. 前一段将变成无格式　　D. 没有任何变化

15. 在Word中，如果要重复使用“格式刷”工具，应该（　　）。
　A. 右击工具栏中的“格式刷”按钮　　B. 拖动工具栏中的“格式刷”按钮
　C. 单击“格式刷”按钮　　D. 双击“格式刷”按钮

16. 在Word中，（　　）方式可以看到页眉和页脚。
　A. 普通视图　　B. 大纲视图
　C. 页面视图　　D. 全屏幕显示

17. 在编辑Word文档时，下列叙述正确的是（　　）。
　A. 不能同时选定多个图形对象　　B. 不能选定竖排文本框
　C. 不能同时选定多个不连续的段落　　D. 不能调整“字体”文本框的大小

18. 在Word编辑状态下，要使插入点快速移动到行尾，应该按（　　）键。
　A. 【PageUp】　　B. 【PageDown】　　C. 【Home】　　D. 【End】

19. 利用（　　）可以使文本快速进行格式复制。
　A. “段落”命令　　B. 格式刷
　C. “格式”菜单　　D. “复制”命令

20. 在Word编辑状态下，在“打印”对话框的“页面范围”命令组中选择“页面范围”为“当前页”是指（　　）。
　A. 打印文档的“第一页”　　B. 打印文档的“最后页”
　C. 打印光标所在页　　D. 打印当前窗口显示页

二、思考题

1. 简述Word的功能。
2. 在Word中，如何在某个段落结尾处设置分节符？
3. 在Word中，如何创建奇偶页不同的页眉页脚效果？
4. 简要说明在Word中新建样式并应用样式的方法。

第 5 章 电子表格处理软件 Excel 2021

Excel 2021是Microsoft Office 2021的重要成员，是一款灵活、高效的电子表格处理工具，具有数据处理、统计分析、图表绘制、数据库管理和数据发布共享等功能。

5.1 认识 Excel 2021

5.1.1 Excel 2021 的操作界面

Excel 2021窗口与Word 2021窗口基本相同，由快速访问工具栏、标题栏、选项卡、功能区、文档编辑区、状态栏等部分组成，如图5-1所示。下面主要介绍Excel 2021特有部分。

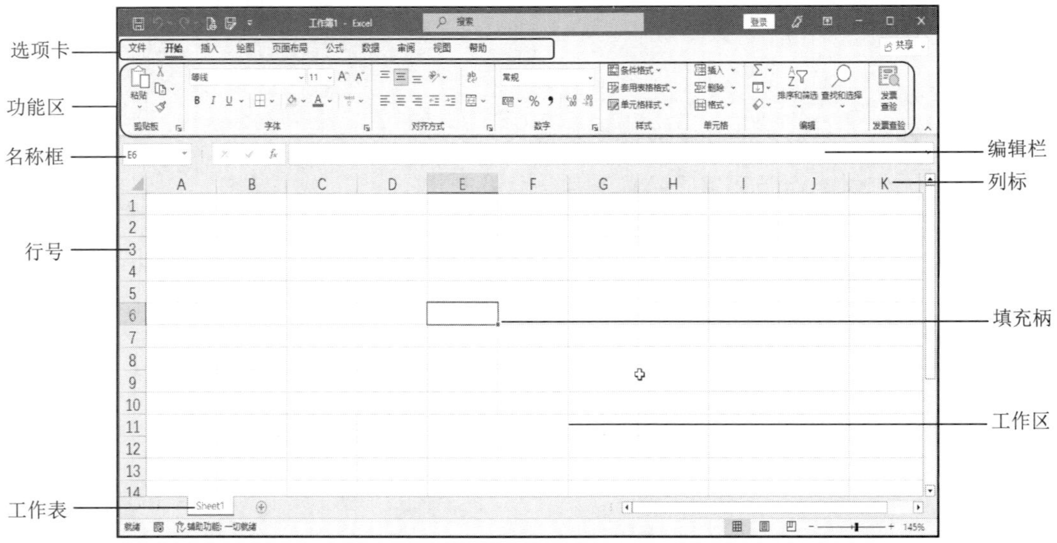

图 5-1 Excel 2021 窗口

1. 选项卡

Excel 2021提供九个选项卡：开始、插入、绘图、页面布局、公式、数据、审阅、视图和帮助。

①“开始”选项卡：由剪贴板、字体、对齐方式、数字、样式、单元格和编辑等命令组组成，如图5-2所示，主要用于数据的快速操作和单元格格式设置。

②“插入”选项卡：由表格、插图、加载项、图表、演示、迷你图、筛选器、链接、文本和符号等命令组组成，如图5-3所示，主要用于插入表格、图片、图表、符号等对象。

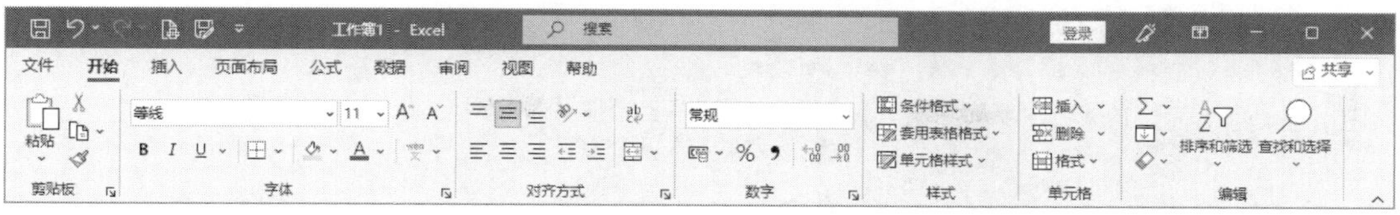

图 5-2 “开始”选项卡

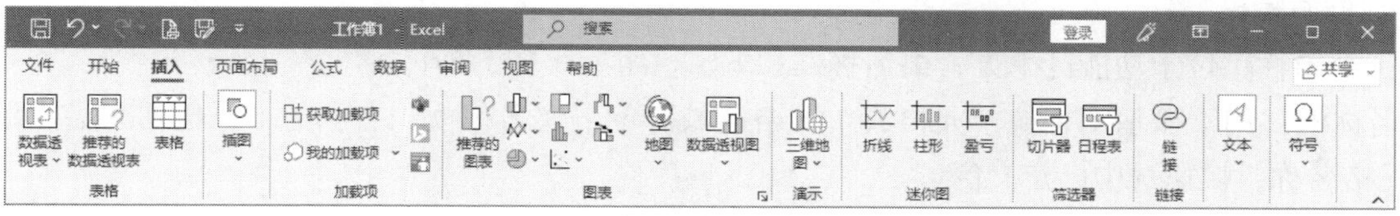

图 5-3 “插入”选项卡

③“页面布局”选项卡：由主题、页面设置、调整为合适大小、工作表选项和排列等命令组组成，如图5-4所示，主要用于页面布局和打印设置等。

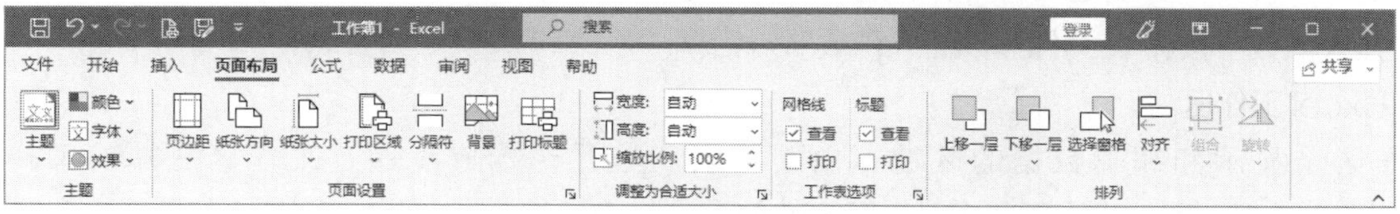

图 5-4 “页面布局”选项卡

④“公式”选项卡：由函数库、定义的名称、公式审核和计算等命令组组成，如图5-5所示，主要用于公式和函数应用等。

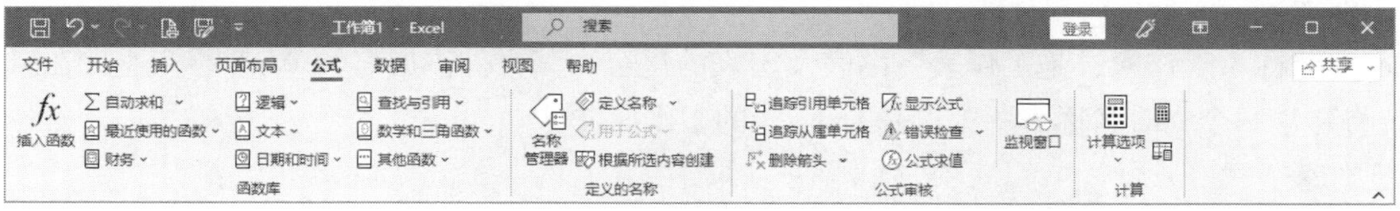

图 5-5 “公式”选项卡

⑤“数据”选项卡：由获取和转换数据、查询和连接、排序和筛选、数据工具、预测、和分级显示等命令组组成，如图5-6所示，主要用于数据导入、管理、统计分析等。

图 5-6 “数据”选项卡

⑥“审阅”选项卡：由校对、中文简繁转换、辅助功能、见解、语言、批注、保护和墨迹等命令组组成，如图5-7所示，主要用于数据校对和检查等方面操作。

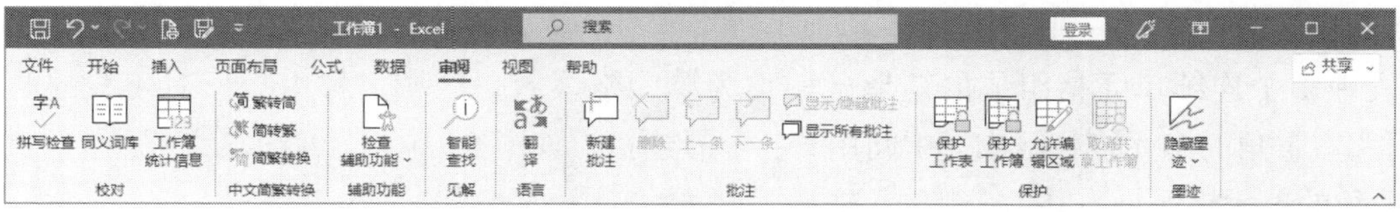

图 5-7 “审阅”选项卡

⑦“视图”选项卡：由工作簿视图、显示、缩放、窗口和宏等命令组组成，如图5-8所示，主要用于控制工作簿的显示方式。

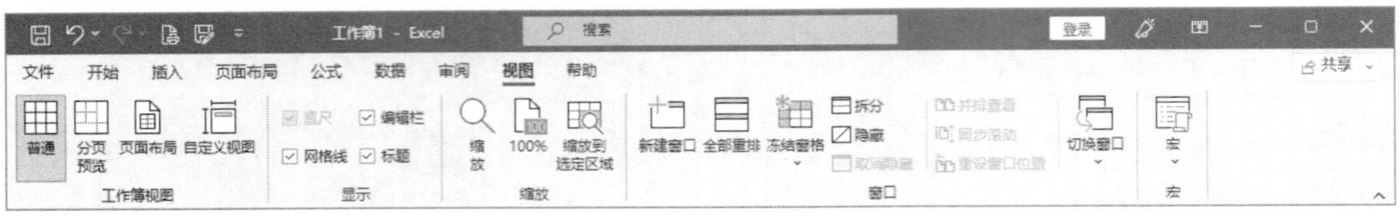

图 5-8 “视图”选项卡

2. 数据编辑栏

“数据编辑栏”位于功能区下方，由名称框和编辑栏组成，如图5-1所示。

① 名称框：用于显示、定位单元格或单元格区域。单击“名称框”右侧的下拉按钮将显示用户自定义的单元格名称，快速选中已定义区域。

② 编辑栏：用于输入、编辑和显示活动单元格的内容。

当活动单元格处于编辑状态时，数据编辑栏中三个编辑按钮处于可用状态。

- “取消”按钮✕：取消输入内容、退出编辑状态。
- “输入”按钮✓：确定编辑内容、退出编辑状态。
- “插入函数”按钮 f_x：打开“插入函数”对话框。

3. Excel工作区

工作区是显示和编辑数据的区域，由工作表和单元格构成。通过工作区底端的工作表标签“Sheet1”“Sheet2”等可以了解当前工作簿文件的工作表构成情况。当工作表数量太多无法全部显示时，可利用左侧的“工作表按钮” ◂ ▸ … 显示、切换工作表。

5.1.2 Excel的基本概念

1. 工作簿

Excel文档称为工作簿，是工作表、图表及宏表的集合，其文件扩展名为“.xlsx”。通常在启动Excel后，系统将建立一个临时名称为“工作簿1.xlsx”的工作簿文件。

2. 工作表

工作表是用于存储和处理数据的一个二维表格，由行、列和单元格组成，纵向为列，横向为行，一个工作表最多包括1 048 576行和16 384列。行号用数字表示，自上而下从1～1 048 576；列标用字母表示，由左到右分别是A ～Z，AA ～AZ，…，AAA ～XFD。

每个工作表由工作表标签标识，默认名称为Sheet1，用户可根据实际情况重命名。

3. 单元格

工作表行与列交叉形成的区域为单元格，是Excel用于数据存储或公式计算的基本单位。一个工作表有1 048 576 × 16 384个单元格。

① 标识单元格：用“列标行号”表示，如图5-1中的“E6”表示第5列第6行的单元格。

② 活动单元格：选中某单元格后其周围显示为粗线，当前显示、输入或修改的内容都在该单元格中进行，其名称显示在名称框中，单元格内容显示在编辑栏上。

③ 填充柄：单元格右下角的一个黑色小方块，用于快速向邻近单元格填充数据。

4. 单元格区域

工作表中多个连续单元格组成的矩形区域称为单元格区域。区域名称由矩形对角线的两个单元格（即左上角和右下角的单元格）组成，中间用“：”号连接。如图5-9中的“A1:K22”表示以A1为左上角K22为右下角的单元格区域，共242个单元格。

5. 地址

一个完整的地址由工作簿、工作表和单元格组成。其中工作簿包含在方括号“[ ]”中，工作表与单元格地址之间用“！”号隔开，其格式为

［工作簿］工作表！单元格地址

图 5-1 中单元格 E6 的完整地址为：[工作簿 1.xlsx]Sheet1! E6。

图 5-9 中单元格区域 A1:K22 的完整地址为：[学生成绩表 .xlsx] 成绩表 ! A1:K22。

若在同一工作簿或工作表中操作，在不引起误解的情况下，可省略工作簿或工作表名称。

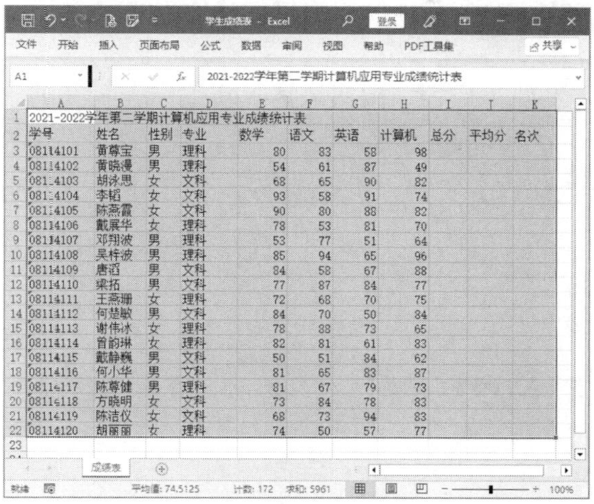

图 5-9　地址表示

5.2　Excel 2021 的基本操作

Excel 2021 的基本操作包括工作簿、工作表、单元格的常用操作，以及数据的输入和编辑。

5.2.1　工作簿的操作

Excel 工作簿基本操作包括创建、打开、保存和关闭等，与 Word 文档类似，不再赘述。

值得一提的是，Excel 提供丰富的联机样式模板，快速创建专业的 Excel 文档，选择“文件”→“新建”命令实现，如图 5-10 所示。

图 5-10　Excel 模板

5.2.2　工作表的操作

1. 选择工作表

选定工作表的常用方法如下：

① 单个工作表：单击该工作表标签。

② 多个相邻工作表：单击第一个工作表，按住【Shift】键的同时单击最后一个工作表标签。

③ 多个不相邻工作表：单击第一个工作表，按住【Ctrl】键，依次单击要选择的工作表标签。

④ 全部工作表：右击工作表标签，在弹出的快捷菜单中选择“选定全部工作表”命令。

2. 重命名工作表

双击工作表标签，进入名称编辑状态，输入新名称后按【Enter】键完成操作。

3. 插入工作表

单击工作表列表最右侧的“新建工作表”按钮⊕插入新工作表。

4. 删除工作表

选中待删除的一个或多个工作表，选择“开始”→“单元格”→“删除”→“删除工作表”命令，如图5-11所示。

注意

工作表删除是永久性、不可恢复操作，要慎重！删除包含数据的工作表时，将弹出确认对话框，如图5-12所示。

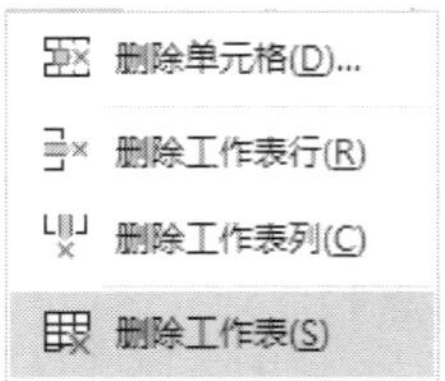

图5-11 “删除工作表”命令

图5-12 工作表删除确认对话框

5. 移动或复制工作表

右击选中的工作表标签，在弹出的快捷菜单中选择“移动或复制工作表”命令，打开“移动或复制工作表”对话框，如图5-13所示。通过“下列选定工作表之前”列表框中的工作表名称定位工作表位置。

通过“工作簿”下拉列表框的选项可将工作表移动或复制到其他已经打开的工作簿中，选中“建立副本”复选框，则为“复制”操作，如图5-14所示。

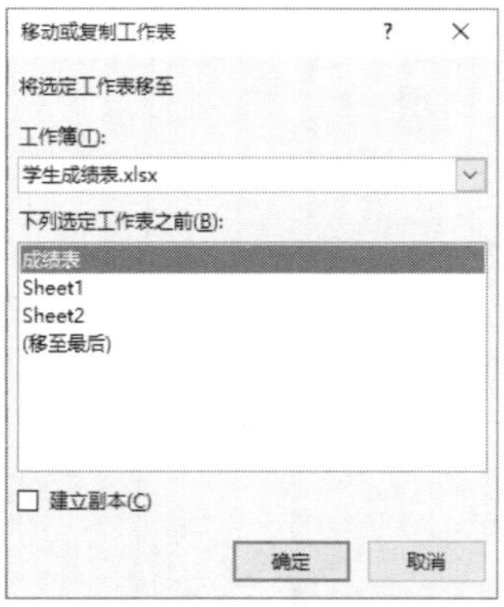

图5-13 “移动或复制工作表”对话框

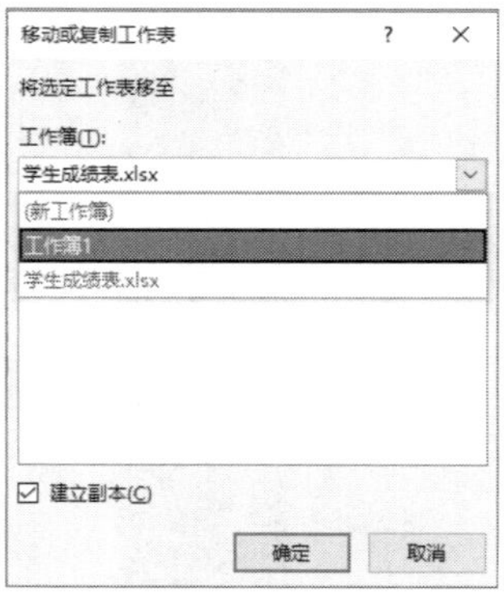

图5-14 在不同工作簿间复制工作表

技巧

若在同一工作簿中移动工作表，按住【Ctrl】键拖动则可实现“复制”操作。

6. 设置工作表标签颜色

Excel可以为工作表标签设置不同的颜色，使工作表的识别更加容易。选择“开始”→“单元格”→“格式”→“工作表标签颜色”命令，弹出图5-15所示的界面。

技巧

工作表的常用操作（如删除、插入、重命名等）均可从工作表的右键快捷菜单中找到相应的操作方法，如图5–16所示。

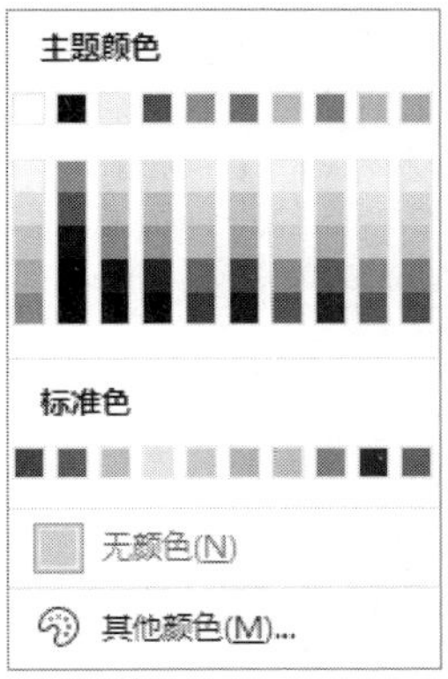

图 5-15　工作表标签颜色

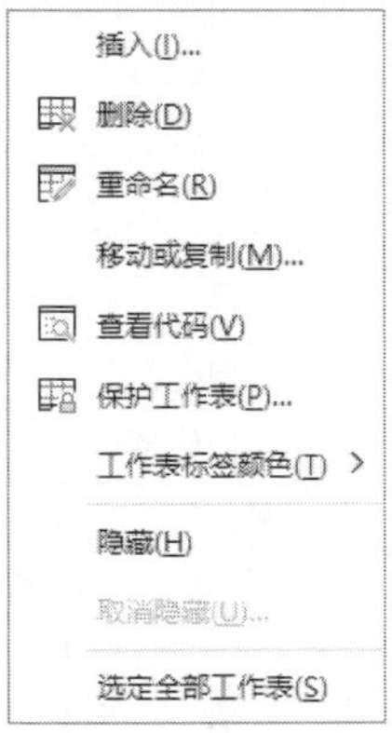

图 5-16　工作表快捷菜单

7. 多窗口操作

（1）冻结窗格

冻结窗格可锁定工作表中部分行、列位置，不随滚动条变化而滚动，始终在前端显示。选择“视图”→“窗口”→“冻结窗格”→“冻结拆分窗格”命令，如图5-17所示。图中选中C3单元格后进行“冻结窗格”操作，则学号（A列）、姓名（B列）两列和成绩标题（第1、2行）的位置将固化显示在左侧和上方，方便浏览学生成绩。

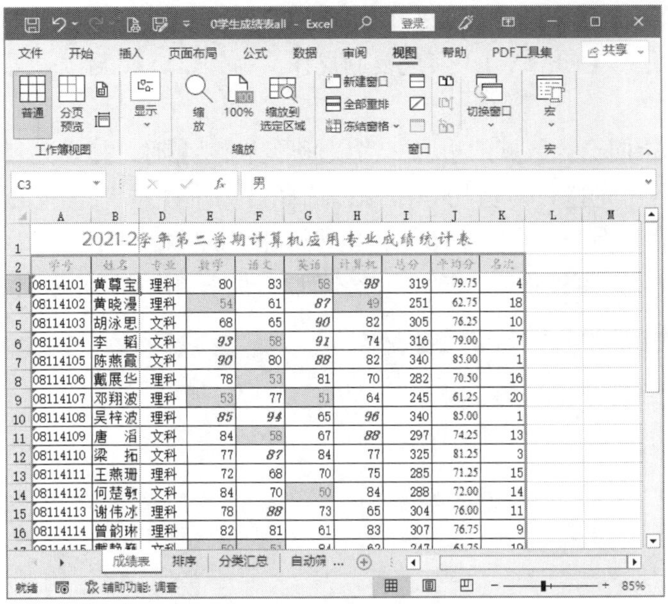

图 5-17　冻结窗格

（2）拆分窗口

拆分窗口把当前工作表分成四个小窗口，各小窗口都可独立显示工作表内容。适当选择拆分窗口的分割点，可有效、完整地查看工作表中的内容；通过更改分隔栏位置可随时调整查看效果。选择“视图”→“窗口”→“拆分”命令实现“拆分窗口”操作；再次选择“拆分”命令取消拆分。

5.2.3 单元格及单元格区域的操作

1. 选择

在执行操作前，必须先选中单元格或单元格区域，被选中对象的边框线变粗，称为当前单元格或当前区域。具体操作方法见表5-1。单击工作表的任意单元格可取消选择。

表5–1 单元格选择方法

选择对象	操作方法
单个单元格	单击单元格
连续单元格区域	方法一：选择左上角单元格，拖动鼠标到右下角单元格后释放鼠标。 方法二：选择左上角单元格，按住【Shift】键并单击右下角单元格。 方法三：在名称框中输入单元格区域名称（如B5:D10），按【Enter】键
一整行	将鼠标指针指向行号，当指针形状为➡时单击
一整列	将鼠标指针指向列标，当指针形状为⬇时单击
多行或多列	单击开始行或列，拖动鼠标到目标行或列
不连续区域	先选中一个对象，按住【Ctrl】键不放，逐个选择待选的其他对象
整个工作表	方法一：单击工作表左上角的全选按钮。 方法二：按【Ctrl+A】组合键

2. 单元格区域的命名

为单元格区域赋予一个有意义的名称可以方便用户进行数据管理。选中待命名区域，在“名称框”中输入名称后按【Enter】键。如图5-9所示，先选择A1:K22单元格区域，在名称框中输入score1后按【Enter】键，则可为该区域定义个性化名称score1。或选择“公式”→“定义的名称”→“定义名称”命令进行操作。

当用户想要访问已定义区域时，只需单击名称框的下拉按钮从中选择已定义名称即可。

3. 复制与移动

Excel具备传统的移动与复制方法：“剪切”（【Ctrl+X】）→“粘贴”（【Ctrl+V】）实现移动操作；“复制”（【Ctrl+C】）→“粘贴”（【Ctrl+V】）实现复制操作。另外，Excel还提供很多特殊的操作方法。

（1）移动

① 鼠标拖动：将鼠标指向选择区域的边缘，当鼠标形状变为时，拖动到目标位置。

② 插入剪切的单元格：先执行“剪切”操作，选择目标位置左上角单元格，选择“开始”→“插入”→“插入剪切的单元格”命令。在图5-18中，先剪切计算机数据列H2:H22，然后选中单元格F2，执行“插入剪切的单元格”命令后，可以将“计算机”数据列移动到“语文”数据列前面，结果如图5-19所示。

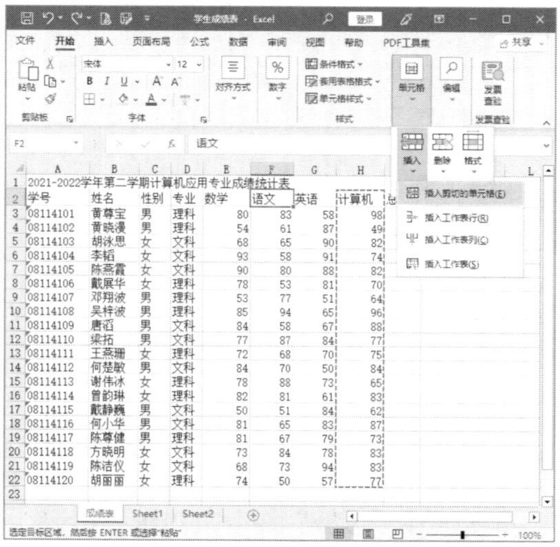

图5-18 插入剪切的单元格

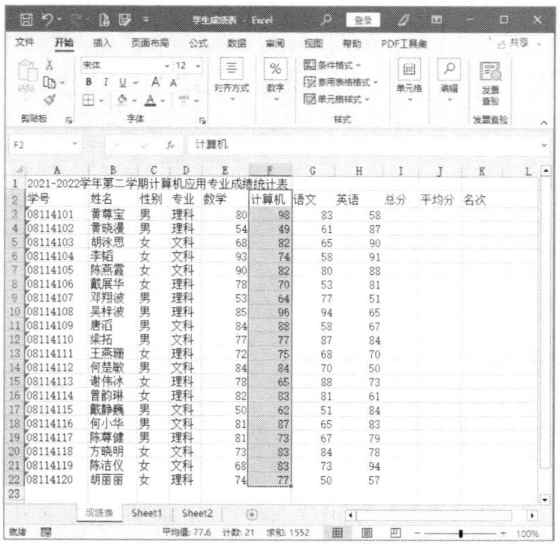

图5-19 调整数据列位置

注意

移动单元格时，若目标区域已经有数据，Excel将弹出替换确认对话框，单击“确定”按钮则替换目标区域数据；单击“取消”按钮则放弃移动操作，如图5-20所示。

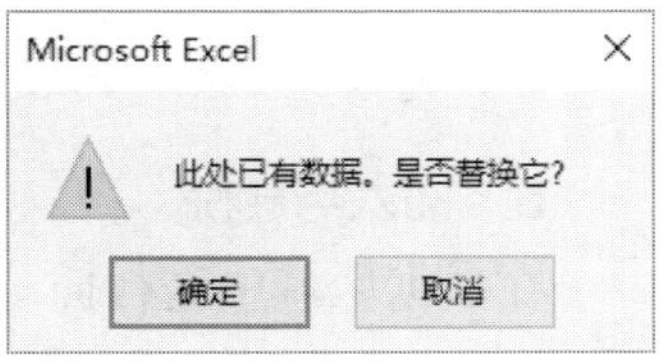

图 5-20　替换确认对话框

（2）特殊复制操作——选择性粘贴

Excel单元格包括数据内容、公式、格式、批注等信息，当执行复制操作后，可根据需要选择粘贴的信息，并可进行相应的运算。

操作方法：完成“复制”操作后，选中目标单元格，选择“开始”→“剪贴板”→“粘贴”命令，打开“选择性粘贴”按钮组，如图5-21所示。单击底端的“选择性粘贴”按钮，显示完整的“选择性粘贴”对话框，如图5-22所示，各选项的功能见表5-2。

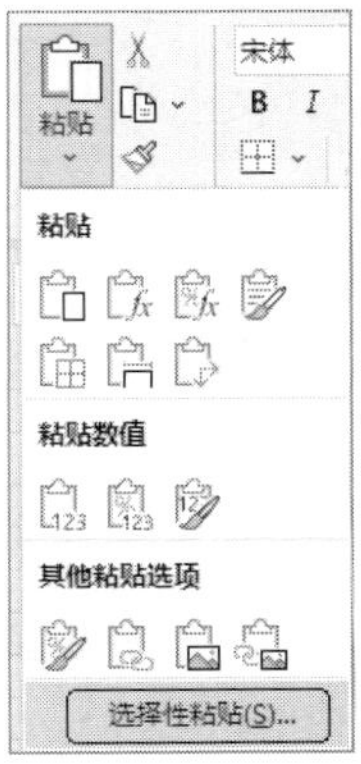

图 5-21　“选择性粘贴”按钮组

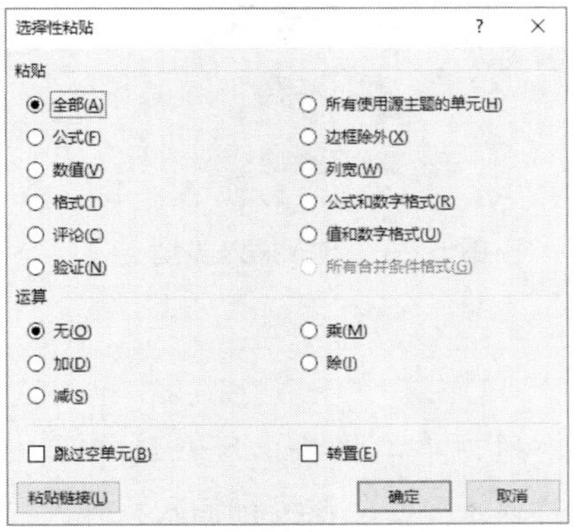

图 5-22　“选择性粘贴”对话框

表 5–2　“选择性粘贴”选项功能

粘 贴 选 项	意　义
全部	粘贴单元格的所有内容和格式
公式	只粘贴单元格的公式
数值	只粘贴单元格的数值，若为公式计算，则仅粘贴公式的计算结果
格式	只粘贴单元格的格式
评论	只粘贴单元格的批注内容
验证	将复制区域的数据验证规则到目标区域
边框除外	除了边框，粘贴单元格的所有内容和格式
列宽	只粘贴复制区域的列宽格式到目标区域
公式和数字格式	只粘贴单元格的公式和数字格式
值和数字格式	只粘贴单元格的值和数字格式
运算	将复制的数据与目标区域数据进行运算后，运算结果粘贴到目标位置
转置	将复制区域的行变为列，列变为行

4. 清除单元格

在Excel中，清除可有选择地删除单元格包含的信息，包括数据内容、格式、批注等。

操作方法：选中待清除区域，选择“开始”→“编辑”→“清除”命令，从弹出的下拉菜单中选择清除类型即可，如图5-23所示。

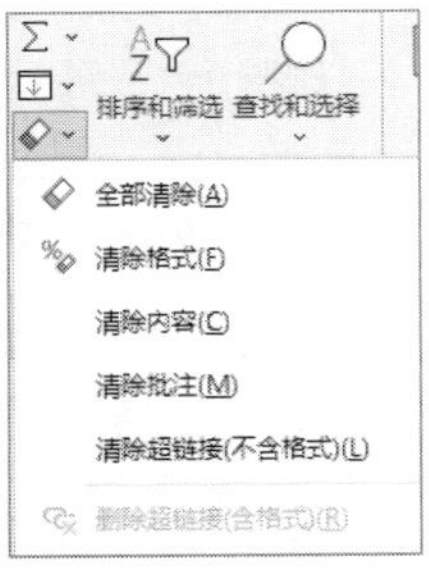

图 5-23　选择清除类型

技巧

若只想清除单元格内容，可直接按【Delete】键；或右击，在弹出的快捷菜单中选择“清除内容”命令。

5. 插入与删除

在数据区域中进行插入或删除操作，将对周围的单元格结构造成改变，包括整行、整列、单元格。

（1）插入

操作方法：选中待插入区域，选择“开始”→“单元格”→“插入”命令，从弹出的下拉菜单中选择插入类型即可，如图5-24所示。选择“插入单元格”命令则打开“插入”对话框，如图5-25所示。

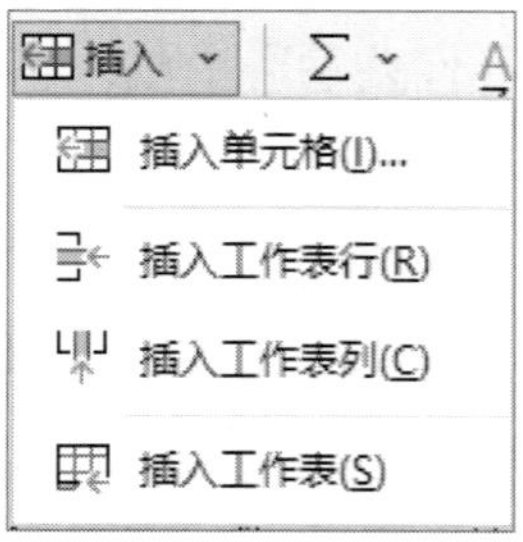

图 5-24　选择插入类型

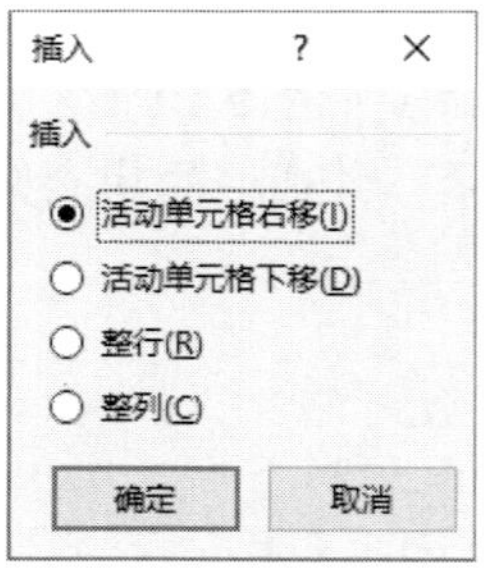

图 5-25　“插入”对话框

注意

新插入的行、列、单元格将出现在选中区域上方或左侧；若想一次性插入n行或n列（如3行或3列），可先选中n行或n列后，再执行插入操作。

（2）删除

操作方法：选中待删除区域，选择“开始”→“单元格”→“删除”命令，从弹出的下拉菜单中选择删除对象即可，如图5-26所示。选择“删除单元格”命令，弹出“删除”对话框，如图5-27所示。

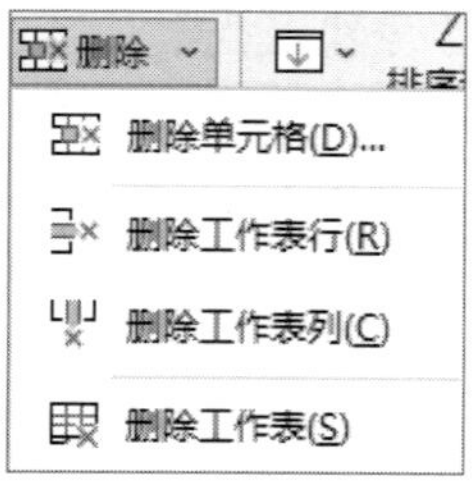

图 5-26　选择删除类型

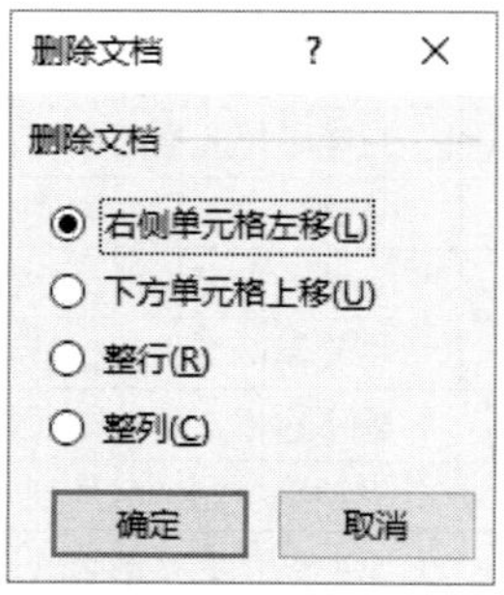

图 5-27　“删除文档”对话框

注意

删除行、列、单元格后，原区域下方或右侧的行、列、单元格将上移或左移补充删除区域。

5.2.4　数据的输入

Excel的数据类型有三种：文本型、数字型和逻辑型。

1. 文本型

文本型数据包括汉字、英文字母、数字、空格及其他符号的组合。文本型数据默认单元格对齐方式为左对齐。

输入方法：对于一般字符数据，直接输入即可。

技巧

对于特殊的数字串如学号、邮政编码、电话号码、身份证号码、银行账户等，为避免Excel以数字型数据处理，必须转换为“文本”类型。先输入一个英文单撇号“'”，再输入后续内容。如输入电话号码“06638859892”时，必须在编辑栏中输入“'06638859892”。或者通过修改“单元格格式”的“数字”属性为“文本”，则可直接输入数字，省略英文单撇号“'”。

2. 数字型

数字型数据是指由数字0～9、.、+、-、%、( )、$、E等组成的数字组合。数字型数据默认单元格对齐方式为右对齐。Excel 2021将日期和时间看作数字型数据。

对于简单数字，可直接输入，但必须注意一些特殊的表示方法，见表5-3。

表5–3　数字输入方法

数字类型	输入方法	目标值	输入值
负数	负号“-”或将数字放在括号“( )”中	-15	“-15”或“(15)”
科学记数法	由字母“e”或“E”、正号“+”和负号“-”组成	1.25 × 103	“1.25E+03”
带分数	由一个空格和“/”号组成	$1\frac{1}{2}$	“1 1/2”
千位分隔符	由数字和“,”组成	123,456,000	“123,456,000”
金额表示法	由数字和金额符号（如“$”）组成	$123.456	“$123.456”
百分数	由数字和百分号“%”组成	56%	“56%”
日期	输入“yyyy-mm-dd”或“yyyy/mm/dd”	2023年9月1日	“2023-9-1”或“2023/9/1”
时间	输入“hh:mm”或“hh:mm AM/PM”	15:30	“15:30”或“3:30 PM”
日期时间	在日期和时间中间加入一个空格	2023-9-1 15:30	“2023-9-1 15:30”

技巧

① 输入当前日期，则按【Ctrl+;】组合键；输入当前时间，则按【Ctrl+Shift+;】组合键。

② 日期数据统一以“yyyy-mm-dd”格式输入，再通过“单元格格式”修改显示格式。

3. 逻辑型

逻辑型数据仅有TRUE（真）和FALSE（假）两个值，常由公式产生，用于条件判断。逻辑型数据默认单元格对齐方式为居中对齐。

输入方法：直接输入TRUE和FALSE两个值。

4. 其他信息

（1）批注

选择“审阅”→“批注”→“新建批注”命令（或按【Shift+F2】组合键），可为当前单元格添加批注。若某单元格含有批注信息，其右上角将出现一个红色小方块，当鼠标指针指向该单元格时，其右边则显示批注内容。

（2）插入其他对象

通过“插入”选项卡插入图片、形状、SmartArt表格等对象。

5.2.5　数据的快速填充和编辑

1. 填充柄

填充柄是位于当前单元格或区域右下角的黑色小方块。将鼠标指针指向填充柄时，指针的形状变为

“+”。通过拖动或双击填充柄，可以将选定区域中的内容按某种规律填充至相邻单元格区域，实现数据的快速填充。

填充柄常用的功能如下：

（1）复制文本数据

拖动填充柄可以将单元格的文本数据复制到目标区域。例如，若单元格A2的内容为“男”，拖动A2的填充柄到A16，可快速填充性别列的数据为“男”，如图5-29所示。

（2）等差数列

若单元格数据中包含有阿拉伯数字内容或是日期数据，利用填充柄可以实现等差数列填充。常用的填充方法有两种：

① 步长为1的等差序列。按住【Ctrl】键，拖动填充柄到填充区域的最后一个单元格。例如，单元格B2的数据为3，按住【Ctrl】键，拖动填充柄到B16，则B2:B16单元格区域的内容为3，4，…，17，如图5-29中的B列所示。

② 任意步长的等差序列。在填充区域的前两个单元格输入初始值，选中前两个单元格，拖动填充柄到填充区域的最后一个单元格，则可按前两个单元格的数据趋势自动填充。

例如，单元格C2的内容为“1”，C3的内容为“4”，拖动C2:C3单元格区域的填充柄到C16，则C2:C16单元格区域将填充公差为3（4-1=3）的等差数列，如图5-29中的C列所示。

注意

如果从上向下或从左到右拖动填充柄，则按升序填充数据；如果从下向上或从右到左拖动填充柄，则按降序填充数据。

（3）填充自定义序列

若起始单元格内容为Excel“自定义序列”数据的值，则拖动填充柄后将按照“自定义序列”数据规律进行填充。“自定义序列”的应用方法见后续介绍。

（4）复制公式

如果当前单元格中的数据是公式，拖动填充柄时将把该单元格的公式复制到目标区域。关于公式的复制操作将在5.4节中详细介绍。

（5）基于相邻单元格的自动填充

双击填充柄，可按相邻数据区域位置自动填充数据。例如，双击图5-28中的D2单元格的填充柄，则可根据D列数据的位置自动填充学号数据到D16，结果如图5-29所示。

	A	B	C	D	E
1	性别	等差	任意等差	学号	
2	男	3	1	08114101	
3			4		
4					
5					
6					

图 5-28　原始数据

	A	B	C	D	E
1	性别	等差	任意等差	学号	
2	男	3	1	08114101	
3	男	4	4	08114102	
4	男	5	7	08114103	
5	男	6	10	08114104	
6	男	7	13	08114105	
7	男	8	16	08114106	
8	男	9	19	08114107	
9	男	10	22	08114108	
10	男	11	25	08114109	
11	男	12	28	08114110	
12	男	13	31	08114111	
13	男	14	34	08114112	
14	男	15	37	08114113	
15	男	16	40	08114114	
16	男	17	43	08114115	
17					

图 5-29　结果数据

2. 序列填充

“序列”填充可实现等差序列、等比数列、日期、自动填充功能。在“开始”选项卡中，选择“编辑”→“填充”→“序列”命令，打开“序列”对话框，如图5-30所示。

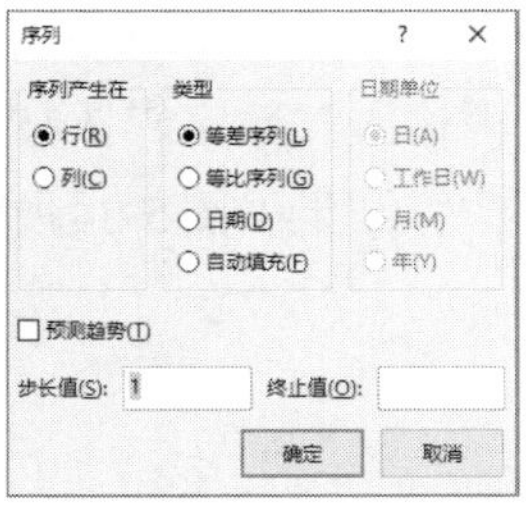

图 5-30　序列填充

“序列”对话框各选项的功能如下：

①“序列产生在”选项：指定序列的填充方向是按行还是按列填充。

②“类型”选项：选择填充的数据类型，包括等差数列、等比数列、日期和自动填充四种类型。当选择“日期”类型时，右侧的“日期单位”选项变为可用，包括四种日期单位。

③“步长值”：公差值或公比值。

④“终止值”：序列填充的最大值。

例如，若要填充图5-31所示的A列数据，则在A3单元格中输入起始值3，打开“序列”对话框，在图5-30中设置“步长值”（公差）5及“终止值”68，单击“确定”按钮即可得到结果。对于C列日期填充，先在C3中输入起始日期值，打开“序列”对话框，按图5-32所示设置“步长值”及“终止值”，单击“确定”按钮得到结果。

	A	B	C
1	序列填充		
2	等差	等比	日期
3	3	2	8月10日
4	8	4	8月12日
5	13	8	8月14日
6	18	16	8月16日
7	23	32	8月18日
8	28	64	8月20日
9	33	128	8月22日
10	38	256	8月24日
11	43	512	8月26日
12	48	1024	8月28日
13	53	2048	8月30日
14	58	4096	9月1日
15	63	8192	9月3日
16	68	16384	9月5日

图 5-31　序列填充结果

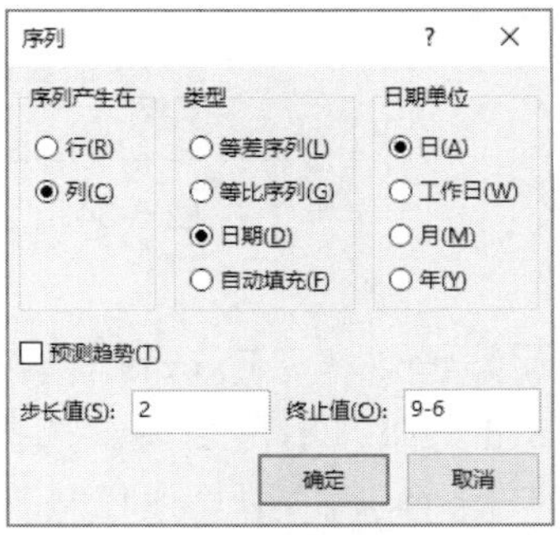

图 5-32　日期填

3. 自定义序列

对于经常使用的特殊数据系列，可将其定义为一个序列存放在Excel中。在数据输入时，只需输入其中某个值，利用填充柄或“序列”对话框便可按序列规律填充数据。Excel 2021默认提供星期、月份、季度、天干、地支等常用序列。

用户也可以添加自定义的序列，方法如下：

① 选择“文件”→“选项”命令，打开“Excel选项”对话框，如图5-33所示，单击“高级”选项卡的“编辑自定义列表”按钮，打开“自定义序列”对话框。

图 5-33　“Excel 选项”对话框

② 在“自定义序列”列表框中单击“新序列”选项，输入“计算机应用技术”，然后按【Enter】键，再输入“数字媒体技术”，按【Enter】键，重复该操作输入序列全部内容，最后单击“添加”按钮完成操作，结果如图5-34所示。

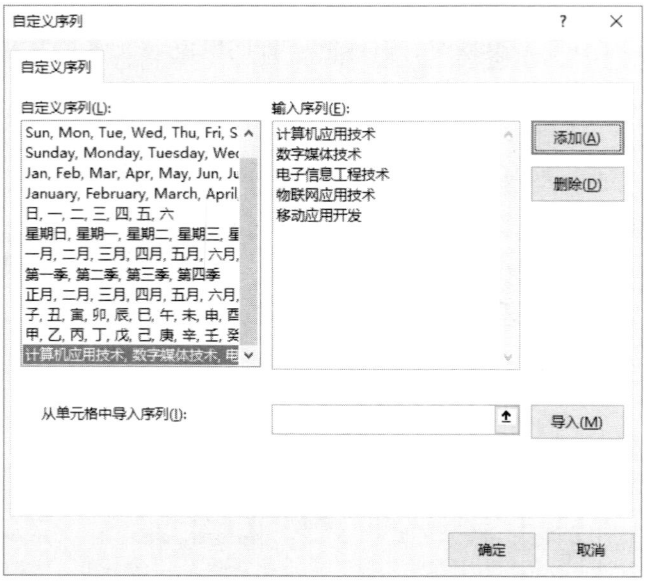

图5-34 “自定义序列”对话框

4. 查找与替换

为提高数据定位及编辑效率，Excel提供“查找和替换”功能，其使用方法与Word类似，不再赘述。选择“开始”→“编辑”→“查找和替换”命令，打开“查找和替换”对话框，如图5-35所示。

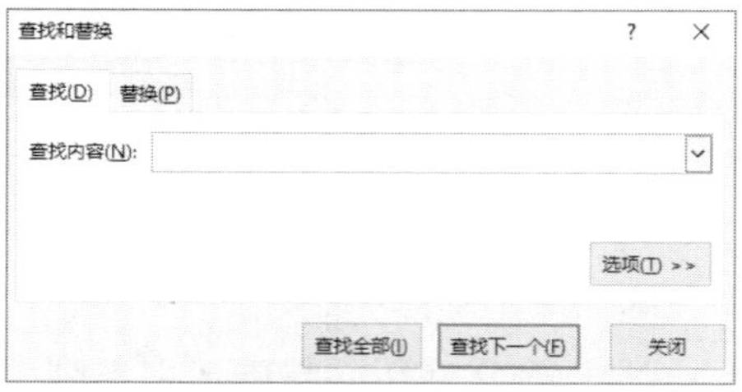

图5-35 “查找和替换”对话框

5. 数据有效性

为防止数据录入出错，Excel利用“数据有效性”设置录入规则、增加提示信息、出错警告等功能。在“数据”选项卡中，选择“数据工具”→“数据验证”命令，打开“数据验证”对话框，如图5-36所示。

在图5-37中选择E3:H22单元格区域，按图5-36所示进行设置，可控制成绩输入范围为0～100。通过“输入信息”和“出错警告”选项卡设置输入提示信息及出错警告内容。

图5-36 “数据验证”对话框

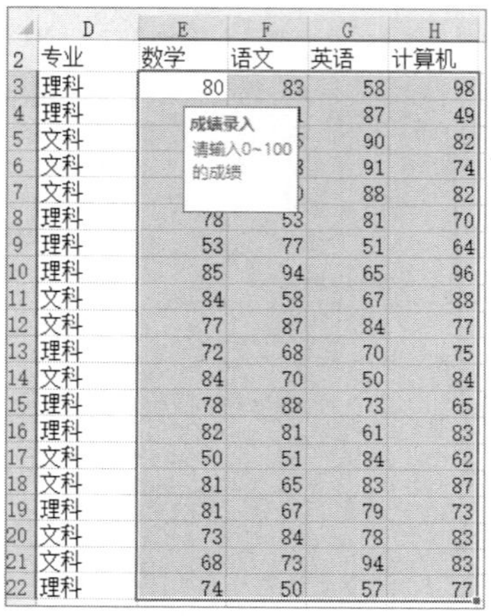

图5-37 设置成绩有效性

利用“数据验证”还可设置特定的数据系列。按照图5-38所示设置后，则可通过下拉列表方式选择输入专业信息，如图5-39所示。

注意

在图5-38所示的“来源”文本框中输入“计算机应用技术,数字媒体技术,电子信息工程技术,物联网应用技术”，注意各选项之间要用英文逗号分隔。

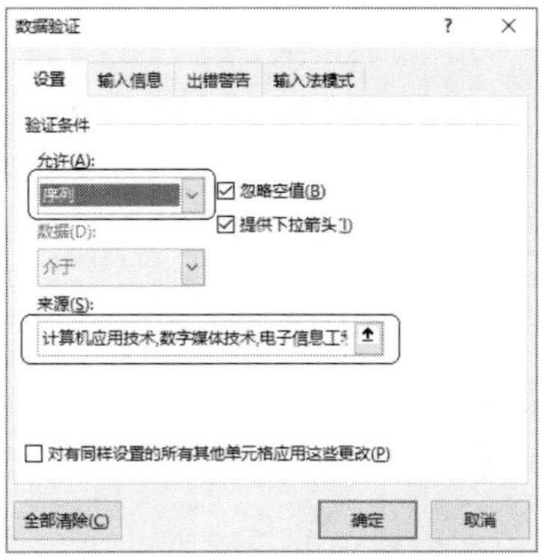

图 5-38　设置特定数据系列

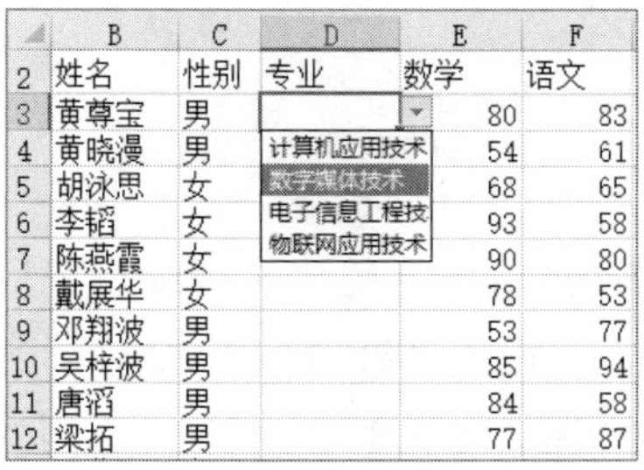

	B	C	D	E	F
2	姓名	性别	专业	数学	语文
3	黄尊宝	男		80	83
4	黄晓漫	男	计算机应用技术	54	61
5	胡泳思	女	数字媒体技术	68	65
6	李韬	女	电子信息工程技	93	58
7	陈燕霞	女	物联网应用技术	90	80
8	戴展华	女		78	53
9	邓翔波	男		53	77
10	吴梓波	男		85	94
11	唐滔	男		84	58
12	梁拓	男		77	87

图 5-39　输入特定数据系列

5.2.6　实例：创建学生成绩表

本节将综合运用工作簿、工作表、单元格、数据输入等方法，创建图5-40所示的“学生成绩表.xlsx”文件，结果保存到D盘。

视 频

创建学生成绩表

	A	B	C	D	E	F	G	H	I	J	K
1	2021-2022学年第二学期计算机应用专业成绩统计表										
2	学号	姓名	性别	专业	数学	语文	英语	计算机	总分	平均分	名次
3	08114101	黄尊宝	男	理科	80	83	58	98			
4	08114102	黄晓漫	男	理科	54	61	87	49			
5	08114103	胡泳思	女	文科	68	65	90	82			
6	08114104	李韬	女	文科	93	58	91	74			
7	08114105	陈燕霞	女	文科	90	80	88	82			
8	08114106	戴展华	女	理科	78	53	81	70			
9	08114107	邓翔波	男	理科	53	77	51	64			
10	08114108	吴梓波	男	理科	85	94	65	96			
11	08114109	唐滔	男	文科	84	58	67	88			
12	08114110	梁拓	男	文科	77	87	84	77			
13	08114111	王燕珊	女	理科	72	68	70	75			
14	08114112	何楚敏	男	文科	84	70	50	84			
15	08114113	谢伟冰	女	理科	78	88	73	65			
16	08114114	曾韵琳	女	理科	82	81	61	83			
17	08114115	戴静巍	男	文科	50	51	84	62			
18	08114116	何小华	男	文科	81	65	83	87			
19	08114117	陈尊健	男	理科	81	67	79	73			
20	08114118	方晓明	女	文科	73	84	78	83			
21	08114119	陈洁仪	女	文科	68	73	94	83			
22	08114120	胡丽丽	女	理科	74	50	57	77			

图 5-40　学生成绩表

1. 操作要求

① 新建工作簿文件“学生成绩表.xlsx”，并将其保存到D盘的ex文件夹中。

② 按图5-40修改工作表名称。

③ 在工作表中输入图5-40所示各单元格的数据。

④ 设置四科成绩输入范围为0～100，输入提示“请输入0～100的成绩”，出错警告“成绩有效范围：0-100！”。

2. 操作步骤

① 打开Excel 2021，单击“保存”按钮，以“学生成绩表.xlsx”为文件名保存到D盘的ex文件夹中，如图5-41所示。

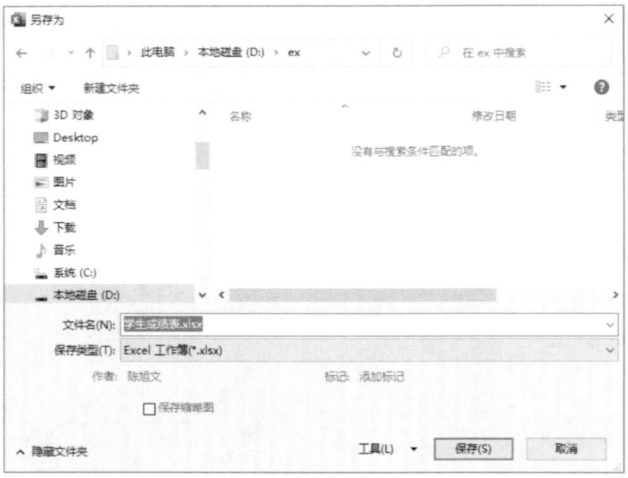

图 5-41　保存文件

② 双击工作表Sheet1标签，输入“成绩表”后按【Enter】键修改工作表名称。

③ 选中A1单元格，输入“2021—2022学年第二学期计算机应用专业成绩统计表”，按【Enter】键确认。用相同的方法输入第2行、B列、C列、D列的文本数据。

技巧

在输入性别数据时，可在C3中输入“男”，使用填充柄将所有性别均填充为“男”。使用【Ctrl】键依次选择要修改为“女”的单元格，在编辑栏中输入“女”后按【Ctrl+Enter】组合键，可将选中单元格全部修改为“女”，如图5-42所示。可用相同方法输入D列的“专业”数据。

	A	B	C	D	E	F	G
1	2021-2022学年第二学期计算机应用专业成绩统计表						
2	学号	姓名	性别	专业	数学	语文	英语
3		黄尊宝	男	理科			
4		黄晓漫	男	理科			
5		胡泳思	女	文科			
6		李韬	女	文科			
7		陈燕霞	女	文科			
8		戴展华	女	理科			
9		邓翔波	男	理科			
10		吴梓波	男	理科			
11		唐滔	男	文科			
12		梁拓	男	文科			
13		王燕珊	女	理科			
14		何楚敏	男	文科			
15		谢伟冰	女	理科			
16		曾韵琳	女	理科			
17		戴静巍	男	文科			
18		何小华	男	文科			
19		陈尊健	男	理科			
20		方晓明	女	文科			
21		陈洁仪	女	文科			
22		胡丽丽	女	理科			
23							

图 5-42　快速输入数据

④ 在A3单元格输入“’08114101”，然后拖动填充柄到A22完成“学号”数据输入。

⑤ 选中E3:H22单元格区域，按图5-36设置成绩数据有效性，并根据图5-43和图5-44分别设置输入提示和出错警告信息。

⑥ 保持E3:H22单元格区域的选择状态，在E3单元格中输入“80”，按【Tab】键跳转到F3单元格，输入“83”，依此类推，采集成绩数值，如图5-45所示。

图 5-43　输入提示信息

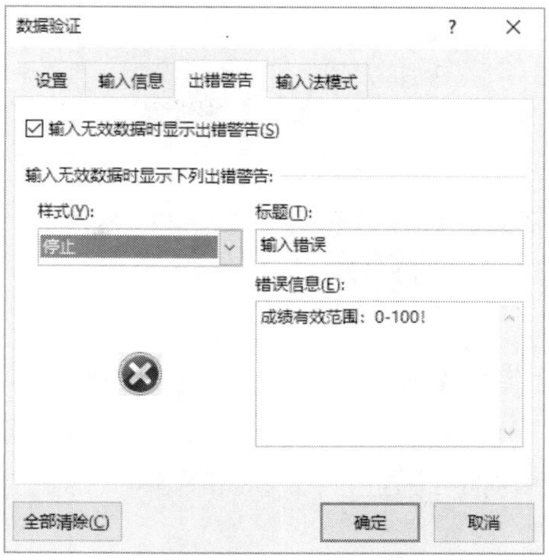

图 5-44　出错警告信息

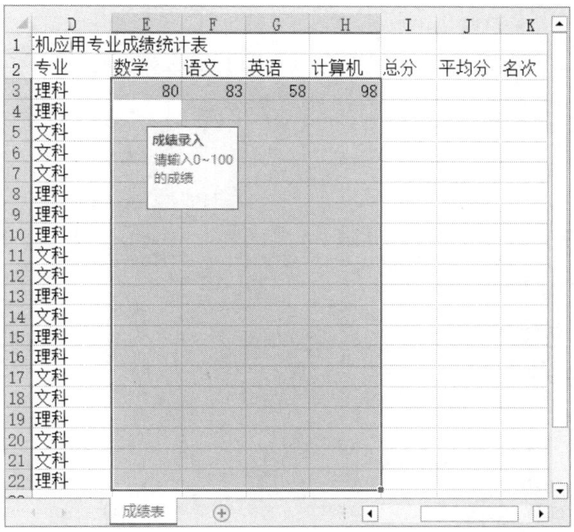

图 5-45　快速录入成绩

⑦ 按【Ctrl+S】组合键保存文件。

技巧

先选中输入区域，使用【Tab】键在单元格间切换，可保证输入范围为选中的区域，如当输入H3单元格数据后，将跳转到下一行的E4单元格。此时，只能使用【Enter】(向下)、【Shift+Enter】(向上)、【Tab】(向右)、【Shift+Tab】(向左)进行单元格切换，而不能使用方向键或单击，否则将破坏选择区域。

5.3　工作表的格式化

为提高数据可读性，突出重点，美化输出结果，Excel 2021提供丰富的格式修饰功能，包括单元格格式、条件格式、自动套用格式等。

5.3.1　格式化单元格

Excel将常用的操作命令如字体、字号、对齐方式等放置在选项卡上，使用“开始”选项卡中的“字体”“对齐方式”“数字”“样式”命令组中的对应命令实现，如图5-46所示。

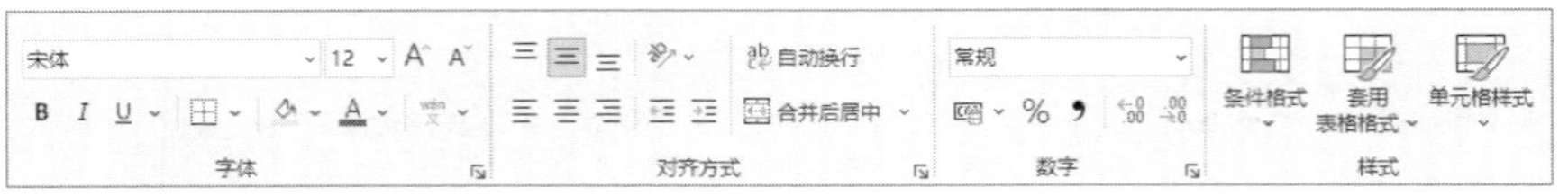

图 5-46　快速格式设置

选中待格式化的单元格或区域，单击各组右下角的箭头，打开“设置单元格格式”对话框，进行详细的格式修饰，如图5-47所示。

1. 数字

Excel提供丰富的数字格式：数值、货币、会计专用、日期、时间、百分比、分数、科学记数、文本、特殊等，用户还可以自定义数据格式。单击“分类”选项列表框中的数据格式，在右侧的“示例”选项中查看并设置对应的数值样式，如图5-47所示。

2. 对齐

使用“对齐”选项卡可以修改数据的对齐方式，如图5-48所示。

图 5-47　“数字”选项卡

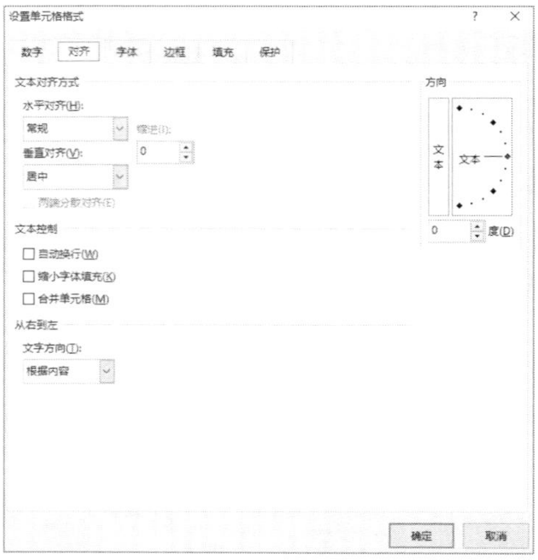

图 5-48　“对齐”选项卡

①“文本对齐方式”选项：设置数据的水平和垂直方向的对齐方式。水平对齐有常规、靠左（缩进）、居中、靠右（缩进）、填充、两端对齐、跨列居中、分散对齐（缩进）八种方式，垂直对齐有靠上、居中、靠下、两端对齐、分散对齐五种方式。

②“方向”选项：设置垂直对齐或按特定角度倾斜的对齐效果。

③“文本控制”选项：当单元格数据内容超出单元格范围时的处理方式，包括自动换行、缩小字体填充和合并单元格三种方式。

④“从右到左”选项：单击“文字方向”下拉列表可以改变文字方向模式。

技巧

“跨列居中”与“合并居中”按钮的差别：“跨列居中”仅将单元格内容在选取单元格区域中居中显示；“合并居中”则将单元格区域合并为一个单元格，内容居中显示。

3. 字体

利用“字体”选项卡可以设置字体、字形、字号、下画线、颜色、特殊效果等效果，如图5-49所示。

4. 边框

利用“边框”选项卡可以为选定的单元格设置边框效果。对于单元格区域，则有外边框和内边框之分。在“直线”选项中选择边框样式和颜色，单击“预置”及“边框”选项中的按钮设置边框范围，如图5-50所示。

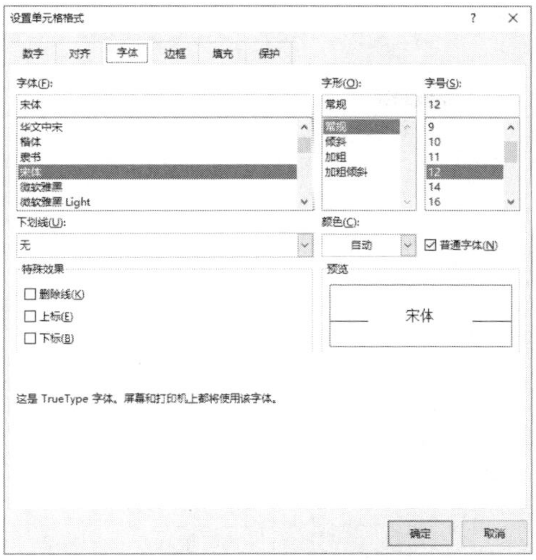

图 5-49　“字体”选项卡

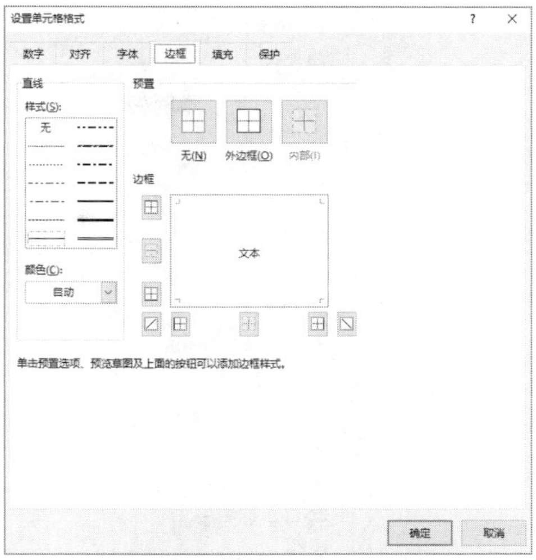

图 5-50　“边框”选项卡

5. 填充

利用“填充”选项卡可以设置单元格的底纹颜色及图案。在“背景色”区域选择颜色，单击“填充效果”和“其他颜色”按钮将弹出对应的对话框，提供更丰富的效果选项；通过“图案颜色”和“图案样式”下拉列表设置填充图案的样式和颜色，如图5-51所示。

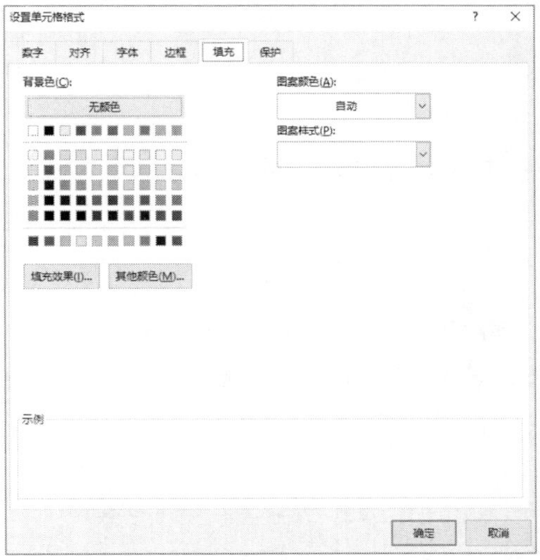

图 5-51　“填充”选项卡

5.3.2　行高和列宽的调整

行高和列宽通常有两种调整形式：定值行高（或列宽）、最适合行高（或列宽）。

1. 定值行高或列宽

在“开始”选项卡中选择“单元格”→“格式”命令，弹出“格式”下拉菜单，如图5-52所示。选择“行高”命令，打开“行高”对话框，输入数值设置行高，如图5-53所示。选择“列宽”命令则可调整列宽。

2. 最适合行高或列宽

选择图5-52中的“自动调整行高”或“自动调整列宽”命令，Excel将根据单元格内容调整最适合的行高或列宽。

图 5-52 “格式”下拉菜单

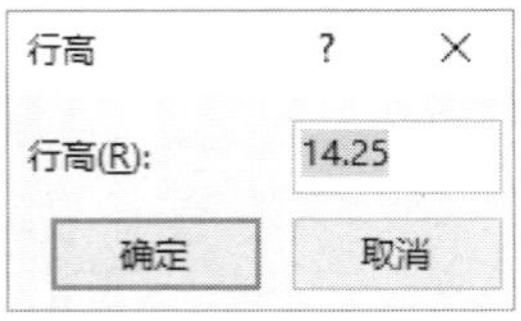

图 5-53 “行高”对话框

技巧

选中整行或整列后，将鼠标指针指向行或列的分隔线，当指针变为“✛”或“✛”形状时，拖动鼠标可直接调整行高或列宽；双击鼠标左键则可应用“自动调整行高”或“自动调整列宽”效果。

注意

若某单元格内容显示为####，并非操作错误，而是因为该列宽度太小，无法完整显示内容，适当增加列宽即可显示数据。

3. 行、列的隐藏

为方便数据查看，可隐藏部分暂时不用的行或列。选中待隐藏的行或列，通过图5-52“可见性”的“隐藏和取消隐藏”命令完成操作。若工作表中含有隐藏的行或列，则相邻的行号或列标将不是连续的，在图5-54中，隐藏了6～16行和E～H列。

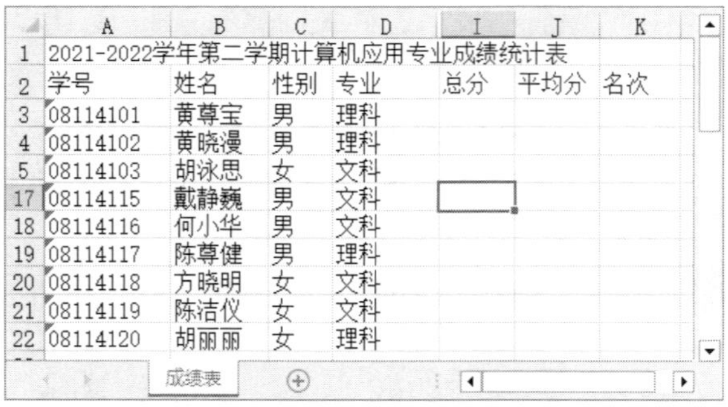

	A	B	C	D	I	J	K
1	2021-2022学年第二学期计算机应用专业成绩统计表						
2	学号	姓名	性别	专业	总分	平均分	名次
3	08114101	黄尊宝	男	理科			
4	08114102	黄晓漫	男	理科			
5	08114103	胡泳思	女	文科			
17	08114115	戴静巍	男	文科			
18	08114116	何小华	男	文科			
19	08114117	陈尊健	男	理科			
20	08114118	方晓明	女	文科			
21	08114119	陈洁仪	女	文科			
22	08114120	胡丽丽	女	理科			

图 5-54 隐藏行列

如果要显示隐藏的行或列，则选中行号或列标不连续的相邻两行或两列，通过图5-52“可见性”的“隐藏和取消隐藏”命令完成操作。也可从快捷菜单中选择“取消隐藏”命令。

5.3.3 复制格式

1. 格式刷

选中源单元格，单击“格式刷”按钮，再选择目标单元格区域，即可将该单元格格式复制到目标区域。

技巧

双击“格式刷”按钮，则可重复使用格式刷，直到再次单击该按钮才取消操作。

2. 选择性粘贴

复制格式提供区域，再选中目标区域，在“选择性粘贴”选项组中选择“格式”选项即可。

5.3.4　条件格式

利用条件格式，可以突出显示符合指定条件的数据，使用户便利地了解重要的信息。

例如，若用户想了解“学生成绩表.xlsx”中优秀和不及格学生情况，可以利用条件格式实现。

实现过程：

① 选择成绩区域E3:H22单元格区域，在“开始”选项卡中选择“样式”→“条件格式”→“管理规则”命令，如图5-55所示，打开“条件格式规则管理器”对话框，如图5-56所示。

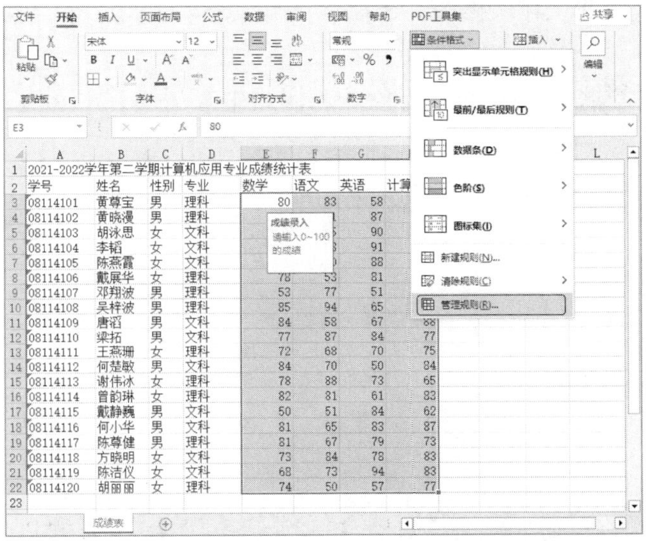

图 5-55　选择“条件格式”→“管理规则”命令

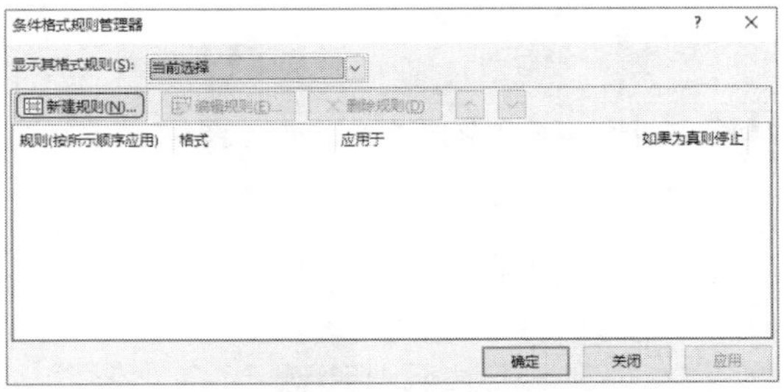

图 5-56　“条件格式规则管理器”对话框

② 单击“新建规则”按钮，打开“新建格式规则”对话框，按图5-57所示设置单元格数值“>=85”的单元格字体格式为红色、加粗、倾斜，突出显示优秀成绩。

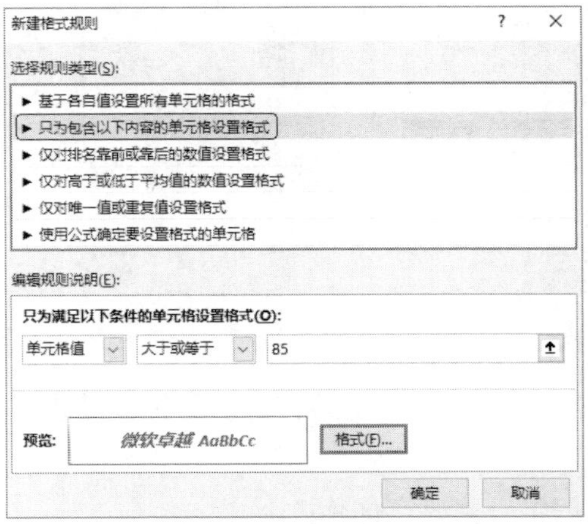

图 5-57　“新建格式规则”对话框

③ 再次单击“新建规则”按钮，用类似方法添加格式规则，设置单元格数值“<60”的格式为蓝色字体、“橙色，个性色6，淡色80%”底纹。效果如图5-58所示。

	A	B	C	D	E	F	G	H	I	J	K
1	2021-2022学年第二学期计算机应用专业成绩统计表										
2	学号	姓名	性别	专业	数学	语文	英语	计算机	总分	平均分	名次
3	08114101	黄尊宝	男	理科	80	83	58	98			
4	08114102	黄晓漫	男	理科	54	61	87	49			
5	08114103	胡泳思	女	文科	68	65	90	82			
6	08114104	李韬	女	文科	93	58	91	74			
7	08114105	陈燕霞	女	文科	90	80	88	82			
8	08114106	戴展华	女	理科	78	53	81	70			
9	08114107	邓翔波	男	理科	53	77	51	64			
10	08114108	吴梓波	男	理科	85	94	65	96			
11	08114109	唐滔	男	文科	84	58	67	88			
12	08114110	梁拓	男	文科	77	87	84	77			
13	08114111	王燕珊	女	理科	72	68	70	75			
14	08114112	何楚敏	男	文科	84	70	50	84			
15	08114113	谢伟冰	女	理科	78	88	73	65			
16	08114114	曾韵琳	女	理科	82	81	61	83			
17	08114115	戴静巍	男	文科	50	51	84	62			
18	08114116	何小华	男	文科	81	65	83	87			
19	08114117	陈尊健	男	理科	81	67	79	73			
20	08114118	方晓明	女	文科	73	84	78	83			
21	08114119	陈洁仪	女	文科	68	73	94	83			
22	08114120	胡丽丽	女	理科	74	50	57	77			

图 5-58 “条件格式”效果图

5.3.5 套用表格格式

利用Excel提供的“套用表格格式”功能可快速完成工作表修饰。选择“开始”→“样式”→“套用表格格式”命令，弹出图5-59所示的样式列表。

选中学生成绩表的A2:K22单元格区域，选择样式列表中的“蓝色，表样式中等深浅2”，效果如图5-60所示。

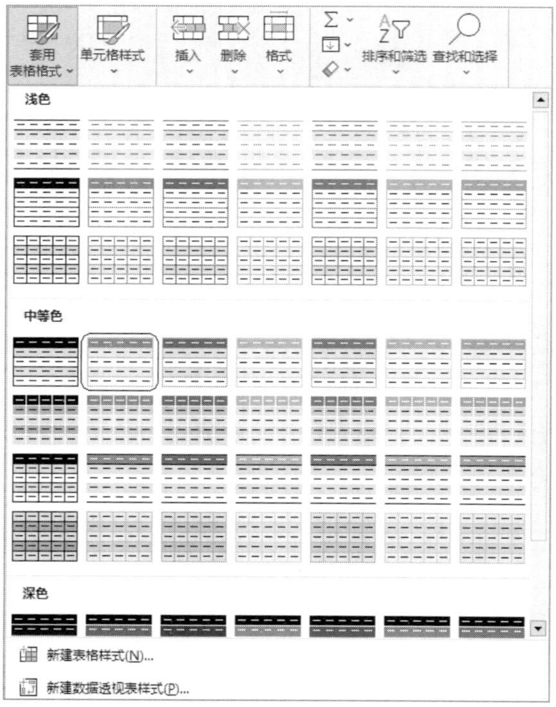

图 5-59 套用表格格式

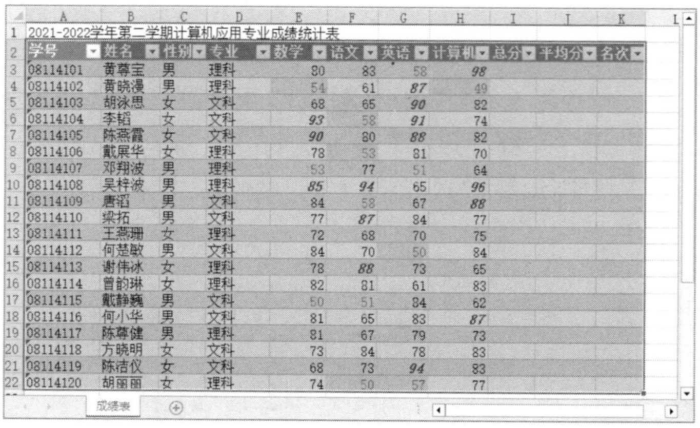

	A	B	C	D	E	F	G	H	I	J	K
1	2021-2022学年第二学期计算机应用专业成绩统计表										
2	学号	姓名	性别	专业	数学	语文	英语	计算机	总分	平均分	名次
3	08114101	黄尊宝	男	理科	80	83	58	98			
4	08114102	黄晓漫	男	理科	54	61	87	49			
5	08114103	胡泳思	女	文科	68	65	90	82			
6	08114104	李韬	女	文科	93	58	91	74			
7	08114105	陈燕霞	女	文科	90	80	88	82			
8	08114106	戴展华	女	理科	78	53	81	70			
9	08114107	邓翔波	男	理科	53	77	51	64			
10	08114108	吴梓波	男	理科	85	94	65	96			
11	08114109	唐滔	男	文科	84	58	67	88			
12	08114110	梁拓	男	文科	77	87	84	77			
13	08114111	王燕珊	女	理科	72	68	70	75			
14	08114112	何楚敏	男	文科	84	70	50	84			
15	08114113	谢伟冰	女	理科	78	88	73	65			
16	08114114	曾韵琳	女	理科	82	81	61	83			
17	08114115	戴静巍	男	文科	50	51	84	62			
18	08114116	何小华	男	文科	81	65	83	87			
19	08114117	陈尊健	男	理科	81	67	79	73			
20	08114118	方晓明	女	文科	73	84	78	83			
21	08114119	陈洁仪	女	文科	68	73	94	83			
22	08114120	胡丽丽	女	理科	74	50	57	77			

图 5-60 “套用表格格式”效果

5.3.6 实例：修饰学生成绩表

视 频

修饰学生成绩表

打开“学生成绩表.xlsx”，综合运用上述方法，修饰成绩表，效果如图5-61所示。

1. 操作要求

① 成绩表标题：合并居中及修改字体格式。

② 数据项标题：修改字体及填充效果。

③ 为A、B、C、D四列应用最适合的列宽。

④ 统一调整E～K列列宽。

⑤ 突出显示优秀和不及格成绩。

⑥ 为成绩表添加边框。

	A	B	C	D	E	F	G	H	I	J	K
1	2021-2022学年第二学期计算机应用专业成绩统计表										
2	学号	姓名	性别	专业	数学	语文	英语	计算机	总分	平均分	名次
3	08114101	黄蓉宝	男	理科	80	83	58	98			
4	08114102	黄晓漫	男	理科	54	61	87	49			
5	08114103	胡泳思	女	文科	68	65	90	82			
6	08114104	李　韬	女	文科	93	58	91	74			
7	08114105	陈燕霞	女	文科	90	80	88	82			
8	08114106	戴展华	女	理科	78	53	81	70			
9	08114107	邓翔波	男	理科	53	77	51	64			
10	08114108	吴梓波	男	理科	85	94	65	96			
11	08114109	唐　滔	男	文科	84	58	67	88			
12	08114110	梁　拓	男	文科	77	87	84	77			
13	08114111	王燕珊	女	理科	72	68	70	75			
14	08114112	何楚敏	男	文科	84	70	50	84			
15	08114113	谢伟沐	女	理科	78	88	73	65			
16	08114114	曾韵琳	女	理科	82	81	61	83			
17	08114115	戴静巍	男	文科	50	51	84	62			
18	08114116	何小华	男	文科	81	65	83	87			
19	08114117	陈尊健	男	理科	81	67	79	73			
20	08114118	方晓明	女	文科	73	84	78	83			
21	08114119	陈洁仪	女	文科	68	73	94	83			
22	08114120	胡丽丽	女	理科	74	50	57	77			

图 5-61　修饰学生成绩表

2. 操作步骤

① 选中A1:K1单元格区域，单击“合并居中”按钮，将A1:K1单元格区域共11个单元格合并为1个，A1内容居中显示。通过“字体”命令组的字体、颜色、字号选项设置字体为华文新魏、红色、18磅。打开“行高”对话框，设置行高为30磅。

② 选择A2:K2单元格区域，设置字体格式为楷体、蓝色、12磅，水平居中对齐。单击背景色填充按钮设置填充颜色为“橄榄色，个性色3，淡色60%”。

③ 选中A、B、C、D四列，将鼠标指针指向列分隔线，当指针变为“✛”形状时，双击分隔线，调整4列为最适合列宽。选中B3:B22单元格区域，打开“对齐”对话框，修改姓名数据水平对齐方式为“分散对齐（缩进）”。

④ 选择E～K列，打开“列宽”对话框，设置列宽为7磅。

⑤ 选择E3:H22单元格区域，打开“条件格式规则管理器”对话框，参考图5-56和图5-57所示设置条件格式，突出显示两类学生成绩。

⑥ 选择A2:K22单元格区域，打开“边框”对话框。选择“样式”列表中的“细实线”，单击“内部”按钮设置内部线型。选择“样式”列表中的“粗实线”，从“颜色”列表框中选择蓝色，单击“外边框”按钮，设置外边框格式，如图5-62所示，最后单击“确定”按钮完成操作。

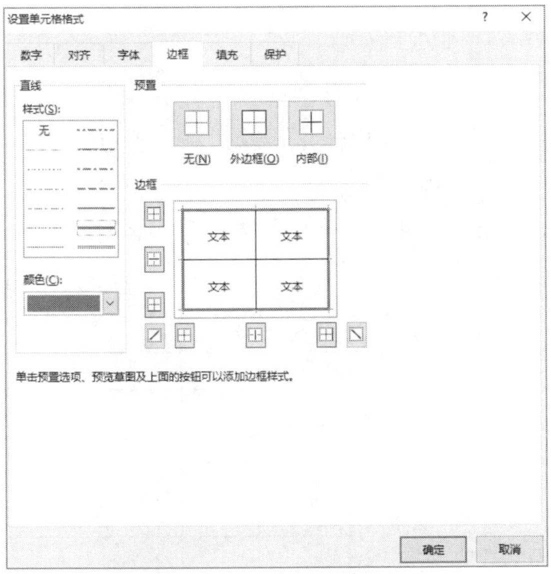

图 5-62　设置边框

5.4　公式和函数的使用

使用公式和函数对数据进行快速的计算、统计、分析，是Excel的强大功能。

5.4.1　单元格引用

随着被引用单元格内容的改变，Excel公式将自动更新计算结果。

单元格引用有相对引用、绝对引用和混合引用三种形式。

1. 相对引用

相对引用的格式为“列标行号”，如A7、B6等。在复制含公式或函数的单元格时，单元格地址参数会随着结果单元格地址的改变而产生相应调整。

相对引用公式的调整规则为：

新行地址＝原行地址＋行地址偏移量

新列地址＝原列地址＋列地址偏移量

例如，单元格B3的公式为“=A1+B1”，将公式复制到D4后将变为“=C2+D2”。因为公式由原地址B3复制到D4，其行地址偏移量为1（4-3），列地址偏移量为2（D-B），将这两个偏移量值加到B3公式上，便得到D4的公式。

2. 绝对引用

绝对地址的格式为“$列标$行号”，如$A$7、$B$6等。在复制含公式或函数的单元格时，单元格绝对地址参数不会随着结果单元格地址的改变而产生变化。例如，单元格B3的公式“=$A$1+$B$1”，将公式复制到D4后仍然为“=$A$1+$B$1”。

3. 混合引用

混合引用的格式为“列标$行号”或“$列标行号”，如A$7、$B6等。在单元格复制过程中，单元格引用的地址部分固定，部分变化。变化部分地址按相对引用的变化规则进行调整。例如，单元格B3的公式“=A$1+$B1”，将公式复制到D4变为“=C$1+$B2”。

技巧

在引用单元格地址时，按【F4】键可实现相对地址→绝对地址→混合地址1→混合地址2的地址转换，如A3→$A$3→A$3→$A3。

5.4.2 公式

公式是以等号“＝”开始，由操作数和运算符组成的式子，它可以对工作表中的数据进行加、减、乘、除、比较和合并等运算。公式的操作数可以是各种数据、单元格地址、函数等。

1. 运算符

Excel的运算符有三类：算术运算符、比较运算符和文本运算符。常用的运算符见表5-4。

表5-4 Excel运算符

类型	运算符	含义	示例
算术运算符	+	加	5+6
	－	减	A1－C2
	*	乘	2*3.14*A1
	/	除	A1 / 5
	%	百分比	80%
	∧	乘幂	9 ∧ 2
比较运算符	=	等于	A1＝B1
	>	大于	A1>B1
	<	小于	A1<B1
	>=	大于或等于	A1>=B1
	<=	小于或等于	A1<=B1
	<>	不等于	5<>9
文本运算符	&	连接两个或多个字符串	"广东"&"揭阳"

如果公式中同时应用多种运算符，则按如下的优先级由高到低依次进行运算：引用运算符→ -（负号）→ %（百分比）→ ^（幂指数）→ *、/（乘、除）→ +、-（加、减）→ &（连接符）→ 比较运算符。比较运算符的运算结果为逻辑值TRUE（真）和FALSE（假），常作为条件判断用。

如果在公式中同时包含了多个相同优先级的运算符，则Excel将按从左到右的顺序进行计算。若要改变低级运算符的运算顺序，则可以用圆括号将其括起来。

2. 公式的输入和编辑

输入公式时要先输入等号“＝”，后续内容的输入和编辑操作与文本数据类似。

（1）输入公式

选择单元格，在编辑栏或单元格中输入以等号“＝”开始的公式表达式，如“=E3+F3+G3+H3”，按【Enter】键或单击“输入”按钮✓完成操作。

若公式的运算对象是单元格地址，可输入运算符后单击待引用的单元格，直接将该单元格地址引用到公式中。

输入公式后，默认情况下，单元格显示公式的计算结果，编辑栏则显示公式表达式内容。

（2）编辑公式

双击待编辑的单元格，或单击编辑栏，可进行公式表达式的编辑操作，按【Enter】键或单击“输入”按钮✓确认编辑操作；按【Esc】键或单击“取消”按钮✕则放弃编辑操作。

3. 使用填充柄快速复制公式

在Excel中，拖动或双击单元格的填充柄，可将该单元格的公式快速复制到目标单元格。

视频

公式应用

5.4.3　实例：公式应用

1. 操作要求

使用公式计算“学生成绩表.xlsx”的总分和平均分。

2. 操作步骤

① 选中单元格I3，输入公式“=E3+F3+G3+H3”，单击“输入”按钮✓完成第一个学生总分的计算，如图5-63所示。

2021-2022学年第二学期计算机应用专业成绩统计表

学号	姓名	性别	专业	数学	语文	英语	计算机	总分	平均分	名次
08114101	黄尊宝	男	理科	80	83	58	98	G3+H3		
08114102	黄晓漫	男	理科	54	61	87	49			
08114103	胡泳思	女	文科	68	65	90	82			
08114104	李　韬	女	文科	93	58	91	74			
08114105	陈燕霞	女	文科	90	80	88	82			
08114106	戴展华	女	理科	78	53	81	70			
08114107	邓翔波	男	理科	53	77	51	64			
08114108	吴梓波	男	理科	85	94	65	96			
08114109	唐　滔	男	文科	84	58	67	88			
08114110	梁　拓	男	文科	77	87	84	77			
08114111	王燕珊	女	理科	72	68	70	75			
08114112	何楚敏	男	文科	84	70	50	84			
08114113	谢伟冰	女	理科	78	88	73	65			
08114114	曾韵琳	女	理科	82	81	61	83			
08114115	戴静巍	男	文科	50	51	84	62			
08114116	何小华	男	文科	81	65	83	87			
08114117	陈尊健	男	理科	81	67	79	73			
08114118	方晓明	女	文科	73	84	78	83			
08114119	陈洁仪	女	文科	68	73	94	83			
08114120	胡丽丽	女	理科	74	50	57	77			

图 5-63　计算总分

② 双击单元格I3的填充柄，将公式复制到I22，完成所有学生总分成绩的计算，结果如图5-64所示。

③ 使用类似方法在J3单元格中输入平均分计算公式“= (E3+F3+G3+H3)/4”，并使用填充柄将公式复制到J22，完成计算。

④ 使用“数字”命令组中的小数增加按钮或减少按钮修改平均分小数位数为2，结果如图5-65所示。

2021-2022学年第二学期计算机应用专业成绩统计表										
学号	姓名	性别	专业	数学	语文	英语	计算机	总分	平均分	名次
08114101	黄尊宝	男	理科	80	83	58	98	319		
08114102	黄晓漫	男	理科	54	61	87	49	251		
08114103	胡泳思	女	文科	68	65	90	82	305		
08114104	李　韬	女	文科	93	56	91	74	316		
08114105	陈燕霞	女	文科	90	80	88	82	340		
08114106	戴展华	女	理科	78	53	81	70	282		
08114107	邓翔波	男	理科	53	77	51	64	245		
08114108	吴梓波	男	理科	85	94	65	96	340		
08114109	唐　滔	男	文科	84	58	67	88	297		
08114110	梁　拓	男	文科	77	87	84	77	325		
08114111	王燕珊	女	理科	72	68	70	75	285		
08114112	何楚敏	男	文科	84	70	50	84	288		
08114113	谢伟冰	女	理科	78	88	73	65	304		
08114114	曾韵琳	女	理科	82	81	61	83	307		
08114115	戴静巍	男	文科	50	51	84	62	247		
08114116	何小华	男	文科	81	65	83	87	316		
08114117	陈尊健	男	理科	81	67	79	73	300		
08114118	方晓明	女	文科	73	84	78	83	318		
08114119	陈洁仪	女	文科	68	73	94	83	318		
08114120	胡丽丽	女	理科	74	50	57	77	258		

图 5-64　总分计算结果

2021-2022学年第二学期计算机应用专业成绩统计表										
学号	姓名	性别	专业	数学	语文	英语	计算机	总分	平均分	名次
08114101	黄尊宝	男	理科	80	83	58	98	319	79.75	
08114102	黄晓漫	男	理科	54	61	87	49	251	62.75	
08114103	胡泳思	女	文科	68	65	90	82	305	76.25	
08114104	李　韬	女	文科	93	58	91	74	316	79.00	
08114105	陈燕霞	女	文科	90	80	88	82	340	85.00	
08114106	戴展华	女	理科	78	53	81	70	282	70.50	
08114107	邓翔波	男	理科	53	77	51	64	245	61.25	
08114108	吴梓波	男	理科	85	94	65	96	340	85.00	
08114109	唐　滔	男	文科	84	58	67	88	297	74.25	
08114110	梁　拓	男	文科	77	87	84	77	325	81.25	
08114111	王燕珊	女	理科	72	68	70	75	285	71.25	
08114112	何楚敏	男	文科	84	70	50	84	288	72.00	
08114113	谢伟冰	女	理科	78	88	73	65	304	76.00	
08114114	曾韵琳	女	理科	82	81	61	83	307	76.75	
08114115	戴静巍	男	文科	50	51	84	62	247	61.75	
08114116	何小华	男	文科	81	65	83	87	316	79.00	
08114117	陈尊健	男	理科	81	67	79	73	300	75.00	
08114118	方晓明	女	文科	73	84	78	83	318	79.50	
08114119	陈洁仪	女	文科	68	73	94	83	318	79.50	
08114120	胡丽丽	女	理科	74	50	57	77	258	64.50	

图 5-65　公式计算结果

技巧

为保持原单元格的格式效果，可在最后单元格的图标中选择“不带格式填充”选项。

5.4.4　函数

Excel提供丰富的函数，包括财务、日期和时间、数学与三角函数、统计、查找与引用、数据库、文本、逻辑、信息、工程、多维数据集、兼容性和Web等类别。

1. 函数格式

函数由函数名和参数组成，其格式如下：

```
函数名（参数1，参数2，…）
```

函数名定义该函数的功能；参数可以是数字、文本、逻辑值、单元格引用、名称甚至其他公式或函数等；函数参数放置在函数名后面的括号中。

2. 函数的调用

函数的使用与公式的使用类似，都必须以“=”开头。如果用户熟悉所用函数的格式，可以在单元格或编辑栏中直接输入函数内容。但更常用的方法是使用“插入函数”功能，在系统引导下逐步完成函数调用。

插入函数的操作方法如下：

① 选定目标单元格。

② 选择“公式”→“函数库”→“插入函数”命令，打开“插入函数”对话框，如图5-66所示。

③ 从“或选择类别”下拉列表中切换函数类别，在“选择函数”列表框中选择函数后，单击“确定”按钮，打开“函数参数”对话框，按提示选择或输入参数后，单击“确定”按钮完成操作。

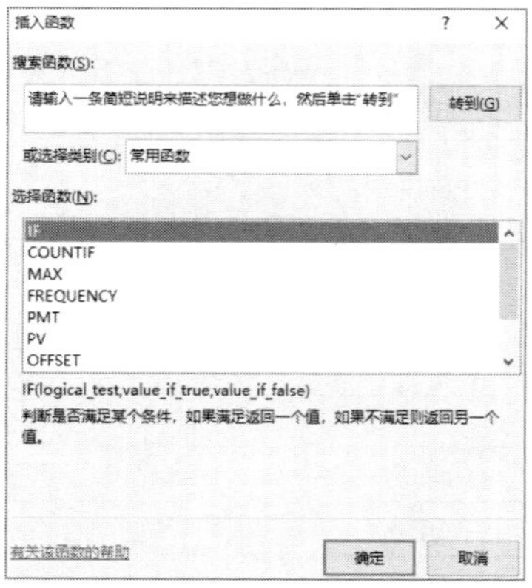

图 5-66　“插入函数”对话框

技巧

在图5-66所示的“或选择类别”下拉列表框中，“常用函数”列出最近使用的函数；“全部”则按函数名称索引，升序显示Excel的所有函数。

3. 常见错误信息

当公式或函数出错时，Excel会显示一个出错值，错误可能是由公式或函数本身问题引起，也可能是其他因素。表5-5列出了常见的公式错误信息。

表5-5 常见的公式错误信息

错误信息	出错原因	解决方法
#VALUE!	公式或函数中使用了错误的参数或运算对象类型	确认参数、运算符或引用地址的正确性
#DIV/0 !	公式或函数中使用0作为除数	采取方法避免0作为除数
#NAME?	公式或函数包含Excel不能识别的文本或引用名称不正确	检查使用的文本或名称的正确性
#N/A	公式或函数中没有可用数值	检查引用参数的正确性
#REF!	公式或函数中引用的单元格无效	引用有效的单元格
#NUM!	公式或函数中引用的某个数字无效	确保参加运算的参数为数字型数据
#NULL!	指定的数据区域为空集	检查引用的数据区域

4. 常用函数

表5-6列举了Excel常用函数。

表5-6 常用函数及功能

函数	格式	功能
SUM	SUM(n1,n2,…)	返回所有有效参数之和
AVERAGE	AVERAGE(n1,n2,…)	返回所有有效参数的算术平均值
COUNT	COUNT(n1,n2,…)	返回包含数字的单元格以及参数列表中的数字的个数
COUNTA	COUNTA(n1,n2,…)	返回所有参数中非空单元格的个数
MAX	MAX(n1,n2,…)	返回所有有效参数的最大值
MIN	MIN(n1,n2,…)	返回所有有效参数的最小值
ABS	ABS(n)	返回数n的绝对值
MOD	MOD(n,d)	返回数n除以数d的余数
SQRT	SQRT(n)	返回数n的平方根
ROUND	ROUND(n1, n2)	按n2数值对n1进行四舍五入，n2=0，则保留整数
RAND	RAND( )	函数不带任何参数，返回0至1之间的随机数
COUNTIF	COUNTIF(n1,r)	返回参数n1中满足条件r的单元格个数，表达式r放于英文双引号中
COUNTIFS	COUNTIFS(r1,c1,r2,c2,…)	统计一组给定条件所指定的单元格数，r1、r2为范围，c1、c2为条件
RANK	RANK(n,r,o)	返回数n在区域r中的排位名次，o为排序方式：0降序，非0升序
IF	IF(n1,n2,n3)	根据逻辑条件n1判断返回结果，n1为“真”，返回n2，否则返回n3
FREQUENCY	FREQUENCY(n1, n2)	根据数据接收区域n2统计数据区域n1的频率分布
VLOOKUP	VLOOKUP(n, t,c,r)	根据参数n在区域t第1列数据中进行查询，返回指定列c中满足条件的数值，r为逻辑值，定义匹配模式
PMT	PMT(r,n,p,f,t)	在固定利率下，贷款的等额分期偿还额。r为各期利率，n为总期数，p为当前存款额，f为目标存款值
FV	FV(r,n,p,pv,t)	在固定利率和等额分期付款方式下，计算投资未来值。r为各期利率，n为总期数，p为各期支出额，pv为现值
NOW	NOW()	返回当前日期时间
TODAY	TODAY()	返回当天日期
DAY	DAY(d)	返回日期d的日号
MONTH	MONTH(d)	返回日期d的月份
YEAR	YEAR(d)	返回日期d的年份
DATE	DATE(y,m,d)	返回由年份y、月份m和日号d设置的日期
MID	MID(Text,Start_num,Num_chars)	中间截取：从文本字符串中指定的起始位置起返回指定长度的字符
LEFT	LEFT(Text, Num_chars)	左截取：从一个文本字符串的第一个字符开始返回指定个数的字符
RIGHT	RIGHT(Text, Num_chars)	右截取：从一个文本字符串的最后一个字符开始返回指定个数的字符

5.4.5 实例：统计学生成绩表

1. 操作要求

使用函数完成“学生成绩表.xlsx”名次及各统计项的计算，效果如图5-67所示（注：为方便展示，本例隐藏了第5～15行数据）。

视频

统计学生成绩表

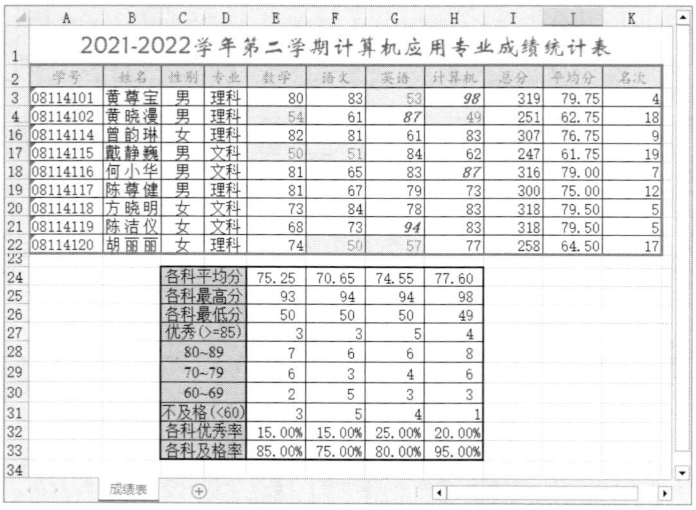

学号	姓名	性别	专业	数学	语文	英语	计算机	总分	平均分	名次
08114101	黄尊宝	男	理科	80	83	53	98	319	79.75	4
08114102	黄晓漫	男	理科	54	61	87	49	251	62.75	18
08114114	曾韵琳	女	理科	82	81	61	83	307	76.75	9
08114115	戴静巍	男	文科	50	51	84	62	247	61.75	19
08114116	何小华	男	文科	81	65	83	87	316	79.00	7
08114117	陈尊健	男	理科	81	67	79	73	300	75.00	12
08114118	方晓明	女	文科	73	84	78	83	318	79.50	5
08114119	陈洁仪	女	文科	68	73	94	83	318	79.50	5
08114120	胡丽丽	女	理科	74	50	57	77	258	64.50	17

	数学	语文	英语	计算机
各科平均分	75.25	70.65	74.55	77.60
各科最高分	93	94	94	98
各科最低分	50	50	50	49
优秀(>=85)	3	3	5	4
80~89	7	6	6	8
70~79	6	3	4	6
60~69	2	5	3	3
不及格(<60)	3	5	4	1
各科优秀率	15.00%	15.00%	25.00%	20.00%
各科及格率	85.00%	75.00%	80.00%	95.00%

图5-67 函数计算效果图

2. 操作步骤

（1）各科平均分

① 单击单元格E24，选择“公式”→“函数库”→“自动求和”→“平均值”命令，如图5-68所示。此时Excel将自动选择附近的单元格区域，如图5-69中的E3:E23单元格区域，由于E23不是成绩区域，必须将成绩统计区域改为E3:E22单元格区域，再确定输入。

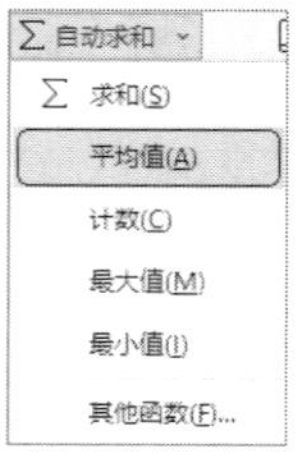

图5-68 “自动求和”下拉列表

② 拖动单元格E24的填充柄到H24，完成各科平均分计算，结果如图5-70所示。

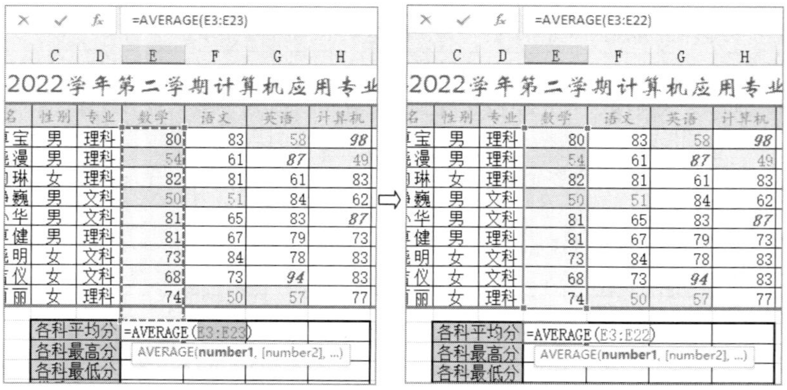

图5-69 修正计算区域

图5-70 各科平均分计算结果

技巧

对于求和SUM、平均值AVERAGE、计数COUNT、最大值MAX和最小值MIN函数可以通过“自动求和”选项快速调用，不过一定要注意计算区域的正确性。

（2）各科最高分

在单元格E25中直接输入“=MAX(E3:E22)”，按【Enter】键，并拖动E25填充柄到H25完成计算。

（3）各科最低分

选择单元格E26，单击“插入函数”按钮 *fx*，在“插入函数”对话框中选择MIN函数，按图5-71所示设置函数参数，单击“确定”按钮，并拖动E26填充柄到H26完成计算。

（4）优秀（>=85）

选择E27单元格，单击“插入函数”按钮 *fx*，在“插入函数”对话框中选择COUNTIF，按图5-72所示设置函数参数，单击“确定”按钮，并拖动E27单元格填充柄到H27单元格完成计算。参数Range为待统计的成绩区域，Criteria为计算条件，包含在英文引号中。单元格E27完整公式为“=COUNTIF(E3:E22,">=85")”。即E3:E22单元格区域中，大于或等于85的单元格数量。

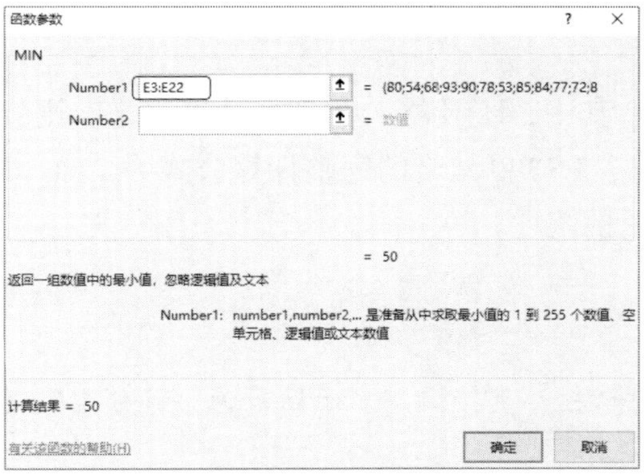

图 5-71 计算最小值

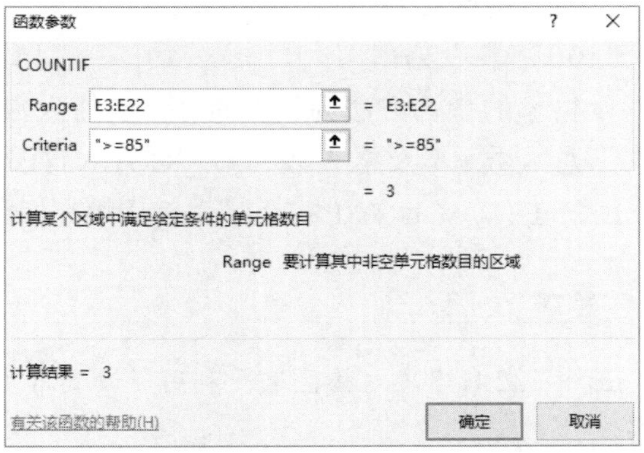

图 5-72 计算优秀人数

（5）80分段人数（80～89）

方法：使用COUNTIF函数计算“>=80”的人数（即COUNTIF(E3:E22,">=80")），再减去“>=90”的人数（即COUNTIF(E3:E22,">=90")）。E28单元格的完整公式为“=COUNTIF(E3:E22,">=80")-COUNTIF(E3:E22,">=90")”，如图5-73所示。拖动E28单元格的填充柄到H28单元格完成计算。

（6）70分段人数（70～79）

除使用（5）方法计算70分段人数外，也可通过多重条件统计函数COUNTIFS实现。选中单元格E29，插入函数COUNTIFS，按图5-74所示填写函数参数，其中统计区域Criteria_range1和Criteria_range2均为成绩区域E3:E22，条件Criteria1和Criteria2为“<80”及“>=70”（即70≤成绩<80）。完整的公式为“=COUNTIFS(E3:E22,"<80",E3:E22,">=70")”。拖动E29单元格的填充柄到H29单元格完成计算。

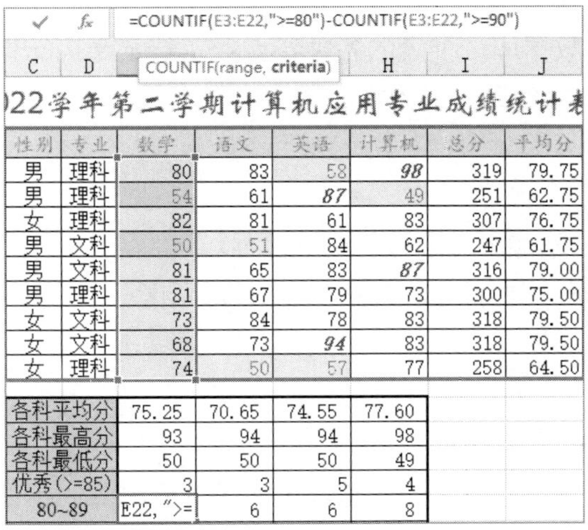

图 5-73 计算 80 分段人数

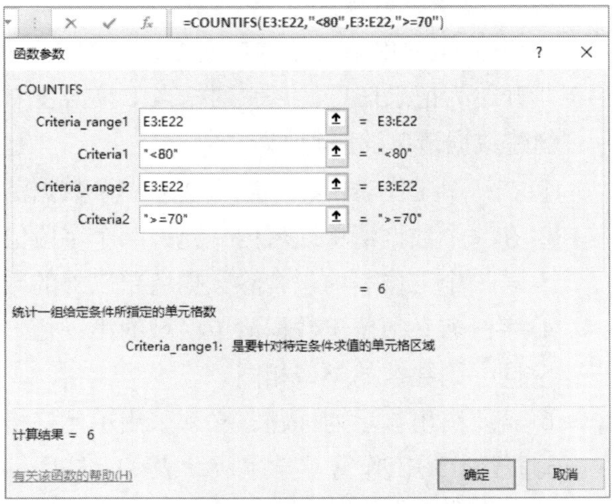

图 5-74 计算 70 分段人数

（7）60分段人数（60～69）

使用（5）或（6）方法均可计算60分段人数。使用COUNTIF计算的完整公式为“=COUNTIF

(E3:E22,">=60")-COUNTIF(E3:E22,">=70")”；使用COUNTIFS计算的完整公式为“=COUNTIFS(E3:E22,"<70",E3:E22,">=60")”。拖动E30单元格的填充柄到H30单元格完成计算。

（8）不及格（<60）

使用COUNTIF函数在E31单元格完成不及格（小于60）人数统计，其函数表达式为“=COUNTIF(E3:E22,"<60")”。拖动E31单元格的填充柄到H31单元格完成计算。

（9）各科优秀率

优秀率的计算方法为：优秀率=优秀人数 ÷ 总人数。其中，优秀人数已经计算出来，总人数用“COUNT(E3:E22)”进行统计。所以，E32单元格的完整计算公式为“=E27/COUNT(E3:E22)”，拖动E32单元格的填充柄到H32单元格完成计算。

（10）各科及格率

及格率的计算方法为：及格率=及格人数 ÷ 总人数。其中，不及格人数已经计算出来，则：及格人数=总人数-不及格人数，即“COUNT(E3:E22)−E31”。E33单元格的完整计算公式为“=(COUNT(E3:E22)−E31)/COUNT(E3:E22)”，使用填充柄完成其余科目的统计。

技巧

选中E32:H33单元格区域，利用“设置单元格格式”对话框，直接调整显示结果为“百分比”。

（11）名次

选中K3单元格，输入公式“=RANK(I3,$I$3:$I$22)”后按【Enter】键，得到第一个学生的名次（按总分降序排名），其中I3为个人成绩，$I$3:$I$22为全班成绩。因全班的“总分”成绩区域是固定不变的，因此，必须采用绝对地址“$I$3:$I$22”。双击K3单元格的填充柄将公式复制到K4:K22单元格区域，完成所有学生的名次统计。

5.5 数据库管理

Excel把工作表的数据清单当作数据库，提供排序、分类汇总、筛选、透视表、数据分析等常用的数据库管理功能。

5.5.1 数据清单

Excel数据清单由连续的单元格区域构成，满足关系数据库二维表的各种特点：首行定义表结构，从第二行开始为记录信息，每一列相当于数据表中的字段，列的第一行为字段名。

创建数据清单的原则如下：

① 在一个工作表中，一般只建立一个数据清单。

② 在一个数据清单区域内，允许某个字段值为空，但不能出现空白行或空白列。

③ 若一个工作表内包含除数据清单以外的数据，必须以空白行或空白列分隔，以示区分。

④ 字段名必须位于数据清单区域的第一行。

⑤ 同一列数据的类型相同。

⑥ 若要突出显示列标题，必须采用单元格格式，不能使用空行。

前面建立的工作簿“学生成绩表.xlsx”中，工作表“成绩表”的A2:K22单元格区域就是一个数据清单。其中A2:K2为数据清单标题行，第3行至第22行为数据记录。

5.5.2 数据排序

"排序"功能可重新展现数据，满足不同数据分析的需要。

视 频

数据排序

1. 简单排序

如果仅按单个字段进行排序，可以选中该列中任一单元格后，选择"数据"→"排序和筛选"→"升序"（或"降序"）命令，实现排序操作。图5-75显示了按"计算机"成绩"降序"排列的结果。

	A	B	C	D	E	F	G	H	I	J	K
1	2021-2022学年第二学期计算机应用专业成绩统计表										
2	学号	姓名	性别	专业	数学	语文	英语	计算机	总分	平均分	名次
3	08114101	黄尊宝	男	理科	80	83	58	98	319	79.75	4
4	08114108	吴梓波	男	理科	85	94	65	96	340	85.00	1
5	08114109	唐 滔	男	文科	84	58	67	88	297	74.25	13
6	08114116	何小华	男	文科	81	65	83	87	316	79.00	7
7	08114112	何楚敏	男	文科	84	70	50	84	288	72.00	14
8	08114114	曾韵琳	女	理科	82	81	61	83	307	76.75	9
9	08114118	方晓明	女	文科	73	84	78	83	318	79.50	5
10	08114119	陈洁仪	女	文科	68	73	94	83	318	79.50	5
11	08114103	胡泳思	女	文科	68	65	90	82	305	76.25	10
12	08114105	陈燕霞	女	文科	90	80	88	82	340	85.00	1
13	08114110	梁 拓	男	文科	77	87	84	77	325	81.25	3
14	08114120	胡丽丽	女	理科	74	50	57	77	258	64.50	17
15	08114111	王燕珊	女	理科	72	68	70	75	285	71.25	15
16	08114104	李 韬	女	文科	93	58	91	74	316	79.00	7
17	08114117	陈尊健	男	理科	81	67	79	73	300	75.00	12
18	08114106	戴展华	女	理科	78	53	81	70	282	70.50	16
19	08114113	谢伟冰	女	理科	78	88	73	65	304	76.00	11
20	08114107	邓翔波	男	理科	53	77	51	64	245	61.25	20
21	08114115	戴静巍	男	文科	50	51	84	62	247	61.75	19
22	08114102	黄晓漫	男	理科	54	61	87	49	251	62.75	18

成绩表

图 5-75 按"计算机"成绩降序排列结果

2. 复杂排序

若通过数据清单的多个字段进行排序，就需要使用"排序"对话框。选择"排序和筛选"→"排序"命令，打开"排序"对话框，如图5-76所示。通过"添加条件"按钮增加排序条件，利用每个条件的"列""排序依据""次序"下面的下拉按钮设置排序参数。

图5-76以"专业"（降序）为"主要关键字"，"计算机"（降序）为"次要关键字"进行排序，结果如图5-77所示。排序结果先将数据按"专业"分为文科、理科两大类型，在文、理科里面再按"计算机"成绩降序排列。

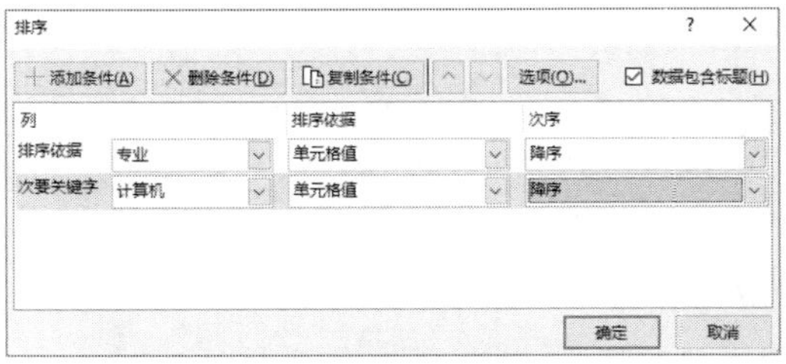

图 5-76 "排序"对话框

	A	B	C	D	E	F	G	H	I	J	K
1	2021-2022学年第二学期计算机应用专业成绩统计表										
2	学号	姓名	性别	专业	数学	语文	英语	计算机	总分	平均分	名次
3	08114109	唐 滔	男	文科	84	58	67	88	297	74.25	13
4	08114116	何小华	男	文科	81	65	83	87	316	79.00	7
5	08114112	何楚敏	男	文科	84	70	50	84	288	72.00	14
6	08114118	方晓明	女	文科	73	84	78	83	318	79.50	5
7	08114119	陈洁仪	女	文科	68	73	94	83	318	79.50	5
8	08114103	胡泳思	女	文科	68	65	90	82	305	76.25	10
9	08114105	陈燕霞	女	文科	90	80	88	82	340	85.00	1
10	08114110	梁 拓	男	文科	77	87	84	77	325	81.25	3
11	08114104	李 韬	女	文科	93	58	91	74	316	79.00	7
12	08114115	戴静巍	男	文科	50	51	84	62	247	61.75	19
13	08114101	黄尊宝	男	理科	80	83	58	98	319	79.75	4
14	08114108	吴梓波	男	理科	85	94	65	96	340	85.00	1
15	08114114	曾韵琳	女	理科	82	81	61	83	307	76.75	9
16	08114120	胡丽丽	女	理科	74	50	57	77	258	64.50	17
17	08114111	王燕珊	女	理科	72	68	70	75	285	71.25	15
18	08114117	陈尊健	男	理科	81	67	79	73	300	75.00	12
19	08114106	戴展华	女	理科	78	53	81	70	282	70.50	16
20	08114113	谢伟冰	女	理科	78	88	73	65	304	76.00	11
21	08114107	邓翔波	男	理科	53	77	51	64	245	61.25	20
22	08114102	黄晓漫	男	理科	54	61	87	49	251	62.75	18

成绩表

图 5-77 复杂排序结果

技巧

① 数据排序后将改变各记录物理次序，如果发现排序错误，可用“撤销”命令恢复数据原样。

② Excel默认按字母顺序排序。单击“排序”对话框的“选项”按钮，在“排序选项”对话框中更改排序方法，如图5-78所示。

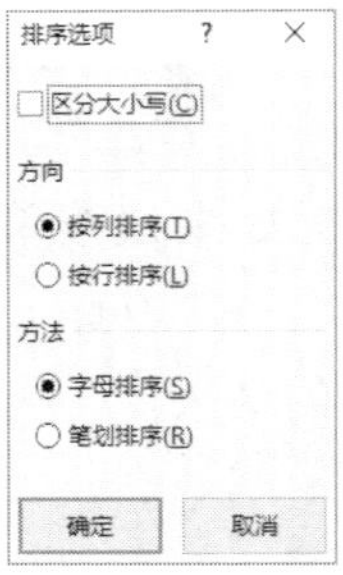

图5-78 “排序选项”对话框

5.5.3 分类汇总

1. 概述

分类汇总是数据清单中快速汇总统计数据的方法。分类汇总操作步骤如下：

①排序分类：对数据按指定列（分类字段）排序，完成分类操作。

②汇总统计：对同类别的数据进行汇总统计（包括求和、平均值、计数、最大或最小值等）。

2. 应用实例

视频

分类汇总

（1）操作要求

在工作簿“学生成绩表.xlsx”中，使用分类汇总统计显示不同专业（降序）学生各科平均分。

（2）操作步骤

①打开工作簿“学生成绩表.xlsx”，将数据清单按“专业”字段降序排列。

②选择“数据”→“分级显示”→“分类汇总”命令，打开“分类汇总”对话框，分别设置“分类字段”为“专业”、“汇总方式”为“平均值”，在选定汇总项中选择“数学”“语文”“英语”“计算机”字段，如图5-79所示。

③单击“确定”按钮完成操作，效果如图5-80所示。

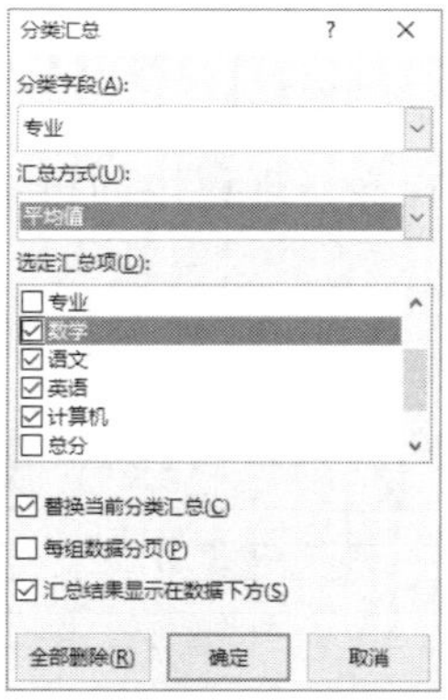

图5-79 “分类汇总”对话框

	A	B	C	D	E	F	G	H	I	J	K
1	2021-2022学年第二学期计算机应用专业成绩统计表										
2	学号	姓名	性别	专业	数学	语文	英语	计算机	总分	平均分	名次
3	08114109	唐　滔	男	文科	84	58	67	88	297	74.25	13
4	08114116	何小华	男	文科	81	65	83	87	316	79.00	7
5	08114112	何楚敏	男	文科	84	70	50	84	288	72.00	14
6	08114118	方晓明	女	文科	73	84	78	83	318	79.50	5
7	08114119	陈洁仪	女	文科	68	73	94	83	318	79.50	5
8	08114103	胡泳思	女	文科	68	65	90	82	305	76.25	10
9	08114105	陈燕霞	女	文科	90	80	88	82	340	85.00	1
10	08114110	梁　拓	男	文科	77	87	84	77	325	81.25	3
11	08114104	李　韬	女	文科	93	58	91	74	316	79.00	7
12	08114115	戴静巍	男	文科	50	51	84	62	247	61.75	19
13			文科 平均		76.8	69.1	80.9	80.2			
14	08114101	黄尊宝	男	理科	80	83	58	98	319	79.75	4
15	08114108	吴梓波	男	理科	85	94	65	96	340	85.00	1
16	08114114	曾韵琳	女	理科	82	81	61	83	307	76.75	9
17	08114120	胡丽丽	女	理科	74	50	57	77	258	64.50	17
18	08114111	王燕珊	女	理科	72	68	70	75	285	71.25	15
19	08114117	陈尊健	男	理科	81	67	79	73	300	75.00	12
20	08114106	戴展华	女	理科	78	53	81	70	282	70.50	16
21	08114113	谢伟冰	女	理科	78	88	73	65	304	76.00	11
22	08114107	邓翔波	男	理科	53	77	51	64	245	61.25	20
23	08114102	黄晓漫	男	理科	54	61	87	49	251	62.75	18
24			理科 平均		73.7	72.2	68.2	75			
25			总计平均		75.25	70.65	74.55	77.6			

图5-80 “分类汇总”结果

技巧

①“分类字段”必须与数据清单的排序字段一致。

②分类汇总结果的数据分成三级，单击工作表左上角的“1”“2”“3”按钮，可以显示不同层次的数据。单击左侧的“+”“－”标记显示或隐藏数据清单的分类数据。

③单击“分类汇总”对话框中的“全部删除”按钮取消分类汇总。

分类汇总的数据更新方式为自动更新，若修改原始数据，则汇总结果将会自动随之更新。

5.5.4　数据筛选

数据筛选仅显示数据清单中满足条件的记录，不满足条件的数据行暂时隐藏，是一种快速查找数据的方法。数据筛选有两种方式：“自动筛选”和“高级筛选”。

1. 自动筛选

视 频

自动筛选

自动筛选通过筛选按钮设置条件完成操作。其操作步骤如下：

① 选中数据清单中的任一单元格。

② 选择“数据”→“排序和筛选”→“筛选”命令，进入“自动筛选”模式，每个字段名右侧出现一个筛选按钮。

③ 单击相应的字段按钮，从设置对话框中设置筛选条件，完成筛选操作，如图 5-81 所示。

（1）简单的自动筛选

单击“性别”字段，设置筛选条件为“男”，如图 5-81 所示，再设置“专业”为“理科”，则可筛选出“理科男生”的数据记录，结果如图 5-82 所示。

图 5-81　“自动筛选”字段设置

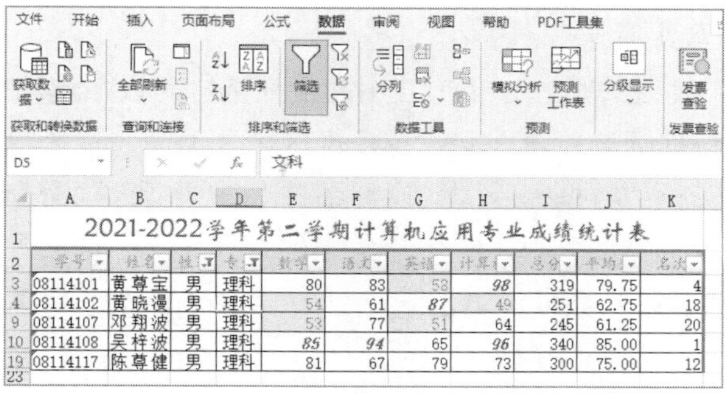

图 5-82　“自动筛选”结果

（2）自定义自动筛选

利用“自定义筛选”可以构建更加灵活、丰富的筛选条件，满足更多筛选要求。

从“自动筛选”字段中，选择“数字筛选”（或“文本筛选”）子菜单中的相应命令，如图 5-83 所示，打开“自定义自动筛选”对话框，设定自定义筛选条件，如图 5-84 所示。

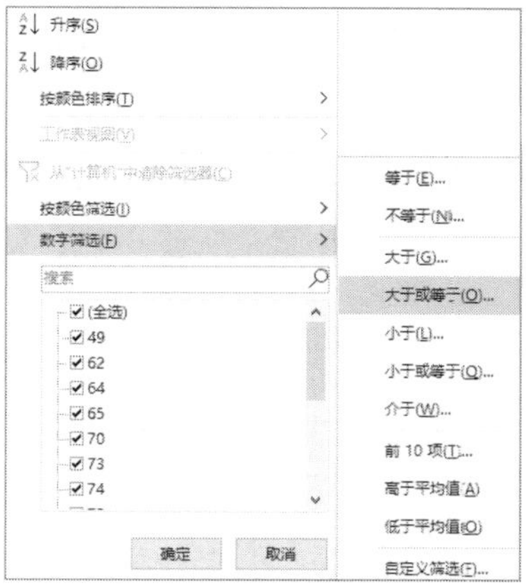

图 5-83　选择自定义筛选命令

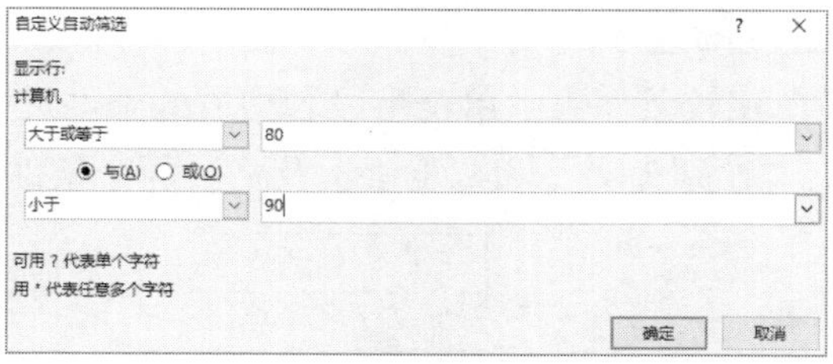

图 5-84　设置自定义筛选

图5-84以“计算机”字段为设置对象，构造了“计算机大于或等于80且小于90”的条件，筛选出“80≤计算机＜90”的记录，显示80分段的所有学生记录，如图5-85所示。

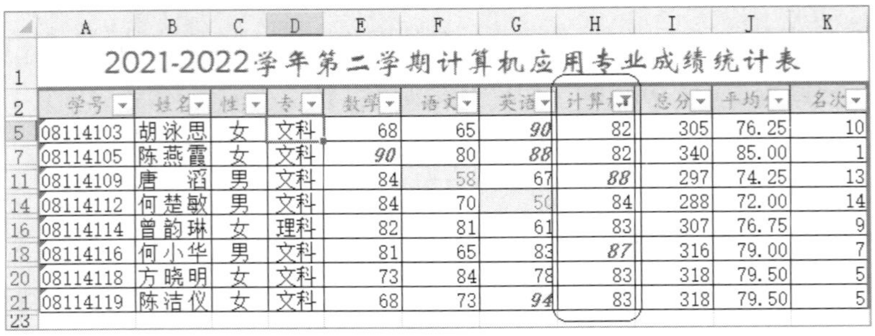

	A	B	C	D	E	F	G	H	I	J	K
1	2021-2022学年第二学期计算机应用专业成绩统计表										
2	学号	姓名	性	专	数学	语文	英语	计算	总分	平均	名次
5	08114103	胡泳思	女	文科	68	65	90	82	305	76.25	10
7	08114105	陈燕霞	女	文科	90	80	88	82	340	85.00	1
11	08114109	唐　滔	男	文科	84	58	67	88	297	74.25	13
14	08114112	何楚敏	男	文科	84	70	50	84	288	72.00	14
16	08114114	曾韵琳	女	理科	82	81	61	83	307	76.75	9
18	08114116	何小华	男	文科	81	65	83	87	316	79.00	7
20	08114118	方晓明	女	文科	73	84	78	83	318	79.50	5
21	08114119	陈洁仪	女	文科	68	73	94	83	318	79.50	5
23											

图5-85　自定义筛选结果

得到自动筛选结果后，用户可以选择筛选结果，并将其复制到目标文档中存档。

再次选择“排序和筛选”命令组中的“筛选”命令，退出自动筛选操作，恢复数据清单原始状态。

技巧

“自定义自动筛选”对话框中，“与”（即并且）表示两个条件必须同时满足；“或”（即或者）表示两个条件中满足一个即可达到要求。

2. 高级筛选

对于复杂的筛选，必须使用高级筛选。高级筛选的操作步骤如下：

① 根据筛选要求建立筛选条件区域。

② 选择“数据”→“排序和筛选”→“高级”命令，打开“高级筛选”对话框。

③ 设置筛选参数，完成筛选操作。

其中，筛选条件区域的建立是实现高级筛选的关键。

（1）筛选条件区域

条件区域包括两个部分：标题行和条件行。标题行通常使用字段名，也可以是用户自定义的条件名。条件行位于标题行下面，由比较运算符（=，>，<，>=，<=，<>）和条件内容构成条件，当条件是等于关系时，等号“=”可省略。

为避免干扰数据清单，条件区域必须用空行或空列与数据清单隔开。

建立条件区域必须遵循以下规则：

- 条件区域中不可出现空行。
- “或”关系：在一个条件区域中使用不同字段或同一字段的逻辑OR关系时，必须在不同行中输入条件。
- “与”关系：在一个条件区域中使用不同字段或同一字段的逻辑AND关系时，必须在同一行中输入条件。

（2）建立筛选条件

① 简单比较条件：由单个字段名构成的条件。

例如，“性别为男”和“英语不及格”两个条件分别如下：

性别
男

英语
<60

② 组合条件：由多个字段名构成的条件。

例如，“英语成绩大于90或英语不及格”（英语>90 or 英语<60）的条件区域如下：

英语	英语
>90	
	<60

“数学成绩在80和90之间”（80≤数学＜90）的条件区域如下：

数学	数学
>=80	<90

“数学成绩在80和90之间的男生”的条件区域如下：

性别	数学	数学
男	>=80	<90

“数学大于95或英语>95”的条件区域如下：

英语	数学
>95	
	>95

③ 计算条件。除使用单个字段名直接比较构建条件外，用户也可使用多个字段名进行运算来建立条件。此时，在条件区域第一行中输入的条件名不可和数据清单中任何字段名相同。在条件名正下方的单元格中输入计算条件的公式。在公式中通过相对地址引用字段的第一条记录的单元格地址来引用数据库字段。公式计算后的结果必须是逻辑值TRUE或FALSE。

例如，假设语文在G列，数学在H列，第一条记录均在第二行，则“语文和数学两科成绩之和小于100”的条件区域如下：

语数
=G2+H2<100

（3）应用高级筛选

建立条件区域后，选择数据清单区域中的任一单元格，单击“数据”→“筛选”→“高级筛选”命令，打开“高级筛选”对话框。

① 方式：包括“在原有区域显示筛选结果”“将筛选结果复制到其他位置”两种方式。

② 列表区域：即数据清单区域，Excel一般会自动选中，该区域将以蚁行线显示。用户也可以直接在文本框中输入或修改区域地址。

③ 条件区域：条件区域地址。

④ 复制到：当选择“将筛选结果复制到其他位置”单选按钮时，必须在文本框中输入数据输出区域的单元格地址。

⑤ 选择不重复的记录：重复记录在数据输出时仅显示一个。

Excel默认输出所有字段内容，若只想显示部分字段，必须先定义提取区域，限制输出字段的列表及顺序。例如，若定义了如下的输出区域，则在“复制到”文本框中必须填入输出区域地址为“A21:E21”，输出结果将只显示设定的五列数据。

	A	B	C	D	E
21	姓名	数学	语文	英语	计算机

（4）应用实例

使用高级筛选筛选出“计算机成绩不及格或计算机成绩在90分以上的理科生”记录，结果复制到以A25为左上角的区域，要求只输出学号、姓名、专业、数学、语文、英语、计算机字段。

视 频

高级筛选

① 构建条件区域。在M3:N5单元格区域中构建条件区域，如图5-86所示。

② 设置输出区域。在A25:G25单元格区域中建立输出单元格字段列表，如图5-87所示。

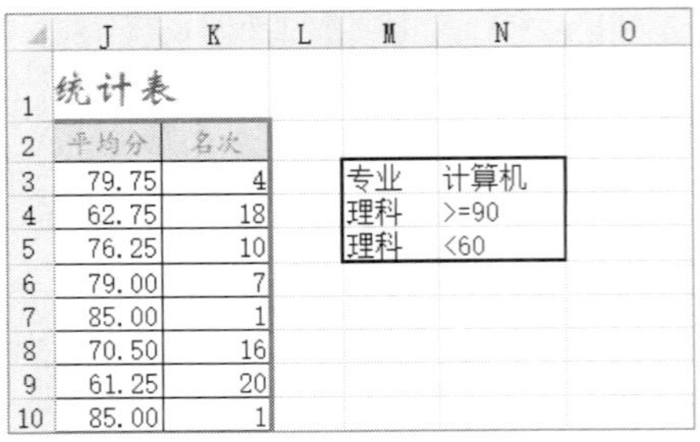

	J	K	L	M	N	O
1	统计表					
2	平均分	名次				
3	79.75	4		专业	计算机	
4	62.75	18		理科	>=90	
5	76.25	10		理科	<60	
6	79.00	7				
7	85.00	1				
8	70.50	16				
9	61.25	20				
10	85.00	1				

图 5-86　条件区域

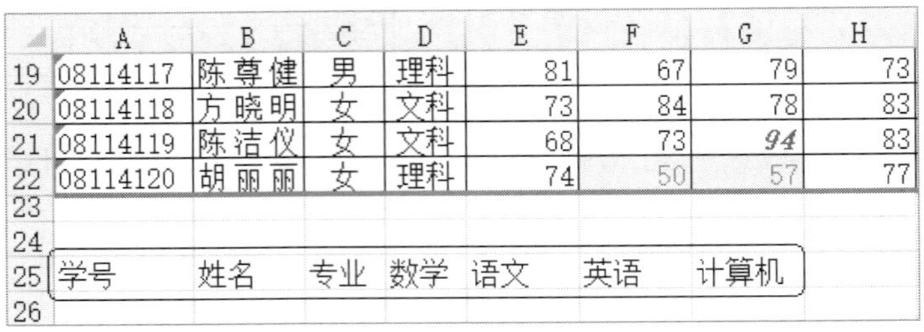

	A	B	C	D	E	F	G	H
19	08114117	陈尊健	男	理科	81	67	79	73
20	08114118	方晓明	女	文科	73	84	78	83
21	08114119	陈洁仪	女	文科	68	73	94	83
22	08114120	胡丽丽	女	理科	74	50	57	77
23								
24								
25	学号	姓名	专业	数学	语文	英语	计算机	
26								

图 5-87　输出区域

③ 选择数据清单中的任一单元格，打开“高级筛选”对话框，按图5-88所示设置参数，单击“确定”按钮完成操作，结果如图5-89所示。

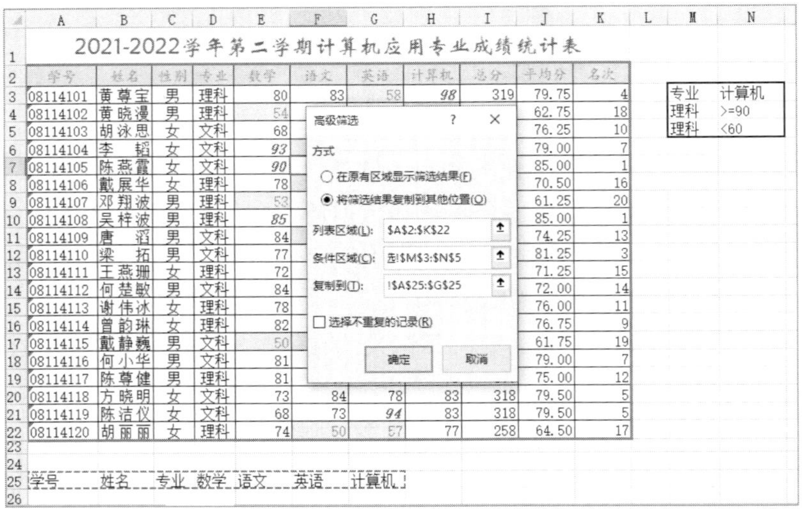

图 5-88　设置高级筛选

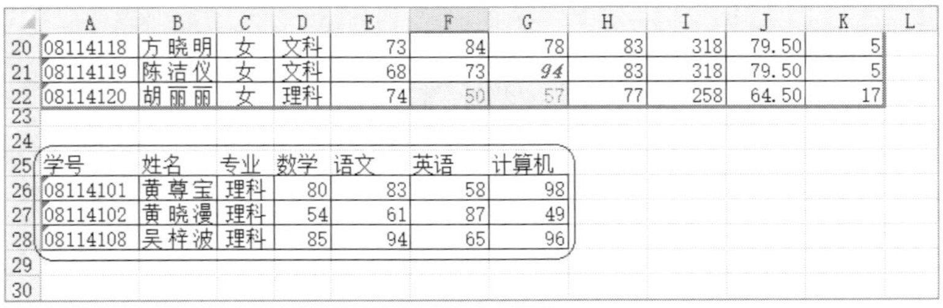

	A	B	C	D	E	F	G	H	I	J	K
20	08114118	方晓明	女	文科	73	84	78	83	318	79.50	5
21	08114119	陈洁仪	女	文科	68	73	94	83	318	79.50	5
22	08114120	胡丽丽	女	理科	74	50	57	77	258	64.50	17
23											
24											
25	学号	姓名	专业	数学	语文	英语	计算机				
26	08114101	黄尊宝	理科	80	83	58	98				
27	08114102	黄晓漫	理科	54	61	87	49				
28	08114108	吴梓波	理科	85	94	65	96				
29											
30											

图 5-89　高级筛选结果

5.5.5　数据库统计函数

1. 概述

利用数据库统计函数可以对数据清单中符合设定条件的数据进行统计。在“插入函数”对话框中选择“数据库”类别，可以查看数据库函数。

数据库统计函数具有统一的格式：

```
函数名(Database, Field, Criteria)
```

各参数含义如下：

- Database：包含字段的数据库区域地址。
- Field：待统计的数据列，可以是带引号的字段名或字段名所在的单元格地址，也可以是代表数据库中数据列位置的序号。

- Criteria：条件区域地址。

在使用数据库统计函数时，必须先建立一个条件区域，其方法与高级筛选一样，不再赘述。

常用数据库统计函数如下：

- DAVERAGE：计算满足给定条件的列表或数据库的列中数值的平均值。
- DCOUNT：从满足给定条件的数据库记录的字段（列）中，计算数值单元格数目。
- DCOUNTA：对满足指定条件的数据库中记录字段（列）的非空单元格进行计数。
- DMAX：返回满足给定条件的数据库记录的字段（列）中数据的最大值。
- DMIN：返回满足给定条件的数据库记录的字段（列）中数据的最小值。
- DSUM：求满足给定条件的数据库中记录的字段（列）数据的和。

视 频

数据库统计函数

2. 应用实例

（1）操作要求

利用数据库统计函数DAVERAGE统计“男理科生”的计算机平均成绩，结果显示在单元格M6中。

（2）操作过程

① 在单元格M3:N4中创建条件区域。

② 选中M6单元格，打开“插入函数”对话框，在函数类别中选择“数据库”的DAVERAGE函数。

③ 按图5-90所示设置函数，单击“确定”按钮得到结果。其中Database为数据清单区域A2:K22，Field引用“计算机”列字段名所在单元格H2，Criteria为统计条件单元格地址M3:N4。

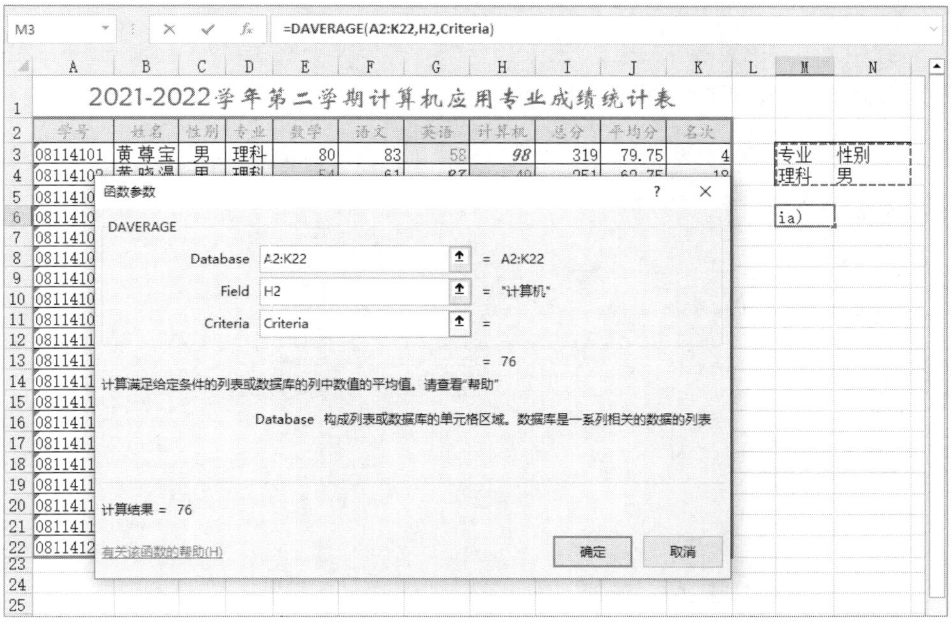

图 5-90　数据库统计函数

5.5.6 数据透视表

数据透视表是一个功能强大的数据汇总工具，可按多个字段对数据进行分类汇总，建立行列交叉列表。另外，通过行列转换可以转置方式显示统计结果。

应用实例

（1）操作要求

利用数据透视表，在工作簿“学生成绩表.xlsx”中统计不同专业男、女生各科成绩的平均分情况。

视 频

数据透视表

（2）操作过程

① 打开工作簿“学生成绩表.xlsx”，单击数据清单中的任一单元格。

② 选择“插入”→“表格”→“数据透视表”→“表格和区域”命令。

③ 按图5-91所示设置数据区域和数据透视表输出位置，单击“确定”按钮进入数据透视表设置模式。

④ 在右侧的“数据透视表字段”列表中将统计字段拖动到对应区域，即可构建数据透视表。

⑤ 默认情况下，字段统计方式为“求和”，单击“数值”区域的统计字段，从弹出的菜单中选择“值字段设置”命令，弹出“值字段设置”对话框，按图5-92所示修改计算类型为平均值，最终结果如图5-93所示。

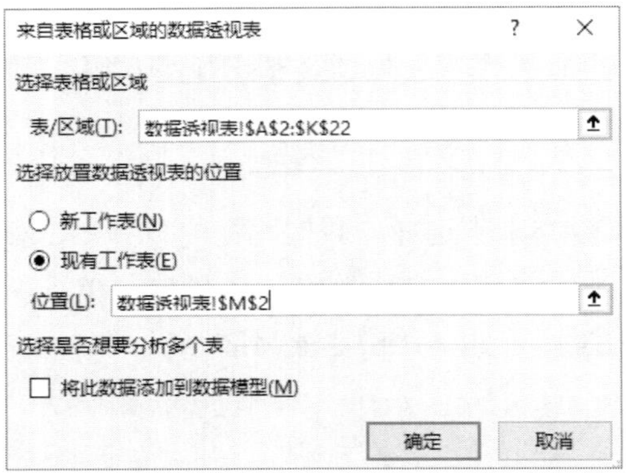

图5-91　设置数据区域和数据透视表输出位置

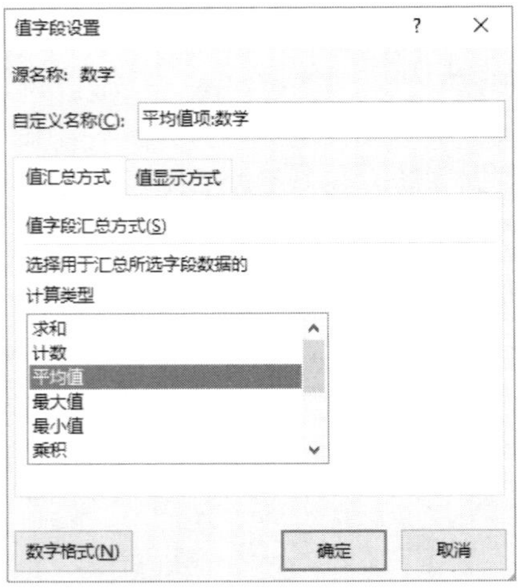

图5-92　修改汇总方式

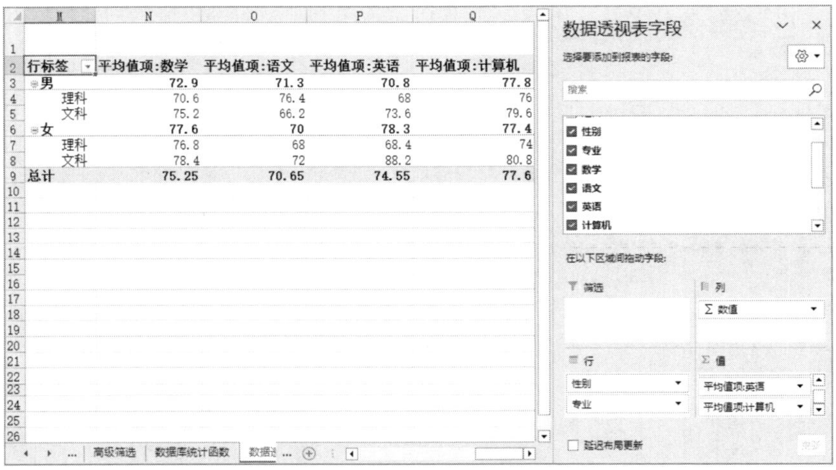

图5-93　数据透视表结果

技巧

- 直接交换“行标签”和“列标签”的字段内容，可实现数据透视表内容的转置。
- 利用“数据透视表分析”和“设计”选项卡可进行数据透视表编辑。
- 右击数据透视表区域，在弹出的快捷菜单中选择“数据透视表选项”命令，可进行选项设置，如修改数据透视表名称。

5.5.7　数据统计分析

Excel通过“数据分析”工具库实现方差分析、傅里叶分析、直方图等统计学常用操作。

选择“数据”→“分析”→“数据分析”命令，即可进行数据统计分析。

注意

如果在“数据”选项卡中找不到“分析”命令组，必须先加载“分析工具库”。选择“文件”→“更多”→“选项”命令，在“Excel选项”对话框的“加载项”列表框中选中“分析工具库”，如图5-94所示；单击“转到”按钮，在“加载项”对话框中选中“分析工具库”，单击“确定”按钮即可完成加载操作，如图5-95所示。

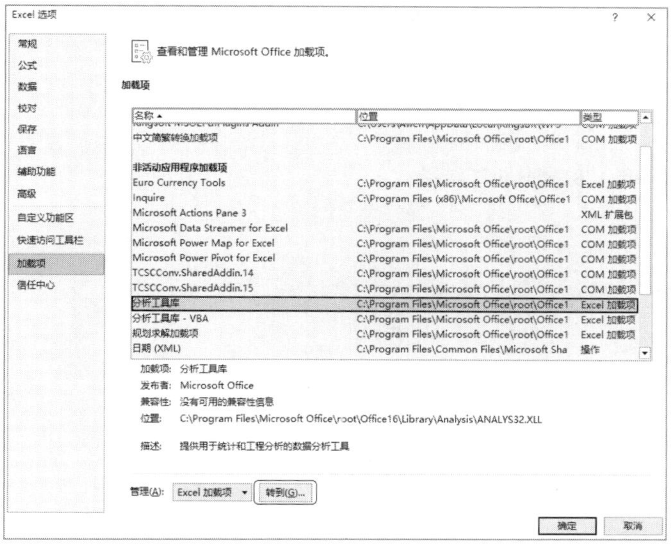

图5-94　“Excel选项”对话框

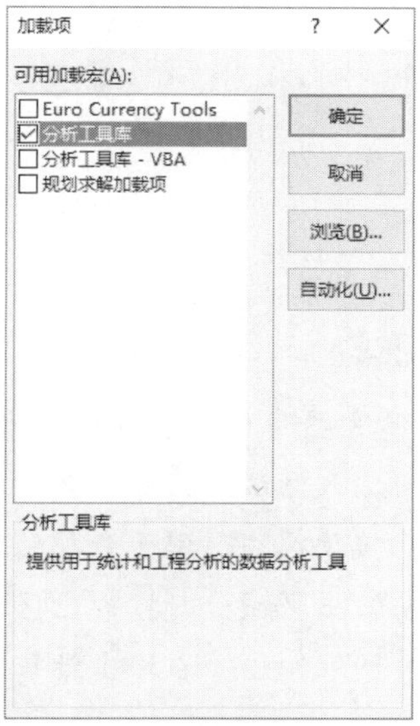

图5-95　“加载项”对话框

应用实例

（1）操作要求

使用分析工具库，在工作簿“学生成绩表.xlsx”中统计计算机科目各分数段人数（包括90分以上、80分段、70分段、60分段和不及格）情况。

（2）操作过程

①在M4:M8单元格区域中输入分段数值：59、69、79、89。

②单击“数据分析”命令[数据分析]，弹出“数据分析”对话框，选择“直方图”，单击“确定”按钮，如图5-96所示。

③在弹出的“直方图”对话框中，按图5-97所示设置输入区域、接收区域、输出区域等参数，单击“确定”按钮，结果如图5-98所示。

视频

数据统计分析

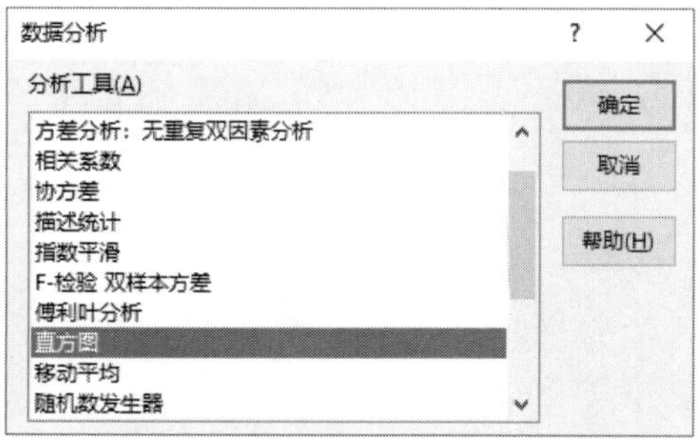

图5-96　“数据分析”对话框

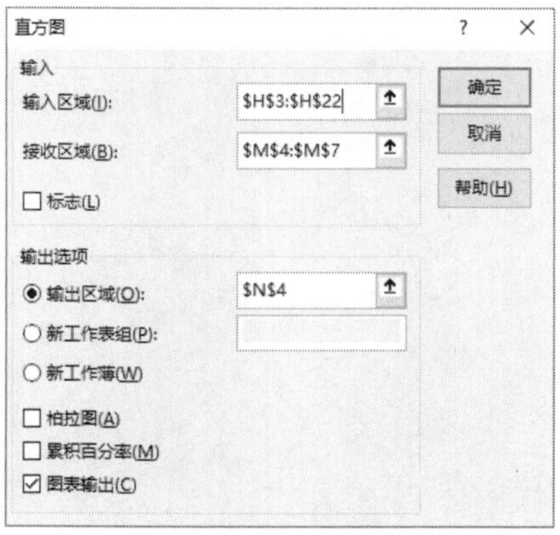

图5-97　“直方图”对话框

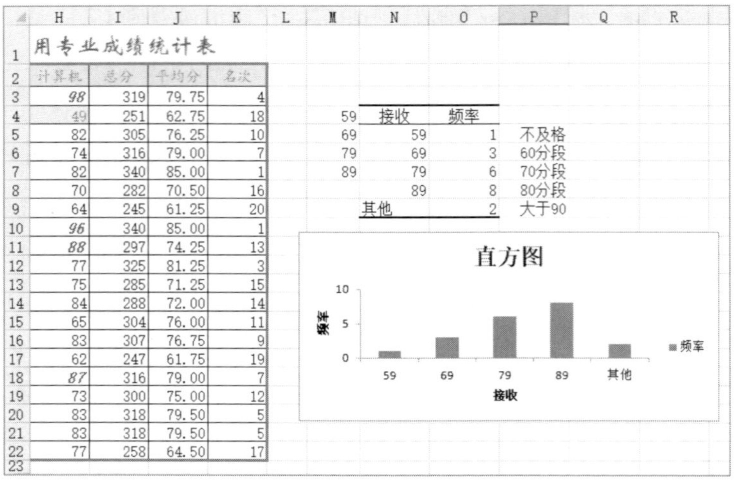

	用专业成绩统计表			
	计算机	总分	平均分	名次
3	98	319	79.75	4
4	49	251	62.75	18
5	82	305	76.25	10
6	74	316	79.00	7
7	82	340	85.00	1
8	70	282	70.50	16
9	64	245	61.25	20
10	96	340	85.00	1
11	88	297	74.25	13
12	77	325	81.25	3
13	75	285	71.25	15
14	84	288	72.00	14
15	65	304	76.00	11
16	83	307	76.75	9
17	62	247	61.75	19
18	87	316	79.00	7
19	73	300	75.00	12
20	83	318	79.50	5
21	83	318	79.50	5
22	77	258	64.50	17

59	接收	频率	
69	59	1	不及格
79	69	3	60分段
89	79	6	70分段
	89	8	80分段
	其他	2	大于90

图 5-98 “数据分析”结果

技巧

“直方图”对话框各参数的含义如下：

- 输入区域：待分析数据源。
- 接收区域：用于分段的数据点，如0～59、60～69、70～79、80～89、>=90。
- 输出区域：数据输出区域左上角的单元格。
- 图表输出：在输出结果的同时绘制图表。

5.6 图　　表

图表依据选定的工作表数据，将抽象的数据形象化，用简洁、直观的图表反映数据的对比关系及趋势。图表源于工作表数据，两者一一对应，当数据源发生变化时，图表也将自动更新。

5.6.1 图表概述

1. 图表类型

Excel提供了丰富的图表类型，如图5-99所示。

图 5-99 Excel 图表类型

常用图表类型的用途见表 5-7。

表 5–7　图表类型

图表类型	用　途
柱形图	用于一个或多个数据系列中的各项值的比较
折线图	按类别显示一段时间内数据的变化趋势
饼图	在单组中描述部分与整体的关系，没有x轴、y轴
条形图	在水平方向上比较不同类别数据，实际上是翻转了的柱形图
面积图	显示数据在某一段时间内的累计变化
XY散点图	描述两种相关数据的关系，一般用于科学计算
股价图	用于描绘股票走势，也可以用于科学计算
曲面图	用于寻找两组数据间的最佳组合
树状图	提供数据的分层视图，树分支表示为矩形，每个子分支显示为更小的矩形，用于比较层次结构内的数据相对大小
瀑布图	用来表达两个数据点之间数量的演变过程，采用绝对值与相对值结合的方式，适用于表达数个特定数值之间的数量变化关系
雷达图	表明数据或数据频率相对于中心点的变化

2. 图表的组成

图表由多个对象组成，不同类型的图表，其组成对象会有所差异，但基本都会包括以下几个组成部分：图表区、图表标题、分类轴、数值轴、绘图区等，如图 5-100 所示。单击图表中对应的位置可以选中图表对象，在“布局”选项卡的“当前所选内容”命令组中，利用“图表元素”下拉列表框可精确选中图表对象。

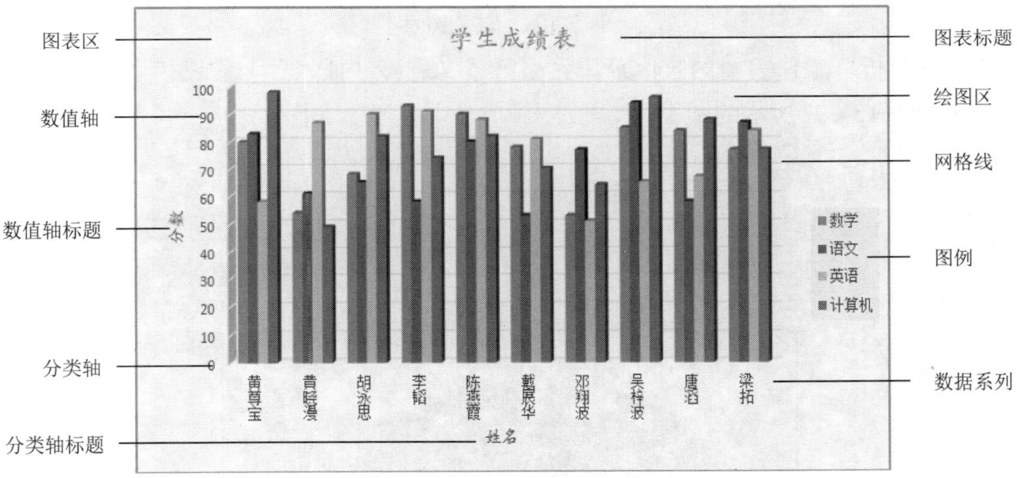

图 5-100　图表的组成

3. 创建图表

建立图表一般包括以下步骤：

① 选择图表数据源。

② 分析数据，确定图表类型。

③ 通过“插入”选项卡的“图表”命令组选择对应的图表类型，创建图表。

④ 编辑、格式化图表。

5.6.2　图表创建实例

视频

创建图表

1. 操作要求

在工作簿“成绩统计表.xlsx”中按下列要求完成图表制作：

① 以数据清单前十位同学的数学、语文、英语、计算机为数据源，创建成绩三维簇状柱形图。

② 利用数据分析工具得到的分数段人数制作计算机成绩分布饼图。

2. 操作步骤

① 选定B2:B12单元格区域，再按住【Ctrl】键的同时选择E2:H12数据区域，以数据清单的姓名、数学、语文、英语和计算机五列数据为图表数据源。

② 选择“插入”→“图表”→“柱形图”→“三维簇状柱形图”命令，得到图5-101所示的图表。

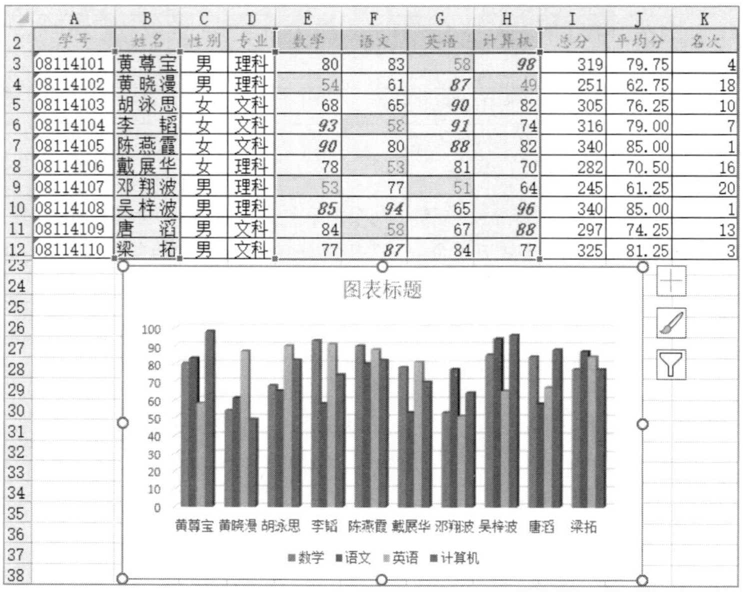

图 5-101　成绩图表

③ 选择“数据分析”工作表中的N4:O9单元格区域，选择“插入”→“图表”→“饼图”→“三维饼图”命令，得到如图5-102所示的图表。

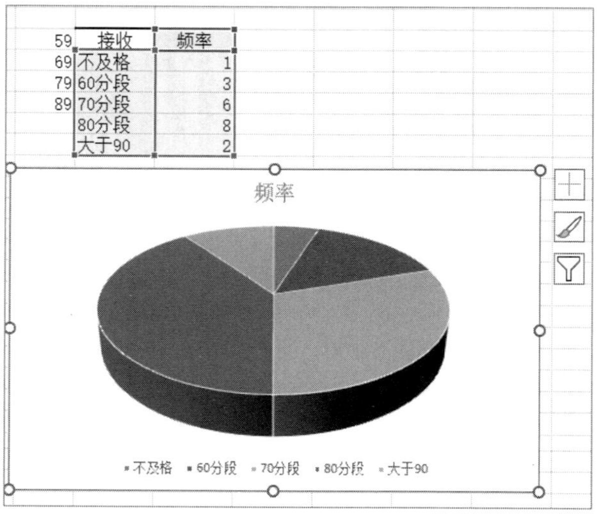

图 5-102　计算机成绩分布饼图

5.6.3　图表编辑

创建图表后，可以使用图表工具对其进行编辑和修改，包括“图表设计”“格式”两个选项卡，如图5-103和图5-104所示。

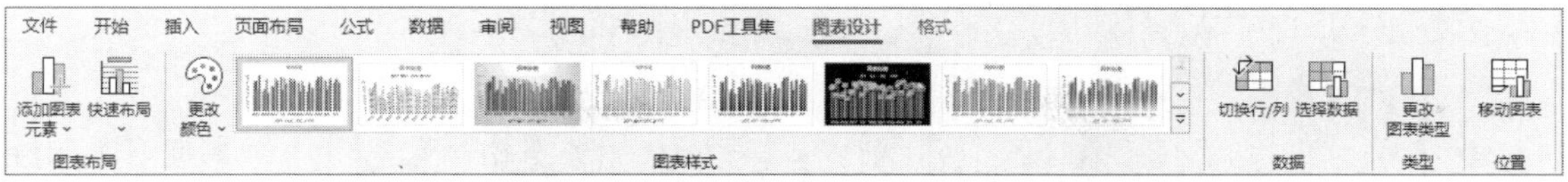

图 5-103　“图表设计”选项卡

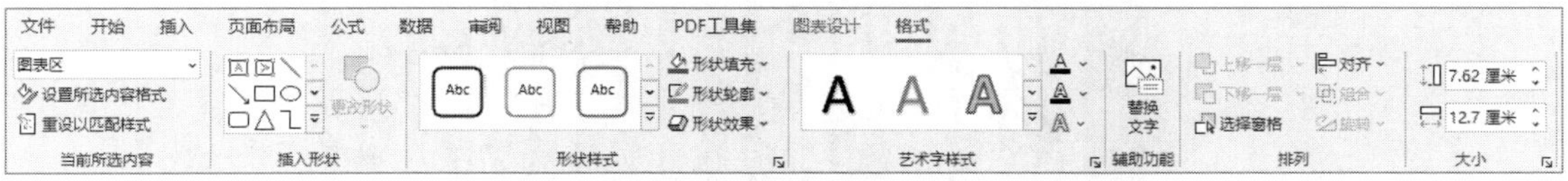

图 5-104　“格式”选项卡

下面以图 5-101 和图 5-102 为例，介绍图表编辑功能。

1. 编辑成绩图表

视 频

编辑图表

① 图表标题：在“图表设计”选项卡的“图表布局”命令组中，选择“添加图表元素”→“图表标题”→“图表上方”命令，编辑图表标题，输入文本“学生成绩表”，并设置字体格式为华文楷体、蓝色、16号。

② 图表区：右击“图表区”，在弹出的快捷菜单中选择“设置图表区域格式”命令，在右侧任务窗格中选择“填充”→“图片或纹理填充”，选择“羊皮纸”纹理，如图 5-105 所示。

③ 背景墙：在图 5-105 所示任务窗格“图表选项”下拉列表中选择“背景墙”，选择“填充”→“纯色填充”，设置“水绿色，个性色 5，淡色 80%”颜色。

④ 坐标轴标题：在“图表设计”选项卡的“图表布局”命令组中选择“坐标轴标题”→“主要纵坐标”，添加分类轴 y 轴标题，输入“分数”，设置字体格式为楷体、紫色、12 号。

⑤ 坐标轴：右击 y 轴，在弹出的快捷菜单中选择“设置坐标轴格式”命令，在右侧的“坐标轴选项”中修改单位“大”为 20，如图 5-106 所示。

⑥ 表格布局：在“图表设计”选项卡的“图表布局”命令组中选择“快速布局”→“布局 5”，修改图表布局结构。

图 5-105　“设置图表区格式”任务窗格

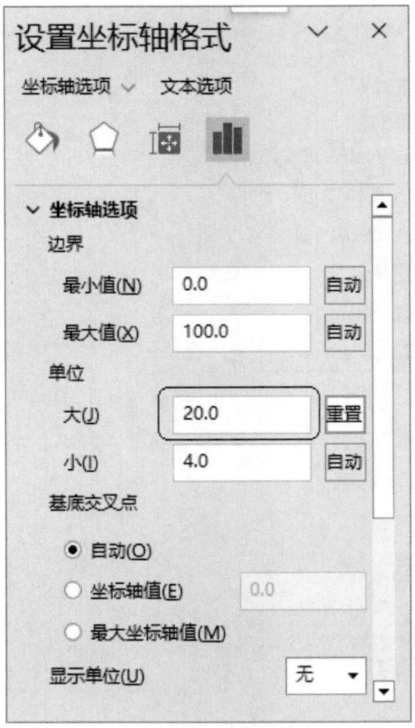

图 5-106　设置 y 坐标轴

效果如图 5-107 所示。

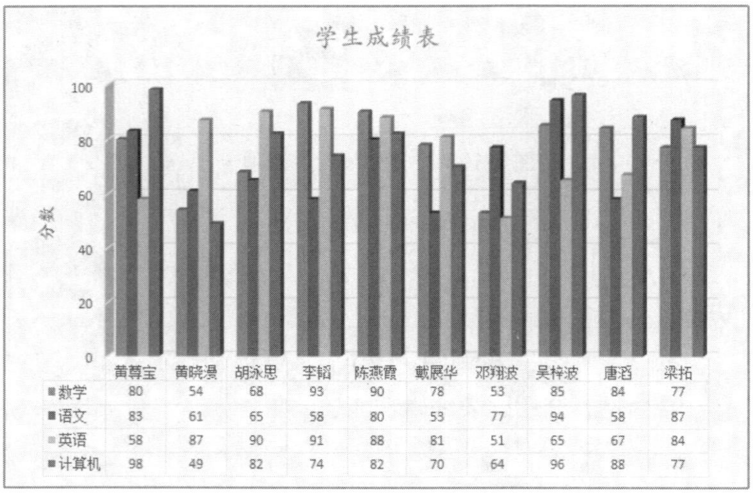

图 5-107　学生成绩表编辑效果

2. 编辑计算机成绩饼图

① 图表标题：选择图5-102所示的“图表标题”，将“频率”改为“计算机成绩分布图”，字体格式为华文新魏、14磅、蓝色。

② 图表区：参照上例，“图表区”填充为“蓝色面巾纸”纹理。

③ 图例：选择图例，设置“图例位置”为靠下，填充颜色为纯色黄色。

④ 数据标签：在“图表设计”选项卡的“图表布局”命令组中选择“添加图表元素”→“数据标签”→“其他数据标签选项”命令，按图5-108所示设置标签选项显示内容（值、百分比和显示引导线），标签位置为数据标签外，设置标签字号为11磅。

最终效果如图5-109所示。

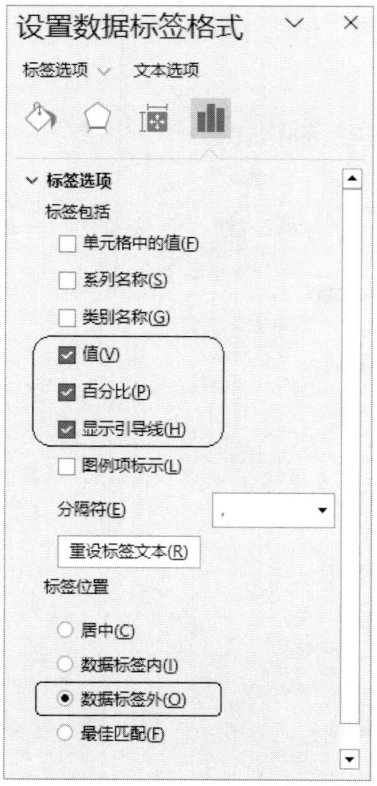

图 5-108　设置数据标签格式

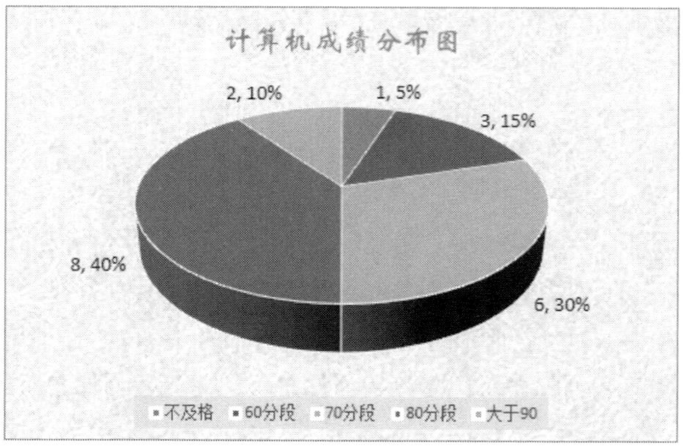

图 5-109　计算机成绩编辑效果

5.7　打 印 设 置

Excel通过“页面设置”和“打印预览”完成打印操作。

5.7.1　页面设置

选择“页面布局”→“页面设置”命令组下方的箭头，打开“页面设置”对话框，如图5-110所示。

1.“页面”选项卡

“页面”选项卡如图5-110所示，包括以下内容：

①“方向”选项：设置纸张方向是横向还是纵向。

②“缩放比例”选项：设置打印的缩放比例。

③“纸张大小”选项：选择纸张类型。

④“打印质量”选项：单击下拉列表框设置打印分辨率。

⑤“起始页码”选项：设置打印的起始页码。

图 5-110　“页面”选项卡

2.“页边距”选项卡

在“页面设置”对话框中选择“页边距”选项卡，如图5-111所示。

①“上”“下”“左”“右”选项：设置对应的页边距大小。

②“页眉”“页脚”选项：设置页眉和页脚大小。

③“居中方式”选项：包括“水平”或“垂直”居中对齐方式。

3.“页眉/页脚”选项卡

在“页面设置”对话框中选择“页眉/页脚”选项卡，如图5-112所示。

①“页眉”选项：从下拉列表框中选择页眉的内容。

②“页脚”选项：从下拉列表框中选择页脚的内容。

③“自定义页眉”按钮：单击该按钮可以设置自定义的页眉内容，以及页眉的位置。

④“自定义页脚”按钮：单击该按钮可以设置自定义的页脚内容，以及页脚的位置。

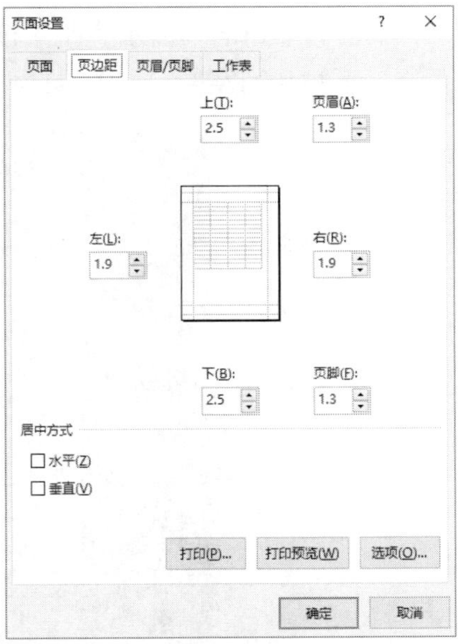

图 5-111　“页边距”选项卡

4.“工作表”选项卡

在“页面设置”对话框中选择“工作表”选项卡，如图5-113所示。

①“打印区域”选项：设置工作表中的某个区域为打印区域，而不是打印整个工作表的内容。

②“打印标题”选项：设置顶端标题行和左端标题列内容。

③“打印”选项：设置打印时是否添加网格线、行号列标等元素。

④“打印顺序”选项：设置打印的顺序为“先列后行”或“先行后列”。

图 5-112 “页眉 / 页脚”选项卡

图 5-113 “工作表”选项卡

5.7.2 打印

选择“文件”→“打印”命令，打开“打印”窗口。

单击右下角的“显示边距”按钮可以显示边距控制线，利用鼠标拖动控制线，可直观地调节页边距、页眉、页脚和列宽度，如图5-114所示。

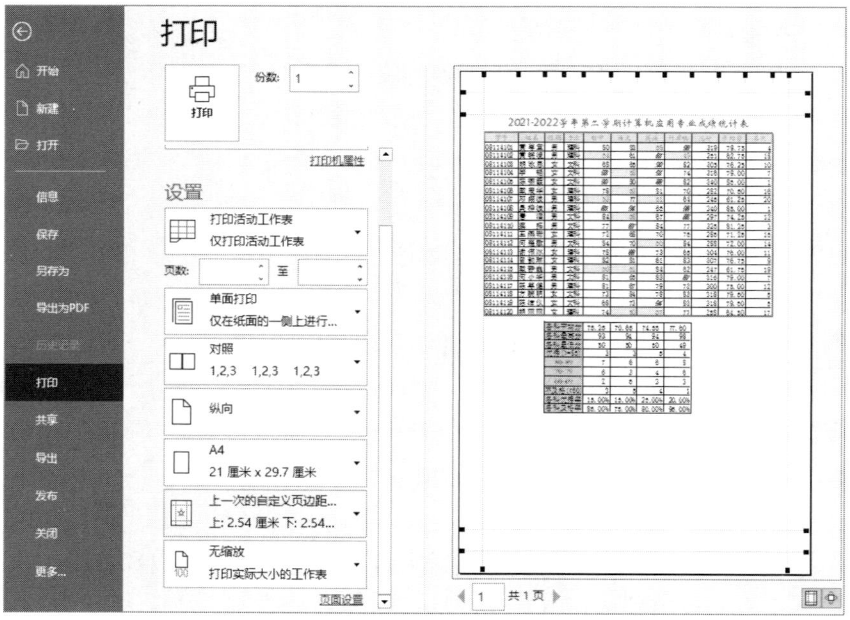

图 5-114 “打印”窗口

利用打印预览框左侧的面板设置打印机对象、打印范围、单双面、打印方向等选项后，单击“打印”按钮，即可通过打印机完成打印操作。

5.8 使用 WPS 表格处理工资数据

WPS表格和Microsoft Office Excel高度兼容，软件界面和操作方法非常相似，前面介绍的Excel应用技能大部分都可以在WPS表格中使用。

5.8.1　WPS表格操作界面

与Excel相似，WPS表格窗口界面由快速访问工具栏、标题栏、选项卡、功能区面板、文档编辑区、状态栏等部分组成，如图5-115所示。

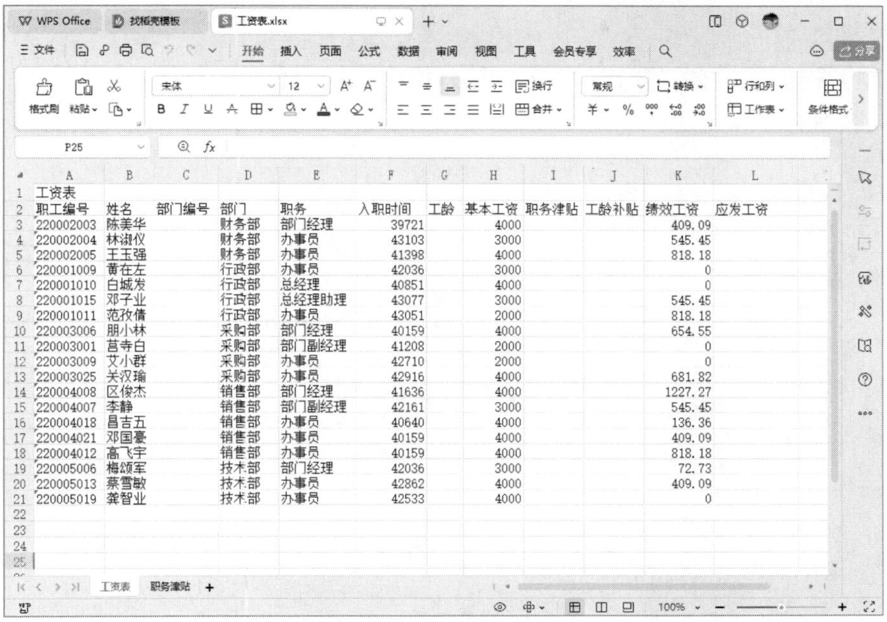

职工编号	姓名	部门编号	部门	职务	入职时间	工龄	基本工资	职务津贴	工龄补贴	绩效工资	应发工资
220002003	陈美华		财务部	部门经理	39721		4000			409.09	
220002004	林淑仪		财务部	办事员	43103		3000			545.45	
220002005	王玉强		财务部	办事员	41398		4000			818.18	
220001009	黄在左		行政部	办事员	42036		3000			0	
220001010	白城发		行政部	总经理	40851		4000			0	
220001015	邓子业		行政部	总经理助理	43077		3000			545.45	
220001011	范孜倩		行政部	办事员	43051		2000			818.18	
220003006	朋小林		采购部	部门经理	40159		4000			654.55	
220003001	莒寺白		采购部	部门副经理	41208		2000			0	
220003009	艾小群		采购部	办事员	42710		2000			0	
220003025	关汉瑜		采购部	办事员	42916		4000			681.82	
220004008	区俊杰		销售部	部门经理	41636		4000			1227.27	
220004007	李静		销售部	部门副经理	42161		3000			545.45	
220004018	昌吉五		销售部	办事员	40640		4000			136.36	
220004021	邓国豪		销售部	办事员	40159		4000			409.09	
220004012	高飞宇		销售部	办事员	40159		4000			818.18	
220005006	梅颂军		技术部	部门经理	42036		3000			72.73	
220005013	蔡雪敏		技术部	办事员	42862		4000			409.09	
220005019	龚智业		技术部	办事员	42533		4000			0	

图 5-115　WPS 表格窗口

5.8.2　实例：使用WPS表格编辑工资表

视频

使用WPS表格编辑工资表

1. 操作要求

使用WPS表格打开文档“工资表.xlsx”，数据内容如图5-115所示，综合应用操作技能，实现工资表的编辑修饰，效果如图5-116所示。

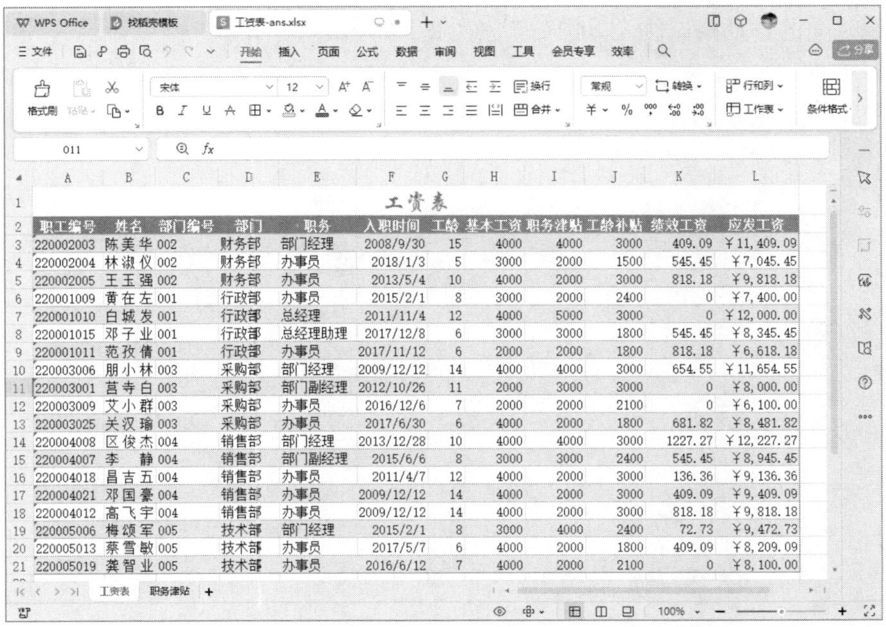

工资表

职工编号	姓名	部门编号	部门	职务	入职时间	工龄	基本工资	职务津贴	工龄补贴	绩效工资	应发工资
220002003	陈美华	002	财务部	部门经理	2008/9/30	15	4000	4000	3000	409.09	￥11,409.09
220002004	林淑仪	002	财务部	办事员	2018/1/3	5	3000	2000	1500	545.45	￥7,045.45
220002005	王玉强	002	财务部	办事员	2013/5/4	10	4000	2000	3000	818.18	￥9,818.18
220001009	黄在左	001	行政部	办事员	2015/2/1	8	3000	2000	2400	0	￥7,400.00
220001010	白城发	001	行政部	总经理	2011/11/4	12	4000	5000	3000	0	￥12,000.00
220001015	邓子业	001	行政部	总经理助理	2017/12/8	6	3000	3000	1800	545.45	￥8,345.45
220001011	范孜倩	001	行政部	办事员	2017/11/12	6	2000	2000	1800	818.18	￥6,618.18
220003006	朋小林	003	采购部	部门经理	2009/12/12	14	4000	4000	3000	654.55	￥11,654.55
220003001	莒寺白	003	采购部	部门副经理	2012/10/26	11	2000	3000	3000	0	￥8,000.00
220003009	艾小群	003	采购部	办事员	2016/12/6	7	2000	2000	2100	0	￥6,100.00
220003025	关汉瑜	003	采购部	办事员	2017/6/30	6	4000	2000	1800	681.82	￥8,481.82
220004008	区俊杰	004	销售部	部门经理	2013/12/28	10	4000	4000	3000	1227.27	￥12,227.27
220004007	李　静	004	销售部	部门副经理	2015/6/6	8	3000	3000	2400	545.45	￥8,945.45
220004018	昌吉五	004	销售部	办事员	2011/4/7	12	4000	2000	3000	136.36	￥9,136.36
220004021	邓国豪	004	销售部	办事员	2009/12/12	14	4000	2000	3000	409.09	￥9,409.09
220004012	高飞宇	004	销售部	办事员	2009/12/12	14	4000	2000	3000	818.18	￥9,818.18
220005006	梅颂军	005	技术部	部门经理	2015/2/1	8	3000	4000	2400	72.73	￥9,472.73
220005013	蔡雪敏	005	技术部	办事员	2017/5/7	6	4000	2000	1800	409.09	￥8,209.09
220005019	龚智业	005	技术部	办事员	2016/6/12	7	4000	2000	2100	0	￥8,100.00

图 5-116　工资表效果图

2. 操作步骤

（1）修饰标题行

选中A1:L1单元格区域，在“开始”选项卡第3组中选择“合并居中”命令，修改字体为华文行楷、蓝色、20磅，设置行高为27磅。

（2）套用表格格式

选中A2:L21单元格区域，在“开始”选项卡第六组中选择“套用表格样式”命令，应用“表样式9”样式，如图5-117所示。

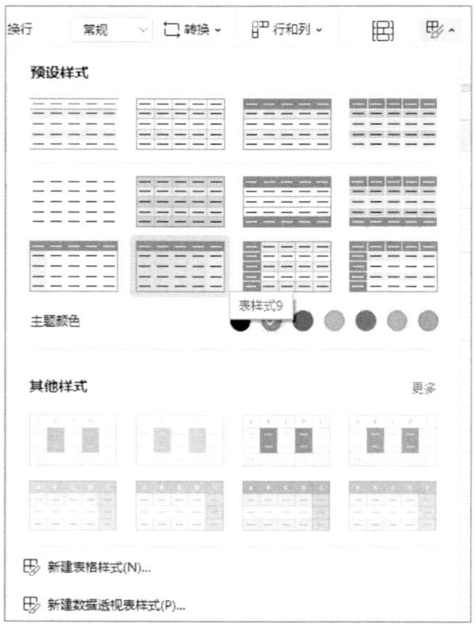

图 5-117　套用表格样式

（3）修改行、列格式

选中第2～21行，设置行高为16磅。选中A2:L2单元格区域，设置水平居中对齐方式。选中B3:B21单元格区域，设置姓名数据的水平对齐方式为“分散对齐（缩进）”，如图5-118所示。选中F3:F21单元格区域，设置入职时间的日期格式为“2001/3/7”效果，如图5-119所示。

图 5-118　修改对齐方式

图 5-119　修改日期格式

（4）获取部门编号

职工编号第4～6位为部门编号，使用MID函数截取对应数据填入C列。选中C3单元格，在“公式”

选项卡中插入MID函数，如图5-120所示。完整公式为“=MID(A3,4,3)”，其中第一个参数为待截取数据，第二个参数为截取开始位置，第三个参数为截取字符串长度。双击C3单元格填充柄，完成部门编号填写。

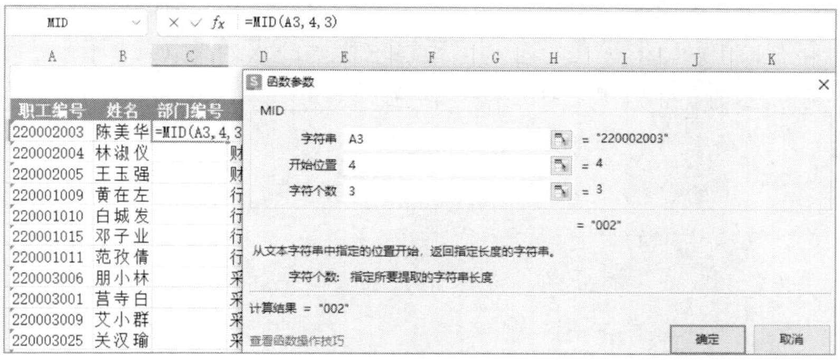

图5-120　MID函数

（5）工龄计算

工龄计算规则：工龄=当前年份−入职年份，使用YEAR函数获取年份值。选中G3单元格，输入公式内容“=YEAR(NOW())−YEAR(F3)”，使用NOW()函数获取当前日期，利用两个YEAR函数获取对应的年份数据。拖动G3单元格填充柄到G21单元格，完成工龄填写。

（6）职务津贴计算

职务津贴标准数据存放在工作表“职务津贴”中，使用VLOOKUP函数完成数据统计。选中I3单元格，插入VLOOKUP函数，如图5-121所示，完整公式内容为“=VLOOKUP(E3,职务津贴!$A$4:$B$8,2,FALSE)”，其中第一个参数为待匹配数据，第二个参数为源数据位置，第三个参数为返回的数据列。拖动I3单元格填充柄到I21单元格，完成工龄填写。注意：源数据单元格必须采用绝对地址。

（7）工龄补贴计算

工龄补贴规则：工龄小于10年（含10年）的，每年补贴300元；工龄在10年以上的，补贴均为3 000元。利用IF函数完成统计。选中J3单元格，插入IF函数，如图5-122所示。完整公式为“=IF(G3>=10,3000,G3*300)”，其中第一个参数为判断条件，第二个参数为条件成立的返回值，第三个参数为条件不成立的返回值。拖动J3单元格填充柄到J21单元格，完成计算。

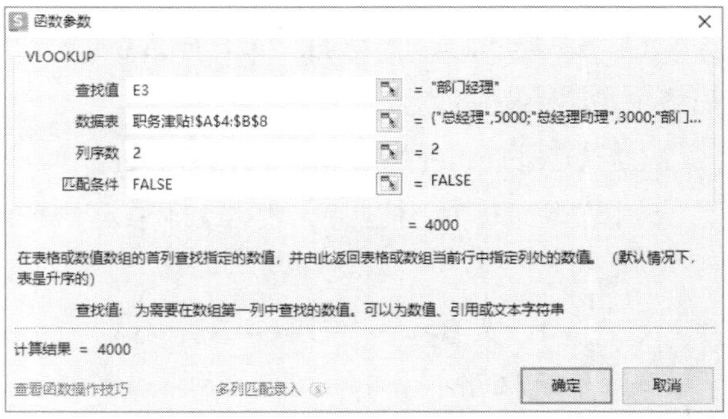

图5-121　VLOOKUP函数

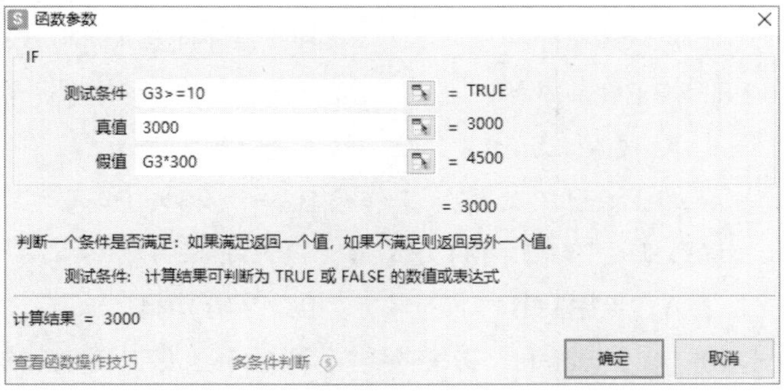

图5-122　IF函数

（8）应发工资计算

应发工资计算规则：应发工资=基本工资+职务津贴+工龄补贴+绩效工资。选中L3单元格，输入公式内容“=H3+K3+I3+J3”，拖动L3单元格填充柄到L21单元格，完成计算。

（9）设置数据格式

选中L3:L21单元格区域，打开“单元格格式”对话框，设置数据格式为货币、2位小数点。

习　题

一、选择题

1. 下列操作中，不能在Excel工作表的选定单元格中输入公式的是（　　）。
   A. 使用“开始”选项卡中的“自动求和”按钮
   B. 单击“插入”选项卡中的“插入函数”按钮
   C. 单击“编辑栏”中的“插入函数”按钮
   D. 单击“公式”选项卡中的“自动求和”按钮
2. 在Excel中，若想突出显示优秀的学生成绩（如用红色加粗字体表示），应使用（　　）。
   A. 查找　　B. 条件格式　　C. 高级筛选　　D. 定位
3. 当向Excel工作表单元格输入公式时，使用单元格地址D$2引用D列2行单元格，该单元格的引用称为（　　）。
   A. 交叉地址引用　　B. 混合地址引用　　C. 相对地址引用　　D. 绝对地址引用
4. Excel广泛应用于（　　）。
   A. 统计分析、财务管理分析、数据库统计、数据图表制作等各个方面
   B. 工业设计、机械制造、建筑工程
   C. 多媒体制作
   D. 美术设计、图片制作等各个方面
5. 在Excel中，图表是（　　）。
   A. 用户通过“绘图”工具栏中的工具绘制的特殊图形
   B. 由数据透视表派生的特殊表格
   C. 由数据清单生成的用于形象表现数据的图形
   D. 一种将表格与图形混排的对象
6. “工作表”是用行和列组成的表格，分别用（　　）进行标识。
   A. 数字和数字　　B. 数字和字母　　C. 字母和字母　　D. 字母和数字
7. 在Excel中，单元格D6的具体位置是（　　）。
   A. 第4行第6列　　B. 第6行第4列　　C. 第4行第4列　　D. 第6行第6列
8. 在Excel中按（　　）组合键可以在所选的多个单元格中输入相同的数据。
   A.【Alt+Shift】　　B.【Shift+Enter】　　C.【Ctrl+Enter】　　D.【Alt+Enter】
9. 在Excel中，已知工作表B3单元格与B4单元格的值分别为“亚运”“杭州”，要在C4单元格中显示“杭州亚运”，正确的公式为（　　）:
   A. = B3+B4　　B. = B3/B4　　C. = B3 & B4　　D. = B3；B4
10. 在Excel中，若一个单元格显示的信息是######，表示该单元格（　　）。
    A. 列宽度不够　　B. 公式出错
    C. 数据类型不匹配　　D. 引用的函数名不存在
11. 把单元格指针移到Y100的最简单的方法是（　　）。
    A. 拖动滚动条
    B. 在名称框中输入Y100后按【Enter】键
    C. 按【Ctrl+Y100】组合键
    D. 先用【Ctrl+→】组合键移到Y列，再用【Ctrl+↓】组合键移到100行

12. 下列图表类型中，（　　）只能画出一个数据系列。

A. 饼图　　B. 直方图　　C. 折线图　　D. 面积图

13. 在Excel中，使用分类汇总前必须先（　　）。

A. 把数据清单按某个字段进行排序　　B. 进行自动筛选

C. 进行高级筛选　　D. 进行数据频度分析

14. 下列（　　）不可以对数据表进行排序。

A. 单击数据区中任一单元格，然后单击“排序和筛选”中的“升序”或“降序”命令

B. 选择要排序的数据区域，然后单击“排序和筛选”中的“自定义排序”命令

C. 选择要排序的数据区域，然后单击“审阅”选项卡“编辑”组中的“排序”命令

D. 选择要排序的数据区域，然后使用“数据”选项卡中的“排序”命令

15. 在Excel中，当在某个单元格中输入公式后出现“#REF”提示信息，则表示（　　）。

A. 公式被零除　　B. 没有可用的数值

C. 数字有问题　　D. 公式应用了无效的单元格

二、思考题

1. 简述Excel 2021的主要功能。
2. 简述Excel 2021的数据类型。
3. 如何使用公式和函数统计数据？
4. Excel 2021的数据清单有什么特点？利用数据清单能够进行哪些数据统计？
5. 如何修改图表的数据源、格式化图表？

第6章 演示文稿制作软件 PowerPoint 2021

PowerPoint 2021是Microsoft公司开发的办公自动化软件Office 2021的组件之一，用来设计、制作多媒体演示文稿。该版本最大的亮点是增加了录制功能，同时，进一步增强了图片和视频的编辑功能，丰富了切换效果和动画设置等，使制作出的演示文稿更流畅生动，更具设计感。

本章先介绍PowerPoint 2021的界面、功能区域，然后以任务案例的方式详细介绍演示文稿的基本操作方法、格式化操作、动画设计、超链接以及放映设置等内容。

最后，简单介绍WPS Office演示的界面和操作，作为扩展内容供读者参考。

6.1 PowerPoint 2021概述

本节通过对PowerPoint 2021的常用术语、界面、视图模式的介绍，让读者了解和掌握PowerPoint 2021新窗口界面，尤其是熟悉功能区域。

6.1.1 PowerPoint 2021常用术语

1. 演示文稿

由PowerPoint创建的文档称为演示文稿，由幻灯片、演讲者备注和讲义等内容构成，其文件扩展名为“.pptx”。

2. 幻灯片

演示文稿中的每一张单页称为幻灯片。制作一个演示文稿的过程就是依次制作一张张幻灯片的过程。

3. 演讲者备注

演讲者备注是指在演示时，演示者所需要的文章内容、提示注解和备用信息等。在每一张幻灯片中都有一个备注区，用户可在此区域中输入备注内容供演讲时参考。

4. 讲义

讲义是幻灯片打印材料，可以把一张或多张幻灯片打印在一张纸上，幻灯片张数有1、2、3、4、6、9等选择。

5. 母版

母版是定义演示文稿中出现在每一张幻灯片上的显示元素，如文本占位符、字体、背景、标记等信息。幻灯片母版上的对象将出现在每张幻灯片的相同位置上，改变母版上的信息可统一改变演示文稿的外观。所以，通常使用母版方便地设置幻灯片统一的风格。

6. 模板

模板是指预先定义好格式、版式和配色方案的演示文稿。模板可以包含版式、主题颜色、主题字体、主题效果和背景样式，甚至可以包含内容等。PowerPoint 2021提供了多种模板，用户也可自行创建、定义模板，还可以通过网站获取各种各样的免费模板。

7. 版式

幻灯片版式是指幻灯片上标题、文本、内容等元素的排版布局形式。新建幻灯片时，可以从PowerPoint 2021提供的版式中选择一种，每种版式预定义了新建幻灯片中各种占位符的布局情况。

8. 占位符

占位符是指创建新幻灯片时出现的虚线方框。它是版式中的“容器”，可容纳文本（包括标题、副标题、正文文本、项目符号列表等）、表格、图表、SmartArt图形、图片、剪贴画和媒体剪辑（包括影片和声音）等内容。

6.1.2 PowerPoint 2021 界面

1. PowerPoint 2021新增加的功能

PowerPoint 2021具有全新的外观，新增的一些功能，使制作出来的演示文稿更加美观生动，增强视觉感受。PowerPoint 2021新增的功能主要有：

① 共享功能：与人共享文档、直接发送电子邮件、联机演示功能等。

② 主题提供变体设置，可更加简单地打造所需外观。

③ 将幻灯片组织为逻辑节。

④ 增加屏幕截图和屏幕录制功能。

⑤ 新增图片格式编辑功能，可以删除背景、精确裁剪等。

⑥ 改进视频和音频支持，可以嵌入、编辑、剪裁、添加书签等。

⑦ 动态效果更加丰富和平滑。

⑧ 放映时有放大镜、激光笔等更多放映选项。

⑨ 将演示文稿转换为视频。

2. PowerPoint 2021工作界面

PowerPoint 2021的工作界面如图6-1所示，上方的功能区域部分和Word 2021、Excel 2021相似，下方是工作区域，PowerPoint用幻灯片进行演示文稿的编辑。

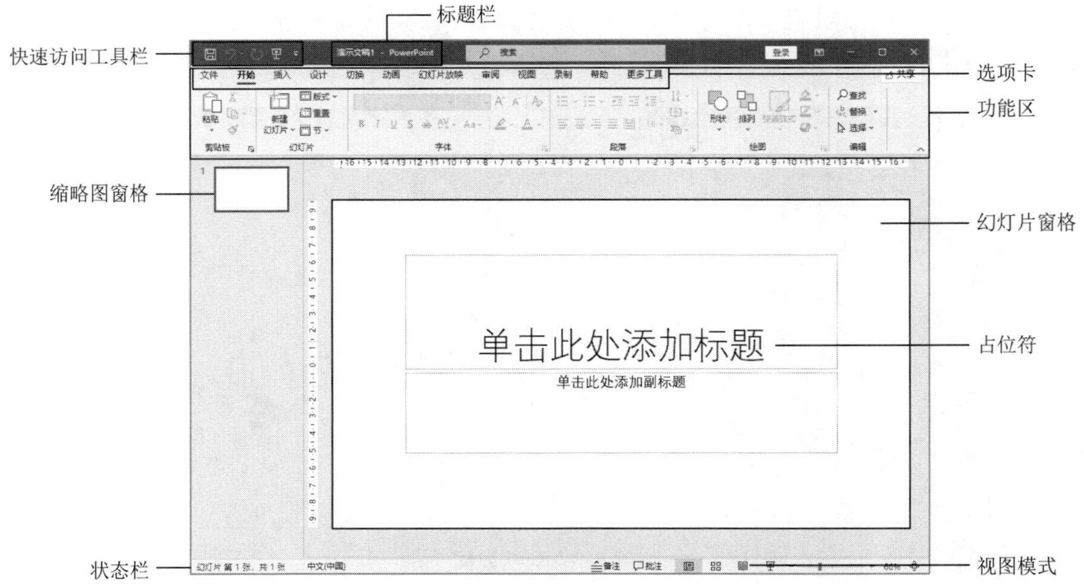

图 6-1　PowerPoint 2021 工作界面

① 幻灯片窗格：主工作区，用来编辑每张幻灯片的具体内容、对幻灯片上的内容进行详细设置等。

② 占位符：幻灯片上的虚线边框，是系统版式预先建好的“容器”，根据提示可在其中输入文本或插入图片、图表、表格、视频等对象。

③ 缩略图窗格：普通视图，编辑状态下常用的视图模式，便于遍历演示文稿全貌，拖动幻灯片缩略图，可以轻松地重新排列幻灯片的顺序。

6.1.3 PowerPoint 2021 视图模式

PowerPoint 2021提供了五种演示文稿视图模式：普通视图、大纲视图、幻灯片浏览视图、备注页视图和阅读视图。另外，还有三种母版视图：幻灯片母版、讲义母版和备注母版。这些视图模式集中在“视图”选项卡中，也可以利用PowerPoint 2021工作界面右下方的工具按钮方便地切换常用的演示文稿视图模式。

1. 普通视图

普通视图是最主要的演示文稿编辑视图模式，它在工作区中，左侧导航是幻灯片的缩略视图模式，右侧是幻灯片工作区域，这种视图模式非常适合进行演示文稿的编辑和设计操作。普通视图如图6-2所示。

图 6-2　普通视图

2. 大纲视图

大纲视图与普通视图的区别是：在工作区中，左侧导航是幻灯片的文字大纲视图模式，右侧同样是幻灯片工作区域。可以通过将大纲从Word粘贴到大纲窗格来轻松地创建整个演示文稿。大纲视图如图6-3所示。

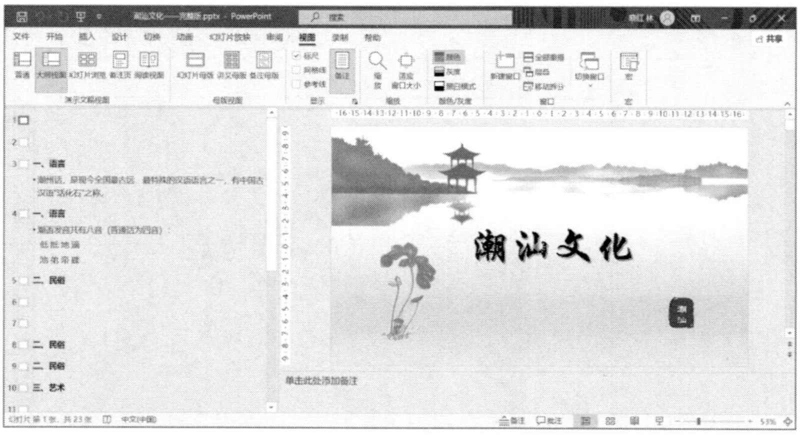

图 6-3　大纲视图

3. 幻灯片浏览视图

幻灯片浏览视图是查看演示文稿中所有幻灯片的缩略图，以轻松地重新排列幻灯片之间的顺序关系，如图 6-4 所示。该模式可以轻松地对演示文稿中的幻灯片顺序进行排列和组织，且可方便地进行幻灯片的复制、移动、删除等操作。不过此种视图不能编辑和修改幻灯片的内容，若要进行编辑修改，应切换到普通视图或大纲视图模式下。

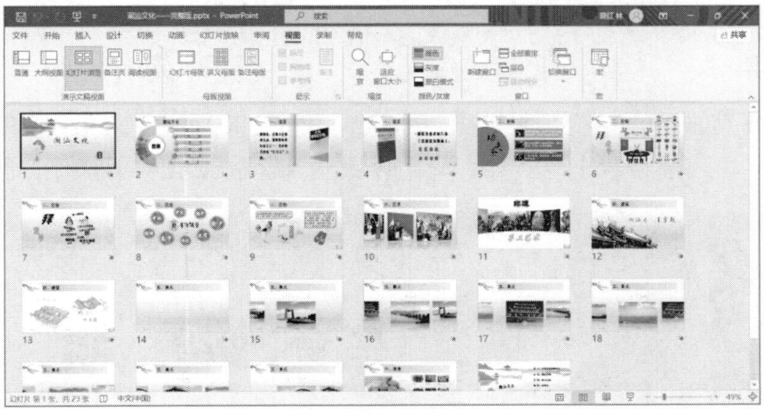

图 6-4　幻灯片浏览视图

4. 备注页视图

备注页视图可以查看演示文稿与备注一起打印的效果，如图 6-5 所示。PowerPoint 每个页面都包含一张幻灯片和演讲者备注，可以在备注页视图中进行备注信息的编辑操作。

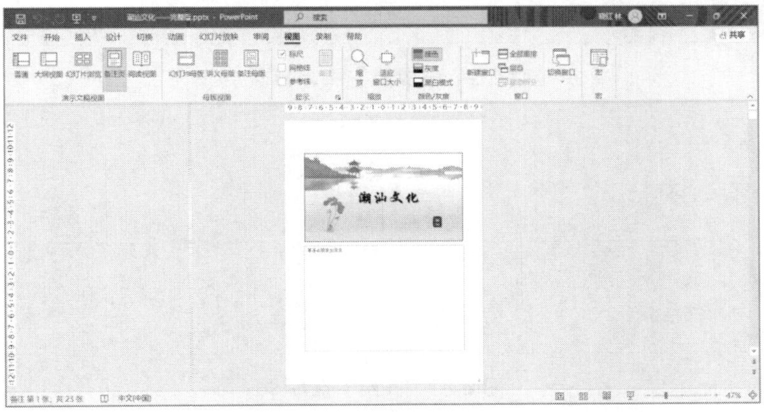

图 6-5　备注页视图

5. 阅读视图

阅读视图是在 PowerPoint 窗口中播放幻灯片，以查看动画和切换效果，而无须切换到全屏幻灯片放映，如图 6-6 所示。

图 6-6　阅读视图

6.2 创建 PowerPoint 2021 演示文稿

本节通过介绍PowerPoint 2021的“文件”菜单和“开始”选项卡，让读者知道演示文稿的创建和保存的基本过程。最后通过一个任务案例，让读者了解演示文稿的创建过程，掌握基本的操作方法。

6.2.1 “文件”菜单

在PowerPoint 2021界面，单击“文件”，就进入PowerPoint 2021的“文件”菜单界面，在这里可进行“新建”“打开”“保存”“另存为”“打印”“共享”，设置“信息”“导出”等操作，如图6-7所示。

图 6-7 “文件”菜单界面

6.2.2 “开始”选项卡

“开始”选项卡如图6-8所示。

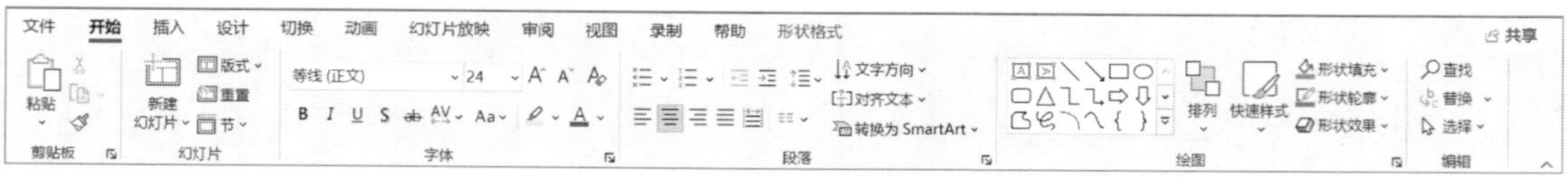

图 6-8 “开始”选项卡

① “剪贴板”组：提供粘贴、剪切、复制、格式刷等工具按钮。

② “幻灯片”组：提供新建幻灯片、设置幻灯片版式、“节”操作等工具按钮。

③ “字体”组：提供字体、字号、字形、字体颜色、字符间距等字体样式工具按钮。

④ “段落”组：提供项目符号、编号、行距、文字方向、对齐方式、分栏等段落样式工具按钮。

⑤ “绘图”组：提供绘制图形形状、排列方式、形状填充、形状轮廓、形状效果、图形快速样式等工具按钮。

⑥ “编辑”组：提供查找、替换、选择等工具按钮。

6.2.3 实例：创建演示文稿

1. 操作要求

本实例要求掌握PowerPoint 2021演示文稿的创建方法，具体目标如下：

① 熟悉PowerPoint 2021的窗口界面。

② 掌握演示文稿的新建、保存。

③ 学会利用“从大纲”向演示文稿导入文本素材。

李源是潮汕地区的文化宣传人员，在“讲好中国故事，推进文化自信”主题活动中，他负责讲好潮汕地区的优秀传统文化故事，推进本地区的文化自信宣传。为配合宣传，他想制作一个生动的演示文稿“潮汕文化.pptx”，来加深人们的印象，提升宣传效果。

李源利用PowerPoint 2021软件，先创建一个演示文稿，要求如下：

① 新建演示文稿并保存文件名为“潮汕文化.pptx”。

② 将编辑好的文本素材文件“文本素材.docx”批量导入当前演示文稿中。

③ 删除空白幻灯片，整理大纲，调整幻灯片顺序。

其大纲如图6-9所示。

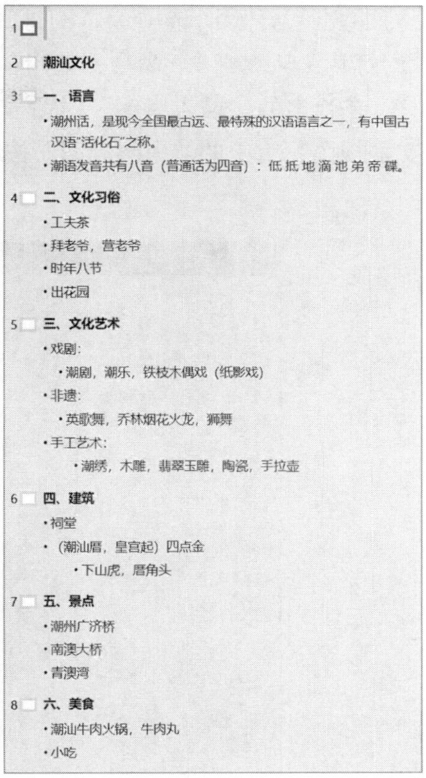

图6-9　演示文稿大纲

2. 操作步骤

（1）新建、保存演示文稿

视 频

新建演示文稿

启动PowerPoint 2021，如图6-10所示，单击“新建”→“空白演示文稿”命令，PowerPoint 2021就创建了一个空白演示文稿，包含一张空白幻灯片，如图6-11所示，默认文件名为“演示文稿1”。

单击“快速访问工具栏”中的“保存”按钮，弹出“保存此文件”对话框，选择位置，输入要保存的文件名“潮汕文化”，最后单击“保存”按钮 保存(S) 即可，如图6-12所示。

保存演示文稿还可以在“文件”菜单中选择“保存”或“另存为”命令完成，如图6-13所示。

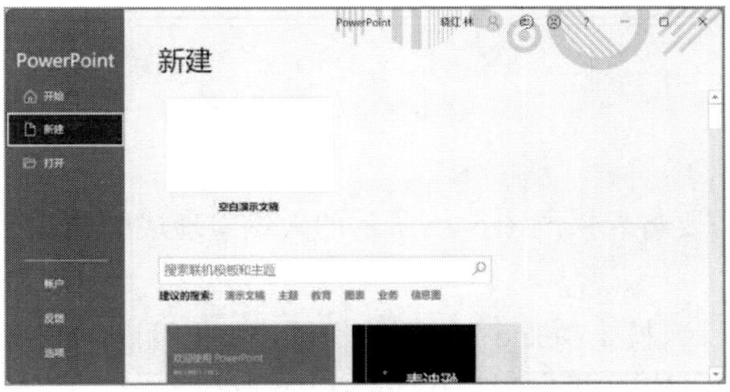

图6-10　启动、新建界面

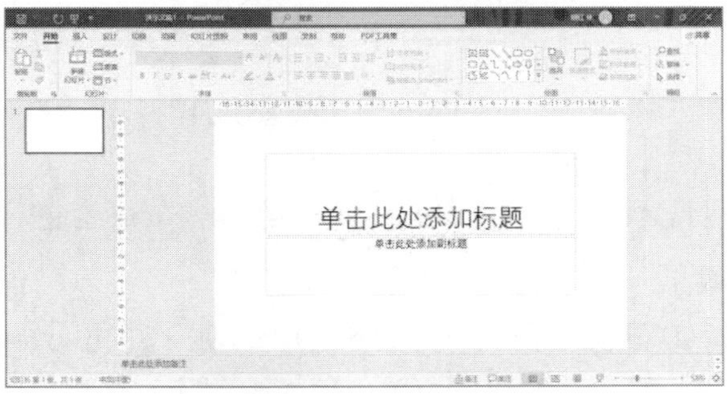

图6-11　创建空白演示文稿

图6-12　“保存”窗口

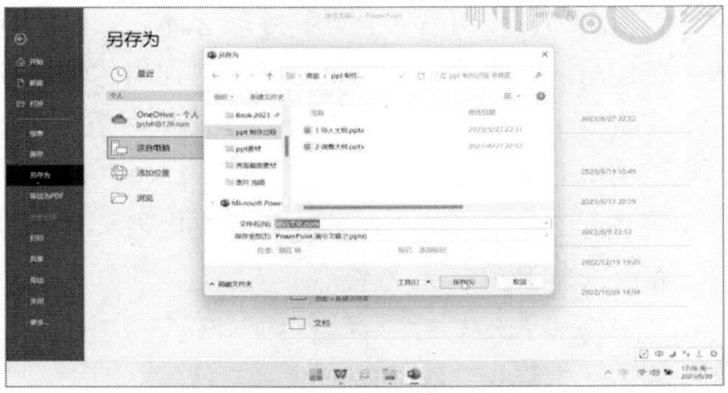

图6-13　“另存为”窗口

（2）导入演示文稿大纲

李源事先在Word中整理提炼出了本演示文稿的文本素材资料文件“文本素材.docx”，将要直接导入的标题文本设置成各级“标题”样式，而其他文本内容则设置成“正文”样式。

单击“开始”选项卡“幻灯片”组中“新建幻灯片”按钮右下角的下拉按钮，在下拉列表中选择“幻灯片（从大纲）”命令，如图6-14所示。

在弹出的“插入大纲”对话框中选择准备好的“文本素材.docx”文件，单击“视图”选项卡“演示文稿视图”组中的“大纲视图”按钮，其大纲如图6-15所示。

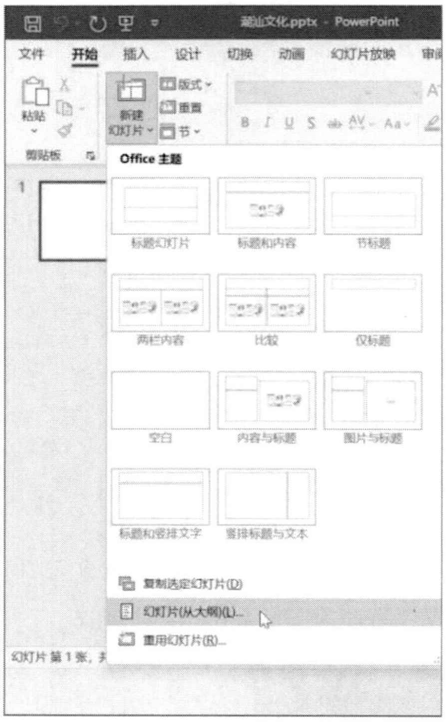

图 6-14　新建幻灯片

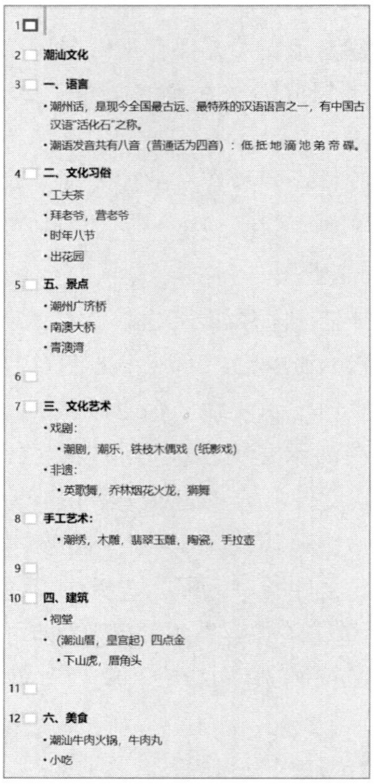

图 6-15　导入的大纲

（3）整理大纲

因为在Word中整理文字素材时，出现一些差错，需要将导入的图6-15所示的大纲整理成图6-9所示的效果。

① 删除空白幻灯片第6、9、11张。单击第6张幻灯片，按【Delete】键删除幻灯片。也可以右击该幻灯片，在弹出的快捷菜单中选择“删除幻灯片”命令。以同样的操作删除其他两张幻灯片。

② 将第5张幻灯片“五、景点”拖动到“四、建筑”之后。

③ 单击第6张幻灯片（标题：手工艺术），按【Tab】键，将该标题降一级，此时该幻灯片和第5张合并为一张幻灯片。也可以右击该标题，在弹出的快捷菜单中选择“降级”命令。

④ 右击第4张幻灯片（标题：二、文化习俗）中的“出花园”，在弹出的快捷菜单中选择“升级”命令，将该文本升为二级文本。

⑤ 右击第5张幻灯片（标题：三、文化艺术）中的“潮绣，……”，在弹出的快捷菜单中选择“升级”命令，将该文本升为二级文本。

⑥ 右击第6张幻灯片（标题：四、建筑）中的“下山虎，……”，在弹出的快捷菜单中选择“降级”命令，将该文本降为三级文本。

“大纲窗格”中的右键快捷菜单如图6-16所示。

完成操作后还要再次保存演示文稿，一般情况下，每完成一项操作就保存一次，要养成随时保存的好习惯。

图 6-16　“大纲窗格”中的右键快捷菜单

6.2.4　小结

1. 根据模板创建演示文稿

新建PowerPoint 2021演示文稿，可以搜索系统或网站上提供的各种各样的模板直接创建类似的演示文稿，如教育、设计、会议等。模板是以文件形式保存的，其扩展名为“.potx”，模板具有统一的外观，甚至包含幻灯片的内容建议或提示，根据提示添加自己的内容即可，从而简化了演示文稿的设计过程。

2. 重用其他演示文稿中的幻灯片

若当前演示文稿想共享使用其他演示文稿中的一张或多张幻灯片，可不必打开其他演示文稿文件，只需单击“开始”选项卡“幻灯片”组中的“新建幻灯片”下拉按钮，选择“重用幻灯片”命令，如图6-17所示。在右侧的“重用幻灯片”任务窗格中单击“浏览”按钮，选择要共享的演示文稿，然后可以选择任意幻灯片插入当前演示文稿中，还可以选择是否“保留源格式”。

图 6-17　“重用幻灯片”任务窗格

3. 制作演示文稿的建议

制作演示文稿时，除了要掌握PowerPoint的操作和使用之外，要使制作的演示文稿有较好的展示效果，可参考以下几点建议。

① 目标明确，表述恰当。

② 逻辑清晰，尽量使用各级编号。

③ 过程简要，只说清晰简明的事物，字尽量少且字体比较大。

④ 具有一定的风格，尽量与所要表达的内容相符合。

⑤ 布局合理，注意版面设计的视觉效果。

⑥ 颜色大方，色调不要过于杂乱，背景色与前景色具有强烈反差，最好是对比色。

⑦ 尽量使用多种媒体表现形式，丰富视觉感受。

⑧ 设置恰当的动态效果。

6.3 幻灯片母版设计

PowerPoint 2021提供了“幻灯片母版”功能来定制统一的样式风格，对演示文稿进行全局设置，包括：设置幻灯片大小，编辑主题，设置背景颜色、字体、效果、样式，各种版式的占位符位置和大小，相同的文本内容或Logo图标等。本节介绍幻灯片母版的制作方法，并通过一个任务案例，让读者掌握幻灯片母版的设计和制作。

6.3.1 幻灯片母版视图

单击“视图”选项卡“母版视图”组中的“幻灯片母版”按钮，如图6-18所示，打开“幻灯片母版”视图，如图6-19所示。

图 6-18 “视图”选项卡

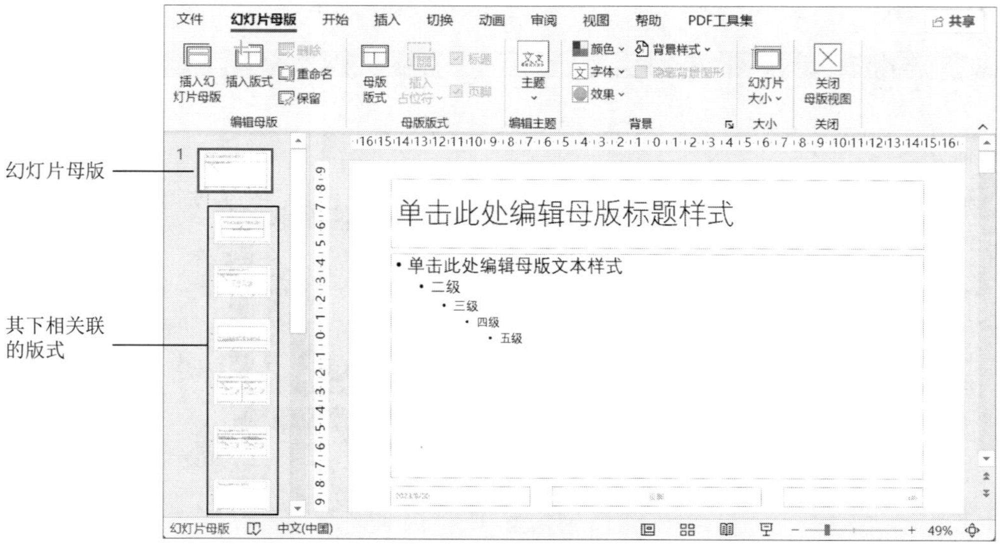

图 6-19 “幻灯片母版”视图

6.3.2 幻灯片大小

对幻灯片进行母版设计，一般第一步是进行幻灯片大小的设置，这样幻灯片的显示效果就确定下来。若是在制作过程中再来更改幻灯片的大小，则幻灯片上的图片和其他图形的大小也将更改，这可能会使它们的显示效果失真。

PowerPoint 2021提供了“标准（4:3）”和“宽屏（16:9）”两种选择，如图6-20（a）所示；当然也可以自定义大小，如图6-20（b）所示。随着宽屏设备（显示器、电视、投影仪）的流行和普及，宽屏（16:9）越来越被更多人青睐和选择，因为使用宽屏（16:9）可以令幻灯片占满整个屏幕，呈现更多的内容，放映效果更好。即使不是宽屏显示器，也可以选择宽屏（16:9）的大小，PowerPoint 2021在放映时会调整幻灯片大小使其适合任意屏幕。

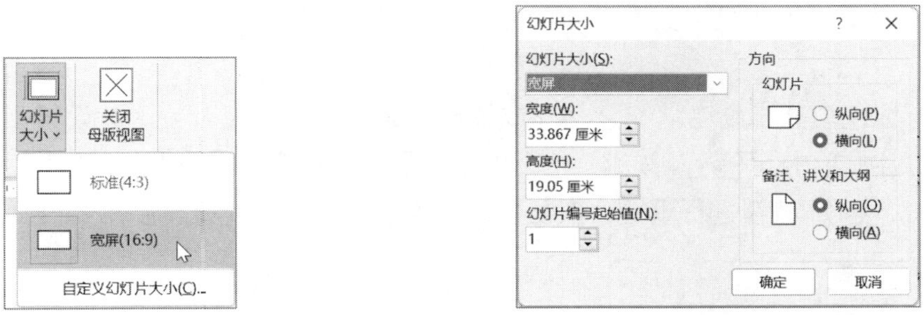

（a）选择幻灯片大小　　（b）自定义幻灯片大小

图6-20　设置幻灯片大小

6.3.3 编辑母版

设置好幻灯片大小，接下来就是编辑母版。在幻灯片母版视图下，PowerPoint 2021默认提供一个幻灯片母版，其下相关联的版式有11种，如图6-21所示。应用版式可帮助用户快速合理地布局一张幻灯片。

幻灯片母版可对这些默认的母版和版式进行插入和删除操作，如图6-22所示的“编辑母版”组。

在缩略图窗格中选择“幻灯片母版”，可在“母版版式”组中设置母版版式，如图6-23所示。

在缩略图窗格中选择母版下相关联的某一个版式，可在该版式幻灯片中插入各种占位符。单击“母版版式”组中的“插入占位符”下拉按钮，如图6-24所示，选择要插入的占位符类别，在幻灯片窗格中的幻灯片上，单击拖动鼠标，就能在幻灯片上插入该类别的占位符，最后调整占位符的位置、大小和格式。

图6-21　内置标准版式

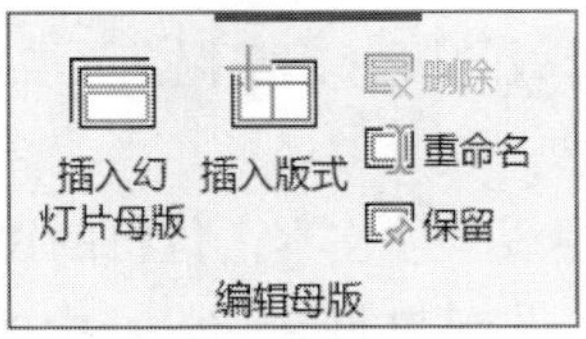

图6-22　“编辑母版”组

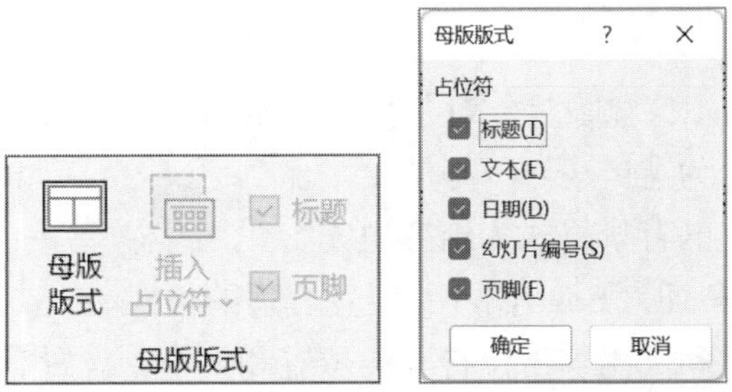

图6-23　“母版版式”设置

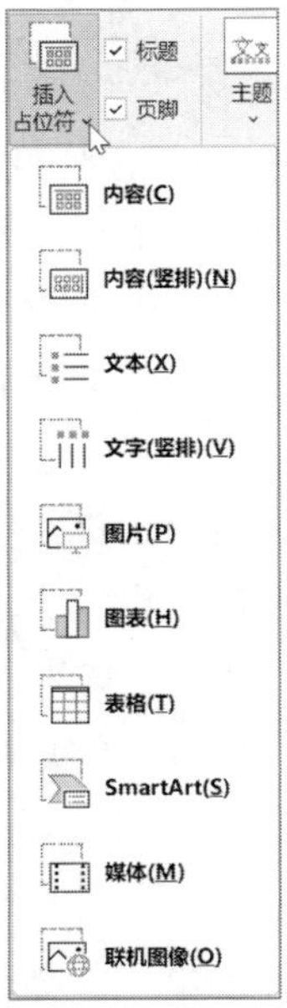

图6-24　插入占位符

在母版中所做的编辑操作一般会体现在其下所有相关联的版式中，从而影响所有幻灯片，但在某个相关联的版式中所做的编辑操作就只影响应用该版式的那些幻灯片。

6.3.4 主题和背景

“主题”是经过保存的一组格式集合，包括背景、颜色、字体、效果、版式设计等。单击“编辑主题”组中的“主题”下拉按钮，下拉列表中是Office提供的一些内置主题库缩略图。选择一款主题，单击鼠标，可以应用到所有幻灯片；也可以右击，在弹出的快捷菜单中选择应用范围，如图6-25所示。

应用主题可以简化设计，当然，在母版中应用主题后还可以根据需求，进一步对格式进行修改和设计。

“背景”用于设置幻灯片背景格式，单击“背景”组中的“背景样式”下拉按钮，选择“设置背景格式”命令，或者单击“背景”组右下角的箭头◱，窗口右侧就打开了“设置背景格式”任务窗格，如图6-26所示。

背景格式有纯色填充、渐变填充、图片或纹理填充和图案填充等方式。设置了某一款背景，其应用范围是所选幻灯片，单击 应用到全部(L) 按钮，把设置的背景应用到演示文稿中所有幻灯片。若对设置的背景不满意，可以单击 重置背景(B) 按钮进行重置，恢复到原始状态，然后再重新设置。

图 6-25 应用“主题”

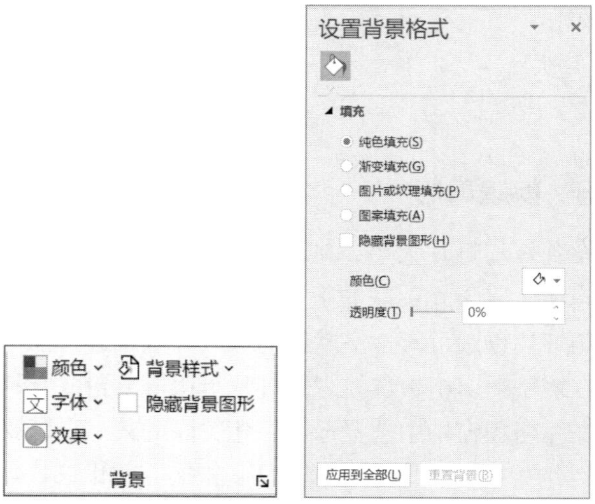

图 6-26 设置“背景”

6.3.5 实例：设计幻灯片母版

视 频

幻灯片母版设计

1. 操作要求

本实例要求理解幻灯片母版的概念，掌握演示文稿的幻灯片母版设计，具体目标如下：

① 理解幻灯片母版的概念。

② 理解占位符的含义，熟练掌握文本占位符的设置。

③ 学会设置幻灯片背景，熟练掌握在幻灯片中插入图片、图形等对象，并进行格式设置操作。熟悉幻灯片中各种对象的编辑、设置操作。

④ 学会设置页眉页脚。

对“潮汕文化.pptx”演示文稿设计幻灯片母版，定制统一的样式，效果如图6-27所示，要求如下：

① 设置“幻灯片大小”为宽屏（16:9）。

② 设置“幻灯片母版”的背景格式为渐变填充。

③“幻灯片母版”左上角插入Logo图片并设置合适的格式。

④ 调整“标题占位符”和“内容占位符”的位置和大小，设置字体格式。

⑤ 在“标题占位符”上插入背景图形，左上角绘制两条直线，并设置合适效果。

⑥ 设置“标题幻灯片版式”效果：隐藏背景图形，插入背景图片，设置效果；调整占位符的位置和大小，设置字体格式。

⑦ 设置页眉页脚。

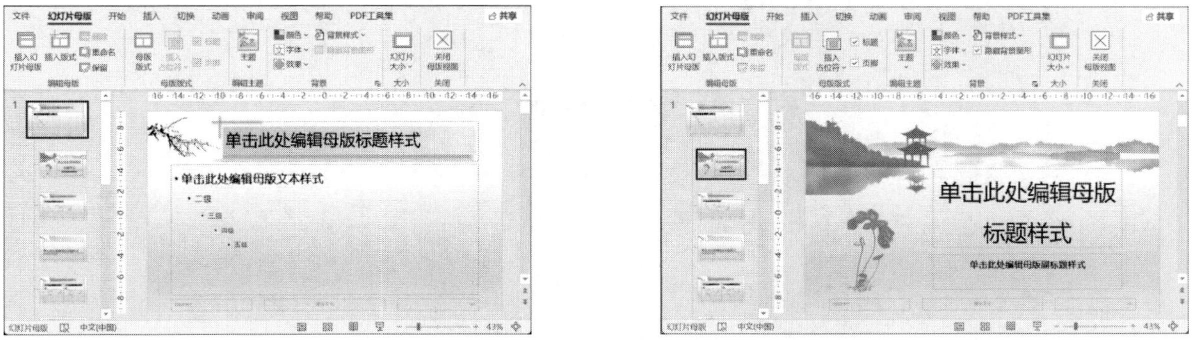

图 6-27　幻灯片母版设计效果

2. 操作过程

（1）设置幻灯片大小

单击“视图”→“母版视图”→“幻灯片母版”命令，在幻灯片母版视图下，单击“大小”组中的“幻灯片大小”下拉按钮，选择“宽屏（16:9）”命令。

（2）设置幻灯片母版背景格式

① 在缩略图窗格中选择“1 幻灯片母版”，单击“背景”组右下角的箭头，工作区右侧会打开“设置背景格式”任务窗格。

② 在“设置背景格式”任务窗格上，选择“渐变填充”→“预设渐变”→“顶部聚光灯 - 个性 3”;“类型”选择“线性”，“方向”选择“线性向下”，其他按默认值，如图 6-28 所示。

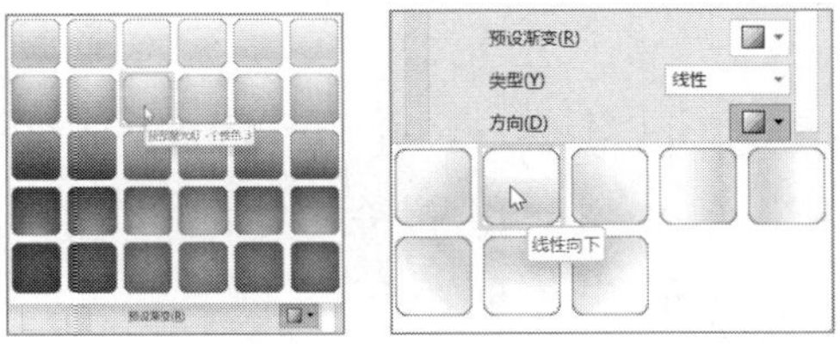

图 6-28　设置背景渐变填充格式

（3）设置幻灯片母版 Logo 图片

① 单击“插入”→“图像”→“图片”下拉按钮，从下拉列表中选择“此设备”命令，弹出“插入图片”对话框，选择准备好的素材图片，然后单击 插入(S) 按钮，如图 6-29 所示。

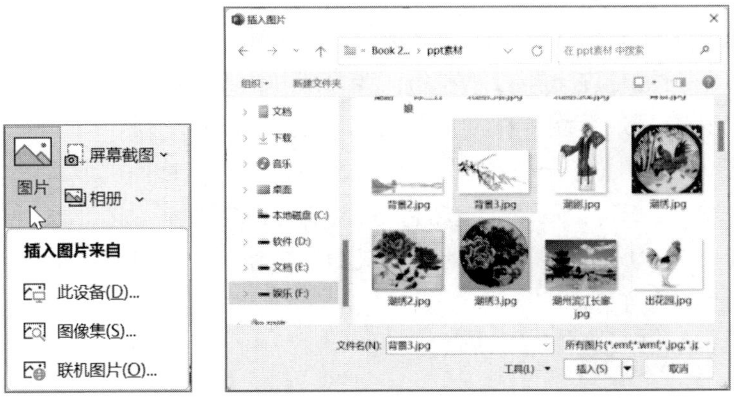

图 6-29　插入图片

② 单击选中图片，这时出现“图片格式”选项卡，如图6-30所示。把图片拖动到幻灯片左上角位置，单击“图片格式”选项卡“调整”组中的“颜色”下拉按钮，选择“设置透明色”，此时鼠标变成样式，把鼠标移到图片白色背景处单击，白色背景就变透明效果了，如图6-31所示。

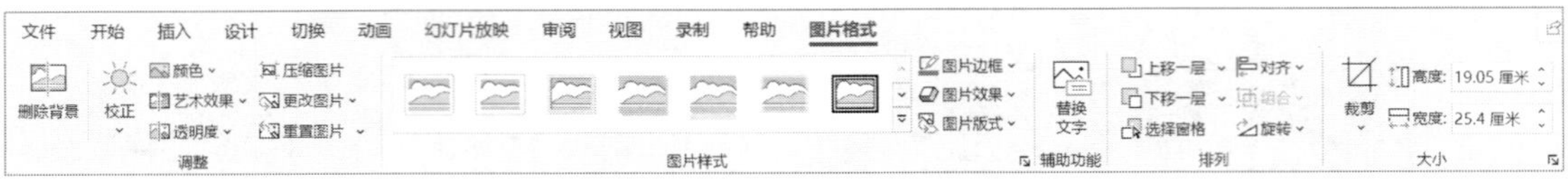

图 6-30 “图片格式”选项卡

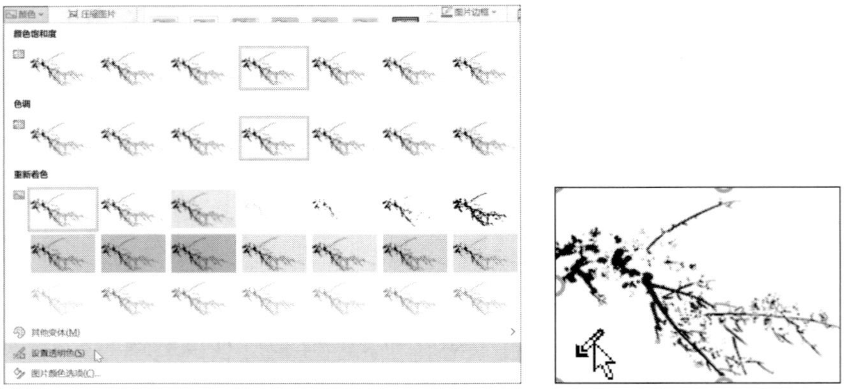

图 6-31 设置透明色

（4）设置标题框和文本框效果

① 单击“标题占位符”文本框，单击文本框中的编辑点并向右拖动，调整“标题占位符”文本框的大小，使其处于Logo图片右侧。

② 单击“标题占位符”文本框，单击“开始”选项卡，在“字体”组中设置字体样式，字体：微软雅黑，字号：44。单击“内容占位符”文本框，设置一级文本样式，字体：幼圆，字号：32，字形：加粗。

③ 单击“插入”选项卡，从“插图”组的“形状”下拉菜单中选择“矩形：减去单角”形状，如图6-32所示。在“标题占位符”文本框位置单击并拖动鼠标，在文本框中绘制一个“减去单角”矩形框。

④ 设置“减去单角”矩形框的格式：选择该矩形框，从“形状格式”选项卡的“形状样式”组中选择样式为“浅色 1 轮廓，彩色填充 - 灰色，强调颜色 3”；单击“形状填充”下拉菜单，选择“渐变”→“变体”→“线性向右”；单击“形状效果”下拉菜单，选择“预设”→“预设5”，如图6-33所示。右击矩形框，在弹出的快捷菜单中选择置于底层(K)。

⑤ 单击“插入”选项卡“插图”组中的“形状”下拉按钮，在下拉菜单中选择线条“直线”，然后在标题框左上角绘制一条横线直线和一条竖线直线。设置“直线”格式：选择其中一条直线，在“形状格式”选项卡的“形状样式”组中，选择“形状效果”→“阴影”→“外部”→“偏移：右下”；选择“形状效果”→“发光”→“发光：5磅；灰色，主题色 3”，如图6-34所示。选择该直线，单击“开始”选项卡“剪贴板”组中的“格式刷”按钮，这时候鼠标变成形状，在另一条直线上单击。

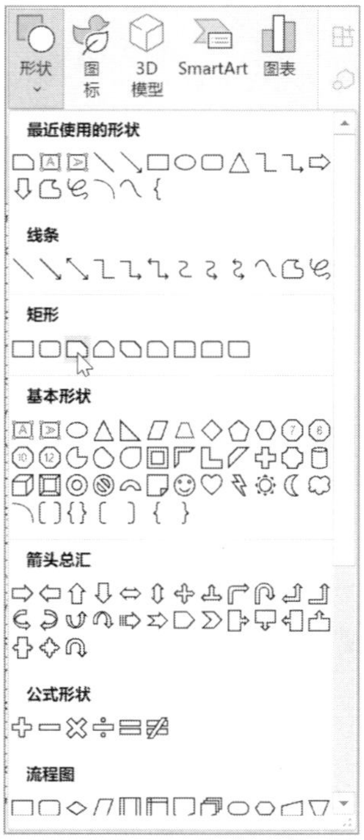

图 6-32 插入图形

以上设置完毕后的效果如图6-27（a）所示。

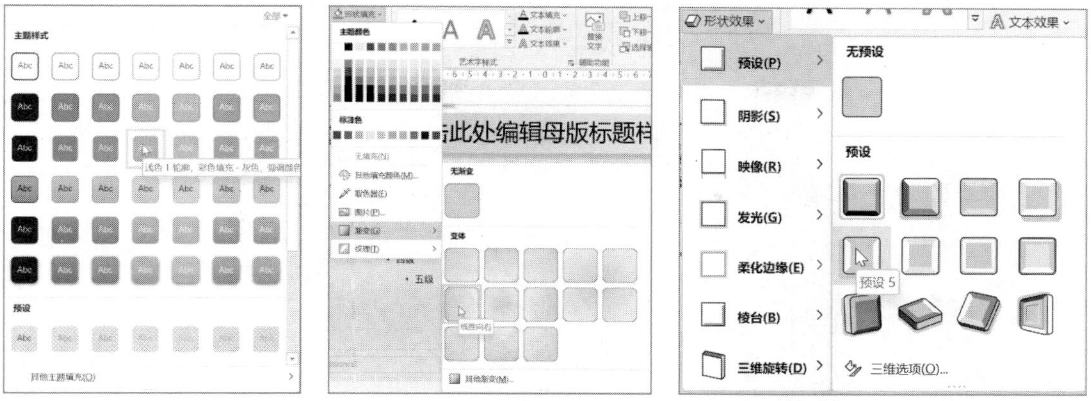

图 6-33　设置“减去单角”矩形框的格式

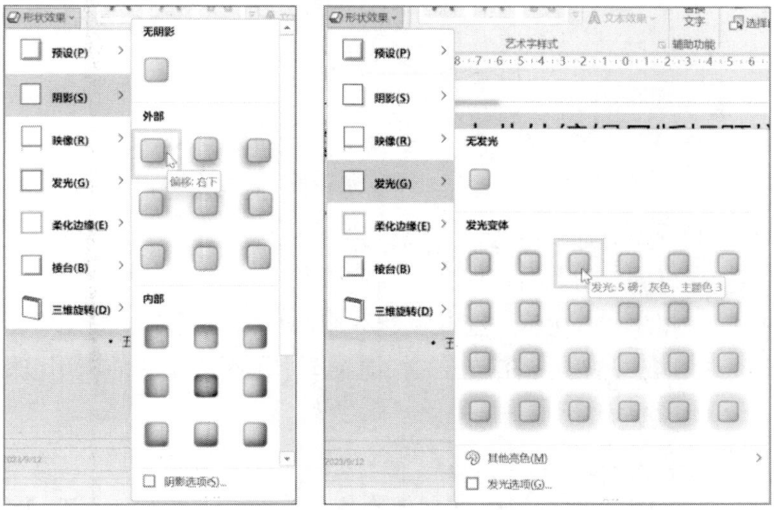

图 6-34　设置“直线”的格式

（5）设置“标题幻灯片版式”

① 在缩略图窗格中选择“标题幻灯片版式”，单击“幻灯片母版”选项卡，在“背景”组中勾选“隐藏背景图形”复选框隐藏背景图形。

② 根据前面插入图片的方法，插入第一张背景图片，调整图片的位置在幻灯片的上方，并设置“颜色”→“设置透明色”，在图片空白背景处右击，在弹出的快捷菜单中选择置于底层(K)。

③ 根据前面插入图片的方法，插入第二张背景图片，调整图片的位置在幻灯片的左下角，选择“设置透明色”“置于底层”。

④ 调整“标题占位符”的位置和大小，单击“开始”选项卡，在“字体”组中设置字体样式，字体：微软雅黑，字号：60。调整“副标题占位符”的位置和大小，设置字体样式，字体：幼圆，字号：24。

以上设置完毕后的效果如图6-27（b）所示。

（6）设置页眉和页脚

单击“插入”选项卡“文本”组中的“页眉和页脚”按钮，如图6-35（a）所示，弹出“页眉和页脚”对话框，选择“幻灯片”选项卡，分别选中“日期和时间”“自动更新”“幻灯片编号”“页脚”“标题幻灯片中不显示”选项，并在“页脚”下面的文本框中输入“潮汕文化”，最后单击全部应用(Y)按钮，如图6-35（b）所示。

（a）“页眉和页脚”按钮　　（b）“页眉和页脚”对话框

图 6-35　插入页眉和页脚

6.3.6　小结

1. 应用主题

PowerPoint 2021提供了一些内置的主题，可以直接应用某一款主题从而快速地使演示文稿具有统一的外观，包括背景、颜色、字体和效果，简化设计过程。

单击“设计”选项卡，如图6-36所示，在“主题”组中单击主题库下拉菜单，将会弹出所有内置主题缩略图列表，选择某一款主题并右击，在弹出的快捷菜单中选择该主题的应用范围，如 应用于所有幻灯片(A)，如图6-37所示。

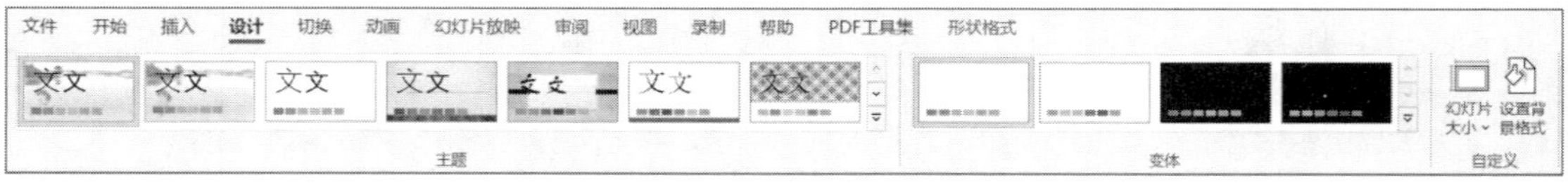

图 6-36　“设计”选项卡

图 6-37　内置主题

2. 保存定制的主题

除了内置主题，用户还可以在网上下载更多“主题”应用到自己的演示文稿中，“主题”是以文件的形式存在的，文件扩展名为“*.thmx”。

也可以把自己设计好的幻灯片母版保存为主题。单击“设计”选项卡，在“主题”组中，单击主题库下拉菜单，选择 保存当前主题(S)... 命令，弹出“保存当前主题”对话框，选择保存的位置（通常按默认位置）、文件名（这里用“潮汕文化母版 主题.thmx”），最后单击保存(S)按钮，如图6-38所示。

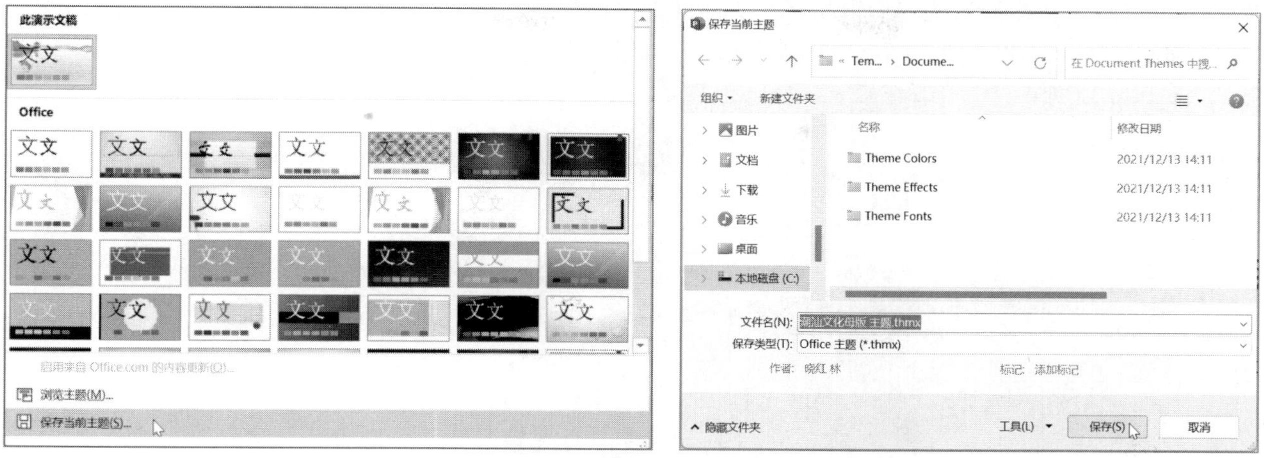

图 6-38　保存主题

6.4　幻灯片内容设计

演示文稿的文字内容和设计风格确定下来之后，还要对幻灯片中的内容进行精心设计，尽量采用多种形式的展示方式，才能得到令人印象深刻的PPT。这些细节上的设计，才是PPT制作的灵魂。具体有：设计封面、目录、封底；插入图片；采用表格、图表、SmartArt图形、音频、视频等多媒体方式进行展示；为目录添加超链接等。本节介绍上述幻灯片内容设计的制作方法，并通过一个任务案例，让读者掌握幻灯片各种对象的插入和编辑操作。

6.4.1　“插入”选项卡

幻灯片上其他媒体对象的插入基本都在“插入”选项卡中操作，包括新幻灯片、表格、图像、插图、加载项、链接、批注、文本（包括文本框、页眉页脚、艺术字）、符号、视频/音频等媒体，如图6-39所示。插入媒体对象之后，会出现相应的工具栏，利用其工具栏，可以对媒体对象进行格式等一系列的设置操作。

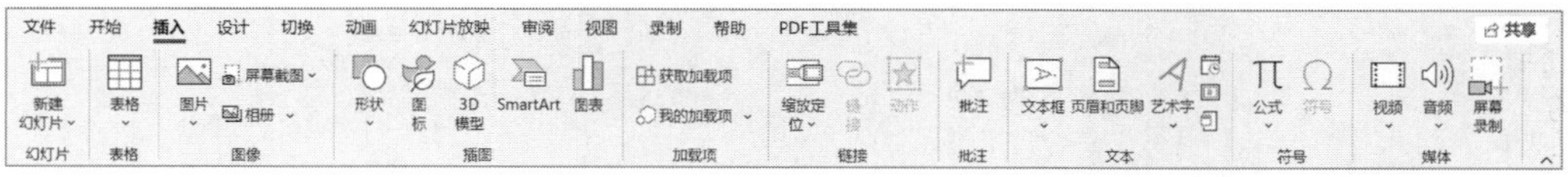

图 6-39　“插入”选项卡

这里与Word通用的功能有：表格、图像插图（除“相册”外）、加载项、批注、艺术字、公式和符号。同样的不再赘述，下面仅介绍PowerPoint独立功能部分。

6.4.2　“相册”功能

PowerPoint 2021提供“相册”功能，可以快速创建一个电子相册PPT演示文稿。单击“插入”选项卡“图像”组中的“相册”下拉按钮，在下拉菜单中选择“新建相册”命令，如图6-40（a）所示。在弹出的“相册”对话框中，单击文件/磁盘(F)...按钮，如图6-41（a）所示。在弹出的“插入新图片”对话框中，选择多张图片（按住【Ctrl】键实现多个不连续文件的选择），最后单击插入(S)按钮，回到“相册”对话框，如图6-41所示。检查确认无误后，单击创建(C)按钮，这时，PowerPoint 2021会自动创建由选定图片组成的电子相册演示文稿，如图6-42所示。

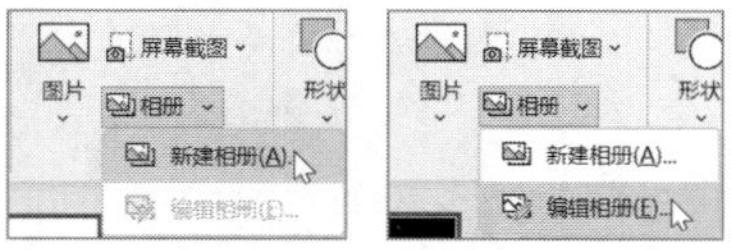

（a）新建　（b）编辑

图 6-40　新建、编辑相册

单击“插入”选项卡“图像”组中的“相册”下拉按钮，在下拉菜单中选择“编辑相册”命令，如图6-40（b）所示。在弹出的“编辑相册”对话框中，可以对创建的相册进行编辑操作，比如删除某些图片、添加某些图片、调整图片顺序、插入文本等。编辑完毕后，单击更新(U)按钮，如图6-41（c）所示。

（a）文件/磁盘　（b）编辑相册　（c）更新

图6-41 “相册”对话框

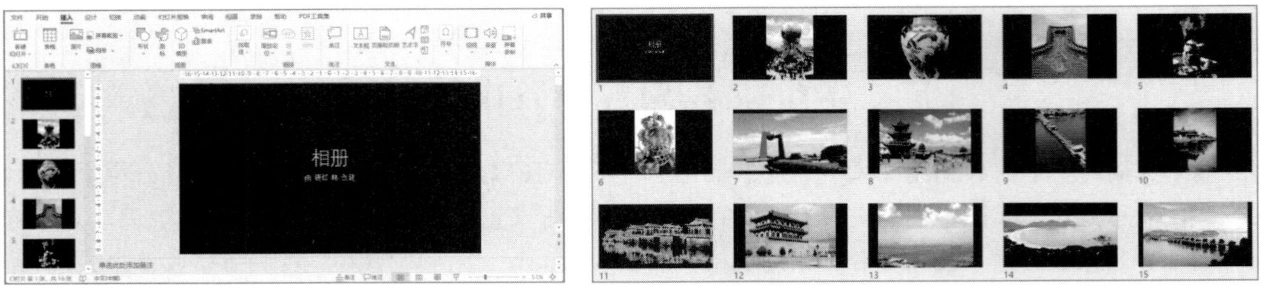

图6-42 创建“相册”演示文稿

6.4.3 新建幻灯片

“开始”选项卡和“插入”选项卡都有新建幻灯片按钮，分别如图6-43（a）、（b）所示。单击“新建幻灯片”下拉按钮，在下拉菜单中选择一款版式，单击后即可在当前幻灯片后面新建一张该版式的幻灯片。若要更改当前幻灯片的版式，可单击“开始”选项卡“幻灯片”组中的“版式”下拉按钮，在下拉菜单中[见图6-43（c）]重新选定一款版式。

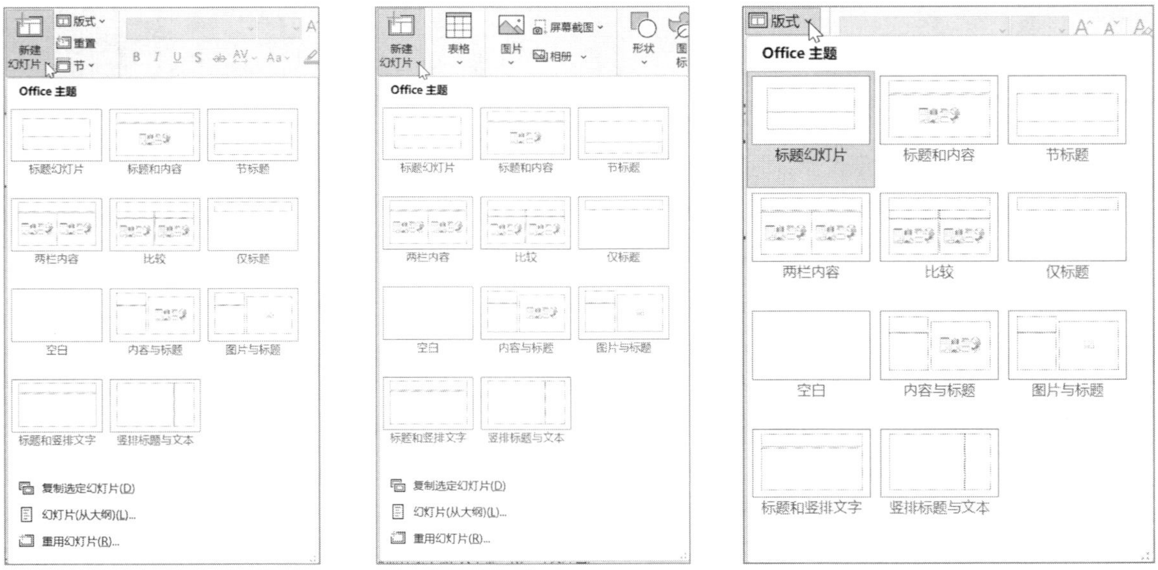

（a）“开始”选项卡中的　（b）“插入”选项卡中的　（c）“版式”下拉菜单

图6-43 新建幻灯片

6.4.4　插入视频

单击“插入”选项卡“媒体”组中的“视频”下拉按钮，在下拉菜单中选择视频素材来源，如此设备(D)...（指本机中保存的视频素材文件），如图6-44（a）所示。在弹出的“插入视频文件”对话框中，选择本机的视频素材文件，最后单击插入(S)按钮，如图6-44（b）所示。

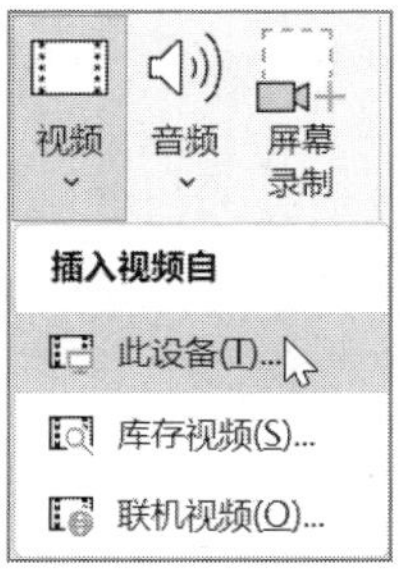

（a）“视频”下拉菜单

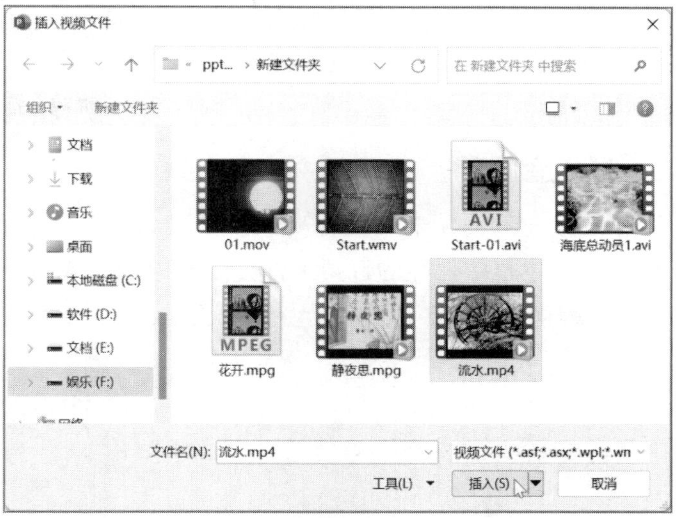

（b）“插入视频文件”对话框

图 6-44　插入“视频”操作

此时，在当前幻灯片上就插入了该视频文件的预览画面，在画面下方有控制条，包括“播放/暂停”“后移”“前移”“音量”等控制按钮，如图6-45所示。单击拖动视频预览画面，可以改变播放位置。画面四周有编辑点，鼠标移到编辑点，单击拖动，可以改变画面的大小。画面上方有旋转按钮，鼠标移到按钮上面单击拖动，可以旋转画面。

图 6-45　视频预览画面

选定视频，选项卡中出现“视频格式”和“播放”两个选项卡，可以对该视频进行更多、更详细的设置操作，如图6-46和图6-47所示。

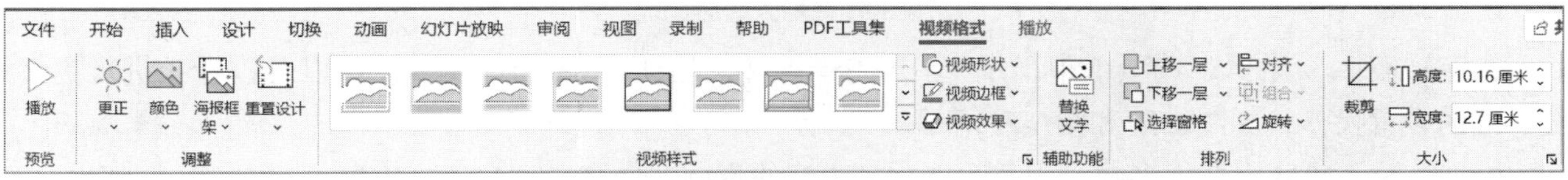

图 6-46　“视频格式”选项卡

PowerPoint 2021支持大多数通用视频格式，主流的视频文件格式有AVI、MP4、WMV、MOV、MPG（MPEG）、ASF等。

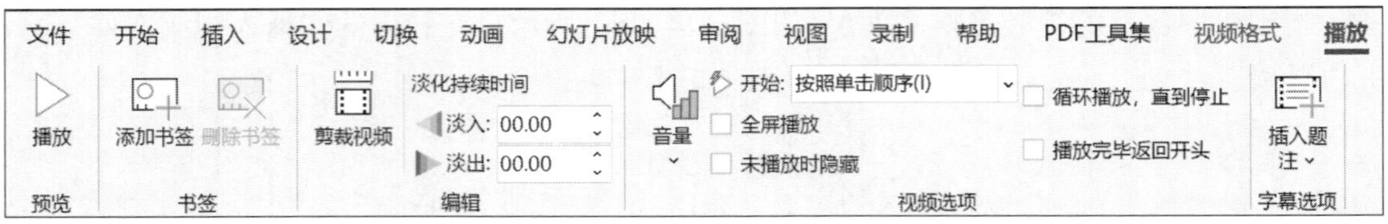

图6-47 “播放”选项卡

6.4.5 插入音频

单击“插入”选项卡“媒体”组中的“音频”下拉按钮，在下拉菜单中选择音频素材来源，如 PC上的音频(P)... （指本机中保存的音频素材文件），如图6-48（a）所示。在弹出的“插入音频”对话框中，选择本机的音频素材文件，最后单击 插入(S) 按钮，如图6-48（b）所示。

（a）“音频”下拉菜单　　（b）“插入音频”对话框

图6-48 插入“音频”操作

此时，在当前幻灯片上出现一个“喇叭”形状的音频文件图标，在图标下方有控制条，包括“播放/暂停”“后移”“前移”“音量”等控制按钮，如图6-49所示。

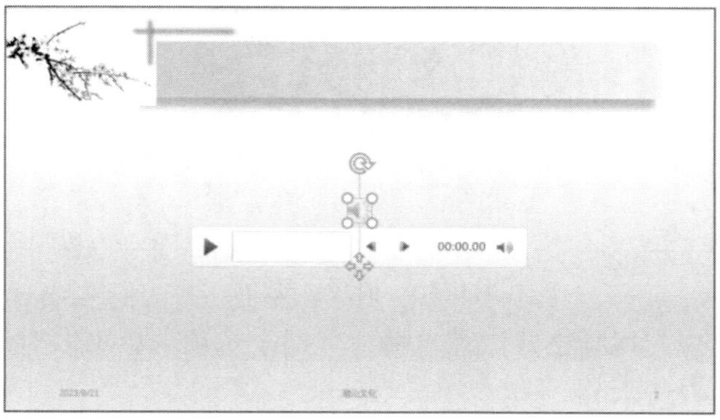

图6-49 插入音频画面

选定“喇叭”图标，选项卡中出现“音频格式”和“播放”两个选项卡，可以对该音频进行更多、更详细的设置操作，如图6-50和图6-51所示。

PowerPoint 2021支持大多数通用音频格式，主流的音频文件格式有MP3、WAV、MID等。

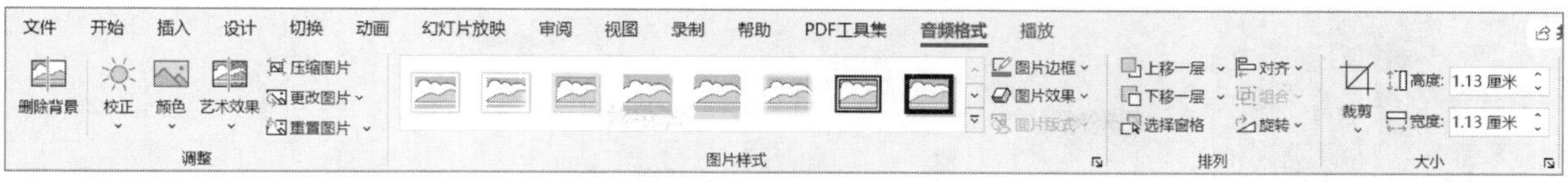

图 6-50　“音频格式”选项卡

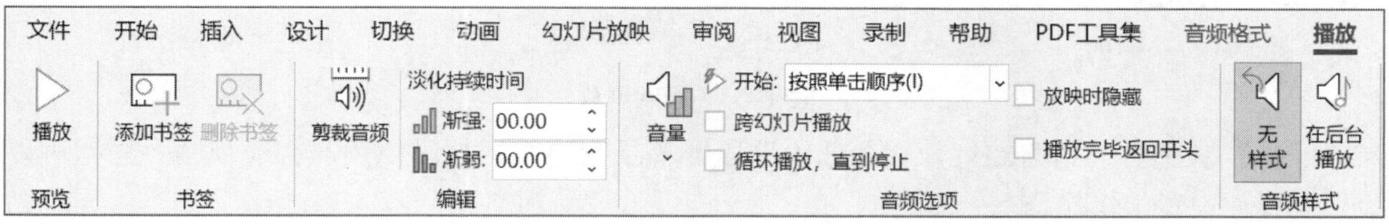

图 6-51　“播放”选项卡

6.4.6　图片“删除背景”功能

PowerPoint 2021 新增图片“删除背景”功能，可以对图片主体部分进行抠图，然后删除背景，实现简单的抠图功能。

插入一张图片，单击“图片格式”选项卡最左边的按钮，功能区出现图 6-52 所示的“背景消除”选项卡。单击按钮，可选择要扣选的区域；单击按钮，可选择要删除的区域；单击按钮，则不执行背景删除操作；单击按钮，则执行当前选定结果的背景删除操作。

图 6-52　“背景消除”工具栏

6.4.7　屏幕录制

PowerPoint 2021 新增屏幕录制功能：录制计算机屏幕和相关音频，然后将录制内容插入幻灯片中。

单击“插入”选项卡“媒体”组中的“屏幕录制”按钮，如图 6-53（a）所示。单击该按钮，打开图 6-53（b）所示工具栏。

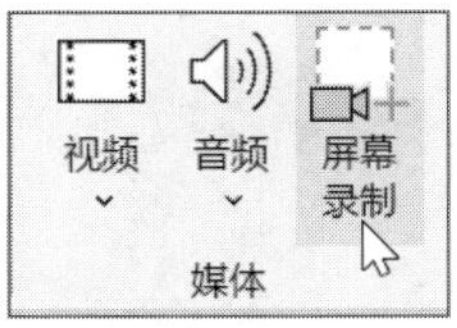

（a）“屏幕录制”按钮

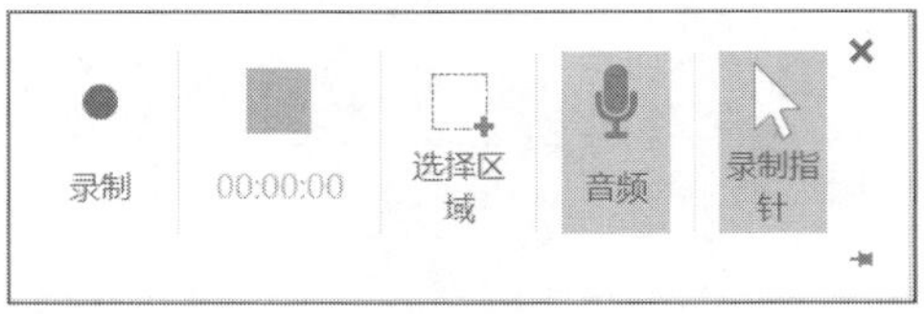

（b）工具栏

图 6-53　“屏幕录制”功能

默认选择录制“音频”和“录制指针”，可以根据需要重新选择。可以选择“选择区域”，这时鼠标光标会变成＋形状，单击拖动鼠标，这时在屏幕上就会划出一个红色虚线框，表示只录制该虚线框之内的屏幕。若不选择，则会录制整个屏幕。

录制选项选择完毕后，单击工具栏中的“录制”按钮，屏幕上就会出现 3 秒倒计时提示窗口，如图 6-54（a）所示，计时结束即进入录制状态。这时，工具栏中出现“暂停”和“停止”按钮供选择，也可通过按【Windows 徽标键 +Shift+R】组合键实现“暂停”操作，按【Windows 徽标键 +Shift+Q】组合键实现“停止”操作，如图 6-54（b）、（c）所示。

（a）3秒倒计时提示窗口

（b）“暂停”按钮

（c）“停止”按钮

图 6-54　录制屏幕

当“停止”录制后，当前幻灯片就会插入这段屏幕录制视频，这段视频与普通视频一样，可以进行格式设置和播放设置等操作。

6.4.8　实例：幻灯片内容设计

1. 操作要求

本实例要求掌握幻灯片各种对象的插入、编辑功能，具体目标如下：

① 设计封面、目录和封底页。

② 熟练掌握幻灯片中各种对象的插入，包括文本框、艺术字、图片、图形、视频、音频等对象。

③ 熟练掌握对幻灯片中各种对象的编辑、设置操作。

④ 领会演示文稿操作要领，恰当使用对象。

⑤ 兼顾内容和外观，注重演示文稿的设计感和表现力。

对设计好幻灯片母版及文本内容的“潮汕文化.pptx”演示文稿，通过对幻灯片内容进行设计，利用多种媒体表现形式，使演示文稿的展现效果更完美，效果如图6-55所示，要求如下：

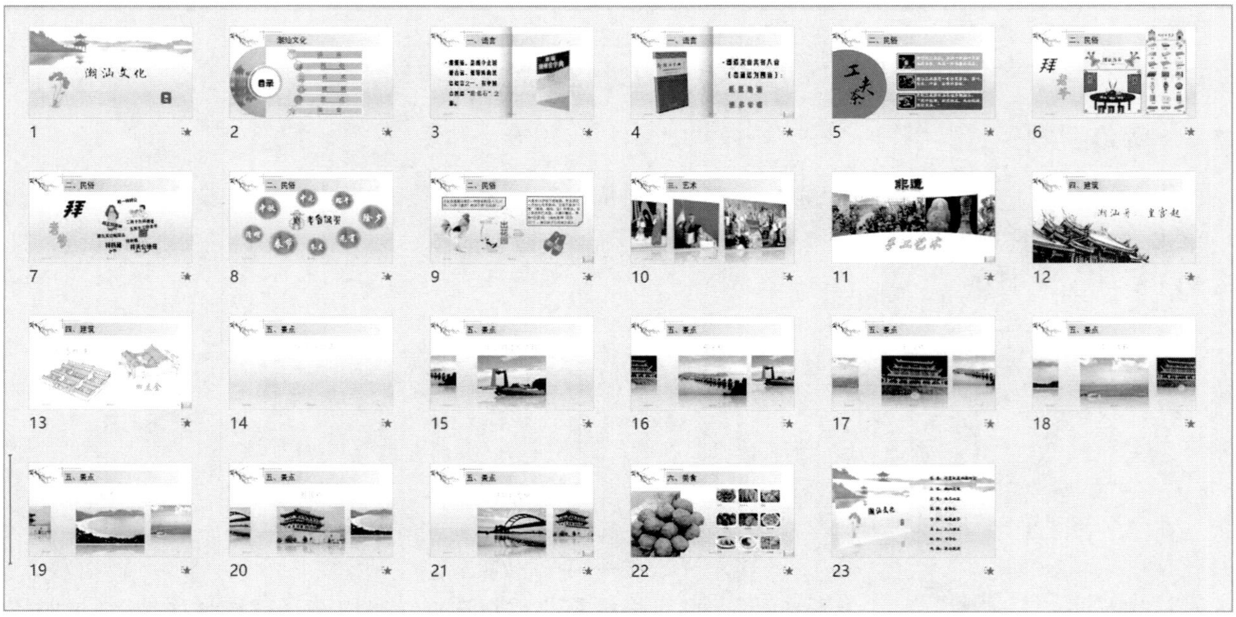

图 6-55　演示文稿浏览效果图

① 设计封面：插入艺术字标题，设计一枚印章Logo。

② 制作目录页，设置目录超链接功能。

③ 为幻灯片各部分内容设计丰富多彩的展示效果。

④ 为各部分结束页幻灯片插入一个返回按钮。

⑤ 设计封底（结束页）：谢幕式。

2. 操作步骤

（1）设计封面

① 选择第1张幻灯片（标题幻灯片），删除标题框和副标题框。操作方法：单击文本框的边缘处，然后按【Delete】键。

视 频

设计封面

② 插入艺术字标题。单击“插入”选项卡“文本”组中的“艺术字”下拉按钮，选择第3行第1列“填充：黑色，文本色 1；边框：白色，背景色 1；清晰阴影：白色，背景色 1”，如图6-56图所示。输入文字“潮汕文化”，然后选定该艺术字文本框，在“开始”选项卡的“字体”组中，设置该艺术字字体“华文行楷”，字号“96”，调整艺术字处于幻灯片合适位置。

③ 设计印章Logo。操作方法：插入印章背景图片，单击“插入”选项卡“图像”组中的“图片”下拉按钮，在下拉菜单中选择“此设备”命令，在“插入图片”对话框中选择准备好的红色印章背景图片素材，单击“插入”按钮；选择该图片，在“图片格式”工具栏的“大小”组中，设置“高度”为“2.5厘米”，其他按默认设置；在“调整”组中，单击“颜色”下拉按钮，选择“设置透明色”命令，然后在该图片背景处单击，消除图片的黑色背景；把图片拖动到幻灯片右下方合适位置。单击“插入”选项卡“文本”组中的“文本框”下拉按钮，选择“竖排文本框”命令，在幻灯片上单击，输入文字“潮汕”；在“开始”选项卡的“字体”组中，设置该文本框字体为“华文隶书”，字号为“24”，字体颜色为“白色”；把该文本框拖动到印章背景图片上方，调整合适位置。选定文本框，按住【Ctrl】键，把鼠标指针移动到印章背景图片右下角，当指针出现“+”形状时单击，一起选中文本框和图片，在选定区上右击，在弹出的快捷菜单中选择“组合”→“组合”命令，把印章背景和文本框组合成一个整体。

第1张幻灯片封面页制作之后效果如图6-57所示。

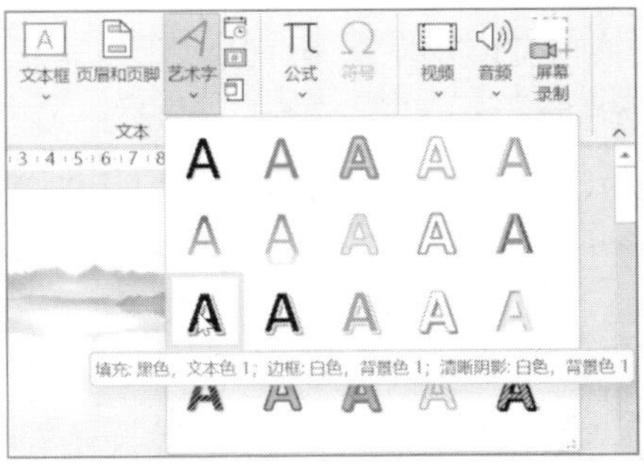

图 6-56　插入“艺术字”

图 6-57　封面幻灯片制作效果

（2）制作目录页

① 选择第2张幻灯片，单击“插入”选项卡“插图”组中的“形状”下拉按钮，选择“基本形状”类的“椭圆”形状，然后在幻灯片上单击拖动鼠标，绘制一个圆；在“形状格式”选项卡的“大小”组中，设置圆的高度和宽度均为“7厘米”。再选择“基本形状”类的“空心弧”形状，在幻灯片上绘制一个空心弧；在“形状格式”选项卡的“排列”组中，选择“旋转”→“向左旋转90°”命令，在“大小”组中设置其高度和宽度均为“15厘米”，如图6-58所示。把空心弧拖动到幻灯片左下角位置，把圆拖动到空心弧的空心里，间隔一条小缝。效果如图6-59所示。

视 频

制作目录页

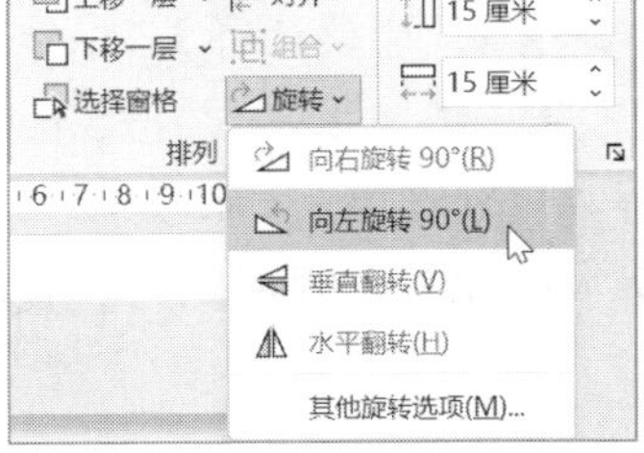

图 6-58　设置“空心弧”格式

图 6-59　“空心弧”和“圆”的摆放位置

② 同时选择圆和空心弧，单击“形状格式”选项卡“插入形状”组中的“合并形状”下拉按钮，选择“结合”命令；右击图形，在弹出的快捷菜单中选择“设置形状格式”命令，这时在工作区右侧就会出现“设置形状格式”任务窗格，如图6-60所示。

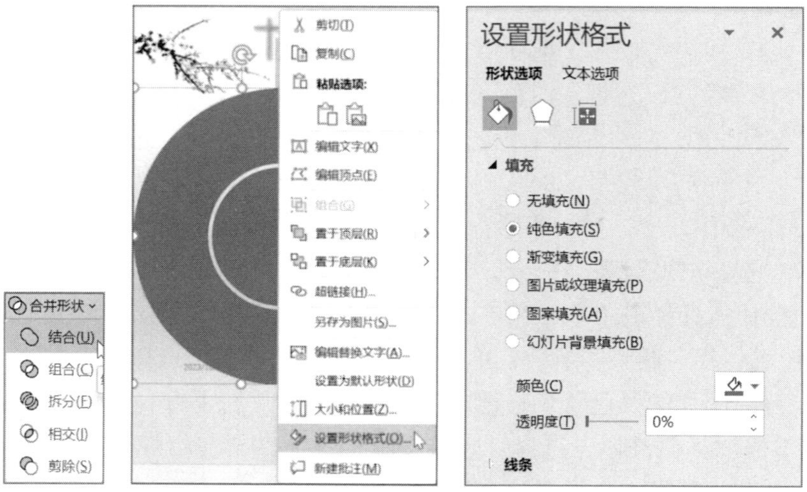

图 6-60　形状结合并设置形状格式

③ 在“设置形状格式”任务窗格上，将“形状选项”的“填充”设置为“图片或纹理填充”。单击图片源插入(R)...按钮，在弹出的“插入图片”对话框中单击“来自文件”按钮，打开“插入图片”对话框，选择准备好的一张图片素材。将透明度设置为“40%”，“线条”选择“无线条”。设置后效果如图6-61（a）所示。

④ 再插入一个椭圆形状，绘制一个圆，设置其高度和宽度均为“6厘米”，把它拖动到“7厘米”圆的中心，设置“白色”纯色填充，无线条，在右键快捷菜单中选择编辑文字(X)命令，在光标处输入“目录”，并设置字体为“华为琥珀”，字号为“48”，字体颜色为“黑色”。设置后效果如图6-61（b）所示。

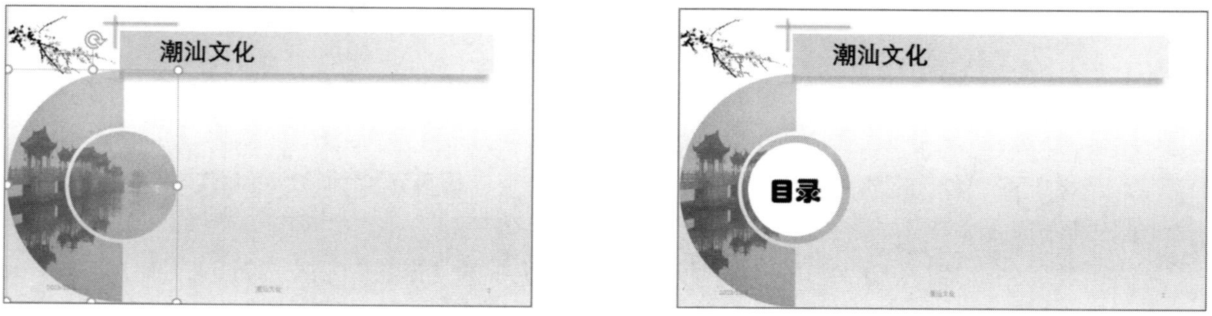

（a）　　（b）

图 6-61　用“形状”制作“目录”标题的效果图

⑤ 插入SmartArt图形，制作目录内容。单击“插入”选项卡“插图”组中的SmartArt按钮，在弹出的“选择SmartArt图形”对话框中，选择“列表”类中的“垂直曲形列表”。单击“SmartArt设计”选项卡“SmartArt样式”组中的更改颜色下拉按钮，选择与演示文稿风格接近的“个性色3”→“透明渐变范围 -个性色3”。在“创建图形”组中，单击添加形状下拉按钮，选择在后面添加形状(A)，连续选择3次，共添加6个文本框。在“格式”选项卡中，设置“大小”高度为“15厘米”，宽度为“16厘米”，并把SmartArt图形拖动到合适位置。在每个文本框中输入各小标题内容，并设置字体为“微软雅黑”，字号为“32”，加粗，黑色，居中对齐。按上一步对形状填充图片效果的操作方法，对文本框前面的圆形图形设置相应的填充图片，透明度设置为“40%”。最后效果如图6-62所示。

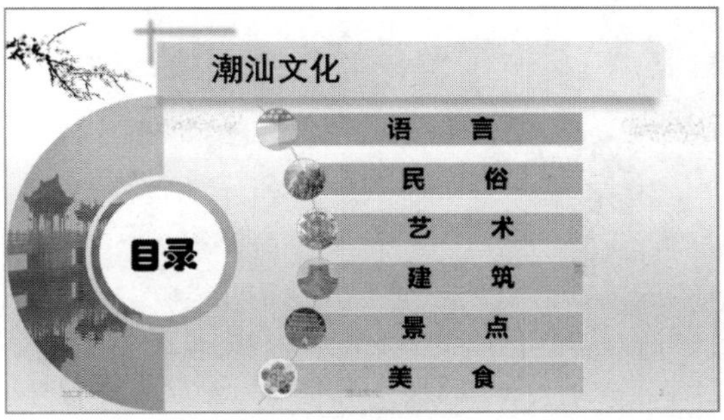

图 6-62　“目录页”效果图

（3）设计每部分内容的幻灯片

① 为“一、语言”制作翻页效果。

选择第3张幻灯片“一、语言”，单击文本框，在“形状格式”选项卡的“大小”组中，设置宽度为“12.5厘米”。利用“矩形”工具，绘制一个长条矩形，高度与幻灯片高度一样，宽度为“4厘米”，把矩形放置在页面中心靠左的位置（右侧边框处于页面中间）；在矩形的右键快捷菜单中选择“设置形状格式”命令，打开“设置形状格式”任务窗格，设置如下：线条“无线条”，渐变填充，角度“0°”，三个渐变光圈都填充为“黑色”，左边光圈透明度为“100%”，中间光圈透明度为“90%”，右边光圈透明度为“64%”，适当调整一下三个光圈的位置。设置参数如图6-63所示。

视 频

语言和民俗

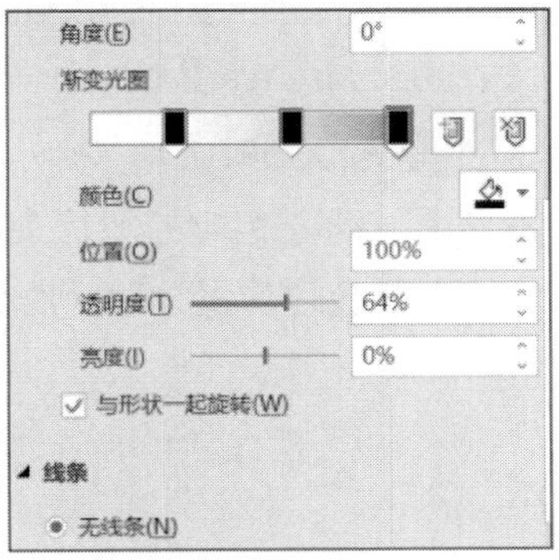

图 6-63　“矩形”图形设置参数

右击第3张幻灯片，在弹出的快捷菜单中选择 复制幻灯片(A) 命令。

选择第3张幻灯片，利用“插入”选项卡的“图片”命令插入“新编潮州音字典”图片素材，把图片放置在幻灯片右侧位置，单击“图片格式”选项卡“图片样式”组中的 图片效果 下拉按钮，选择“预设”→“预设12”，适当调整一下图片大小以适应版面。设置参数如图6-64（a）所示。选择文本框，删除第2段文字，并设置字体为“方正姚体”，字号为“32”，加粗；1.5倍行距。适当调整一下文本框的位置和大小。

选择第4张幻灯片，把文本框和图片位置对调，删除文本框第1段文字，并设置相应的字体格式，插入第2张图片素材。操作方法和第3张幻灯片类似，设置参数如图6-64（b）所示。

（a）　　（b）

图 6-64　图片效果设置

最后第3、4张幻灯片“一、语言”的制作效果如图6-65所示。

图 6-65 “一、语言”制作效果图

② 为“二、民俗”制作图文并茂效果。

a. 设计、制作“工夫茶”幻灯片内容。

选择第5张幻灯片“二、民俗”，删除幻灯片上面的文本框，右击幻灯片，在弹出的快捷菜单中选择 复制幻灯片(A) 命令，复制3张幻灯片。

选择第5张幻灯片，插入一个“椭圆”形状，设置其“大小”高度为“15厘米”，宽度为“17厘米”，并把它放置在幻灯片左下角合适的位置。

插入一张“工夫茶”文字图片，把它放置在“椭圆”形状右侧位置。单击“图片格式”选项卡“调整”组中的 颜色 下拉按钮，选择 设置透明色(S) 命令，然后在图片白色背景处单击，插入一个“垂直图片列表”SmartArt图形，在“格式”选项卡中，设置“大小”高度为“12厘米”，宽度为“18厘米”；在“SmartArt设计”选项卡中，单击 更改颜色 下拉按钮，选择“彩色”→“彩色范围 - 个性色3至4”。在SmartArt图形中，插入相应的图片素材和文本文字，并设置文本的字体格式为：“楷体”“24号”。把图形放置在幻灯片右侧合适位置，第5张幻灯片制作效果如图6-66所示。

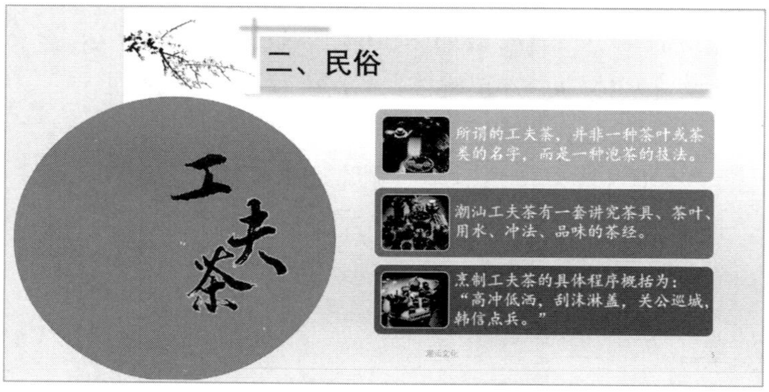

图 6-66 “二、民俗——工夫茶”制作效果

b. 设计、制作“拜老爷”幻灯片内容。

选择第6张幻灯片，插入一个“艺术字”，样式为第3行第1列，文字修改为“拜”，设置字体格式：微软雅黑，96号，加粗，倾斜，文字阴影。再插入一个“艺术字”，样式为第1行第3列，文字修改为“老”，设置字体格式：华文行楷，80号，加粗，文字阴影。复制“老”艺术字，把文字修改为“爷”。以上三个艺术字错落有致摆放在幻灯片左侧位置。插入两张图片素材，设置合适的高度，并摆放在幻灯片右侧位置。制作效果如图6-67（a）所示。

复制第6张幻灯片，选择复制后的第7张幻灯片，适当修改一下三个艺术字的字体格式和摆放位置，删除原来的两张图片，重新插入另一张图片素材，设置背景透明色，摆放在幻灯片中间偏右位置，使版面和谐。第6、7张幻灯片制作效果如图6-67（b）所示。

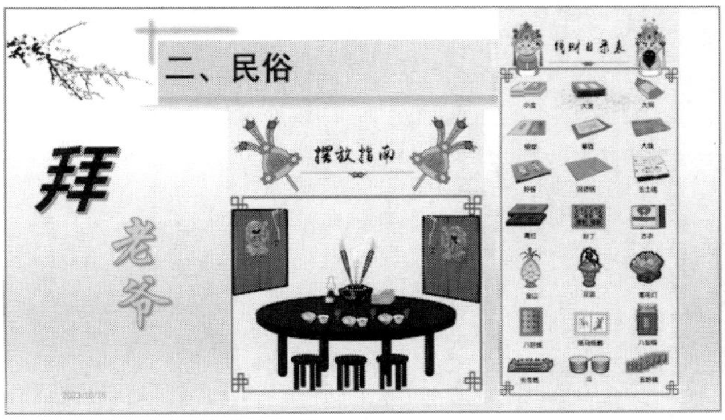

（a）

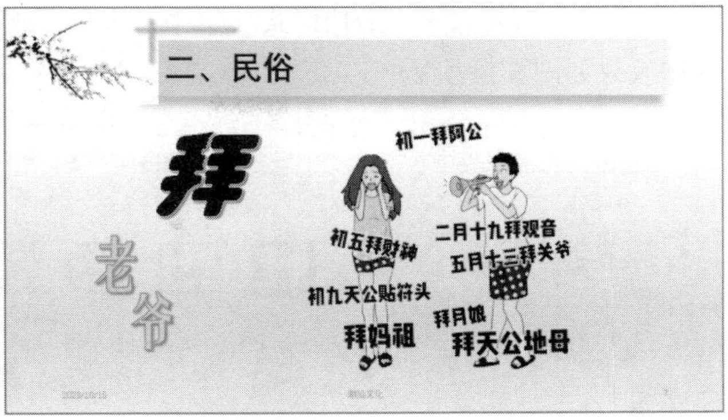

（b）

图 6-67　“二、民俗——拜老爷”制作效果

选择第 8 张幻灯片，插入一张“老爷保贺”图片素材，设置背景透明色，将其放置在幻灯片中间位置。插入一张圆形墨迹晕染图片素材，设置背景透明色。插入一个“艺术字”，样式为第 1 行第 1 列“填充：黑色，文本色 1；阴影”，文字修改为“春节”，设置字体格式：华文行楷，66 号，白色。把“春节”艺术字放置在圆形墨迹晕染图片上面居中位置，单击拖动图片的编辑点更改其大小以适应艺术字。按住【Ctrl】键的同时选择图片和艺术字，在选定区上右击，在弹出的快捷菜单中选择“组合”→“组合”命令。选择“组合”图文，复制，粘贴 7 次，对 8 个图文围绕“老爷保贺”图片进行排列，并把其余 7 个图文的艺术字内容分别改为“元宵”“清明”“端午”“中元”“中秋”“冬至”“除夕”；适当调整图文大小和艺术字字号，使排列更具错落感。制作效果如图 6-68 所示。

c. 设计、制作“出花园”幻灯片内容。

选择第 9 张幻灯片，插入一张“出花园”图片素材，设置背景透明色，把它放置在幻灯片中间位置。插入两个文本框，编辑相应的文本内容，分别放置在幻灯片的中上方和右下角，设置字号 20、加粗字体格式。再插入两张图片素材，分别放置幻灯片左下角和右上角，调整图片、文本框的大小和布局，以适应版面。再插入一个“矩形：折角”形状，覆盖住第一个文本框，设置填充“纯色填充”→颜色“红色”→透明度“90%”。同样再插入一个“矩形：折角”形状，覆盖住第二个文本框，设置填充“纯色填充”→颜色“黑色”→透明度“95%”。第 9 张幻灯片制作效果如图 6-69 所示。删除第 10 章幻灯片“出花园”。

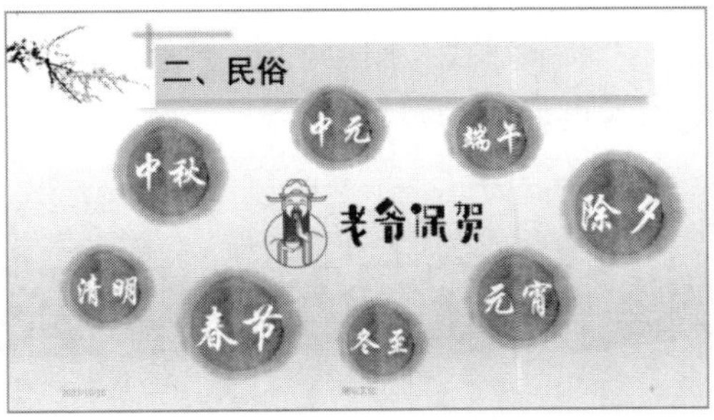

图 6-68　“二、民俗——时年八节”制作效果

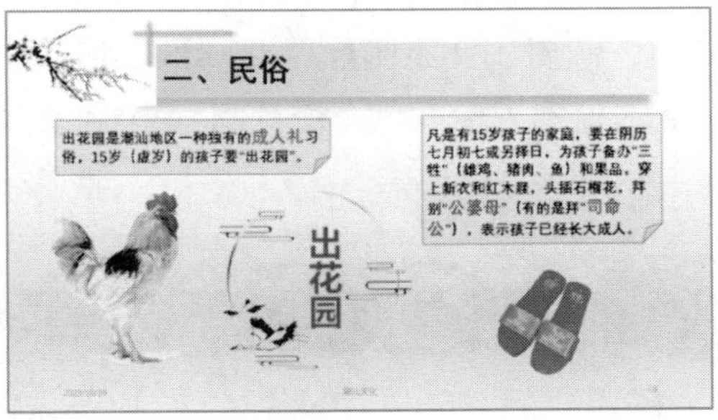

图 6-69　“二、民俗——出花园”制作效果

③ 为“三、艺术”制作轮播效果（配合后面的“动画”设置）。

视频

艺术和建筑

a. 设计、制作“潮剧”幻灯片内容。

选择第 10 张幻灯片“三、艺术”，删除幻灯片上面的文本框，右击幻灯片，在弹出的快捷菜单中选择“复制幻灯片(A)”命令。

选择第 10 张幻灯片，插入若干张潮剧的图片素材，把所有图片都设置高度为“10 厘米”，缩小幻灯片显示比例，把所有图片头对尾排成一行，然后全选图片并右击，在弹出的快捷菜单中选择“组合(G)”命令，把组合图片放置在幻灯片内容垂直居中位置。然后复制一份出来，与原来的组合图片头尾对齐，再次“组合”，把组合图片右侧对齐幻灯片右侧边缘，居中放置。选择组合图片，在

“图片格式”选项卡的“图片样式”组中，选择“映像右透视”样式，如图6-70所示。最后第10张幻灯片制作效果如图6-71所示。

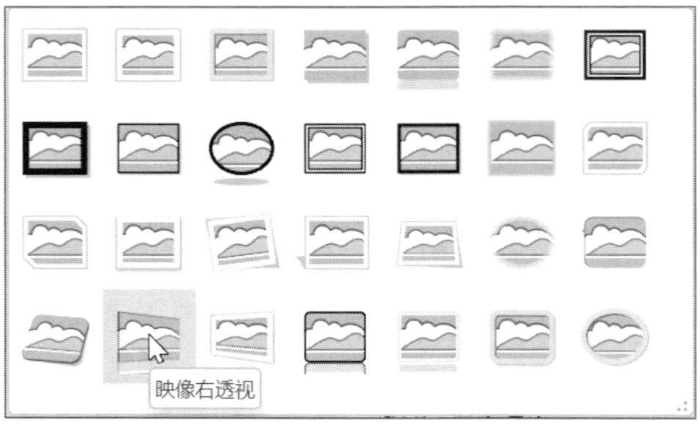

图6-70　组合图片样式设置

图6-71　“三、艺术——潮剧”制作效果

b. 设计、制作“非遗”“手工艺术”幻灯片内容。

方法类似上面，选择第11张幻灯片，插入若干张非遗和手工艺术的图片素材，把所有图片都设置高度为“10厘米”，缩小幻灯片显示比例，把所有图片头对尾排成一行，然后全选图片并右击，在弹出的快捷菜单中选择 组合(G) 命令，在“图片格式”选项卡中设置“垂直居中”对齐。然后复制一份出来，与原来的组合图片头尾对齐，再次“组合”，把对接处放置在幻灯片中间位置。

绘制一个长条椭圆形状，盖住图片顶部，填充为白色，无线条；再复制一份放到图片底端。在顶部椭圆上面插入“非遗”艺术字，设置字体为“华文隶书”，字号为“88”；在“形状格式”选项卡的“艺术字样式”组中，设置文本填充为“蓝色”（RGB值：0，0，255），文本轮廓为“黑色”，文本效果为“映像”→“全映像：接触”。在底端椭圆上面插入“手工艺术”艺术字，设置字体为“华文行楷”，字号为“88”，加粗，倾斜，文字阴影；在“形状格式”选项卡的“艺术字样式”组中，设置文本填充为标准色“黄色”，文本轮廓为标准色“橙色”。第11张幻灯片最后制作效果如图6-72所示。

图6-72　“三、艺术——非遗、手工艺术”幻灯片制作效果

④ 为“四、建筑”制作古典风效果。

选择第12张幻灯片“四、建筑”，删除幻灯片上面的文本框，右击幻灯片，在弹出的快捷菜单中选择 复制幻灯片(A) 命令，复制幻灯片。

在第12、13张幻灯片上，插入相关的图片素材和艺术字，设置合适的效果，并放置在幻灯片上合适的位置，使版面摆放整齐。第12、13张幻灯片最后制作效果如图6-73所示。

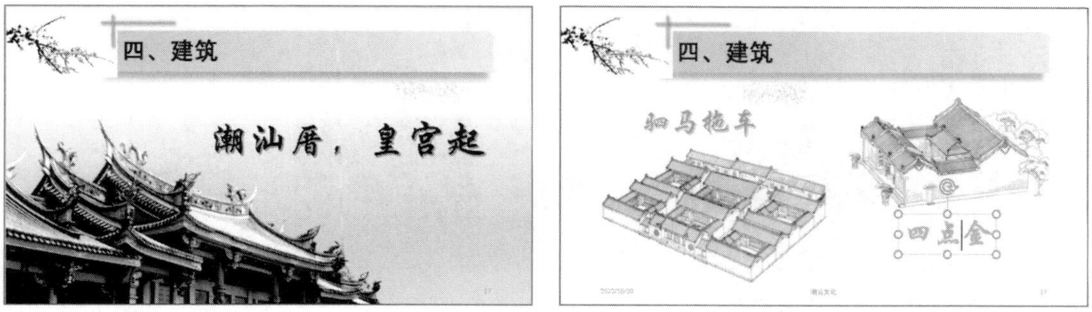

图 6-73　“四、建筑”幻灯片制作效果

⑤ 为“五、景点”制作图片展示效果（配合后面的“切换”设置）。

视 频
景点

选择第14张幻灯片“五、景点”，删除幻灯片上面的文本框。

插入7张景点图片素材，对每一张图片均裁剪为“16:9”大小，操作如下：选择一张图片，单击“图片格式”选项卡“大小”组中的裁剪下拉按钮，选择纵横比(A)→“横向”→“16:9”。全选这7张图片，设置高度为“6厘米”。然后把图片头对尾排成一行，全选图片，单击“图片格式”选项卡“图片样式”组中的图片效果下拉按钮，选择映像(R)→“映像变体”第一个“紧密映像：接触”。接着把图片拖动到画布左侧外面，在幻灯片页面上插入一个“潮汕景点介绍”艺术字，字体为“方正姚体”，字号为“44号”，加粗；艺术字样式为第3行第1列；水平居中对齐。

复制第14张幻灯片，把图片往右移动到幻灯片中，把第1张图片的高度改为“8厘米”，单击对齐下拉按钮，选择水平居中(C)。把“潮汕景点介绍”艺术字文字内容改为“北回归线标志塔”。

复制第15张幻灯片，把第1张图片高度改为“6厘米”；把第2张图片高度改为“8厘米”，设置“水平居中”；其他图片全部往右侧移动；把“北回归线标志塔”艺术字文字内容改为“湘子桥”。

复制第16张幻灯片，按照上面的操作方法，直到最后一张图片、第7张图片移动到幻灯片中间。

第14～21张幻灯片的制作效果如图6-74所示。

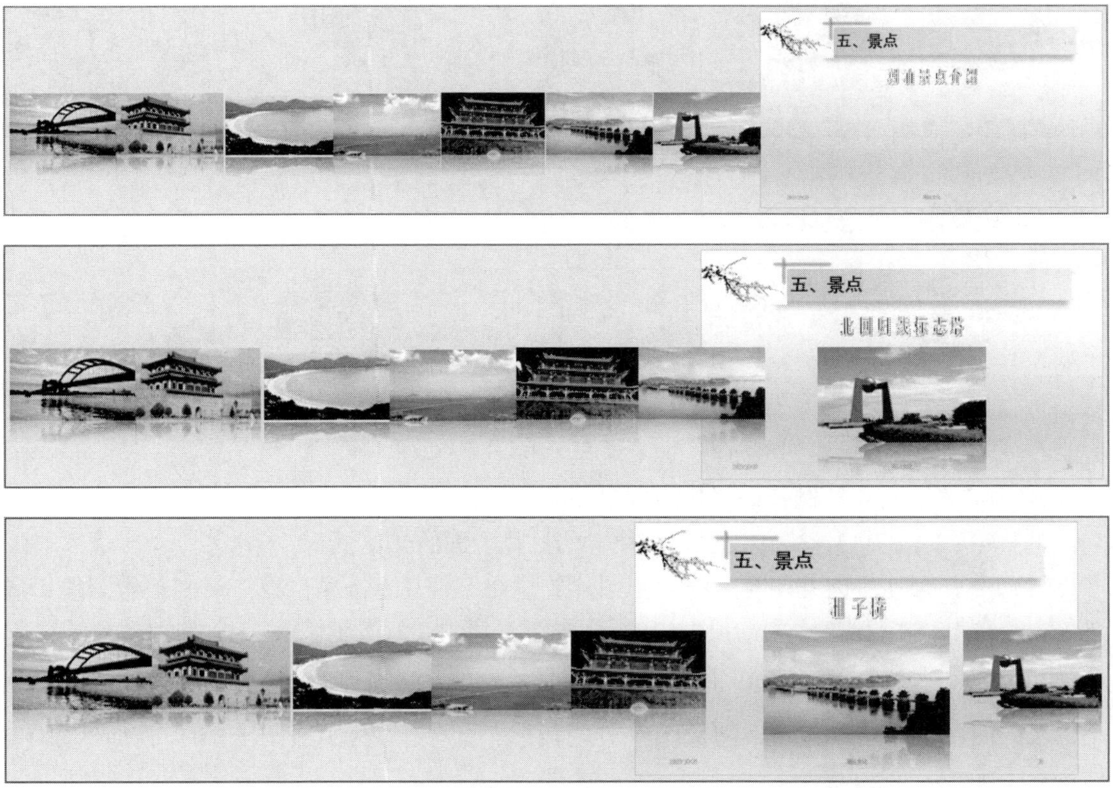

图 6-74　“五、景点”幻灯片制作效果

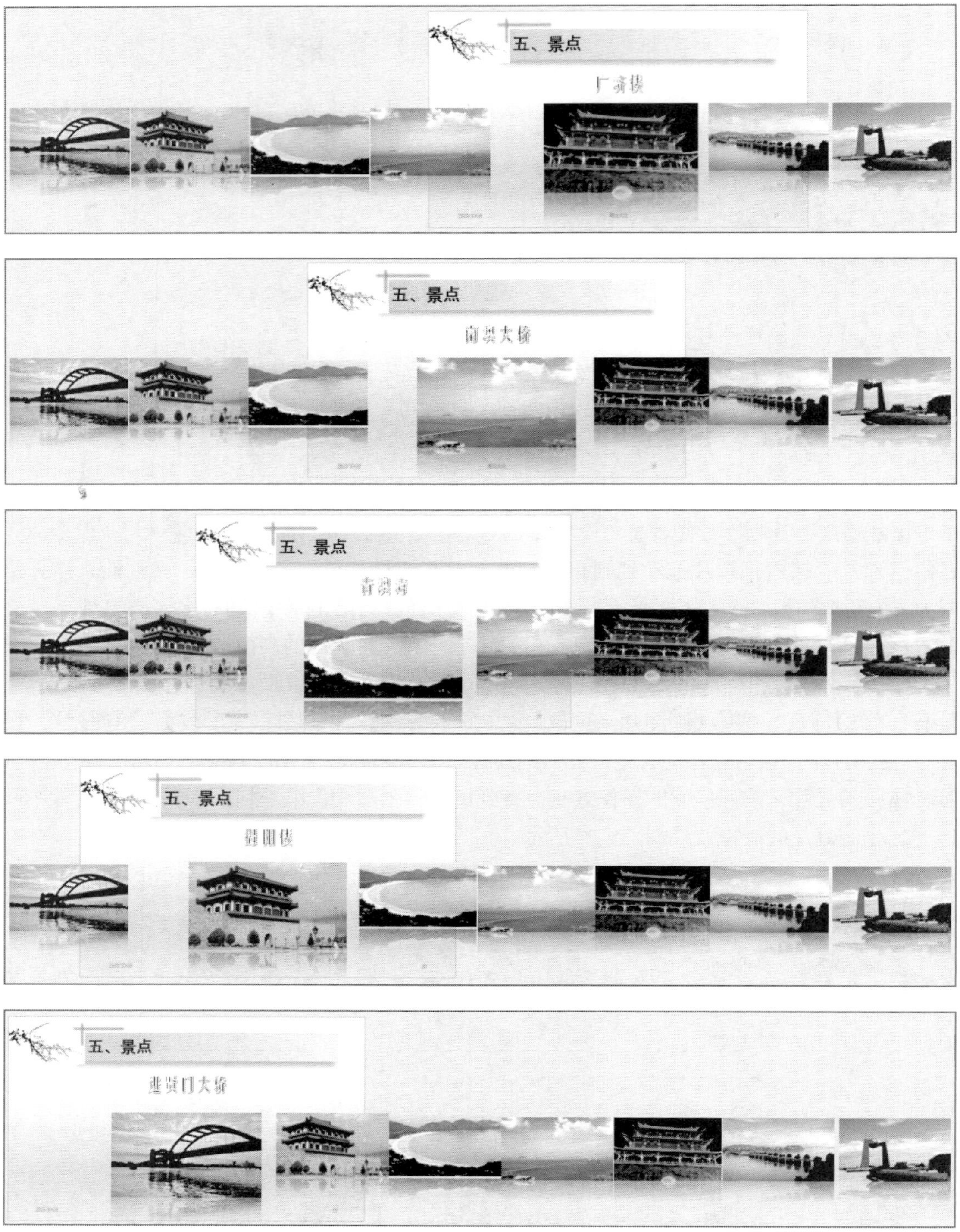

图 6-74 “五、景点”幻灯片制作效果（续）

视频

美食

⑥ 为“六、美食”制作破格排版效果。

选择第22张幻灯片“六、美食”，删除幻灯片上面的文本框。

插入一张潮汕牛肉丸图片素材，把图片放置在幻灯片左下角位置。复制一份图片，选择复制的图片，单击“图片格式”选项卡中的按钮，利用“背景消除”工具栏中的和按钮把牛肉丸部分进行抠图，最后单击按钮对未扣选的背景进行删除；若不想删除，则单击按钮。接着选择原来的图片，单击按钮，将原图片右侧裁掉一部分。最后将抠出的图片叠加到原图片上面。这样就做出了具有立体感的抠图。

插入一个“图片题注列表”SmartArt图形，单击“SmartArt设计”选项卡“创建图形”组中的添加形状下拉按钮，选择在后面添加形状(A)命令，添加多5个形状，共9个形状。在“格式”选项卡中设置大小宽度为“16厘米”，把图形排列成3×3形式，放置在幻灯片右侧位置。单击每一个图片框，分别插入相应的图片素材。单击“SmartArt设计”选项卡“创建图形”组中的文本窗格按钮，在弹出的文本窗格中对每一张图片输入相应的文字描述，如图6-75（a）所示。最后第22张幻灯片的制作效果如图6-75（b）所示。

（a）输入文字　　（b）效果

图 6-75　“六、美食”幻灯片制作效果

（4）设计封底（结束页）

思路：采用“谢幕式”给演示文稿设计封底效果。操作方法如下：

① 单击选择第2张幻灯片，按住【Shift】键，单击第22张幻灯片，选择第2～22张幻灯片。单击“切换”选项卡“切换到此幻灯片”组中的平滑按钮；在“计时”组中，设置自动换片时间为“0.7秒”（设置自动换片时间: 00:00.70）。

视频

设置封底和设置超链接

② 选择“文件”→“导出”→“创建视频”命令，设置“放映每张幻灯片的秒数”为“0”，然后单击创建视频按钮，在弹出的“另存为”对话框中，选择保存的位置和文件名，这样就可以得到一个视频素材。

③ 在第22张幻灯片后面新建一张“标题幻灯片”版式的幻灯片，把“标题框”和“副标题框”均删除。单击“插入”选项卡“媒体”组中的视频下拉按钮，在下拉菜单中选择此设备(I)...命令，在弹出的“插入视频文件”对话框中，选择上一步创建的视频素材。在“视频格式”选项卡的“大小”组中，设置视频素材宽度为“20厘米”，放置在幻灯片左侧位置。在“视频样式”组中，单击“视频效果”→“映像”→“半映像：接触”；单击“视频效果”→“三维旋转”→“透视：右向对比”。

在幻灯片右侧插入一个“横排文本框”，输入谢幕文字素材。第23张幻灯片的制作效果如图6-76所示。

（5）设置超链接

① 选择第2张幻灯片“目录”，选择“语言”文字，在选定区域右击，在弹出的快捷菜单中选择超链接(H)...命令，在打开的“插入超链接”对话框中，“链接到”选择“本文档中的位置”，位置选择列表中第3张幻灯片“一、语言”，单击“确定”按钮，如图6-77所示。

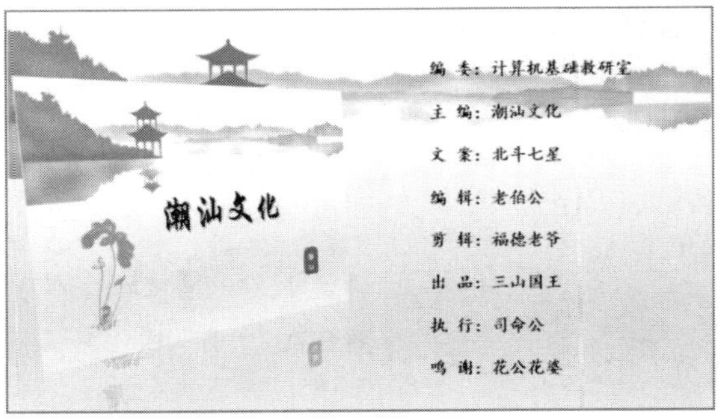

图 6-76　“封底”幻灯片制作效果

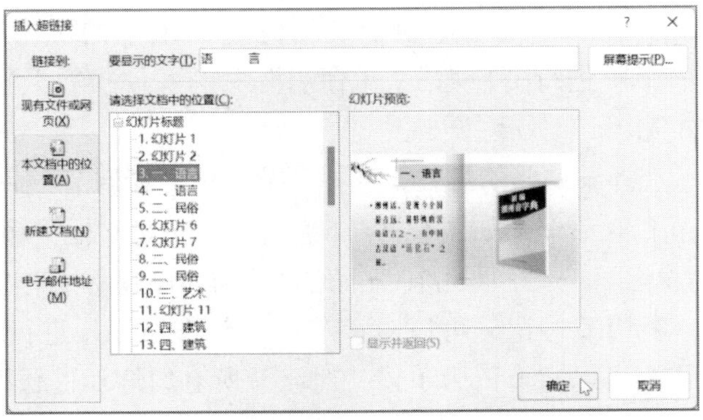

图 6-77　“插入超链接”对话框

② 对其他标题文字进行如上文字超链接操作。

③ 选择“一、语言”内容结束页（第4张幻灯片），单击“插入”选项卡“插图”组中的“形状”下拉按钮，选择“动作按钮”组中的“动作按钮：空白”；然后利用鼠标在幻灯片右下角绘制一个小长方形（按钮），这时会弹出一个“操作设置”对话框；在“单击鼠标”选项卡中，选择“超链接到”单选按钮，在下拉列表中选择“幻灯片”，如图6-78（a）所示；这时会弹出“超链接到幻灯片”对话框，如图6-78（b）所示，这里选择第2张幻灯片（返回目录页）。最后单击“确定”按钮，返回后继续单击“确定”按钮，完成动作设置。

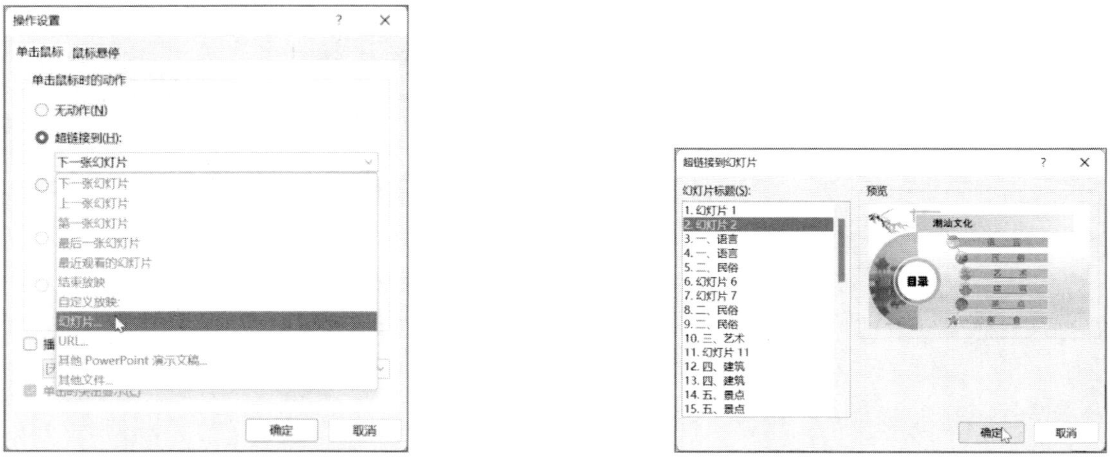

（a）　　　　　　　　　　（b）

图 6-78　设置“动作按钮”超链接

④ 右击按钮，在弹出的快捷菜单中选择“编辑文字(X)”命令，输入文字“返回”。选择该按钮，在“形状格式”选项卡中单击“形状填充”下拉按钮，选择主题颜色“白色，背景1，深色25%”；单击“形状效果”下拉按钮，选择“预设”→“预设2”。

⑤ 复制该动作按钮，分别粘贴到各部分内容的结束页上。

6.4.9　小结

1. 过渡页

若一个PPT中包含多个部分，可以在不同部分之间增加一张幻灯片作为过渡页，起到承上启下、分隔的作用。过渡页一般是展示下一部分内容的提纲，最好是独立设计，以区别于一般的内容幻灯片。为了保证整个PPT的统一风格，即使是独立设计的过渡页，一般也是在颜色、字体、版式布局等方面的设计要与目录页保持一致。

2. 节

当演示文稿比较长，含有多个部分时，可以使用“节”对幻灯片进行分组管理。

单击“开始”选项卡“幻灯片”组中的“节”下拉按钮，可以对“节”进行“新增”“重命名”“删除”“折叠”“展开”操作，如图6-79（a）所示。

选择某一张幻灯片，选择“节”→“新增节”命令，弹出“重命名节”对话框，如图6-79（b）所示；在文本框中输入节名称，单击“重命名”按钮，即可在当前幻灯片前面设置一个“节”标记。

利用节标记，可以对该节以下所有幻灯片进行“折叠”“展开”操作。可以“节”为单位，对该节所有幻灯片进行批量浏览、移动、删除等操作。

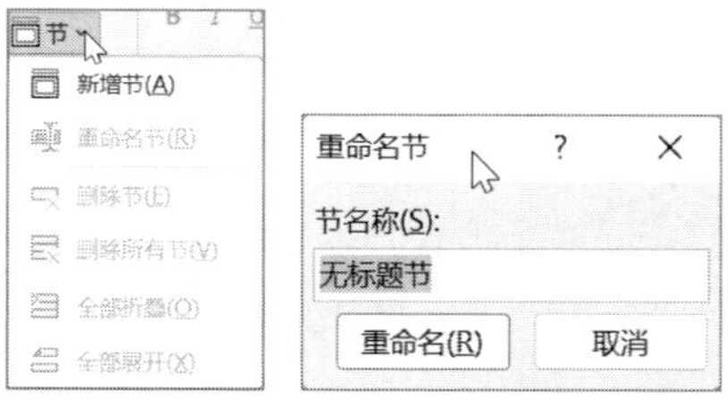

（a）“节”列表　（b）“重命名节”对话框

图 6-79　“节”操作

6.5　设置动态效果

PowerPoint 2021通过“切换”“动画”“幻灯片放映”选项卡来实现演示文稿动态播放效果的设置。本节将介绍演示文稿动态效果的设置操作，最后通过一个任务案例，让读者掌握幻灯片切换的设置、对象动画效果设置和幻灯片放映设置。

6.5.1　“切换”选项卡

幻灯片切换效果是指在幻灯片放映过程中，上一张幻灯片播放完毕后，当前幻灯片如何显示出来的动态效果。

幻灯片切换效果是通过“切换”选项卡设置的，如图6-80所示。

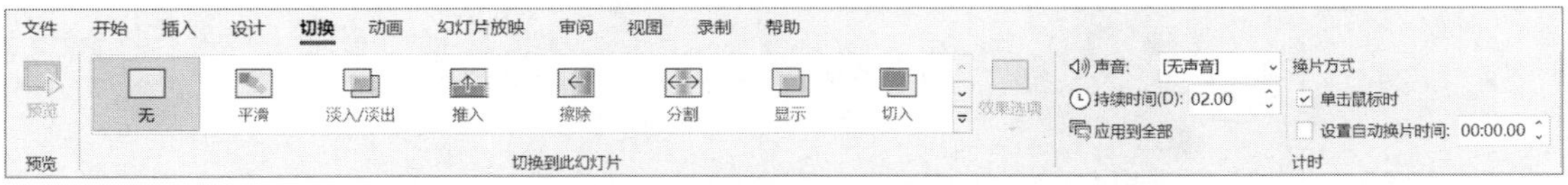

图 6-80　“切换”选项卡

选择某一张幻灯片，在“切换”选项卡的“切换到此幻灯片”组中，在列表中选择一款效果，即可为当前幻灯片设置该切换效果。PowerPoint 2021系统自带的切换效果如图6-81所示。在“计时”组中，可对切换效果进行自定义设置，包括添加声音、设置换片方式、控制速度（设置时间）等。

图 6-81　“切换”效果

6.5.2　“动画”选项卡

幻灯片动画效果是指幻灯片上任意一个对象的动态效果，就是让静止的对象动起来的意思。动画针对的是幻灯片上面的对象，切换针对的是整张幻灯片。

幻灯片动画效果是通过“动画”选项卡设置的，如图6-82所示。

图 6-82　“动画”选项卡

选择幻灯片上的某一个对象，在“动画”选项卡的“动画”组中，在列表中选择一款效果，即可为选定的对象设置该动画效果。PowerPoint 2021动画效果分成四类，如图6-83所示。

①“进入”效果：在放映过程中，对象从无到有的动态效果，是最常用的效果。

②“强调”效果：在放映过程中，对象已经显示，但为了突出而添加的动态效果，达到强调的目的。

③“退出”效果：在放映过程中，对象从有到无的动态效果。

④“动作路径”：在放映过程中，对象按指定的路径进行移动的效果。

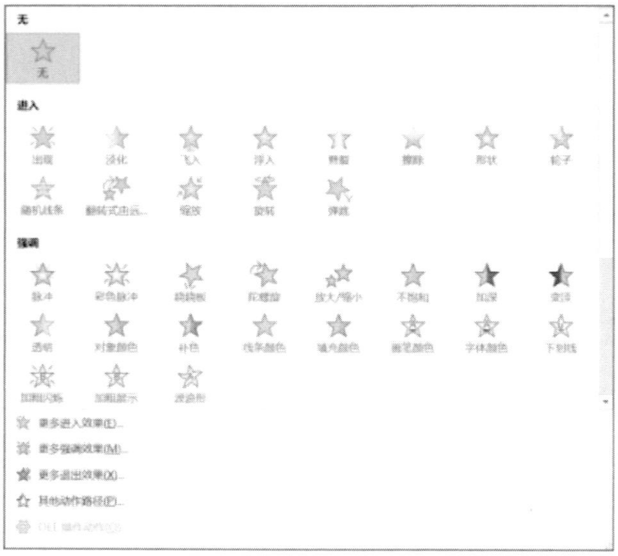

图 6-83 “动画”效果

对象的动画效果是有顺序的，系统是按添加动画的先后顺序自动编号，用户也可以根据需要进行调整。单击“动画”选项卡“高级动画”组中的“动画窗格”按钮，在工作区右侧打开“动画窗格”任务窗格，这里列出了当前幻灯片所有对象的动画效果设置情况，用户可以在这里调整对象播放顺序、设置对象播放时间、设置更多详细效果选项，以及删除动画效果等操作。动画窗格及打开“效果选项”出现的对话框如图6-84所示。针对不同的动画效果，其“效果选项”对话框所设置的内容也有所不同。

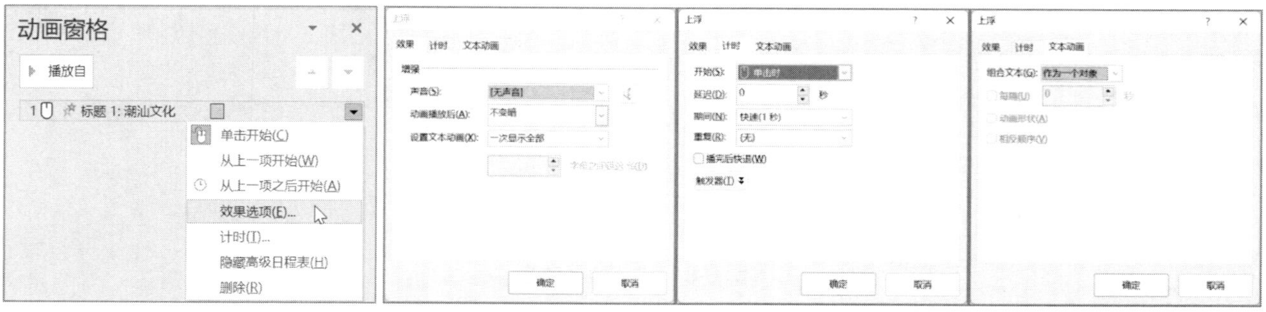

图 6-84 动画窗格及“效果选项”对话框

6.5.3 “幻灯片放映”选项卡

演示文稿以放映状态进行呈现，PowerPoint 2021通过“幻灯片放映”选项卡实现幻灯片放映方式等操作的设置，如图6-85所示。

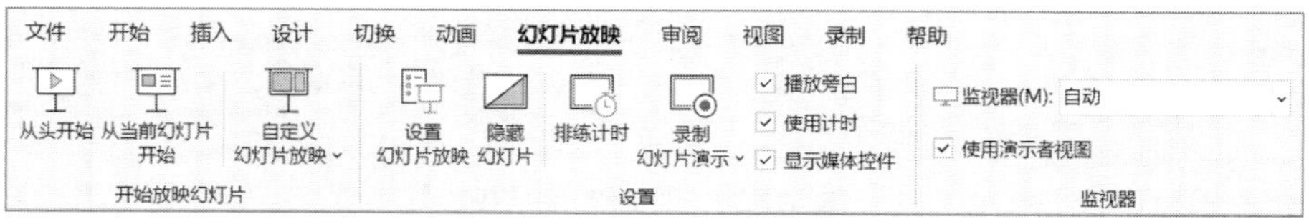

图 6-85 “幻灯片放映”选项卡

通常在演示文稿放映之前，会先设置幻灯片放映方式。单击“幻灯片放映”选项卡“设置”组中的“设置幻灯片放映”按钮，弹出“设置放映方式”对话框，如图6-86所示。

图 6-86　“设置放映方式”对话框

也可以设置自定义放映，单击“开始放映幻灯片”组中的“自定义幻灯片放映”下拉按钮，选择 自定义放映(W)... 命令，打开“自定义放映”对话框，如图6-87（a）所示，单击“新建”按钮，打开“定义自定义放映”对话框，如图6-87（b）所示。左边列表是演示文稿中所有幻灯片，右边列表是要自定义放映的幻灯片。输入幻灯片放映名称，勾选左边列表中要放映的幻灯片，单击中间的 添加(A) 按钮，右边的列表框中就会显示勾选的幻灯片，右侧三个按钮可以进行顺序调整和删除操作。

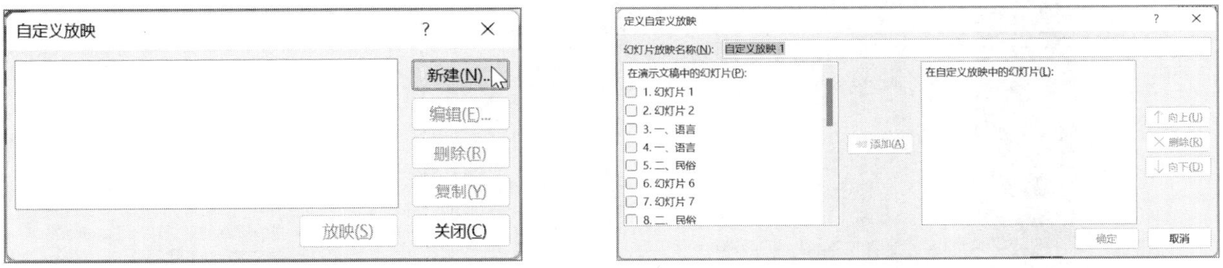

（a）“自定义放映”对话框　　　　（b）“定义自定义放映”对话框

图 6-87　设置“自定义放映”

6.5.4　“录制”选项卡

PowerPoint 2021新增“录制”功能，可以录制幻灯片演示并导出为mp4格式的视频文件，就是把播放PPT的过程和讲解的声音同时录制下来，最后导出生成一个视频文件。这相当于录制线上课程，非常适合老师制作微课。“录制”选项卡如图6-88所示。

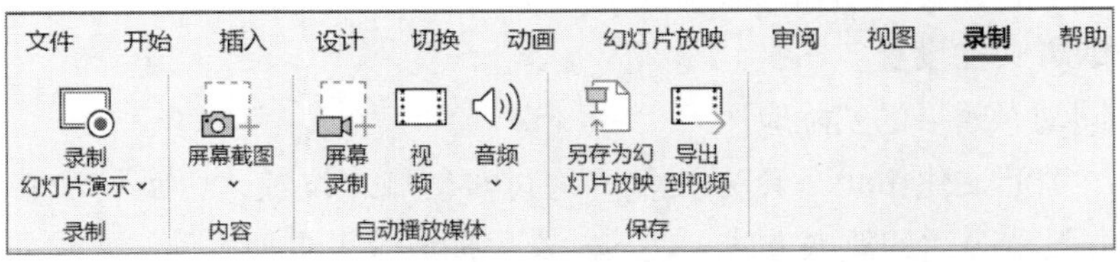

图 6-88　“录制”选项卡

单击“录制”选项卡“录制”组中的“录制幻灯片演示”下拉按钮，如图6-89所示，选择 从当前幻灯片开始录制(R)... 命令，这时出现录制界面，如图6-90所示。右下角三个按钮可设置“麦克风”“照相机”“照相机预览”的打开或关闭，下方一行色块是画笔颜色选择，左上角三个按钮控制“录制/暂停”“停止”“重播”操作。

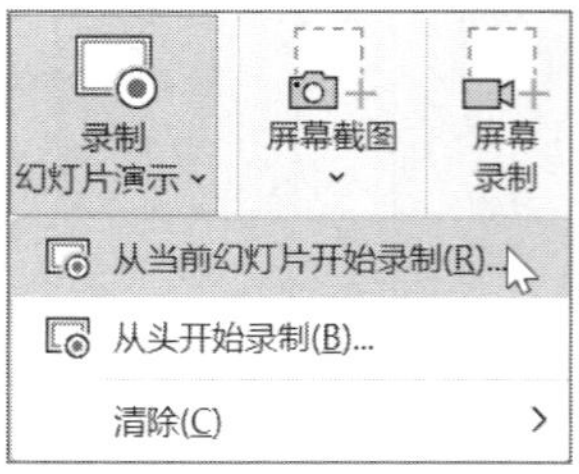

图 6-89　录制幻灯片演示

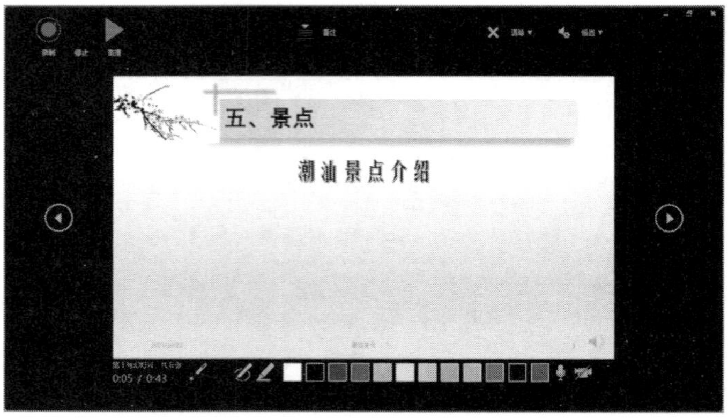

图 6-90　录制界面

录制完毕后关闭此界面，单击“录制”选项卡“保存”组中的按钮，打开“导出”界面，如图6-91所示。参数设置后，单击按钮，弹出“另存为”对话框，在对话框中设置保存的位置和文件名，默认保存类型为“MPET-4 视频（*.mp4）”格式，最后单击按钮。

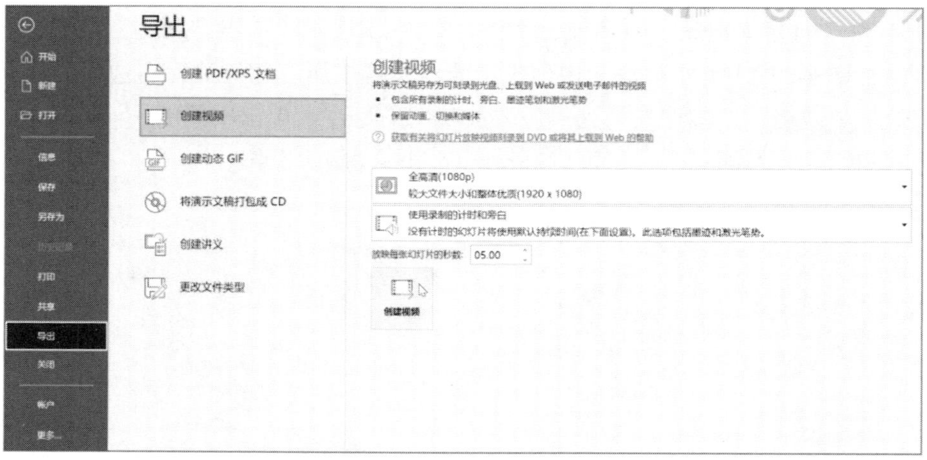

图 6-91　“导出”视频界面

6.5.5　实例：幻灯片动画设置

1. 操作要求

本实例要求掌握幻灯片的动态效果设置。具体目标如下：

① 学会插入背景音乐。

② 掌握幻灯片切换的设置。

③ 熟练掌握幻灯片上各种对象的动画效果设置。

④ 熟悉幻灯片放映方式的设置。

⑤ 领悟幻灯片不同动态效果的实际应用。

对制作好内容的“潮汕文化.pptx”演示文稿，通过对幻灯片设置“切换”效果，对幻灯片中的对象设置“动画”效果，并设置合适的放映方式，使演示文稿播放效果更加生动。要求如下：

① 插入一个背景音乐，从头播放至结尾。

② 为一些幻灯片设置合适的切换效果。

③ 为幻灯片上面的对象设置合适的动画效果。

④ 根据实际情况需要，可以设置合适的幻灯片放映方式和自定义放映。

⑤ 播放效果尽量丰富多样，达到较好的视觉效果。

2. 操作步骤

（1）插入背景音乐

选择第1张幻灯片，单击“插入”选项卡“媒体”组中的音频下拉按钮，在下拉菜单中选择PC上的音频(P)...命令，弹出“插入音频”对话框，选择准备好的音频素材文件，单击插入(S)按钮，如图6-92所示。

视 频

幻灯片动画设置

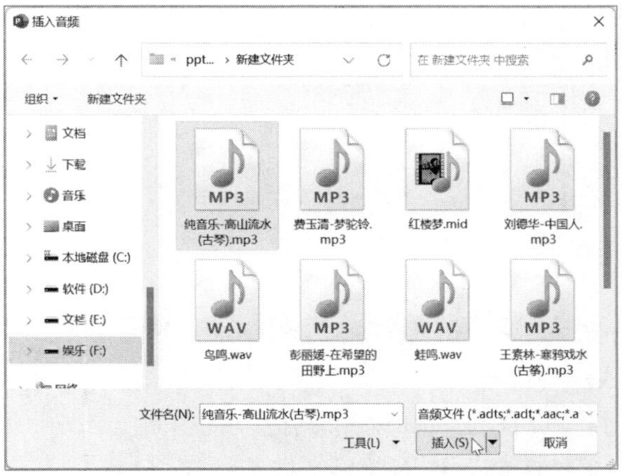

图6-92　“插入音频”对话框

在“播放”选项卡的“音频选项”组中，对插入的音频设置如下：开始“自动”；跨幻灯片播放；循环播放，直到停止；放映时隐藏。“播放”选项卡及音频的设置如图6-93所示。

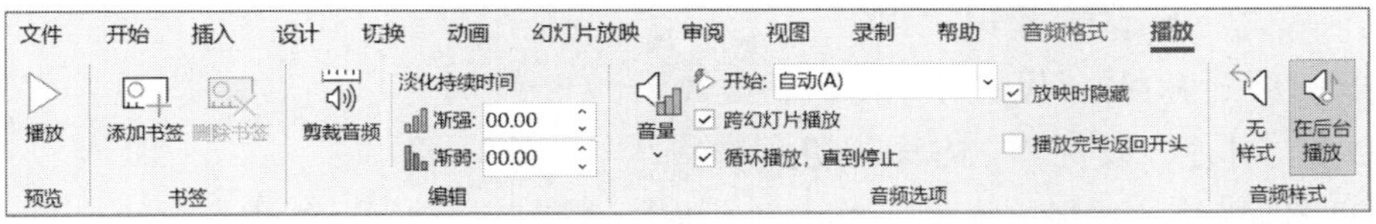

图6-93　设置音频选项

（2）为每一张幻灯片设置切换、动画效果

① 选择第1张幻灯片，设置“帘式”切换效果，持续时间“2秒”，取消勾选换片方式“单击鼠标时”。

② 选择第2张幻灯片，设置“门”切换效果。选择第3、4张幻灯片，设置“页面卷曲”切换效果。

③ 选择第5张幻灯片，设置“蜂巢”切换效果，持续时间“2秒”。选择幻灯片上面的SmartArt图形，设置动画“浮入”进入效果，打开“动画窗格”，单击该动画效果下拉菜单，选择“效果选项”，单击“SmartArt动画”选项卡，设置组合图形“逐个”。

④ 选择第6、7张幻灯片，设置“平滑”切换效果。在第6张幻灯片，分别设置“拜”“老”“爷”三个艺术字和从左到右两张图片的动画“出现”进入效果；打开“动画窗格”，选择前三个动画，设置“从上一项之后开始”。在第7张幻灯片，设置图片动画“出现”进入效果。

⑤ 选择第8张幻灯片，逐一选择每一个组合，设置动画“淡化”效果，在“动画窗格”中全选所有动画，单击右下角黑色下拉按钮，选择“从上一项之后开始”。

⑥ 选择第9张幻灯片，设置“剥离”切换效果。

⑦ 选择第10张幻灯片，设置“平滑”切换效果。选择幻灯片上的组合图片，单击“动画”选项卡“动画”组中的“其他动作路径”按钮，弹出“更改动作路径”对话框，选择“直线和曲线”类的“向右”，如图6-94（a）所示；按住【Shift】键，将红点拖动到第一份图片对齐。在“动画窗格”中，打开该效果的“效果选项”对话框，在“效果”选项卡中，将“平滑开始”和“平滑结束”都设置为“0”，如图6-94（b）所示；在“计时”选项卡中，“开始”选择“与上一动画同时”，“期间”设置为“20秒”，“重复”选择“直到幻灯片末尾”。设置情况如图6-94（c）所示。

（a）“更改动作路径”对话框　　（b）“效果”选项卡　　（c）“计时”选项卡

图 6-94　“更改动作路径”对话框及其“效果选项”设置

⑧ 选择第11张幻灯片，选择幻灯片上的组合图片，设置与第10张幻灯片组合图片相同的动画效果，把动作路径改为“向左”，“期间”设置为“30秒”，其他设置相同。

⑨ 选择第12张幻灯片，设置“闪耀”切换效果，持续时间“2秒”。

⑩ 选择第13张幻灯片，单击左边图片，设置动画“出现”进入效果；单击右边图片，设置动画“出现”进入效果；单击左边艺术字，设置动画“淡化”进入效果；单击右边艺术字，也设置动画“淡化”进入效果。在“动画窗格”动画列表上，对第1个动画设置“从上一项开始”，延迟“1秒”；对第2～4个动画设置“从上一项之后开始”，延迟“1秒”。

⑪ 选择第14～21张幻灯片，设置“平滑”切换效果。

⑫ 选择第22张幻灯片，设置“立方体”切换效果。

⑬ 选择第23张幻灯片，选择文本框，单击“动画”选项卡“动画”组中的“更多进入动画效果”下拉按钮，选择“字幕式”；在“动画窗格”中，打开该效果的“效果选项”对话框，在“计时”选项卡中，设置“期间”为“15秒”，“重复”为“直到幻灯片末尾”。在“动画窗格”中，选择前面两个动画，设置“从上一项开始”。删除第3个动画。

6.5.6　小结

1. 打印

选择“文件”→“打印”命令打印演示文稿，如图6-95所示。先选择连接到本机的打印机，然后进行打印设置，包括打印的幻灯片、打印的版式、单/双面打印、多份打印的形式、方向等，还有填写打印的份数，最后单击“打印”按钮。

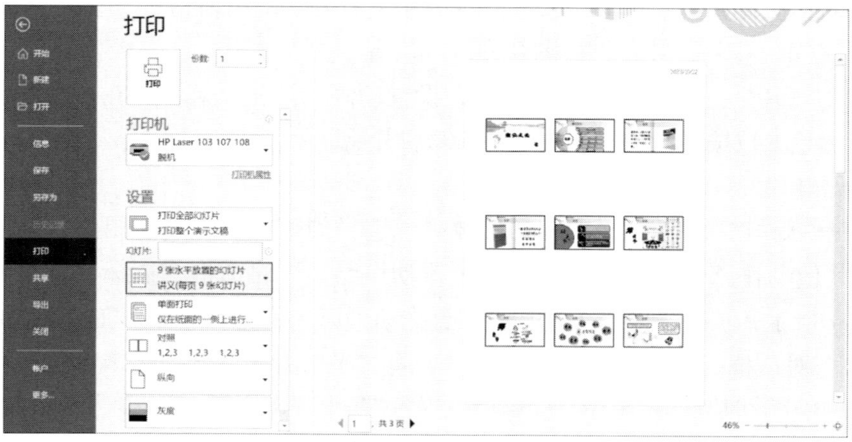

图 6-95　“打印”设置界面

2. 共享

PowerPoint 2021新增“共享”功能，选择“文件”→“共享”命令，如图6-96所示。共享功能可以实现PPT文档多人共享，可以直接作为附件发送电子邮件，可以进行联机演示等，大大方便线上办公需求。

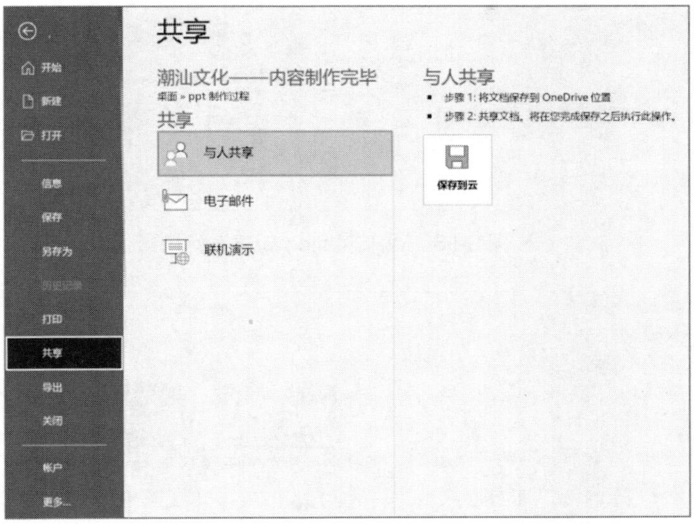

图 6-96　“共享”界面

3. 导出

PowerPoint 2021新增“导出”功能，选择“文件”→“导出”命令，如图6-97所示。可以将演示文稿导出为其他格式的文档、视频，打包成CD等。

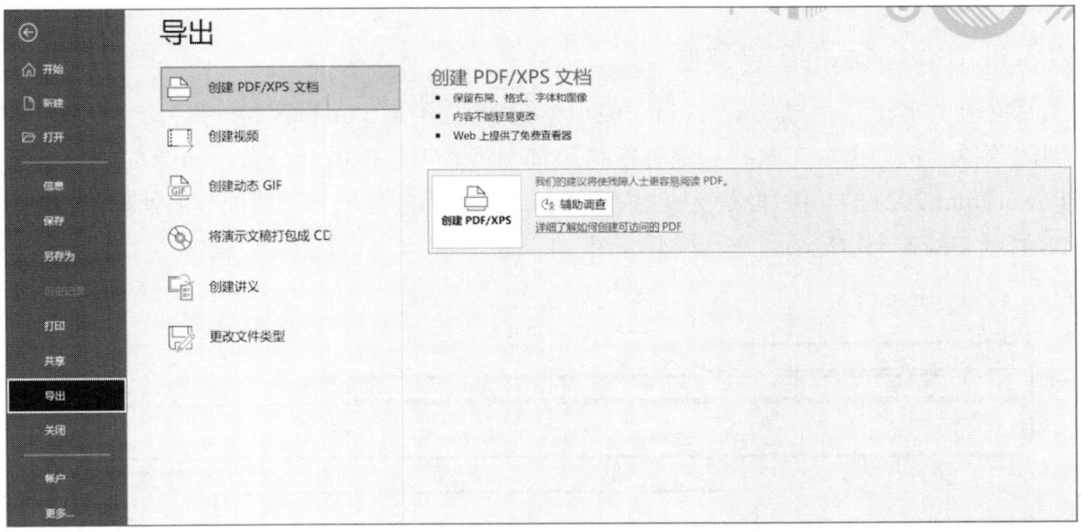

图 6-97　“导出”界面

6.6　WPS Office 演示

WPS Office也提供演示文稿的制作。打开WPS Office，单击按钮，选择“Office文档”→，如图6-98所示。这时将打开“新建演示文稿”文档窗口，WPS Office为不同级别的会员提供一系列主题模板，免费提供“空白演示文稿”，如图6-99所示。下面以“空白演示文稿”为例进行介绍。

图 6-98　WPS Office 新建演示

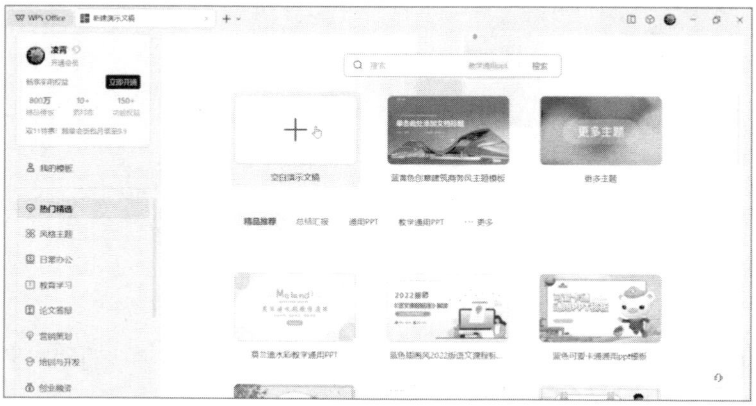

图 6-99　“新建演示文稿”窗口

6.6.1　WPS Office演示的工作界面

WPS演示文稿的工作界面与PowerPoint 2021的工作界面类似，工作区是幻灯片，占据中央最大的区域，其他功能菜单、选项卡、工具栏、任务窗格等都围绕着工作区展开分布，如图6-100所示。WPS演示文稿与PowerPoint 2021的功能和操作方法大致类似，在界面的显示和一些细节的处理上略微有所不同，下面对WPS演示文稿各个功能项目进行展开介绍。

图 6-100　WPS 演示文稿工作界面

6.6.2 WPS演示的菜单

WPS文稿的主要功能集中在菜单中，有“文件”“编辑”“视图”“插入”“格式”“工具”“幻灯片放映”七个菜单项，图6-101所示为菜单的所有功能。

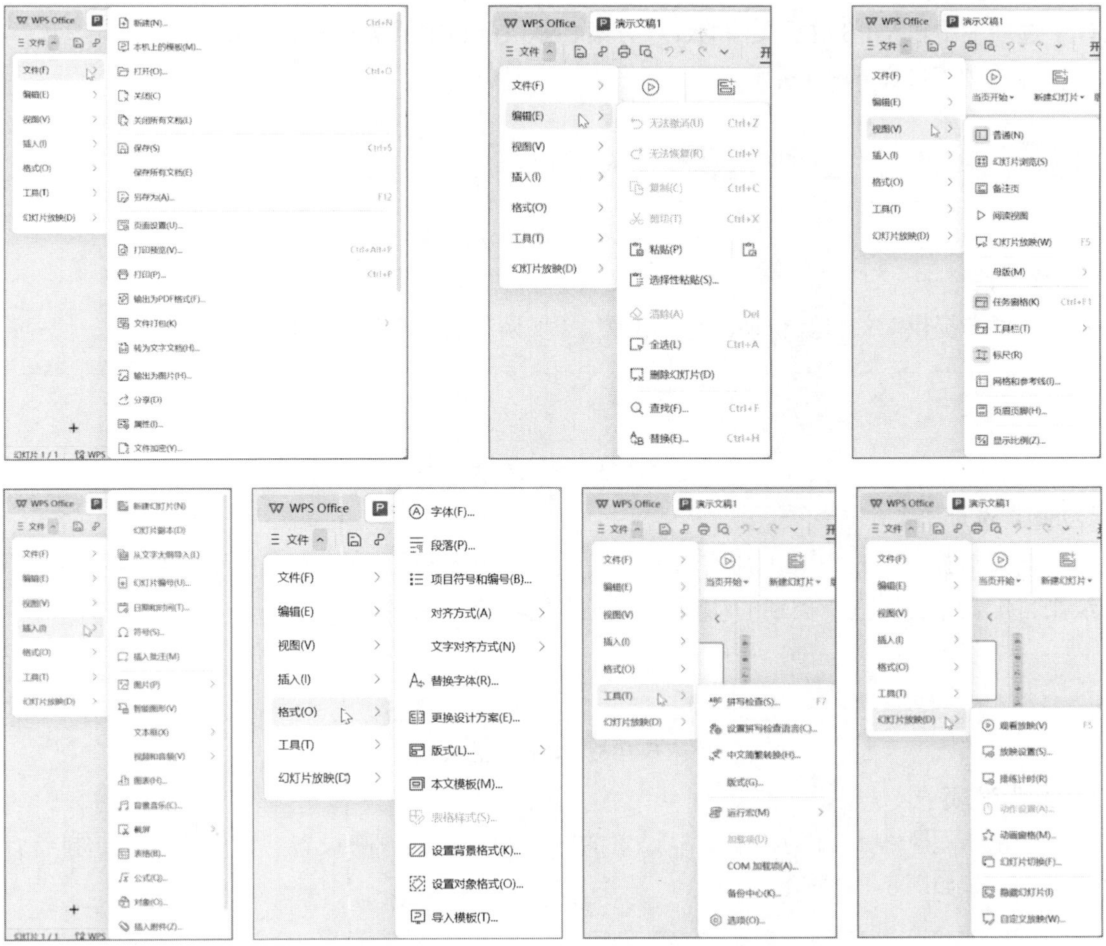

图 6-101 WPS 演示文稿所有菜单

6.6.3 WPS演示的选项卡

WPS Office演示提供选项卡及其对应的功能区进行快速操作。下面介绍WPS Office演示所有的选项卡及其对应的功能区。

1. “开始”选项卡

“开始”选项卡提供的功能有：剪贴板，新建幻灯片及版式设置，字体设置，段落设置，插入图片、形状、文本框等，查找和替换。“开始”选项卡如图6-102所示。

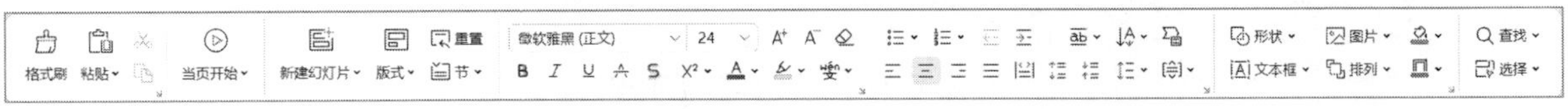

图 6-102 “开始”选项卡

2. “插入”选项卡

“插入”选项卡提供幻灯片各种对象的插入操作，这些对象有：新幻灯片、表格、图片、屏幕截图、形状、图标、图表、智能图形、文本框、艺术字、视频、音频、符号、公式、页眉页脚、附件等。“插入”选项卡如图6-103所示。

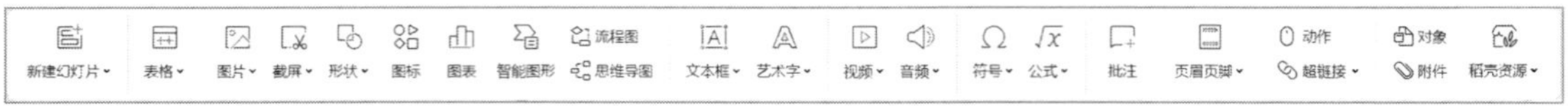

图 6-103　“插入”选项卡

3.“设计”选项卡

“设计”选项卡提供WPS演示文稿的设计方案、修改配色方案、设置背景和母版、设置幻灯片大小等操作。“设计”选项卡如图6-104所示。

图 6-104　“设计”选项卡

4.“切换”选项卡

“切换”选项卡提供对幻灯片切换效果的设置。“切换”选项卡如图6-105所示。

图 6-105　“切换”选项卡

5.“动画”选项卡

“动画”选项卡提供对幻灯片上所有对象的动画效果设置操作，包括“进入”“强调”“退出”“动作路径”“绘制自定义路径”五个类别的动画。“动画”选项卡如图6-106所示。

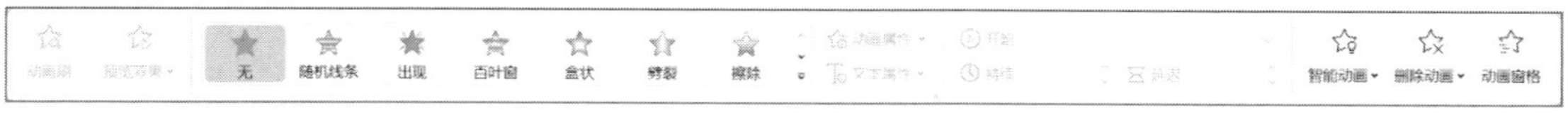

图 6-106　“动画”选项卡

6.“放映”选项卡

“放映”选项卡是对制作好的演示文稿设置放映参数，包括放映设置、自定义放映、排练计时等设置。“放映”选项卡如图6-107所示。

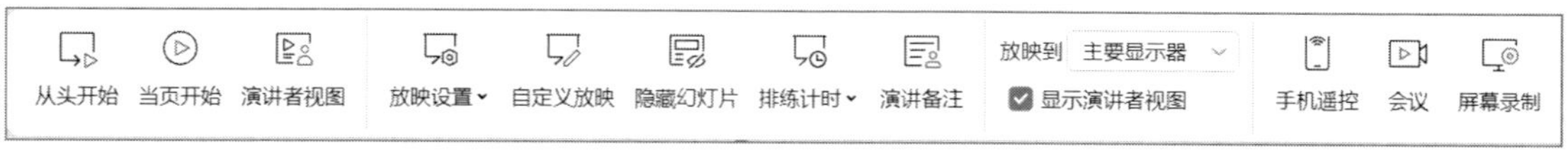

图 6-107　“放映”选项卡

7.“审阅”选项卡

“审阅”选项卡是审阅者对演示文稿进行检查、批注，包括拼写检查、文档比对、朗读、插入批注、编辑批注、画笔、文档加密和定稿等功能。“审阅”选项卡如图6-108所示。

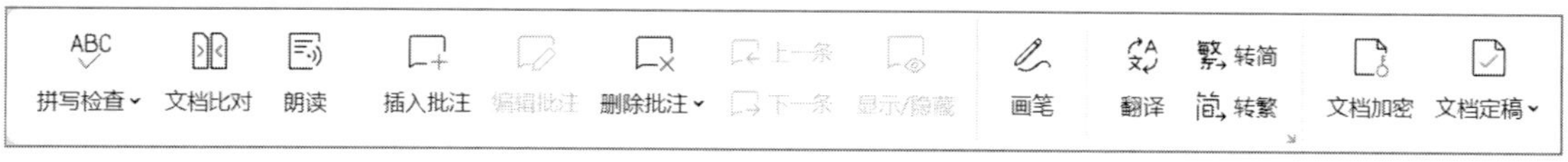

图 6-108　“审阅”选项卡

8.“视图”选项卡

“视图”选项卡提供演示文稿不同视图模式的切换选择，还可以选择是否显示网格线、标尺、任务窗格，设置窗口显示大小等。“视图”选项卡如图6-109所示。

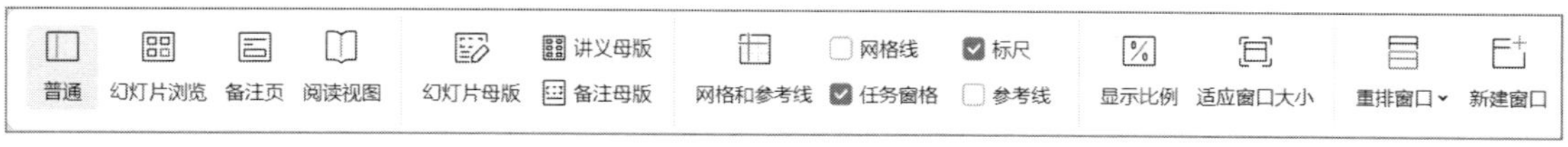

图 6-109　“视图”选项卡

6.6.4 WPS演示的工具栏

在WPS演示中插入不同对象，就会出现相应对象的操作工具栏，主要有“绘图工具”“文本工具”“图片工具”“表格工具”“表格样式”“图表工具”“音频工具”“视频工具”“公式工具”等工具栏。

1.“绘图工具”和“文本工具”

对于文本框和图形对象，WPS演示会同时出现“绘图工具”和“文本工具”两个工具栏，如图6-110和图6-111所示。

图 6-110“绘图工具”栏

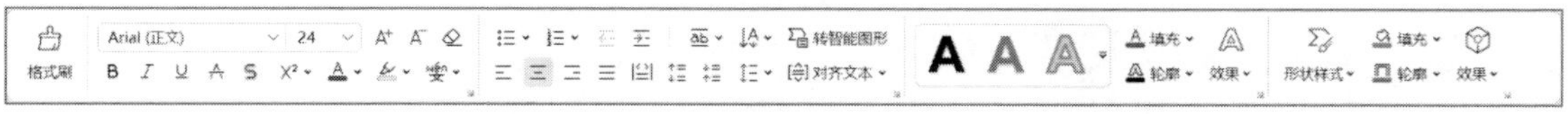

图 6-111 “文本工具”栏

2.“图片工具”

对于图片对象，WPS演示就会出现“图片工具”工具栏，如图6-112所示。

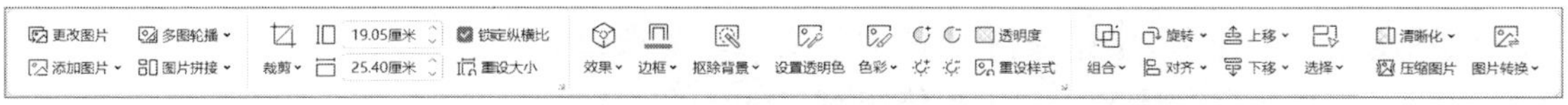

图 6-112 “图片工具”栏

3.“视频工具”

对于视频对象，WPS演示会同时出现“图片工具”和“视频工具”两个工具栏，如图6-112和图6-113所示。

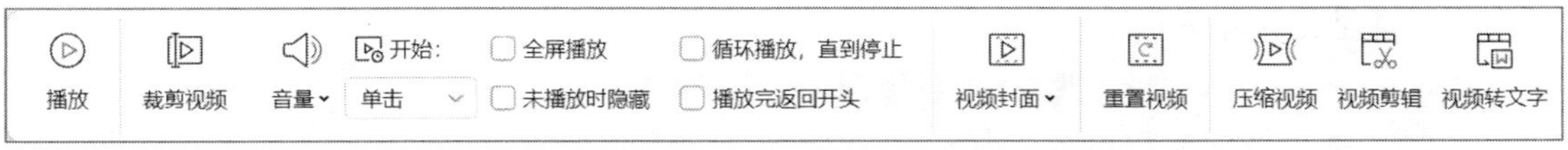

图 6-113 “视频工具”栏

4.“音频工具”

对于音频对象，WPS演示会同时出现“图片工具”和“音频工具”两个工具栏，如图6-112和图6-114所示。

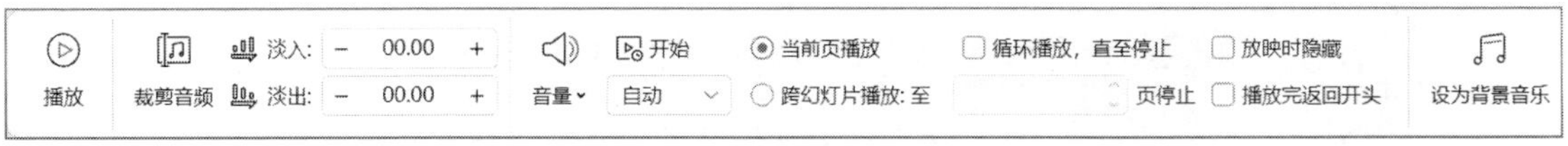

图 6-114 “音频工具”栏

5.“表格工具”和“表格样式”

对于表格对象，WPS演示会同时出现“表格工具”和“表格样式”两个工具栏，如图6-115和图6-116所示。

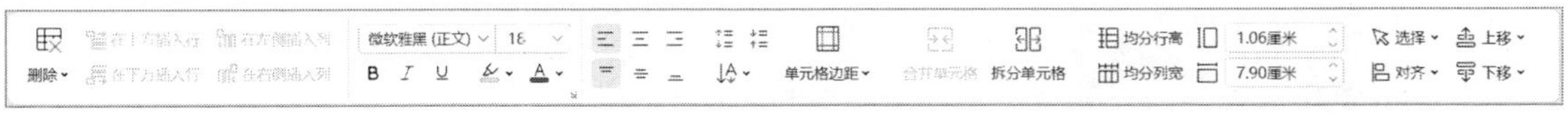

图 6-115 “表格工具”栏

图 6-116 “表格样式”栏

6. “图表工具”

对于图表对象，WPS演示会同时出现“绘图工具”“文本工具”“图表工具”三个工具栏，如图6-110、图6-111和图6-117所示。

图6-117　“图表工具”栏

7. “公式工具”

对于公式对象，WPS演示会同时出现“绘图工具”“文本工具”“公式工具”三个工具栏，如图6-110、图6-111和图6-118所示。

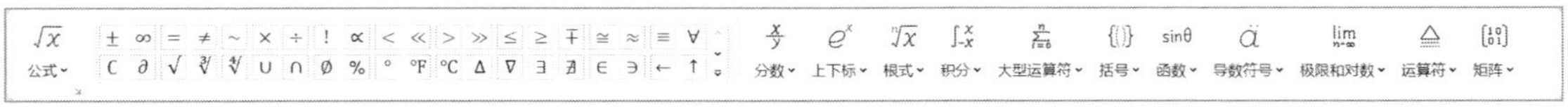

图6-118　“公式工具”栏

6.6.5　实例：用WPS演示制作演示文稿

1. 操作要求

用WPS演示制作一个介绍中国传统节日的演示文稿。要求如下：

① 新建演示文稿并保存文件名为“中国传统节日.pptx”。

② 为演示文稿选择一款设计方案。

③ 制作演示文稿内容：封面；每一个节日添加一张幻灯片，并设计相应图文内容。

④ 为演示文稿设置合适的切换和动画效果。

2. 操作步骤

视频

WPS文稿案例制作

（1）新建、保存WPS演示文稿

启动WPS Office，单击 + 新建 按钮，选择“Office文档”→ 演示 →“空白演示文稿”，选择“文件”→“另存为”命令，弹出“另存为”对话框，选择文件保存的位置和文件名，最后单击 保存(S) 按钮。

（2）选择一款设计方案

单击“设计”选项卡中的“幻灯片大小”下拉按钮，选择“宽屏（16:9）”。单击 更多设计 按钮，弹出“全文美化”对话框，在左侧导航栏中选择“全文换肤”，在中间预览列表中选择一款设计，如“中国风”，然后单击右下角的 应用美化(1) 按钮，即可选定该设计，如图6-119所示。

图6-119　选择“中国风”设计

（3）制作演示文稿内容

制作封面。选择第1张幻灯片，将标题框中的文字改为“中国传统节日”，在“文本工具”栏中设置字体“华文彩云”，字号“60”，对齐文本“居中对齐”。删除副标题框。制作效果如图6-120所示。

图6-120 “封面”幻灯片

单击“插入”选项卡中的“音频”下拉按钮，选择“嵌入背景音乐(B)”命令，弹出“从当前页插入”对话框，选择准备好的音频素材，单击“打开(O)”按钮，插入一段背景音乐。“音频工具”栏的设置如图6-121所示。

图6-121 “背景音乐”在“音频工具”栏的设置

制作其他内容幻灯片。选择第1张幻灯片并右击，在弹出的快捷菜单中选择“新建幻灯片(N)”命令。选择第2张幻灯片，单击“开始”选项卡中的“版式”下拉按钮，选择母版版式“空白”。单击“插入”选项卡中的“图片”下拉按钮，选择“本地图片(P)”命令，弹出“插入图片”对话框，选择准备好的素材图片，单击“打开(O)”按钮，插入一张图片素材。单击图片素材，单击“图片工具”栏中的“裁剪”下拉按钮，选择“裁剪”→“按比例裁剪”→“16:9”；再次单击“裁剪”按钮，解除裁剪。把图片拖动至与幻灯片大小一致。右击图片素材，在弹出的快捷菜单中选择“设置对象格式(O)...”命令，这时右侧会打开“对象属性”任务窗格。剪切图片，在“对象属性”任务窗格中，选择“填充与线条”→“填充”→“图片或纹理填充”→“图片填充”选择“剪贴板”。

单击“插入”选项卡中的“艺术字”下拉按钮，选择“艺术字预设”第2行第1列，输入文字“春”，选择该艺术字，在“文本工具”栏中设置字体为“华文行楷”，字号为“120”，填充为“标准色橙色”，轮廓为“主题颜色黑色”，线型为“1磅”。复制该艺术字，把文字改为“节”，字号改为“180”。调整两个艺术字的位置。

单击“插入”选项卡中的“文本框”下拉按钮，选择“竖向文本框”，在幻灯片上单击，输入文字“农历正月初一”，在“文本工具”栏中，设置字体为“微软雅黑”，字号为“24”，字体颜色为“标准色黄色”，调整文本框的位置。

最后，第2张幻灯片的制作效果如图6-122所示。

其他节日幻灯片的制作依此类推，不再赘述。

图 6-122 “春节”幻灯片制作效果

（4）设置切换和动画效果

选择第1张幻灯片，单击“切换”选项卡，在效果列表中选择“开门”；在“切换”选项卡中设置 速度: 02.00 。

选择第2张幻灯片，单击“切换”选项卡，在效果列表中选择“页面卷曲”。单击艺术字“春”→“动画”选项卡，在动画效果列表中选择进入“出现”；单击艺术字“节”→“动画”选项卡，在动画效果列表中选择进入“出现”；单击文本框“农历正月初一”→“动画”选项卡，在动画效果列表中选择“进入”→“温和型”→“颜色打字机”。

单击“动画”选项卡中的 动画窗格 按钮，打开“动画窗格”任务窗格。在动画列表中，按住【Ctrl】键，同时选择3项动画，“开始”选择“在上一动画之后”；选择第2项，在“动画”选项卡中设置 延迟 00.50 ；选择第3项，在“动画”选项卡中设置 持续 00.50 延迟 01.00 。

其他节日幻灯片的切换和动画效果不再赘述。最后，单击“放映”选项卡中的 从头开始 按钮，观看整个WPS演示文稿从头至尾全部幻灯片的播放效果。

习　　题

一、选择题

1. PowerPoint 2021演示文稿的扩展名是（　　）。

A. .docx　　B. .pptx　　C. .ppsx　　D. .potx

2. 关于PowerPoint 2021中视图模式的说法不正确的是（　　）。

A. 普通视图是最主要的演示文稿编辑视图模式

B. 大纲视图主要显示幻灯片的文字大纲

C. 幻灯片浏览视图最适合组织和创建演示文稿

D. 幻灯片放映视图用于查看幻灯片的播放效果

3. 在PowerPoint 2021中，（　　）用于窗口中播放幻灯片放映。

A. 普通视图　　B. 阅读视图

C. 幻灯片浏览视图　　D. 幻灯片放映视图

4. 在PowerPoint 2021中，在幻灯片的占位符中添加标题文本的操作是在PowerPoint窗口的（　　）区域。

A. 幻灯片区　　B. 状态栏　　C. 大纲区　　D. 备注区

5. 在PowerPoint 2021中，设置文本的段落格式项目符号和编号时，要使图片作为项目符号，则选择“项目符号和编号”对话框中的（　　）。

A. 编号选项卡　　B. 字符　　C. 图片　　D. 颜色

6. 在 PowerPoint 2021 中，幻灯片背景效果有（　　）。
A. 纹理　B. 图片　C. 渐变　D. 以上都是

7. 如果要在幻灯片上更改对象出现的顺序，应用到“动画”选项卡的（　　）。
A. 动画窗格　B. 动画样式　C. 效果选项　D. 预览

8. 如果要建立一个指向某一张幻灯片的动作按钮，应该使用“动作设置”对话框中的（　　）命令。
A. 无动作　B. 运行程序　C. 超链接到　D. 动作对象

9. 打印演示文稿时，如“打印内容”栏中选择“讲义”，则每页打印纸上最多能输出（　　）张幻灯片。
A. 2　B. 4　C. 6　D. 9

10. 在演示文稿放映过程中，可随时按（　　）键终止放映，返回原来的视图中。
A. 【Enter】　B. 【Esc】　C. 【Pause】　D. 【Ctrl】

11. 在 PowerPoint 2021 中，在幻灯片浏览视图下，按住【Ctrl】键并拖动某幻灯片，可以实现（　　）。
A. 复制幻灯片　B. 删除幻灯片　C. 移动幻灯片　D. 选定幻灯片

12. 下列关于 PowerPoint 2021 演示文稿保存的说法中正确的是（　　）。
A. 不能保存为 .gif 格式的图形文件　B. 能够保存为 .pdf 格式的演示文稿
C. 只能保存为 .pptx 格式的演示文稿　D. 能够保存为 .docx 格式的文档文件

13. PowerPoint 2021 演示文稿中每张幻灯片都是基于某种（　　）创建的，它预定义了新建幻灯片的各种占位符布局情况。
A. 视图　B. 模板　C. 版式　D. 母版

14. 要使幻灯片在放映时能够自动播放，需要设置（　　）。
A. 预设动画　B. 排练计时　C. 动作按钮　D. 录制旁白

15. 在 PowerPoint 2021 的“打印”对话框中，（　　）不是合法的“打印内容”选项。
A. 备注页　B. 整页幻灯片　C. 讲义　D. 幻灯片浏览

16. 若要从一张幻灯片“平滑”到下一张，应使用（　　）进行设置。
A. 动作设置　B. 预设动画　C. 自定义动画　D. 幻灯片切换

17. 在 PowerPoint 2021 中按【F7】键，可实现（　　）功能。
A. 打开文件　B. 拼写检查　C. 打印预览　D. 样式检查

18. 如果要从第 2 张幻灯片跳转到第 8 张幻灯片，应使用“幻灯片放映”的（　　）。
A. 动作设置　B. 预设动画　C. 自定义动画　D. 幻灯片切换

19. 在 PowerPoint 2021 中，若要实现多张幻灯片选择、排序、复制、移动等操作，最适合使用（　　）视图。
A. 放映　B. 幻灯片浏览　C. 备注页　D. 阅读

20. 在 PowerPoint 2021 中，超链接中所链接的目标可以是（　　）。
A. 幻灯片中的图片　B. 幻灯片中的动画
C. 幻灯片中的文字　D. 同一演示文稿的某一张幻灯片

二、思考题

1. 简述 PowerPoint 2021 的主要功能。
2. 简述 PowerPoint 2021 几种视图方式的特点。
3. 简述 PowerPoint 中幻灯片动画常用的类型及特点。
4. 简述控制演示文稿外观的方法。

第 7 章 计算机网络与 Internet

计算机网络是计算机技术与现代通信技术相结合的产物。随着全球信息化进程的迅速发展，计算机网络已成为现代社会的基础设施之一。特别是Internet的应用已渗透社会生活的方方面面，成为计算机应用的一个必不可少的部分。

7.1 计算机网络基础知识

7.1.1 计算机网络概述

计算机网络是指将分布在不同地理位置上的、具有独立功能的多个计算机系统，通过通信设备和通信线路相互连接起来，并在网络软件的管理下，实现数据通信和网络资源共享的系统。

计算机网络按逻辑功能可分为通信子网和资源子网两部分，其逻辑结构如图7-1所示，图中的M表示各种通信设备，利用通信线路连接在一起。

通信子网主要负责计算机网络的通信功能，包括通信设备和高速通信线路。

资源子网主要负责数据的处理和访问网络的功能，包括拥有资源的计算机、用户终端、网络接口设备和软件以及一些外围设备等。

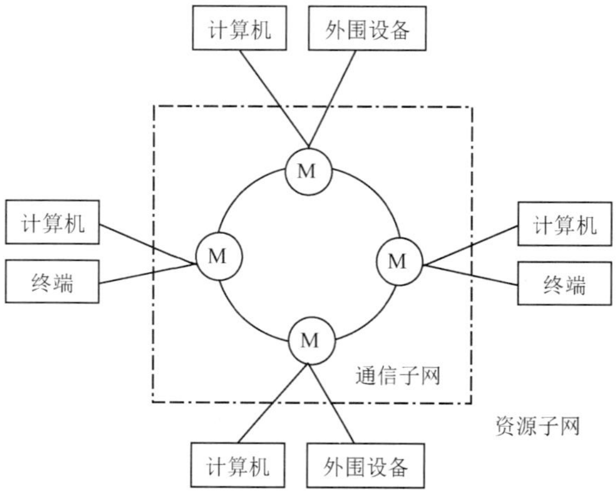

图 7-1 计算机网络的逻辑结构图

7.1.2 计算机网络的分类

从不同的角度看，计算机网络有不同的分类方法，主要有：按地理覆盖范围分类、按网络拓扑结构分类、按信息交换方式分类、按传输介质分类、按网络所隶属的机构或团体分类等。一般按网络的地理覆盖范围可分为局域网、城域网和广域网。

1. 局域网

局域网（local area network, LAN）的地理覆盖范围从几米到几千米以内，一般建立在某个机构所属的一个建筑群内，如一间办公室或实验室、一栋大楼、一所学校等。在Windows操作系统下，可以为局域网内的计算机设置共享计算机软、硬件资源，如共享文件夹、共享打印机等。通过“网络”可以对共享的资源进行访问。

2. 城域网

城域网（metropolitan area network, MAN）的地理覆盖范围一般在几千米到上百千米，一般适用于一个地区、一个城市或一个行业系统。

3. 广域网

广域网（wide area network, WAN）又称远程网，是由相距较远的局域网或城域网互连而成，覆盖范围可达几千千米甚至上万千米，可以是一个国家或一个洲际网络。例如，中国教育科研网（CERNET）、中国公用计算机互联网（CHINANET）、中国金桥网（CHINAGBN）等。

互联网并不是一个具体的物理网络，而是由一个以上的物理网络互连而形成的更大范围的一种网络，其作用范围往往是一个非常广阔的、动态蔓延的区域。Internet就是互联网的一个特例。

7.1.3 计算机网络的拓扑结构

计算机网络的物理连接形式就是计算机网络拓扑结构。在计算机网络拓扑结构中，网络上所有的计算机以及通信设备统称为工作站或网络节点。主要的拓扑结构有：总线结构、星状结构、环状结构、网状结构、树状结构以及它们的混合型结构等。

总线结构是将所有工作站均接在一条总线上，各工作站的地位平等，工作站之间的数据通信全在总线上进行，其结构如图 7-2 所示。此结构的网络通常采用同轴电缆作为其通信线路。

星状结构是以一台设备作为中央节点，其他工作站都通过通信线路连接到此节点上，工作站之间的数据通信也必须经由中央节点转接，其结构如图 7-3 所示。此结构的网络通常采用双绞线作为其通信线路。

环状结构由网络中若干节点通过点到点的链路首尾相连，形成一个闭合的环，数据在环路中沿着一个方向在各节点之间传输，其结构如图 7-4 所示。此结构的网络通常采用光缆作为其通信线路。

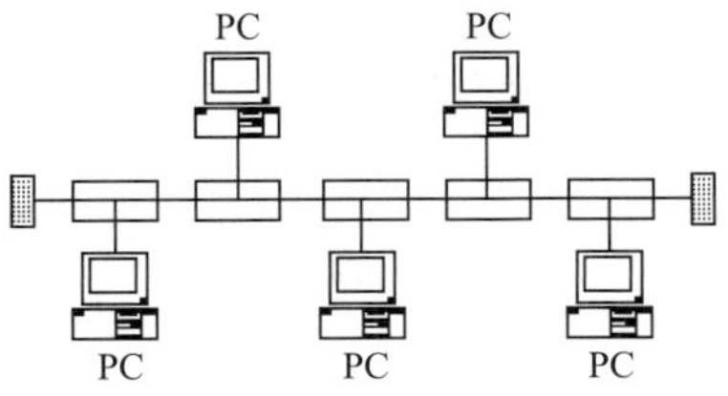

图 7-2　总线结构

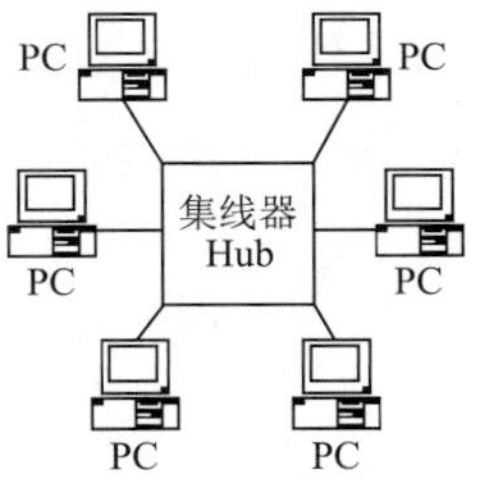

图 7-3　星状结构

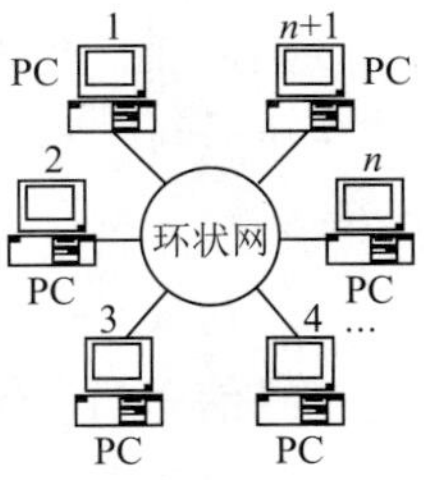

图 7-4　环状结构

网状结构中每个节点和网中其他节点均有链路连接，其结构如图 7-5 所示。这种结构的网络可靠性非常高，但网络关系复杂，建网不易，成本高，一般只用于大型的网络系统。

树状结构中的设备通过层级连接，形成树状结构，通常用于大型局域网或广域网，结构如图 7-6 所示。

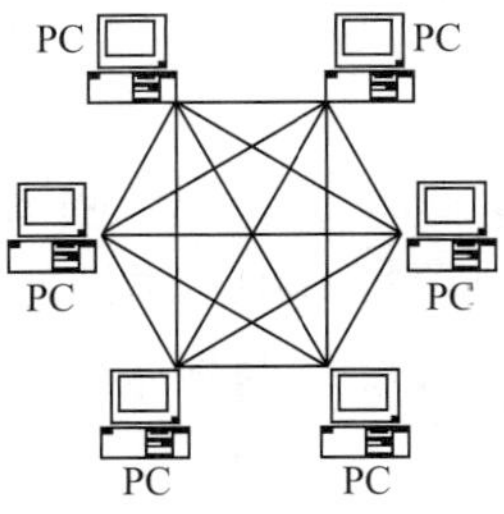

图 7-5　网状结构

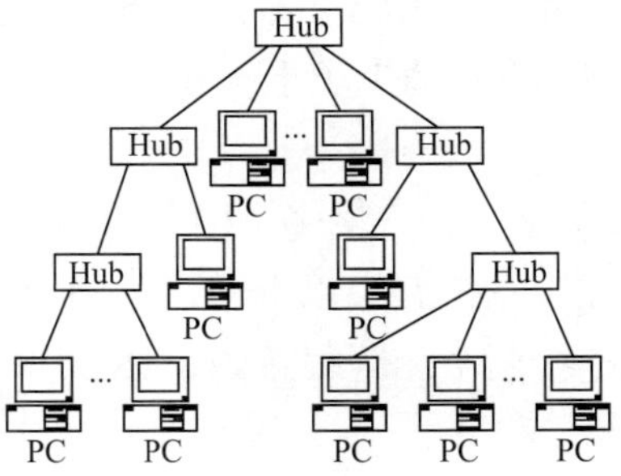

图 7-6　树状结构

混合型结构是指将多种基本拓扑结构进行组合，形成更加复杂和灵活的网络结构。例如，一个大型企业网络可能在不同的部门采用星状结构，而这些星状子网络之间又通过总线或者网状结构进行连接，从而形成了混合型结构。混合型拓扑结构可以充分发挥各种拓扑结构的优势，同时弥补各种拓扑结构的不足，适用于更加复杂和大型的网络环境。

7.1.4 计算机网络的硬件设备

要组成一个完整的计算机网络，从逻辑上看，需要资源子网和通信子网；从物理构成上看，需要四要素：

① 连接元件（PC、路由器、交换机等）。

② 连接介质（双绞线、同轴电缆、光纤等）。

③ 连接控制机制（主要是协议，如TCP/IP、RIP、OSPF等）。

④ 连接拓扑结构（总线、星状、环状、网状等）。

下面简要介绍构成计算机网络的各类硬件设备。

1. 网络适配器

网络适配器（network adapter）一般指网卡（network interface card, NIC），是局域网中连接计算机和传输介质的接口。主要功能是：读入其他网络设备（如路由器、集线器等）传输过来的数据包，经过拆包，将其变成客户机或服务器可以识别的数据，通过主机板上的总线将数据传输到所需设备中（如CPU、内存等）；将PC设备发送的数据，打包后输送到其他网络设备。即数据转换、数据缓存、通信服务。网卡是工作在链路层的网络组件。

2. 路由器

路由器（router）用于连接多个逻辑上分开的网络。逻辑网络代表一个单独的网络或者一个子网。当数据从一个子网传输到另一个子网时，可通过路由器的路由功能完成。因此，路由器具有判断网络地址和选择IP路径的功能，它能在多网络互连环境中，建立灵活的连接，可用完全不同的数据分组和介质访问方法连接各种子网，路由器只接受源站或其他路由器的信息，属网络层的一种互连设备。

3. 集线器

集线器（hub）是一种集中完成多台设备连接的专用设备，提供检错能力和网络管理等有关功能。集线器对接收到的信号进行再生整形放大，以扩大网络的传输距离，同时把所有节点集中在以它为中心的节点上。它工作于网络物理层。

由于集线器会把收到的任何数字信号，经过再生或放大，再从集线器的所有端口提交，这会造成信号之间碰撞的机会很大，而且信号也可能被窃听，并且这代表所有连到集线器的设备，都是属于同一个碰撞域名以及广播域名，因此大部分集线器已被交换机取代。

4. 中继器

中继器（repeater, RP）是局域网环境下用来延长网络距离的最简单、最廉价的网络互连设备。中继器放大输入信号、重新定时并沿多条运行电缆重新生成该信号。一旦信号通过电缆，重新定时，有助于避免产生冲突。中继器有传播电子干扰和无效信号的缺点。中继器是网络物理层上面的连接设备。

5. 网桥

网桥（bridge）是一种连接多个网段的网络设备，它能在数据链路层上实现不同网络的互连。网桥需要两个互联网络在数据链路层以上采用相同或兼容的协议。网桥有两种类型：本地的和远程的网桥。本地的网桥常用于连接两个相距很近的LAN，并分段划分网络流量，以降低网络瓶颈。远程网桥用来连接两个远距离的网络。

6. 网关

网关在网络层以上实现网络互连，是最复杂的网络互连设备，仅用于两个高层协议不同的网络互连。网关既可以用于广域网互连，也可以用于局域网互连。网关是一种充当转换重任的计算机系统或设备，使用在不同的通信协议、数据格式或语言，甚至体系结构完全不同的两种系统之间，网关是一个翻译器。与网桥只是简单地传达信息不同，网关对收到的信息要重新打包，以适应目的系统的需求。

各硬件工作在网络OSI（开放系统互连参考模型）的层次关系如图7-7所示。

应用层	网关
表示层	
会话层	
传输层	
网络层	路由器
数据链路层	网桥
物理层	中继器

图 7-7　路由器、网桥和中继器的互连层次

7. 传输介质

网络传输介质是网络中发送方与接收方之间的物理通路，它对网络的数据通信具有一定的影响。常用的传输介质有双绞线、光纤、同轴电缆、无线传输介质等。

（1）双绞线

双绞线是由两根绝缘导线相互缠绕而成，将一对或多对双绞线放置在一个保护套中便成了双绞线电缆，如图7-8所示。双绞线采用RJ-45或RJ-11连接头插接，使网络连接非常方便，适合于短距离通信，是局域网中最常用的传输介质。

（2）光纤

光纤是由光导纤维纤芯、玻璃网层和能吸收光线的外壳组成，如图7-9所示。它具有不受外界电磁场的影响，无限制的带宽等特点，可以实现每秒几十兆字节的数据传送。但其价格昂贵，焊接工艺要求高，适合于主干网络的高速数据传输。

（3）同轴电缆

同轴电缆是由绕在同一轴线上的两个导体组成，如图7-10所示。它具有抗干扰能力强，连接简单等特点，信息传输速度可达每秒几百兆字节，是中、高档局域网的首选传输介质。

图 7-8　双绞线

图 7-9　光纤

图 7-10　同轴电缆

（4）无线传输介质

无线传输介质是指在两个通信设备之间不使用任何物理连接，而是通过空间传输的一种技术。无线传输介质主要有Wi-Fi、蓝牙、红外线、微波、激光、ZigBee、NFC（near field communication）等。

7.1.5　计算机网络的软件体系结构

随着互联网的不断发展，计算机网络软件的体系结构也在不断更新。但目前最主要的是客户端/服务器（client/server，C/S）结构和浏览器/服务器（browser/server，B/S）结构。

1. C/S结构

C/S结构即客户端/服务器结构，是以网络为基础，数据库为后援，把应用分布在客户端和服务器上的分布式处理系统。通过它可以充分利用两端硬件环境的优势，将任务合理分配到Client端和Server端来实现，降低了系统的通信开销。

传统的C/S体系结构虽然采用的是开放模式，但这只是系统开发一级的开放性，在特定的应用中无论是Client端还是Server端都还需要特定的软件支持。由于没能提供用户真正期望的开放环境，C/S结构的软件需要针对不同的操作系统开发不同版本的软件，加之产品的更新换代十分快，已经很难适应百台计算机以上的局域网用户同时使用，而且代价高、效率低。

2. B/S结构

B/S结构即浏览器/服务器结构，它是随着Internet技术的兴起，对C/S结构的一种变化或者改进的结构。在这种结构下，用户工作界面是通过WWW浏览器实现的，客户端通常不直接与后台的数据库服务器通信，而是通过相应的Web服务器“代理”以间接的形式进行。这样就大大简化了客户端计算机的负载，减轻了系统维护与升级的成本和工作量，降低了用户的总体成本

云计算技术的发展为计算机网络软件的体系结构带来了更多的机会和挑战。在C/S结构方面，云计算技术提供了更强大的数据处理和存储能力，使得客户端和服务器之间的数据交换更加高效和可靠。同时，云计算技术也提供了更高级的安全保护机制，保障了C/S结构中的数据安全。

在B/S结构方面，云计算技术提供了更灵活的资源管理和调度机制，使得浏览器可以更加方便地访问和操作共享数据库。同时，云计算技术也提供了更强大的数据备份和恢复机制，保障了B/S结构中的数据可靠性和安全性。

此外，云计算技术还提供了更高效的分布式计算和存储能力，使得网络应用可以更加高效地处理大量数据和存储大量信息。这使得C/S结构和B/S结构的应用范围更加广泛，可以应用于更多的领域和场景。

7.2 Internet 基础

7.2.1 Internet的定义

因特网（Internet）是目前全球最大的一个电子计算机互联网，是由美国国防部高级研究计划局（ARPA）建设的“阿帕网（ARPAnet）”发展演变而来的。它是由许多小的网络（子网）互连而成的一个逻辑网，每个子网中连接着若干台计算机（主机）。Internet以相互交流信息资源为目的，基于一些共同的协议，并通过许多路由器和公共互联网结合而成，它是一组全球信息资源的总汇。

7.2.2 TCP/IP参考模型与协议

Internet之所以可以在如此大范围实现各种各样计算机的互连，就是因为所有连接到Internet上的计算机都统一遵循了一组通信协议，即TCP/IP协议。

TCP/IP是一个协议族，由传输控制协议（transmission control protocol, TCP）和网际协议（internet protocol, IP）共同构成。TCP负责数据从端到端的传输，IP则负责网络互连。

TCP/IP参考模型分为四层：应用层（application layer）、传输层（transport layer）、网络层（internet layer）和链路层（link layer）。

① 链路层负责建立电路连接，是整个网络的物理基础，典型的协议包括以太网、ADSL等。

② 网络层负责分配地址和传送二进制数据，主要协议是IP协议。

③ 传输层负责传送文本数据，主要协议是TCP协议。

④ 应用层负责传送各种最终形态的数据，是直接与用户打交道的层，典型协议是HTTP、FTP等。

图7-11展示了TCP/IP四层模型和TCP/IP协议族之间的对应关系。

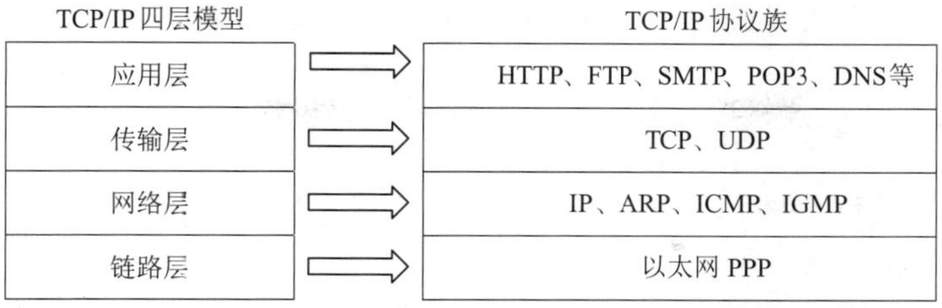

图 7-11　TCP/IP 模型与协议族的对应关系

7.2.3　IP 地址和域名

1. IP 地址

在Internet上，任何一台计算机或网络设备都有一个指定的、唯一可以识别的地址，称为IP地址，通过该地址可以唯一地确定并访问某一台计算机或网络设备。

IP地址是一个32位二进制数地址，这32位二进制数分为4段，每段8位，用一个十进制数来表示，这样每段所能表示的十进制数的范围就在0～255，段与段之间用圆点“.”隔开。例如，32位二进制数IP地址“11011011 11011110 01110001 00000100”，用十进制的形式表示为“219.222.113.4”。

IP地址的4段地址又分为网络地址和主机地址两部分，根据网络地址占据的段的不同，IP地址可以分为五类：A类地址、B类地址、C类地址、D类地址和E类地址。各类地址的分布范围见表7-1，其中A、B、C这三类为常用地址。

表 7–1　IP 地址分类

IP 地址类型	第一字节十进制数范围	二进制固定最高位	网 络 地 址	主 机 地 址	备　注
A类	0～127	0	前8位	后24位	—
B类	128～191	10	前16位	后16位	—
C类	192～223	110	前24位	后8位	—
D类	224～239	1110	—	—	组播地址
E类	240～255	1111	—	—	保留试验使用

所有的IP地址都由NIC（Internet网络信息中心）负责统一分配，目前全世界共有五个这样的网络信息中心：美国互联网编号分配中心、欧洲互联网编号分配中心、亚太互联网编号分配中心、拉丁美洲和加勒比地区互联网编号分配中心、非洲网络信息中心。我国申请IP地址要通过亚太互联网编号分配中心。用户在申请时要考虑IP地址的类型，然后再通过国内的代理机构提出申请。

2. IPv4 与 IPv6

目前Internet协议为IPv4（IP version 4），即IP协议第4版，IPv4的地址位数为32位，约有43亿个地址可用，近十年来，由于互联网的蓬勃发展，IP地址的需求量越来越大，面临着IP资源危机。

IPv6是用于替代IPv4的下一代IP协议。IPv6采用128位的地址空间，字段与字段之间用冒号“:”分隔，IPv6实际可分配的地址，按地球面积平均的话，每平方米面积上仍可分配1000多个地址。在IPv6的设计过程中除了一劳永逸地解决地址短缺问题以外，还考虑在IPv4中解决不好的其他问题，主要有端到端IP连接、服务质量（QoS）、安全性、多播、移动性、即插即用等。到今天，IPv6的技术设计已经完成并应用于实际中。

3. 域名

由于IP地址是一串数字，不便记忆，也难以理解，为此，Internet引入了域名系统（domain name system, DNS），采用易于记忆的字符代替IP数字地址来标识网络上的任何一台计算机，但计算机内部依然以IP地址来识别。这样，在IP地址和域名之间就建立起一种映射关系，即一个域名对应于一个IP地址，用域名去访问计算机相当于用该域名所映射的IP地址去访问。

域名系统采用分级命名方法，最右边为最高级域名，各级域名之间也用圆点“.”隔开，其通用格式如下：

```
计算机主机名.机构名.网络名.最高级域名
```

如清华大学的域名为：www.tsinghua.edu.cn 。其中，“www”表示这台主机的名称，“tsinghua”表示清华大学，“edu”表示教育机构，“cn”表示中国。

最高级域名表示国家或地区或某一行业系统，也是由Internet NIC集中登记和管理的。常见的最高级域名见表7-2。

表 7–2　常见的最高级域名

域　名	含　义	域　名	含　义
com	商业组织	org	非营利性组织
edu	教育机构	mil	军队
net	网络组织	uk	英国
gov	政府部门	cn	中国
int	国际性组织	de	德国

7.2.4　统一资源定位器（URL）

Internet上的信息资源是以超媒体的形式呈现出来的，每个超文本或超媒体文档都用一个唯一的地址来标识，URL就是完整描述Internet上超媒体文档的地址。简单地说，URL就是Web地址，即通常所说的“网址”。URL地址的一般格式为：

```
[访问方式]://[服务器地址]:[端口号]/[路径]
```

[访问方式]：主要有http、https和ftp等方式，其中，http表示使用HTTP（hypertext transfer protocol，超文本传输协议）进行访问，https表示通过SSL/TLS加密通信，使用HTTPS协议进行访问；ftp则表示使用FTP协议进行文件传输，默认是http方式。

[服务器地址]：指出WWW主页所在的服务器域名。

[端口号]：如果服务器提供的资源是从默认端口（80）提供，则无须指明端口号；否则，按相应服务器提供的端口号进行访问。

[路径]：指明服务器上某资源的具体位置，采用“目录/子目录/…/文件名”这种结构形式。

例如“https://www.jyc.edu.cn/xygk/xyjj.htm”就是一个典型的URL地址，其中“http”表示WWW服务，“www.jyc.edu.cn”表示服务器域名，“/xygk/xyjj.htm”表示路径。

7.2.5　Internet接入技术

家庭用户或单位用户要接入互联网，可通过某种通信线路连接到Internet服务供应商（internet service provider, ISP）。由ISP提供互联网的入网连接和信息服务。互联网接入是通过特定的信息采集与共享的传输通道，利用各种传输技术完成用户与IP广域网的高带宽、高速度的物理连接。

可以根据当前通信线路状况、带宽要求、服务项目、资费标准等条件，选择合适的Internet接入方式。最新的Internet接入技术包括以下几种：

1. 光纤接入技术（fiber to the home, FTTH）

利用光纤传输数据，提供高速、稳定的互联网接入。

2. 5G网络

第五代移动通信技术，提供更高的带宽和更低的延迟，支持更多设备同时连接，并提供更稳定的互联网接入。

3. 卫星互联网接入

利用卫星通信技术，实现全球范围内的互联网接入，解决偏远地区无法接入有线网络的问题。

4. 无线接入技术

作为新兴的Internet接入方式，由于无线上网摆脱了有线的束缚，特别是笔记本计算机、手机等移动通信设备的发展与普及，无线上网越来越受到用户的青睐。

例如，Wi-Fi 6和Wi-Fi 6E（扩展频谱）等，提供更快的无线互联网接入速度和更好的网络容量。

5. 超高频（ultra high frequency, UHF）接入技术

利用UHF频段进行互联网接入，提供更广阔的覆盖范围和更低的成本。

6. 光无线接入技术（optical wireless communication, OWC）

利用可见光通信或红外线通信进行互联网接入，提供更安全、更高速的无线连接。

7. 低轨卫星互联网接入

利用低轨卫星网络提供全球范围内的互联网接入，具有低延迟和高带宽的特点。

8. 传感器网络接入

将传感器网络与互联网连接，实现物联网的接入，用于实时监测和数据传输。

9. 可见光通信（visible light communication, VLC）

利用可见光进行通信传输，实现室内高速互联网接入。

7.2.6 无线路由器的设置

Wi-Fi信号的连接必须用到无线路由器。无线路由器可以看作一个转发器，将家中接出的宽带网络信号通过天线转发给附近的无线网络设备，包括笔记本计算机、支持Wi-Fi的手机以及所有带有Wi-Fi功能的设备等。

市场上流行的无线路由器一般能支持20～50个以内的设备同时在线使用，通常室内在50 m范围内都可以有较好的无线信号，而室外一般来说都能达到100～200 m。当然，无线路由器信号强弱受产品质量、环境的影响较大。

下面以华为路由AX3 Pro为例，简单介绍无线路由器的连接及设置方法。

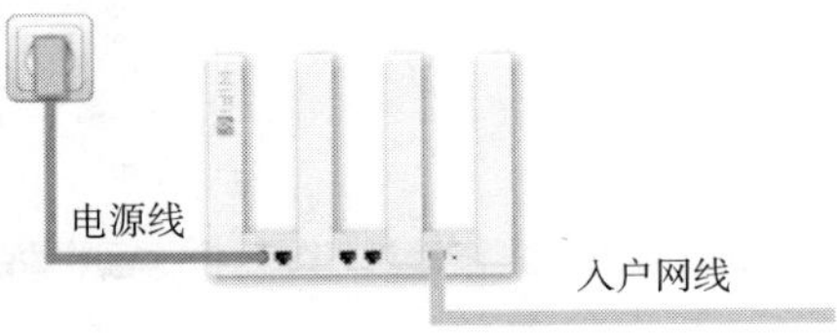

图 7-12　无线路由器线路连接图

① 路由器接通电源，WAN口连接到入户网线，如图7-12所示。注意路由AX3 Pro是不区分WLAN/LAN口的，支持盲插，自适应网络。

② 连线完毕，进入上网设置，可打开手机利用App进行设置，也可以用计算机进行设置，打开浏览器，在地址栏中输入默认管理页面地址：192.168.3.1，进入无线路由器的设置界面，如图7-13所示。

③ 选择“创建一个Wi-Fi网络”安装方式，如图7-14所示。

④ 选择对应的一个上网方式，如图7-15所示，宽带账号上网方式：需输入宽带账号和密码，账号密码需运营商提供；自动获取IP方式可以直接进行下一步操作；静态IP方式需手动设置IP地址、掩码、网关和DNS，以上需运营商提供。

⑤ 设置Wi-Fi名称及登录密码，如图7-16所示。

⑥ 配置完成后，界面如图7-17所示，路由器指示灯变成蓝色常亮，就代表配置成功。这时，对应移动设备就可以连接Wi-Fi上网。

⑦ 可登录路由器主页查看到网络连接状态、设备列表、无线网络设置、网络速度和流量统计等信息，如图7-18所示。

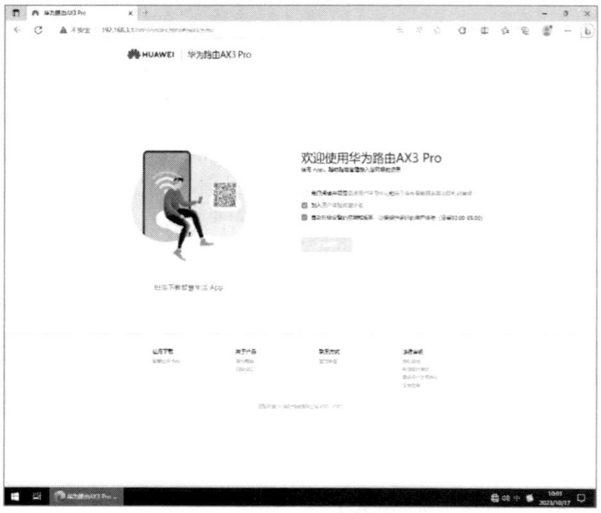

图 7-13　打开无线路由器设置界面

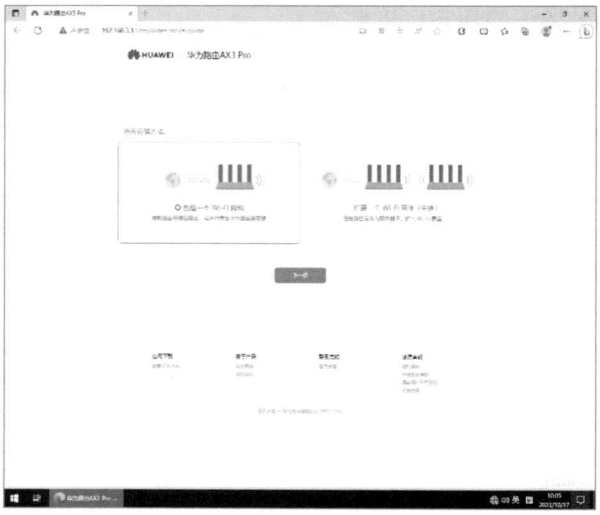

图 7-14　选择安装方式界面

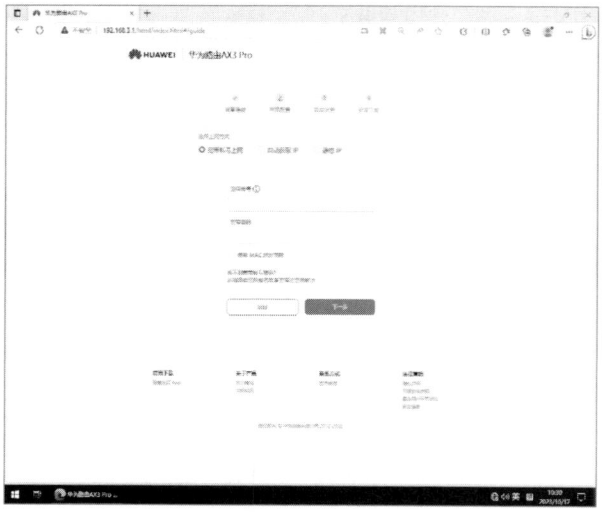

图 7-15　选择对应上网方式界面

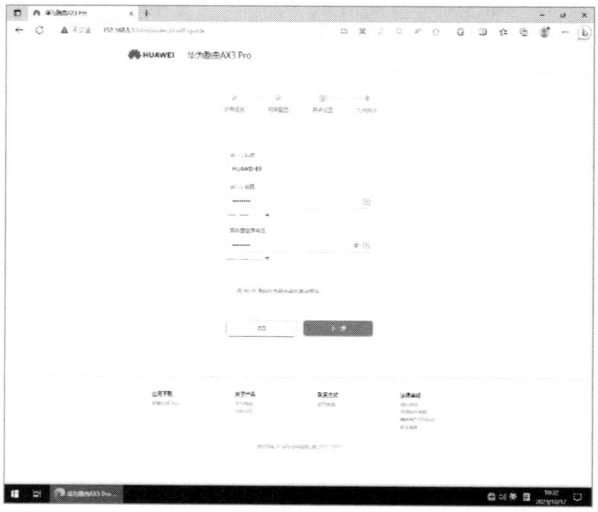

图 7-16　设置 Wi-Fi 名称及密码界面

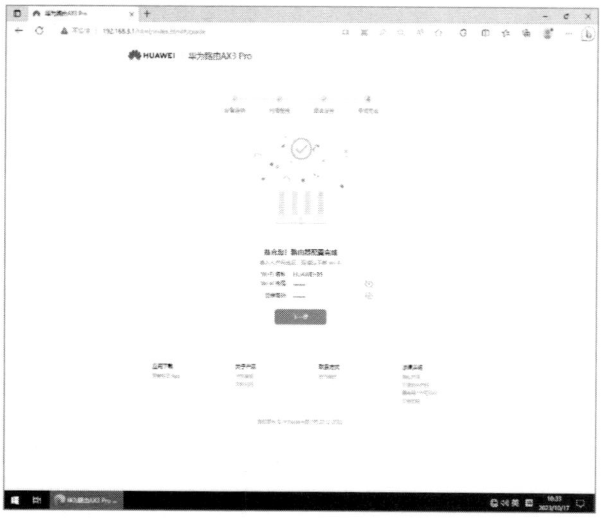

图 7-17　路由器配置成功界面

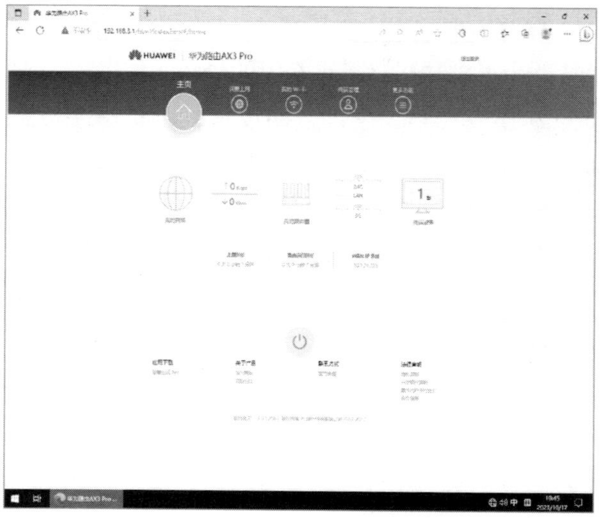

图 7-18　路由器主页信息界面

⑧ 若忘记路由器无线密码和管理员密码，要重新设置，可用卡针长按路由器的RESET键，等到指示

灯闪烁即可重新设置。它还支持一碰联网，支持近距离无线通信（near field communication, NFC）的手机只要轻轻一碰路由器底部的NFC图标就可以直接联网，不用输入密码。

7.3　Internet 应 用

7.3.1　Microsoft Edge浏览器

要访问Internet上的超媒体信息资源，需要通过WWW浏览器去获取。WWW浏览器是一种访问Web服务器的客户端工具软件，使用时，用户只需在客户端的浏览器上输入一个URL网址，服务器接收到请求后，就会按照网址所对应的计算机IP地址及路径，在浏览器上为用户打开相关网页信息，供用户浏览查看。

目前，常用的WWW浏览器主要有Microsoft公司开发的Microsoft Edge浏览器、Mazilla公司的Firefox（火狐）浏览器、奇虎360公司的360安全浏览器等。不同的浏览器使用的内核不尽相同，界面、功能也各有千秋，但基本的使用还是一样的。本节以Microsoft Edge为例，介绍说明Microsoft Edge浏览器的使用。

1. Microsoft Edge的启动

Windows 10及以上操作系统，默认安装Microsoft Edge浏览器，并且在桌面上建立其快捷方式。双击桌面上的快捷图标，即可启动Microsoft Edge浏览器。启动Edge浏览器之后，其窗口界面如图7-19所示。

2. 设置Edge浏览器

在Edge浏览器窗口中，单击右上角的 ··· 按钮，选择“设置”选项，在打开的页面中选择“开始、主页和新建标签页”选项卡，如图7-20所示，选择“打开以下页面”单选按钮，单击“添加新页面”按钮，弹出“添加新页面”对话框，在其中输入想要设置为主页的URL地址，单击“添加”按钮即可。在该对话框中，用户也可以选择相应选项，对Edge浏览器进行相应设置。

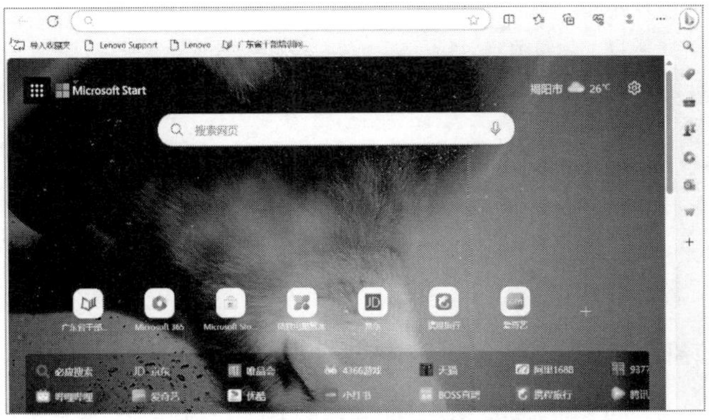

图7-19　Microsoft Edge窗口界面

图7-20　“设置”对话框

【例7-1】设置Edge的默认主页为“必应”搜索引擎。

操作步骤如下：

① 打开“设置”对话框，选择“开始、主页和新建标签页”选项卡。

② 选择“打开以下页面”单选按钮，单击“添加新页面”按钮。

③ 在打开的“添加新页面”窗口中，输入URL地址：“https://cn.bing.com”，单击“添加”按钮即可。

视频　设置Edge浏览器主页

用类似的方法可以为Edge浏览器设置其他选项。

3. 使用Edge保存网页

浏览的网页可以保存到计算机本地磁盘中，也可以保存为PDF格式的文件。操作步骤如下：

① 打开要保存的网页。

② 在Edge窗口中单击右上角的 ··· 按钮，选择“更多工具”→“将页面另存为”命令，弹出“另存为”对话框。

③ 在该对话框中选择保存路径，输入保存的文件名，选择保存类型，然后单击“保存”按钮。

【例 7-2】把揭阳职业技术学院的学校概况网页以“学院概况”为文件名保存到本地磁盘“D:\Internet\”中。

操作步骤如下：

① 打开揭阳职业技术学院网站主页，地址为“www.jyc.edu.cn”，如图7-21所示。

视 频

保存网页

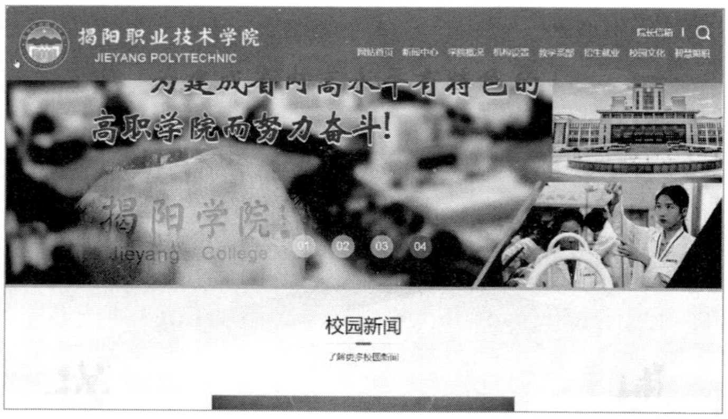

图 7-21 揭阳职业技术学院网站主页

② 在网站主页上找到学院概况的超链接，单击打开“学院概况”网页，如图7-22所示。

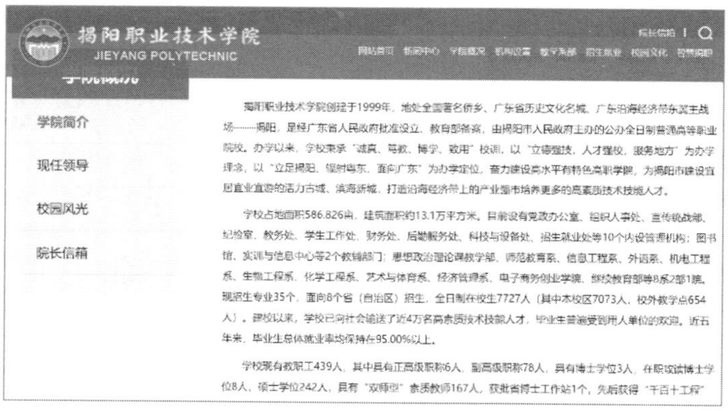

图 7-22 学院概况网页

③ 单击窗口右上角的 ··· 按钮，选择“更多工具”→“将页面另存为”命令，弹出“另存为”对话框，如图7-23所示。在该对话框中选择保存路径“D:\Internet\”，输入保存的文件名为“学院概况”（保存类型为“网页，完成”即可），然后单击“保存”按钮，完成该页面的保存。

注意

这里也可选择保存单个文件或仅HTML类型。

④ 保存网页为PDF格式。如果要把网页保存为PDF格式的文件，可以直接在Edge浏览器上完成。单击要保存网页窗口右上角的 ··· 按钮，选择“打印”命令，在打开的“打印”窗口中，在打印机下方的选项中选择“另存为PDF”，再单击下方的“保存”按钮，在弹出的“另存为”对话框中，选择保存路径、

设置文件名，最后单击“保存”按钮即可。

⑤ 保存网页上的图片。右击网页上需要保存的图片，在弹出的快捷菜单中选择“将图像另存为”命令，弹出“另存为”对话框，选择保存图片的位置、文件名和保存类型，单击“保存”按钮，即可把网页上的图片保存在本地磁盘中。

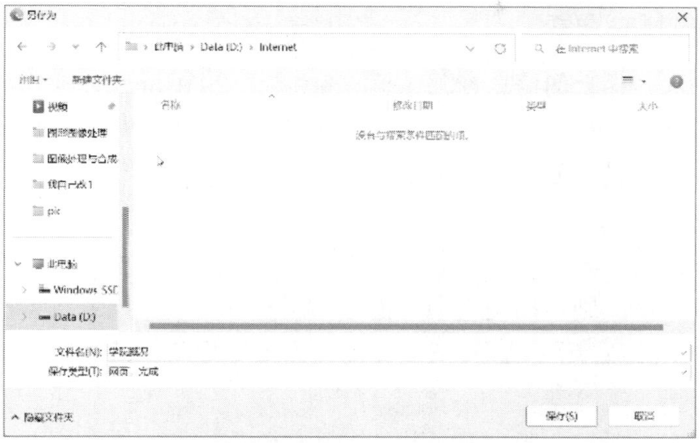

图 7-23　“另存为”对话框

4．收藏夹的使用

收藏夹是Edge提供给用户保存常用网址的文件夹。若要访问保存在收藏夹中的某一网址，只需单击收藏夹中该网址的名称即可打开该网页。在收藏夹中，保存的网址像磁盘中的文件一样，用户可以对这些网址文件进行删除、移动、重命名、建立文件夹进行分类存放等操作。

（1）添加到收藏夹

一个经常要访问的网址，为了方便每一次的打开，常常将其添加到收藏夹中。操作步骤如下：

① 打开要添加到收藏夹中的网页。

② 在Edge窗口中单击“收藏夹”按钮，打开“收藏夹”窗口。

③ 在“收藏夹”窗口中，单击“将此页添加到收藏夹”按钮，即可将当前网页添加到收藏夹中。

视频

收藏夹应用

【例 7-3】把中山大学网站的主页添加到收藏夹中，名称为“中山大学”。

① 在Edge地址栏中输入中山大学的网址：www.sysu.edu.cn，打开该主页。

② 单击“收藏夹”按钮，打开“收藏夹”窗口，如图7-24所示。

③ 在该窗口中，单击“将此页添加到收藏夹”按钮，即可将当前网页添加到收藏夹中。

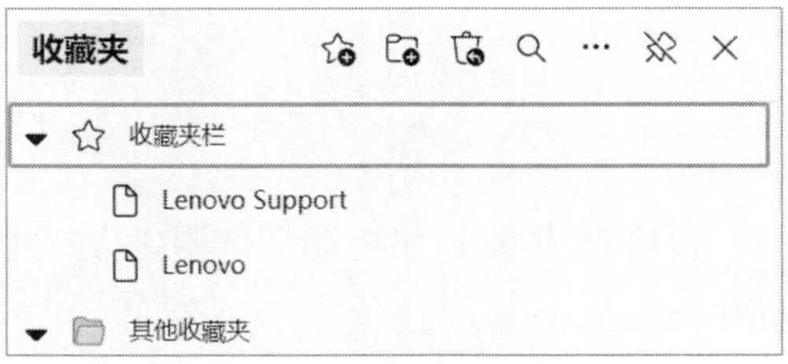

图 7-24　“收藏夹”窗口

在“收藏夹”窗口中包含了若干工具按钮，各按钮的功能描述如下：

- “添加文件夹”按钮：可在收藏夹栏中创建文件夹，并对收藏的网址文件进行分类存放。
- “还原已删除的收藏夹”按钮：可对最近28天内删除的收藏夹进行管理，用户可以选择还原或永久删除。
- “搜索收藏夹”按钮：当收藏夹中的网址非常多时，可以通过搜索收藏夹，输入关键词语，快速找到想要的网址。
- “更多选项”按钮，这里可导入、导出收藏夹，很多收藏夹的功能都在这里。

（2）利用收藏夹打开网页

启动Edge，单击“收藏夹”下拉按钮，在下拉菜单中选择想要打开的网页名称，即可打开该网页。

这也是打开网页的常用方法之一。

5. 历史记录

单击网页右上角的 ··· 按钮，选择“历史记录”命令，打开“历史记录”窗口，该窗口中列出了最近已访问网页的链接，单击想要访问的某一历史记录网页链接，即可打开该网页。

7.3.2 Internet信息资源的搜索

Internet的规模如此之大，网上的信息资源更是浩瀚无比，想在Internet上搜索所需的资料，如同大海捞针。为了满足用户方便地在Internet上进行信息资源的搜索，各种专业的搜索网站应运而生。这些专门提供Internet信息资源搜索功能的网站，称为“搜索引擎”。

1. 搜索引擎

搜索引擎的工作过程：用户输入要搜索资料的关键词，搜索引擎就在其数据库中进行匹配搜寻；如果找到与关键词相匹配的网站，则根据网页中关键词的匹配程度、出现的频率次数等信息，通过特殊的算法计算出各网页信息的关联程度，然后按关联程度的高低顺序将这些网页链接返回给用户；否则显示找不到匹配网站等提示信息。

因为Internet上的资源日新月异，所以搜索引擎必须不断更新其数据库，以满足用户搜索的需求。

下面介绍几个常用的搜索引擎。

（1）百度

百度是全球最大的中文搜索引擎、最大的中文网站。2000年1月创立于北京中关村。用户通过百度主页，可以快速找到相关的搜索结果，这些结果来自百度数百亿的中文网页数据库。百度还提供图片、视频、学术、地图等多样化的搜索服务，给用户提供更加完善的搜索体验，满足多样化的搜索需求。

百度的网站地址是https://www.baidu.com，其中文版主页如图7-25所示。

图 7-25　百度主页

百度搜索集多种功能于一身，是为数不多的功能齐全的搜索引擎之一，其中的“百度地图”也是目前用得比较多的。

百度地图是百度提供的一项网络地图搜索服务，覆盖了国内近400个城市、数千个区县。在百度地图中，用户可以查询街道、商场、楼盘的地理位置，也可以找到离自己最近的所有餐馆、学校、银行、公园等。

在百度主页上，单击浏览窗口右上角的“地图”超链接，打开“百度地图”窗口，如图7-26所示。

百度地图提供了丰富的公交换乘、驾车导航的查询功能，为用户提供最适合的路线规划。不仅知道要找的地点在哪，还可以知道如何前往。同时，百度地图还为用户提供了完备的地图功能（如搜索提示、视野内检索、全屏、测距等），便于更好地使用地图，便捷地找到所求。

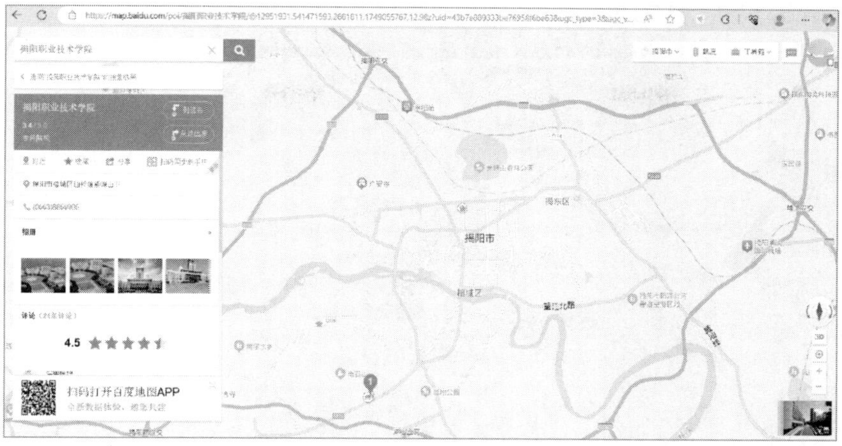

图 7-26 “百度地图”窗口

（2）其他搜索引擎

① 必应 Bing（http://cn.bing.com/）。图片唯美，画质清晰，页面非常简洁舒适，让人视觉产生美感，Bing 的首页很绚丽，使用了漂亮的照片，但导航很方便，Bing 的首页还链接了微软自己的一些产品，如 MSN、Windows Live、Bing Travel 等，如图 7-27 所示。

图 7-27 必应 Bing

② 360 搜索（www.so.com）。2012 年 8 月诞生，目前市场份额占有率 30% 以上。360 搜索和 360 浏览器深度融合，品牌价值整体提升，使用较方便，如图 7-28 所示。

图 7-28 360 搜索

③ 搜百度盘（www.sobaidupan.com）。搜百度盘（见图 7-29）是基于云搜索的最大云盘资源搜索中心，具有千万级大数据量，支持百度网盘、阿里云盘等国内十大网盘。

图 7-29　搜百度盘

2. 搜索技巧

最基本同时也是最有效的搜索技巧，就是选择合适的关键词。虽然说关键词的选择是一种经验积累，但在一定程度上也有章可循。

① 避免大而空的关键词，且尽量使用两个或以上的关键词。例如，要搜索今年春季服装新款式样信息，如果用“服装”作为关键词，可能会搜索出很多莫名其妙无用的信息。这里适宜用“春装 新款”作为关键词。

② 表述要准确。搜索引擎严格按照用户提交的关键词进行精确搜索，因此，关键词表述准确是获得良好搜索结果的必要前提。

关键词表述不准确主要有两种情况：一种是意思差不多，但字面不同，例如要搜索某条“新闻”，而输入的关键词为“事件”；另一种是关键词中包含错别字，例如要搜索有关“狄仁杰”的介绍，而输入的关键词为“狄仁洁”，这样的搜索结果和质量就会相差甚远。

③ 关键词与主题关联且简练。目前的搜索引擎并不能很好地处理自然语言，因此，在提交搜索请求时，最好把自己的想法提炼成简单的且与希望找到的信息内容主题关联的关键词。

有关搜索的技巧还有很多，不同的搜索引擎也可能稍有区别，这里不再赘述。

7.3.3　文件下载

Internet除了可以利用搜索引擎搜索用户所需的网页资料信息并将页面保存到本地磁盘之外，还提供了很多免费的软件、文档资料、多媒体等文件的下载。下面介绍几种常用的下载方法。

1. 普通下载

在网页上，有些超链接可以提供给用户下载它所指定的文件。单击该超链接，就会弹出“文件下载”对话框，单击对话框中的“保存”按钮，即弹出“另存为”对话框，在该对话框中选择保存路径、输入文件名，然后单击“保存”按钮，即可完成该文件的下载。有些超链接需要通过在链接上右击，在弹出的快捷菜单中选择“目标另存为”命令实现下载。

【例 7-4】从网上下载极点五笔输入法安装软件。

视 频

软件下载

操作步骤如下：

① 打开百度主页，在搜索文本框中输入搜索关键词“极点五笔输入法”，单击“百度一下”按钮，显示搜索结果列表页面，如图 7-30 所示。

② 单击列表中合适的超链接，进入“极点五笔输入法”下载页面，单击“立即下载”按钮，如图 7-31 所示，单击该按钮进入下载地址列表。

图 7-30　利用百度搜索结果

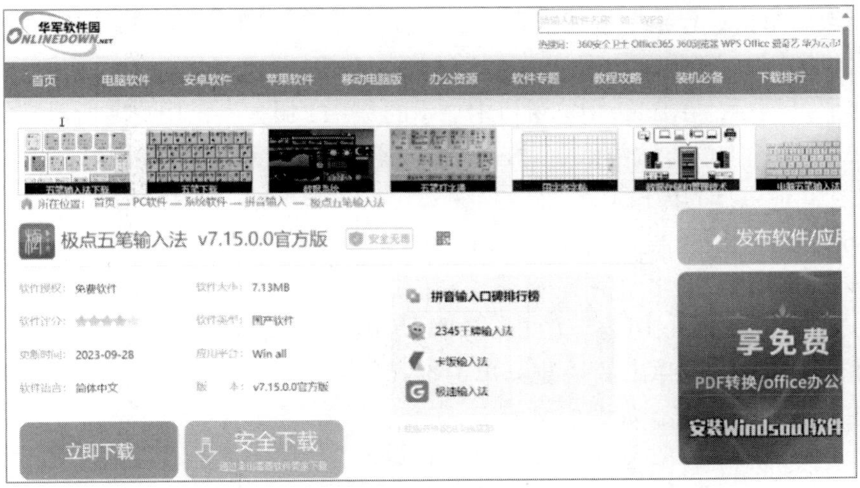

图 7-31　“极点五笔输入法”下载页面

③ 在下载地址列表中选择合适的下载地址链接，单击即可自动下载软件，在窗口右侧的菜单中单击“下载”按钮可看到下载的文件，如图 7-32 所示。这时单击“打开文件”超链接可定位到文件保存的位置。

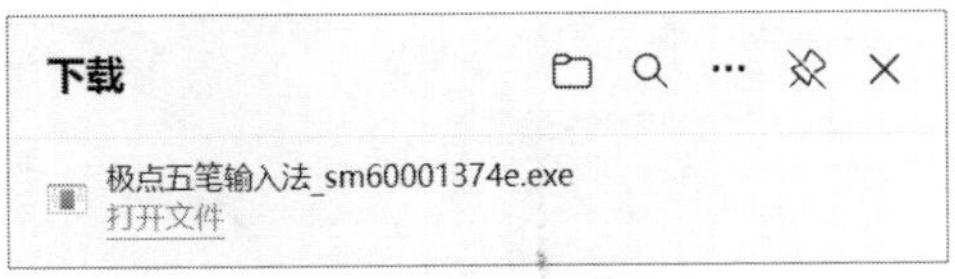

图 7-32　下载文件

2. 工具下载

一般情况下，通过网页下载所需的资源时，下载速度很慢，一些大的资源有时甚至要数小时才能下载完成。这种情况下，可以借助一些网络下载工具加快下载速度，节省时间。常用的网络下载工具有迅雷、网络蚂蚁、网际快车等。当然，如果只是想下载软件，也可以借助 360 软件管家，360 软件管家可以实现纯净版软件下载，不会捆绑其他广告、软件等。

3. FTP 的使用

（1）FTP 的定义

文件传输协议（file transfer protocol, FTP）是 Internet 上进行文件传输所必须遵循的协议。FTP 也是文件传输服务的代名词，它通过客户端和服务器端 FTP 应用程序，在 Internet 上实现远程文件的传输。

FTP的工作方式是客户端/服务器模式。客户端是用户计算机，用来访问服务器文件数据的工作站；服务器又称FTP服务器，是FTP文件资源的提供者；客户机通过客户端FTP应用程序实现对远程FTP服务器的访问，从而实现远程文件的传输。

（2）FTP服务器的访问

访问FTP服务器时，客户机通过FTP客户端程序登录FTP服务器地址（IP地址或域名地址均可），通过输入正确的用户名和密码之后，才能取得该用户所对应的访问权限，根据访问权限再对服务器进行相关操作。访问权限主要有：对文件的读取、写入、追加、删除、执行等；对目录的列表、创建、移除等；对目录的继承等。

有些FTP服务器也提供匿名访问，使任何用户都可以通过匿名账号登录到服务器上，匿名账户名为anonymous。匿名用户通常无须密码登录，且一般只允许用户从服务器上下载文件。

（3）用Edge浏览器访问FTP服务器

Edge浏览器不仅能够访问WWW服务，进行网页浏览，也可以访问FTP服务、进行远程文件传输。其操作过程可以描述如下：

① 启动Edge浏览器，在地址栏中输入FTP服务器地址，如ftp://10.10.10.25，然后按【Enter】键（此处“ftp://”不能省略，它表示采用FTP方式进行访问）。

② 选择“文件”→“登录”命令，弹出“登录身份”对话框，在对话框中输入登录到该FTP服务器的用户名和密码，然后单击“登录”按钮登录到FTP服务器（匿名访问无须输入用户名和密码，即可连接到FTP服务器）。

③ 连接到FTP服务器后，在Edge浏览窗口中显示的是FTP服务器该用户名所对应的文件和目录，与资源管理器管理文件/文件夹的方法类似，对FTP服务器上的文件和目录进行打开、浏览、复制等操作，从而实现远程文件到本地磁盘的传输。

视频

FTP下载应用

【例7-5】从FTP服务器上下载一首MP3音乐。

操作步骤如下：

① 连接到“ftp://10.10.10.25”FTP服务器，如图7-33所示。

② 右击空白处，在弹出的快捷菜单中选择“登录”命令，以xsm身份登录，登录到用户“xsm”的FTP服务器目录，如图7-34所示。

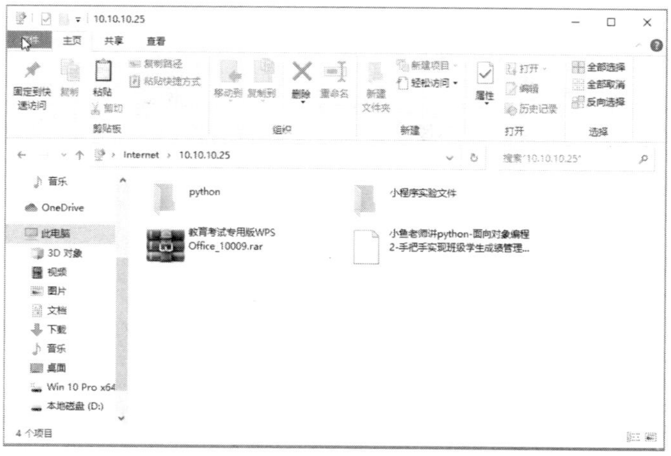

图7-33 连接到FTP服务器

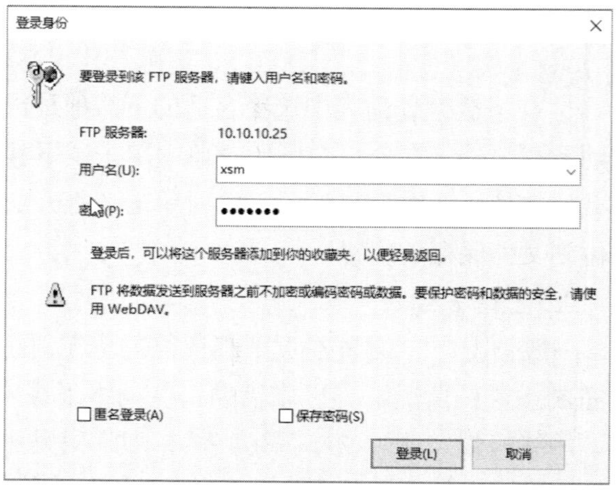

图7-34 “登录身份”对话框

③ 打开“mp3”目录，找到要下载的音乐“感恩有你.mp3”，右击该文件，在弹出的快捷菜单中选择“复制”命令，在本地磁盘合适位置执行“粘贴”命令，把该文件下载到本地磁盘中，如图7-35所示。

图 7-35　下载 FTP 服务器上的文件

【例7-6】把本地磁盘中的一张图片上传到FTP服务器上。

操作步骤如下：

视 频

FTP上传应用

① 连接到“ftp://10.10.10.25”FTP服务器，以xsm身份登录，登录到用户“xsm”的FTP服务器目录，如图7-36所示。

② 在本地磁盘中，复制要进行上传的图片——风景画。

③ 在图7-36窗口的空白处执行“粘贴”命令，把该图片上传到FTP服务器上。

图 7-36　将图片上传到 FTP 服务器上

7.3.4　电子邮件（E-mail）

1. 电子邮件概述

电子邮件是Internet提供的一项最基本的服务，它模仿普通的邮政业务，在Internet的服务器上（如ISP的邮件服务器）建立一个“邮局”，用户在该“邮局”上申请一个“电子邮箱”，有了“电子邮箱”就可以进行电子邮件的发送和接收。

（1）电子邮件协议

电子邮件在发送和接收过程中，也要遵循一些协议，这样才能保证电子邮件能够在不同的系统之间进行正确传输。常见的电子邮件协议有电子邮件发送协议SMTP，电子邮件接收协议POP3和IMAP4等。

目前，ISP的邮件服务器基本都安装了SMTP和POP3协议，大多数电子邮件客户端软件也都支持这两项协议。

（2）E-mail地址

用户要使用Internet提供的电子邮件服务，首先要向邮件服务器申请一个电子邮箱。每个用户的电子邮箱都有唯一的标识，称为电子邮件地址，又称E-mail地址。E-mail地址的统一格式如下：

```
用户名@域名
```

其中，“用户名”是用户向邮件服务器申请时使用的账号；“域名”是邮件服务器的域名；“@”读音与英文单词“at”一样，表示“在……”的意思。这样，一个E-mail地址就可以理解为“某用户在某服务器上”。例如：

```
it@jyc.edu.cn
jsj@163.com
```

2. 免费E-mail的申请和使用

（1）申请E-mail邮箱

很多网站都提供免费E-mail邮箱的申请，如网易163免费邮、网易126免费邮、网易Yeah.net邮箱、新浪通行证、MSN Hotmail等。下面以网易126邮箱为例，简单介绍E-mail邮箱的申请过程。

① 打开网易126网站，网址为http://www.126.com，单击页面中的“立即注册”按钮，打开“注册网易免费邮箱”页面，如图7-37所示，在页面中可以选择手机号码注册、普通注册或申请成为VIP（这里以普通注册为例），在邮件地址中输入申请邮箱的用户名（用户名是用户自己起的一个名字，其命名方法通常在此页面上会有提示，这里以x_shaoman为例，如果输入的用户名已经被注册，系统会要求重新输入用户名，直至输入一个没有人用过的用户名为止），设置密码，输入验证码，然后单击“立即注册”按钮。

图7-37　填写资料

② 信息提交成功后，即成功申请了一个网易126的免费电子邮箱，其E-mail地址为x_shaoman@126.com。

（2）E-mail邮箱的使用

打开网易126网站，输入登录邮箱的用户名和密码，如图7-38所示，然后单击“登录”按钮，即可登录到电子邮箱中。登录后的页面如图7-39所示。

根据图7-39所示的页面，可以进行“收信”“写信”操作，也可对邮件文件进行查看和管理操作。此外，还可以填写通信录，保存经常联系的E-mail地址；可以对邮箱的选项进行设置等。

图 7-38　登录电子邮箱页面

图 7-39　登录到电子邮箱后的页面

【例 7-7】发一封 E-mail 给老师，写出对本课程教学的一些意见和建议。

视 频

E-mail应用

操作步骤如下：

① 用上面的用户名登录到网易 126 电子邮箱中。

② 在登录后的邮箱页面上，单击“写信”按钮，在“写信”页面中填写以下信息。

- “收件人”的 E-mail 地址，如 lxh@jyc.edu.cn。
- “主题”文本框中输入“课程教学意见和建议”。主题内容将会显示在收件人邮件列表主题中，以方便收件人通过主题就能了解邮件大概内容。
- “附件”：本地磁盘的文件（如文档、图片等）可作为附件进行发送，发送时单击“添加附件”超链接，在弹出的“选择文件”对话框中选择要发送的文件。
- 在信件内容文本框中输入信件内容。

③ 以上信息填写完毕后，单击“发送”按钮，即可将此信件发送到 lxh@jyc.edu.cn 中。

7.3.5　网络存储

网络上的信息资源非常丰富，以前我们经常会遇到这样的情形：在网络上找到了一些非常有用的资料，但却苦于 U 盘容量不够，身边也没有其他存储设备，难以把资料存储起来。但在当前，网络上有许多免费的存储空间，人们通过注册，即可在平台上拥有一定的存储空间，可以随时把一些有用的资料存储到这些空间上去，需要时再把这些资料下载下来。有些甚至通过登录手机端平台，可以直接浏览里面的内容。这样的网络存储空间很多，如百度网盘、微云等，下面简单介绍几种比较常用的网络存储空间。

1. 百度网盘

百度网盘（原百度云）是百度推出的一项云存储服务，首次注册即有机会获得2 TB的空间，已覆盖主流PC和手机操作系统，包含Web版、Windows版、Mac版、Android版、iPhone版和Windows Phone版，用户可以轻松地将自己的文件上传到网盘上，并可跨终端随时随地查看和分享。

百度网盘的使用非常简单，只需从网络上或通过360软件管家下载“百度网盘”，安装后进行注册，即可获得2 TB大容量存储空间。注册后每次登录时使用自己的账号、密码进行登录，登录后的界面如图7-40所示。

图7-40　登录后的界面

① 单击“我的网盘”：可以上传、下载文件，也可自由管理网盘中存储的文件。

② 单击“分享”：可与别人分享文件；也可与好友进行一对一、一对多或多对多的直接对话，这是百度网盘推出的多人群组功能，这也是国内首个能够进行云存储社交的云服务平台。

③ 单击“隐藏空间”：这是百度网盘专为用户打造的私人文件存储空间，可保护用户的私密文件。

此外，通过登录手机端百度网盘，可以轻松地浏览网盘中的文件（包括图片、音频、视频、文档等），无须下载文件到本地。

2. 微云

微云是腾讯公司为用户精心打造的一个集合了文件同步、备份和分享功能的云存储应用，可以通过微云方便地在手机和计算机之间同步文件、推送照片和传输数据。

① 网盘：文件可以自动同步到云端，省时省心。微云里的网盘是一个集合了文件同步、备份和分享功能的云存储应用，让手机和计算机自动同步文件，使手机与计算机之间实现无线、无缝连接。

② 相册：自动汇集照片。微云是一个智能云服务，替用户自动汇集在不同设备中拍摄的照片，并按照拍摄时间和来源设备进行编排整理。

③ 传输：把文件极速传到用户附近的设备中。通过微云传输，用户可以寻找在同一个Wi-Fi热点下的其他设备，向它们高速发送文件。本功能只在Wi-Fi热点下传输文件，不经云端服务器，方便快捷。

习　　题

一、选择题

1. 计算机网络按逻辑功能可分为资源子网和（　　）两部分。

A. 通信子网　　B. 联络子网　　C. 连接子网　　D. 信息子网

2. 就计算机网络按规模分类而言，下列说法中规范的是（　　）。
   A. 网络可分为光缆网、无线网、局域网　　B. 网络可分为公用网、专用网、远程网
   C. 网络可分为数字网、模拟网、通用网　　D. 网络可分为局域网、广域网、城域网
3. 计算机网络的（　　）形式称为网络的物理拓扑结构。
   A. 通信连接　　B. 变相连接　　C. 物理连接　　D. 相互连接
4. 任何一台连接网络的计算机或者网络设备都有一个指定的、唯一的地址，称为（　　）地址。
   A. 域名　　B. 网址　　C. IP　　D. 字符串
5. 以下 IP 地址错误的是（　　）。
   A. 1.127.0.4　　B. 62.2.240.24　　C. 168.215.49.1　　D. 219.16.266.7
6. 以下 URL 地址格式有错误的是（　　）。
   A. http://thinking.job.org　　B. http://www.jyc.edu.cn
   C. ftp://ftp.doking.cn　　D. http:\\www.163.com
7. 第五代移动通信技术的主要优势在于（　　）。
   A. 数据传输速度快，网络延迟低　　B. 数据传输速度快，网络延迟高
   C. 数据传输速度慢，网络延迟低　　D. 数据传输速度慢，网络延迟高
8. 以下不属于 WWW 浏览器的是（　　）。
   A. Internet Explorer　　B. Maxthon　　C. Outlook Express　　D. Firefox
9. 统一资源定位符的格式是（　　）。
   A. 协议://IP 地址或域名/路径/文件名　　B. 协议://路径/文件名
   C. TCP/IP: 协议　　D. http: 协议
10. HTTP 指的是（　　）。
   A. 超文本标记语言　　B. 超文本传输协议　　C. 超文本文件　　D. 超媒体文体
11. 使用匿名 FTP 服务，用户登录时常常使用（　　）作为用户名。
   A. 自己的 E-mail 地址　　B. 主机的 IP 地址　　C. anonymous　　D. 节点的 IP 地址
12. OSI 模型的七层结构中，物理层与网络层之间是（　　）。
   A. 会话层　　B. 应用层　　C. 传输层　　D. 数据链路层
13. 在网络应用中，光纤属于一种（　　）。
   A. 传输介质　　B. 网络协议　　C. 数据总线　　D. 控制总线
14. 域名是 Internet 服务提供商（ISP）的计算机名，域名中的扩展名 .gov 表示机构所属类型为（　　）。
   A. 商业组织　　B. 军事部门　　C. 教育机构　　D. 政府机构
15. 当前 IPv4 地址是一个 4 字节的（　　）位二进制数。
   A. 64　　B. 32　　C. 8　　D. 16
16. 计算机网络中常用的拓扑结构不包括（　　）。
   A. 总线　　B. 以太网　　C. 星状　　D. 网状
17. 电子邮件地址的一般格式为（　　）。
   A. IP 地址@域名　　B. 域名@IP 地址　　C. 用户名@域名　　D. 域名@用户名
18. 应用软件“酷狗”是一类（　　）软件。
   A. 新闻播报　　B. 购物　　C. 音乐　　D. 程序开发
19. 为了保证全网的正确通信，Internet 为联网的每个网络和每台主机都分配了唯一的地址，该地址由 32 位二进制数组成，并每隔 8 位用小数点分隔，将它称为（　　）。

A. TCP地址
B. WWW服务器地址
C. IP地址
D. WWW客户机地址

20. Internet协议集是（　　）。

A. OSI　B. TCP/IP　C. HTTP　D. SMTP

二、思考题

1. 简述计算机网络拓扑结构。
2. 什么是URL？URL地址的一般格式是什么？
3. 什么是路由器？它在计算机网络中的作用是什么？
4. 什么是HTTP和HTTPS？它们有哪些区别？

第8章 常用软件

在前面的章节中介绍了计算机的基本操作和几种常见办公软件的使用，在实际操作中，除了这几种办公软件外，还有许多工具软件可供用户选择。根据特定的需求，选择一款合适的工具软件，不仅使工作变得轻松愉快，还可以大大提高二作效率，更能体现计算机的多重作用。本章主要介绍几种常用工具软件的使用方法。

8.1 360 压 缩

360压缩是一款功能强大、使用简便的文件压缩软件，是用户管理文件、节省存储空间的好帮手。360压缩支持Zip、RAR、7z、iso等多种压缩格式，支持一键压缩、解压缩、加密等多种操作模式。此外，它还集成了病毒扫描，可以在解压缩时自动扫描文件，保证计算机的安全。同时，它还具备快速压缩和高压缩率的特点，可以大大缩短压缩文件的时间，提高用户的使用效率。

8.1.1 360压缩的下载和安装

1. 下载360压缩

360压缩的安装文件，可以从360官网（https://www.360.cn/）下载，也可以通过光盘读取或通过360软件管家进行下载。

2. 安装360压缩

双击下载后的压缩包（见图8-1），打开“360压缩”的安装窗口，如图8-2所示。在此窗口中勾选“阅读并同意许可协议和隐私保护”，单击“立即安装”按钮，按提示要求完成软件安装。也可单击“自定义安装”按钮，打开相应的窗口，选择好安装路径，并根据实际需求勾选相应选项，单击“立即安装”按钮进行软件安装，如图8-3所示。

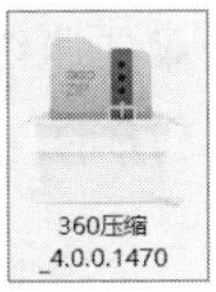

图8-1 360压缩包

图8-2 360压缩安装窗口

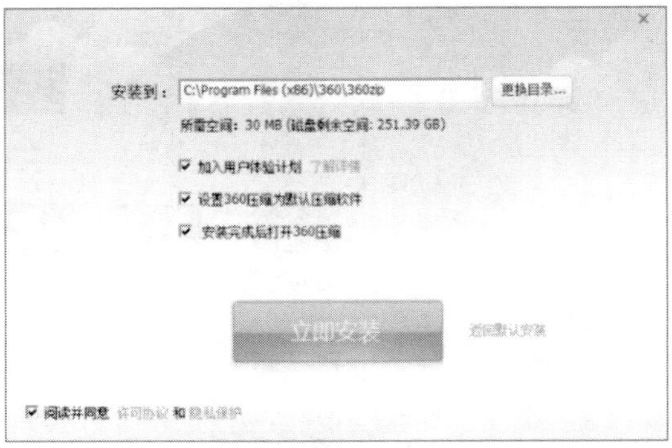

图8-3 自定义安装窗口

8.1.2 360压缩的应用

1. 制作压缩文件

360压缩支持在右键快捷菜单中快速压缩文件，操作步骤如下：

① 打开文件所在位置。

② 选中该文件夹中的文件。

③ 右击选中的文件，在弹出的快捷菜单中选择“添加到压缩文件”命令。

④ 打开“您将创建一个压缩文件”对话框，如图8-4所示。输入压缩文件名，选择存放路径，设置好压缩配置，单击“立即压缩”按钮，完成压缩文件的操作。

图 8-4 “您将创建一个压缩文件”对话框

360压缩提供三种压缩配置方式：

① 速度最快：智能为文件挑选最优压缩方式，兼具速度和压缩率。

② 体积最小：使用7z的固实压缩技术，使体积最小。

③ 自定义：设置压缩格式、压缩方式以及压缩分卷大小。

技巧

单击“添加密码”按钮可以为压缩文件设置密码，增加文件保密性。

2. 查看压缩文件

双击压缩文件，在360压缩窗口中直接显示压缩包内容，可以在未解压前预览压缩文件中的信息，如图8-5所示。双击文件列表中的某个文件，可以直接将其打开或者运行。

图 8-5 查看压缩文件

3. 解压缩文件

查看压缩文件内容后，可将压缩文件和文件夹解压。单击360压缩窗口中的“解压到”按钮，弹出“解压文件”对话框，设置目标路径和其他选项，然后单击“立即解压”按钮，即可将文件解压到指定目标位置，如图8-6所示。默认路径为该压缩文件所在的目录。

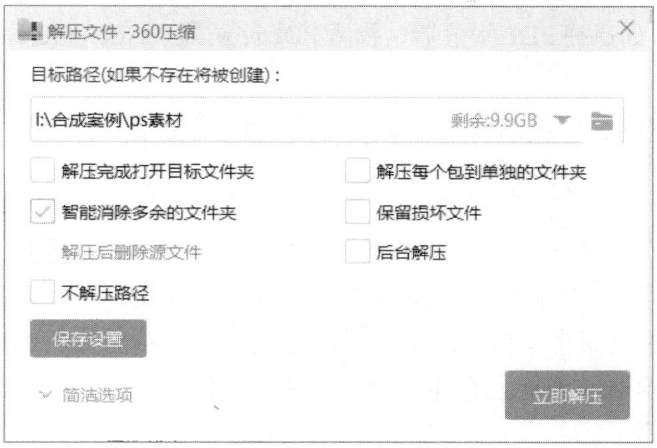

图 8-6 设置解压路径

技巧

① 在360压缩窗口中，也可以单击“一键解压”，直接将压缩文件解压到文件所在的目录下。

② 右击压缩文件，在弹出的快捷菜单中选择相应的命令可快速解压文件，如图8-7所示。“解压到当前文件夹”：将压缩包中的文件直接释放到当前文件夹中；“解压到excel2\”：先创建与当前压缩包同名的文件夹excel2，再将压缩包中的文件释放到该文件夹中。

③ 如果压缩文件在压缩时设置了密码，解压时则会提示输入密码，密码正确方可解压文件。

4. 自解压

如果想要将压缩文件传给某个人，但又不知道他是否有该压缩软件可以解压文件，就可以制作“自解压压缩文件”。在制作压缩文件时，如图8-4所示，选择“自定义”下方的“创建自解压文件”复选框，弹出“设置自解压参数”对话框，设置好解压路径，如图8-8所示，单击“确定”按钮即可。

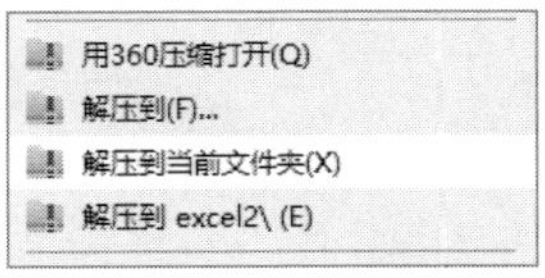

图 8-7 压缩快捷菜单

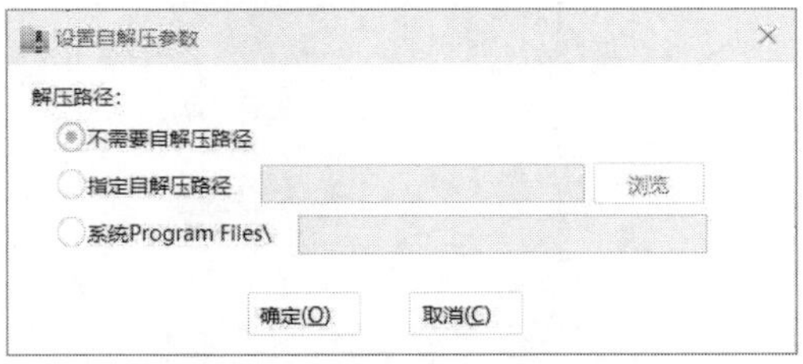

图 8-8 设置自解压参数

8.2 PDF 文件阅读

8.2.1 PDF概述

PDF意为“可携带文件格式”，是一种跨操作系统平台的文件格式。这种文件格式与操作系统平台无关，也就是说，PDF文件不管是在Windows、UNIX还是Mac OS操作系统中都是通用的，这也使得它成为在Internet上进行电子文档发行和数字化信息传播的理想文档格式。

PDF文件格式可以将文字、字体、格式、颜色及独立于设备和分辨率的图形图像等封装在一个文件中。该格式文件还可以包含超文本链接、音频和视频等电子信息，支持特长文件，集成度和安全可靠性都较高。

8.2.2 PDF阅读软件的下载和安装

PDF阅读器有很多种，如迅捷PDF阅读器、福昕PDF阅读器、Adobe Reader等。下面以常用的福昕阅读器为例进行介绍。

福昕阅读器可从福昕官网、51下载或360软件管家等进行下载，下载完后，可双击该安装文件，根据提示把阅读器安装到硬盘上。

8.2.3 福昕阅读器的使用方法

福昕阅读器是一款小巧、快速且功能丰富的PDF阅读器，让用户能随时打开、浏览及打印任何PDF文件。同时它也是一款占用空间小、启动速度快、浏览迅速且内存占用小的应用软件，符合手机、掌上电脑等随身装备对PDF阅读器的要求。它拥有很多简单易用的功能，如添加注释、复制文本或图像、截图、填写表格、数字签名等。

打开该软件，出现图8-9所示的界面，选择“文件”→“打开”命令，选择要打开的PDF文件，开始进行阅读。在阅读的过程中，有时需要对文档做一些批注或注释。具体的操作步骤如下：单击阅读器窗口上方的“注释”选项卡，显示图8-10所示的功能区。

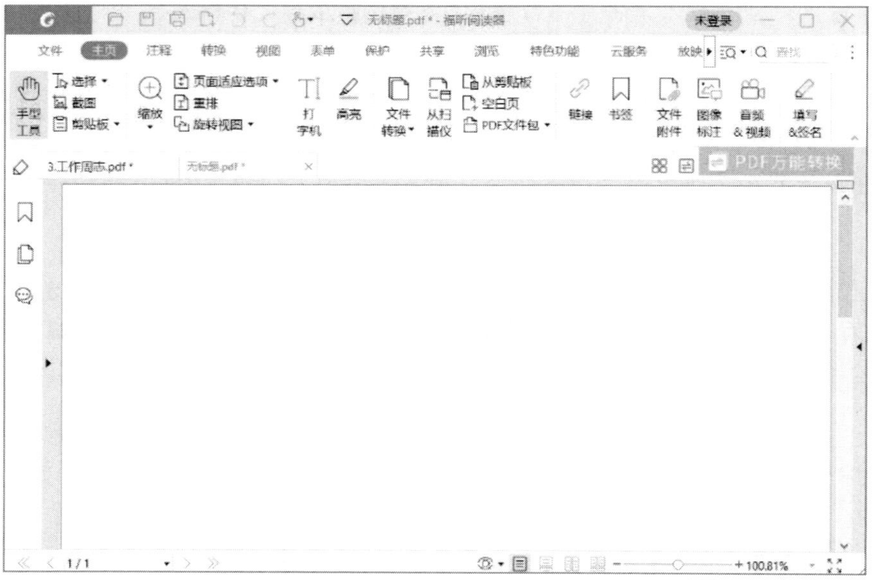

图 8-9 打开福昕阅读器界

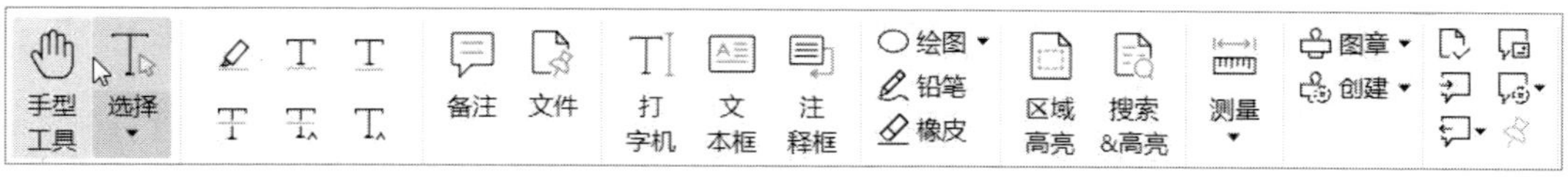

图 8-10 “注释”选项卡

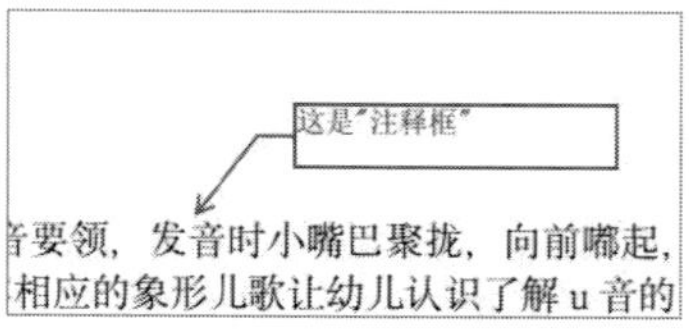

图 8-11 添加注释

单击“备注”“文本框”“注释框”等按钮，在弹出的对话框中输入内容，即可以在文档中添加注释。利用“注释框”添加注释后的效果如图8-11所示。

在福昕阅读器主界面上，单击“主页”选项卡，选择相应选项，可以复制文本或图像、截图等。单击“PDF文件包”按钮可以创建新的PDF文件包，也可以把Word文件转换为PDF文件。

提示

福昕阅读器还有其他功能，如PDF文件与图片之间的转换、将PDF文件转换为Word、Excel或PPT等，这些有待用户自己去摸索。

8.3 网络通信

随着互联网的发展，出现了各种各样的网络通信工具。网络通信工具的出现，为更多具有同样兴趣爱好的人提供了平台，让更多不能见面的人成为朋友。当前，比较常用的网络通信软件有腾讯QQ、微信、微博、YY聊天等，下面着重介绍腾讯QQ和腾讯微信。

8.3.1 腾讯QQ

腾讯QQ是腾讯计算机系统有限公司开发的一款基于Internet的即时通信软件。腾讯QQ支持在线聊天、视频电话、点对点断点续传文件、共享文件、网络硬盘、自定义面板、QQ邮箱等多种功能。并可与移动通信终端等多种通信方式相连。用户可以使用QQ方便、实用、高效地和朋友联系。

1. QQ的安装

QQ是一款免费软件，可登录腾讯官网，单击“下载”按钮获得最新发布的QQ正式版本。下载完成后，可运行安装程序，根据提示把软件安装到硬盘上。

2. QQ账号的注册

在安装完成后，QQ会自动启动，弹出登录窗口，如果已经拥有QQ号码，只需在登录框中输入QQ账号及密码即可。如果还没有申请QQ号码，则可在登录界面中单击“申请账号”按钮，系统自动跳转到腾讯网站的“申请账号”页面，在该页面中可选择申请“免费QQ号码”“QQ行号码”“靓号地带号码”等号码服务。单击相应链接之后，进入申请QQ号码的步骤，可根据页面的提示，确认服务条款，填写“必填基本信息”，选填或留空“高级信息”，单击“下一步”按钮，完成申请程序后，即可获得免费的QQ号码。接下来就可以按照申请成功的QQ账号及密码登录QQ。

注意

应尽量保存初次申请成功该号码时所填写的资料，以备出现QQ被盗号或忘记密码等情况时的处理工作。

3. QQ的应用

（1）查找添加QQ好友

新号码首次登录时，好友名单是空的，要想和其他人联系，必须先添加好友。成功查找添加好友后，即可体验QQ的各种特色功能。

在主面板上单击“联系人”按钮，单击界面右侧的“+”号，选择“加好友/群”，打开“查找”窗口，如图8-12所示，QQ提供了多种方式查找好友。

①“找人”界面中可直接根据对方的QQ号码、昵称、手机号或电子邮件地址进行“精确查找”；也可设置一个或多个查询条件查询用户或根据好友推荐直接添加好友。

②“找群”中可以查找校友录和群用户。

③ 在新版中还可以实现“课程”“服务”和“直播”的查询。

找到希望添加的好友，选中该好友并单击“加为好友”。对设置了身份验证的好友输入验证信息。若对方通过验证，则添加好友成功。

图 8-12 “查找”窗口

（2）发送即时消息

双击好友头像，在聊天窗口中输入消息，单击“发送”按钮，即可向好友发送即时消息，如图 8-13 所示。

输入消息后按【Enter】键或【Alt+S】组合键可以发送信息。如果好友不在线，则所发送的消息在该好友登录后被接收。

① 在聊天窗口的工具栏中单击 按钮，在打开的“发起群聊”窗口中选择想加入讨论的好友，单击“确定”按钮即可实现“群聊”功能，进入多人对话模式。

② 在聊天窗口中把鼠标移动到 按钮上，可以很方便地进行“屏幕截图”“屏幕录制”“屏幕识图”“屏幕翻译”等操作。用户只需选择相应的操作命令，按提示进行操作即可。

③ 单击 按钮，可以给好友发送文件/文件夹或发送微云文件。单击 按钮则打开图 8-14 所示的窗口，可从中选取各种表情，与信息一并发送，用户也可自定义其他表情图片。

图 8-13 与好友对话窗口

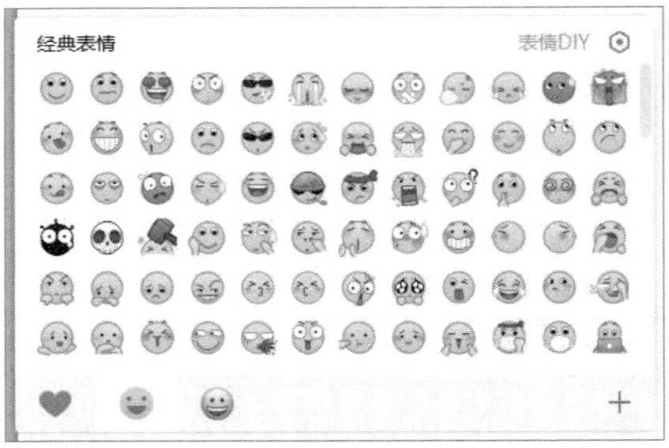

图 8-14 添加表情窗口

（3）手机端 QQ 与计算机端 QQ 互传文件

只要手机以及计算机同时登录了 QQ，无须数据线，就可以在手机端与计算机端互传文件。具体操作方法如下：

同时登录手机QQ和计算机QQ，在计算机QQ界面会出现一个“我的设备”（不同手机型号可能会是“我的终端”），如图8-15所示；双击“我的设备”下的QQ头像，弹出图8-16所示的界面，可以直接导出手机相册或直接拖入文件进行发送，在手机QQ上进行接收。

图 8-15　“我的设备”界面

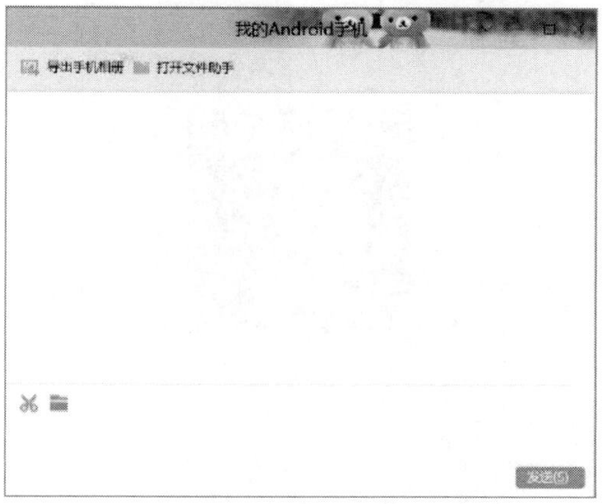

图 8-16　传送文件界面

反之，打开手机端QQ，找到“设备”→“我的电脑”，如图8-17所示；打开“我的电脑”，单击下方相应按钮，可选择文件（如图片、文件、视频等）进行发送，这时计算机端QQ可以接收手机端发送的文件，将其保存到计算机上。

（4）其他应用

腾讯QQ除了上面介绍的应用外，还有很多其他应用，如与好友进行语音、视频聊天等。操作方法非常简单，当打开图8-13所示的对话窗口时，单击右上角相应的按钮，可与好友进行语音通话或视频聊天。

图 8-17　“设备”界面

注意

要实现语音视频即时通信，首先要求计算机装有声卡、耳机及麦克风，且好友双方安装了摄像头，才能实现面对面的交流。

8.3.2　腾讯微信

微信是腾讯公司于2011年1月推出的一个为智能终端提供即时通信服务的免费应用程序，微信支持跨通信运营商、跨操作系统平台，通过网络快速发送语音、视频、图片和文字等短信，同时，也可以使用通过共享流媒体内容的资料和基于位置的社交插件“摇一摇”“漂流瓶”“朋友圈”“公众平台”“语音记事本”等服务插件。

2014年，腾讯推出了微信电脑版，它是微信官方推出的微信网页版客户端，使得微信不仅可以在手机上使用，也可以在计算机上使用，让聊天变得更加方便快捷。下面着重介绍微信电脑版的使用方法。

1. 微信的安装

通过微信官网下载官方安装包，双击下载后的安装包，根据提示要求即可完成安装。

2. 微信的使用方法

（1）微信的登录

双击桌面上的微信图标，运行微信。如果是第一次登录，会出现二维码，如图8-18所示；打开手机微信的扫一扫，扫码登录；扫描后，在手机上打开微信，出现登录确认界面，如图8-19所示，单击“登录”按钮，即可开始使用。如果不是第一次登录，运行微信后，直接单击“登录”按钮，然后在手机上确认，即可登录使用。

图 8-18　扫描二维码界面

图 8-19　手机确认登录界面

（2）微信的使用

登录微信电脑版，在主界面左侧聊天列表中选中聊天对象，然后在输入框中输入内容，即可开始聊天（其具体操作方法与腾讯QQ的操作方法一样），如图8-20所示。

图 8-20　微信聊天窗口

在聊天窗口中单击按钮，可以向对方发送文件；单击按钮，可以与对方进行视频通话；单击按钮，可以与对方进行语音通话。

注意

在聊天窗口中，还可截图或发送文件给自己。微信现在的功能比较多，在微信群里可以填写共享文档、群收款、接龙等，方便了人们的生活。

8.4　360 安 全

8.4.1　360安全卫士概述

360安全卫士是一款由奇虎360公司推出的安全杀毒软件。它可以实现查杀木马、清理插件、修复漏洞、电脑体检、电脑救援、保护隐私、软件管家、清理垃圾、清理痕迹等多种操作，并独创了“木马防火墙”“360密盘”等功能，依靠抢先侦测和云端鉴别，可全面、智能地拦截各类木马，保护用户的账号、隐私等重要信息。

360安全卫士可通过360官网进行下载。

360安全卫士能对计算机进行体检、查杀病毒，还能优化计算机、对计算机中安装的软件进行管理。其操作方法很简便，在打开的图8-21所示的360安全卫士主界面中，都可以找到相应的功能。

图 8-21　360 安全卫士主界面

下面主要介绍几种常用的功能。

（1）电脑体检

可对计算机进行全方位、详细的检查，在如图8-21所示的界面上单击“立即体检”按钮，即可对计算机进行详细的检测，包括故障检测、垃圾检测、安全检测等，最后由用户对检测出来的漏洞进行修复。

（2）木马查杀

360安全卫士提供了三种木马查杀方式：快速查杀、全盘查杀和按位置查杀；并与常规修复、漏洞修复合并，可对系统进行常规或漏洞修复。在图8-22所示的界面中，单击相应的按钮，即可进行相应的操作。其具体操作方法与360杀毒的方法是一样的。

图 8-22　查杀修复主界面

（3）电脑清理

可对计算机中的垃圾文件、插件、浏览器使用痕迹、无效的注册表项目、上网等记录、不常用的软件等进行清理。

（4）优化加速

可对开机、系统、网络、硬盘等项目进行优化，从而加快其速度。

8.4.2 360杀毒

360杀毒是360安全中心出品的一款免费的云安全杀毒软件。它创新性地整合了五大领先查杀引擎，包括国际知名的BitDefender病毒查杀引擎、小红伞病毒查杀引擎、360云查杀引擎、360主动防御引擎以及360第二代QVM人工智能引擎，为用户带来安全、专业、有效、新颖的查杀防护体验。其具有查杀率高、资源占用少、升级迅速等优点。

360杀毒也是360公司的产品，其下载和安装方法与360安全卫士类似。下面主要介绍360杀毒的功能。

1. 病毒查杀

360杀毒提供了四种手动病毒扫描方式：快速扫描、全盘扫描、自定义扫描及宏病毒扫描。

① 快速扫描：扫描Windows系统目录及Program Files目录。

② 全盘扫描：扫描所有磁盘。

③ 自定义扫描：用户可以指定磁盘中的任意位置进行病毒扫描，完全自主操作，有针对性地进行扫描查杀。

④ 宏病毒扫描：对办公族和学生计算机用户来说，最头疼的莫过于Office文档感染宏病毒，轻则辛苦编辑的文档全部报废，重则私密文档被病毒窃取。对此，360杀毒自从3.1正式版开始，就推出了宏病毒扫描查杀功能，可全面处理寄生在Excel、Word等文档中的Office宏病毒，查杀能力处于行业领先地位。

启动扫描之后，会显示扫描进度窗口，如图8-23所示，在这个窗口中用户可看到正在扫描的文件、总体进度以及发现问题的文件。如果用户希望360杀毒在扫描完计算机后自动关闭计算机，可以选中“扫描完成后自动处理并关机”复选框。这样在扫描结束之后，360杀毒会自动处理病毒并关闭计算机。

图8-23　病毒查杀窗口

2. 实时防护

实时防护在文件被访问时对文件进行扫描，及时拦截活动的病毒，对病毒进行免疫，防止系统敏感区域被病毒利用。在发现病毒时会及时通过提示窗口警告用户，迅速处理。

3. 杀毒搬家

在杀毒软件的使用过程中，随着引擎和病毒库的升级，其安装目录所占磁盘空间会有所增加，可能会导致系统运行效率降低。360杀毒新版提供了杀毒搬家功能，仅一键操作就可以将360杀毒整体移动到其他的本地磁盘中，为当前磁盘释放空间，提升系统运行效率，如图8-24所示。

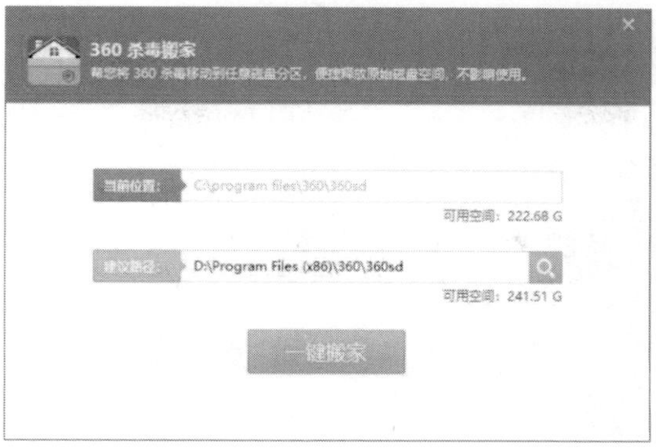

图 8-24　杀毒搬家设置窗口

提示

宏病毒扫描、杀毒搬家等功能都可在360杀毒主界面“功能大全”模块里找到。360杀毒也提供了上网加速、软件净化等功能，在“功能大全”模块中都能找到。

8.4.3　360软件管家

360软件管家是360安全卫士中提供的一个集软件下载、更新、卸载、优化于一体的工具。由软件厂商主动向360安全中心提交的软件，经360工作人员审核后公布，这些软件更新时360用户能在第一时间内更新到最新版本。

360软件管家也是360公司的产品，其下载可在360安全卫士主界面上方找到，也可通过搜索引擎单独下载。下面主要介绍360软件管家的功能。

1. 软件安装

360软件管家提供了很多常用软件，用户可以搜索软件并进行安装。并且具有一键安装功能，用户设定目录后可自动安装，适合多个软件无人值守安装。与此同时，安装软件时还自动进行净化安装，可以免去以往安装软件捆绑很多其他无用小软件的烦恼。

2. 软件净化

平时在安装软件时，有时不经意间会安装一些捆绑软件、捆绑组件或带有一些不必要的软件设置（如静默启动、弹窗广告、开机自启、任务栏图标等）。360软件管家提供了软件净化功能，如图8-25所示，可对计算机进行全面净化或对已安装软件进行软件权限管理。

图 8-25　软件净化窗口

3. 软件升级

360软件管家提供了软件升级功能，对计算机中已经安装的软件可以进行一键升级，将当前计算机中安装的软件升级到最新版本。

4. 软件卸载

通过360软件管家的“卸载”功能，可轻松实现计算机应用程序的卸载操作。

8.5 美图秀秀

8.5.1 美图秀秀概述

美图秀秀是2008年10月由厦门美图科技有限公司研发、推出的一款免费图片处理的软件，致力于为全球用户提供专业智能的拍照、修图服务。

美图秀秀拥有图片特效、人像美容、拼图、视频剪辑、AI绘画、智能抠图等功能，可以1分钟做出影楼级照片，还能一键分享到微信好友、朋友圈、抖音或小红书等。

美图秀秀可通过其官网或360软件管家等进行下载安装。

8.5.2 美图秀秀的应用

利用美图秀秀，可以对图片进行美化（调整亮度、对比度等），也能对人物进行美容，还能添加饰品、文字、边框，对图片做场景设置、拼图，视频剪辑等，总之，利用此软件使用户无须掌握Photoshop，就能制作出精美的照片。

下面着重介绍平时比较常用的几个功能。

1. 去除水印

打开美图秀秀，在主界面中单击“美化”选项卡，打开“美化”界面，单击“打开一张图片”按钮，选择要编辑的图片，如图8-26所示。

图8-26 “美化”窗口

打开图片后，单击左边“消除笔”按钮，进入消除笔窗口，如图8-27所示。在此窗口中单击鼠标左键，涂抹需要消除的区域，涂抹后的效果如图8-28所示，完成后单击窗口下方的“应用”按钮，则返回“美化”窗口，这时，单击窗口右上方的“保存与分享”按钮，对处理后的图片进行保存。

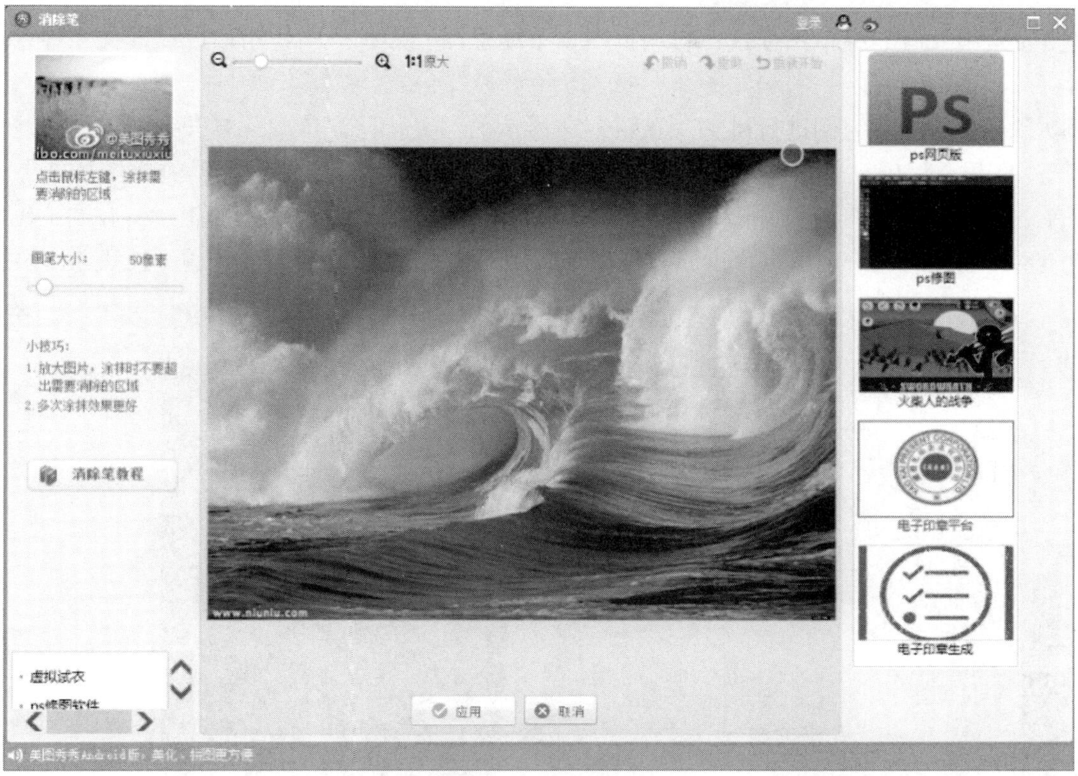

图8-27　“消除笔”窗口

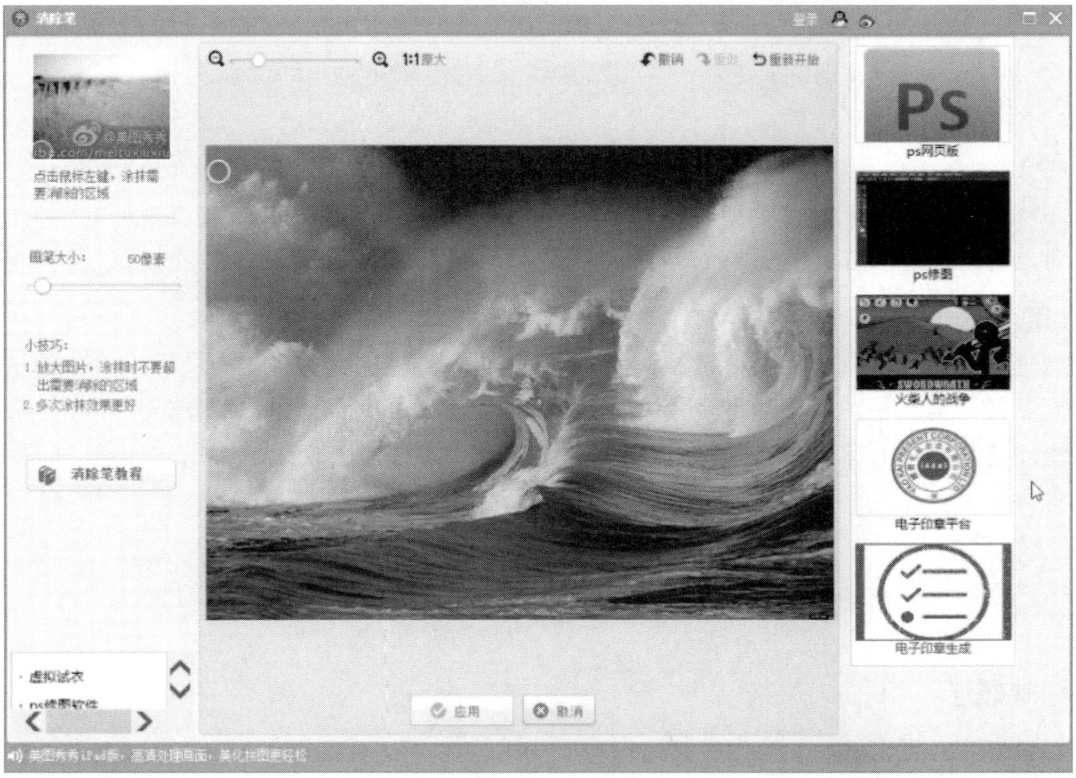

图8-28　去除水印后效果图

技巧

使用“消除笔”涂抹时，尽量不要超过需要消除的区域，并且进行多次涂抹效果会更好。

2. 抠图

在美图秀秀中，有三种抠图样式：自动抠图、手动抠图、形状抠图，用户可以选择一种合适的样式进行抠图。

下面以“自动抠图”为例进行讲解。在图8-26所示的“美化”窗口中，打开一张图片（这里以示例图片为例），打开图片后，单击左边的“抠图笔”按钮，这里会弹出“请选择一种抠图样式”窗口，如图8-29所示，选择“自动抠图”，进入抠图窗口，用户可以根据窗口左边的操作提示，在要抠图的区域上划线，如图8-30所示，用户也可以借助删除笔把不需要的区域进行删除，这样即可完整地抠出主体。

图 8-29　选择抠图样式窗口

图 8-30　抠图窗口

技巧

使用手机端“美图秀秀”，有“智能抠图”功能，可以根据“人像宠物”“商品货物”“图标印章”等识别类型自动进行识别抠图，有兴趣的读者可以下载“美图秀秀”App尝试一下。

3. 拼图

日常处理图片中，拼图可以说是用得最多，最广泛的。在美图秀秀中，提供了四种拼图方式：自由拼图、模板拼图、海报拼图和图片拼接。拼图的操作方法也比较简单，用户可在美图秀秀主界面中单击“拼图”，把要进行拼图的图片添加进来，选择一种拼图模式，再选择喜欢的样式，并调整好图片的位置，最后进行保存即可。

8.6 剪　映

8.6.1 剪映概述

剪映是抖音官方推出的一款手机视频编辑剪辑应用软件，带有全面的剪辑功能，支持变速，有多样滤镜和美颜效果，以及丰富的曲库资源。自2021年2月起，剪映支持在手机移动端、Pad端、Mac计算机、Windows计算机全终端使用。剪映的版本包括手机版和电脑版，两者均具有相同的编辑功能和界面设计。

剪映电脑端可通过剪映官网或360软件管家下载，手机端可通用应用市场下载剪映App。

8.6.2　剪映的功能及应用

剪映的功能非常强大，可以剪同款，也可以自主创作。进入剪映视频编辑界面后，可以看到其底部有很多功能，既可以对视频进行分割、变速，对音频素材进行处理，还能添加文字、贴纸、滤镜、特效，制作画中画效果等。同时，它与抖音两者可以实现内容的互通。抖音上收藏的素材能应用在剪映视频处理中，在剪映中制作的视频也可以同步到抖音。下面以剪映手机版为例，简单介绍这个软件的一些常用功能。

1. 剪同款

在“剪同款”功能区中，剪映为用户提供了大量不同类型的短视频模板，用户可以选择自己喜欢的模板，随后将自己的素材添加到模板中，即可生成同款短视频。这是制作视频最简单的方法。主要操作方法如下：在剪映的主界面中，单击底部的“剪同款”按钮，如图8-31所示，选择喜欢的模板，在打开的页面中单击“剪同款”按钮，如图8-32所示，导入或拍摄几段素材，单击“下一步”按钮，如图8-33所示，等待片刻即可生成相应的短视频内容。

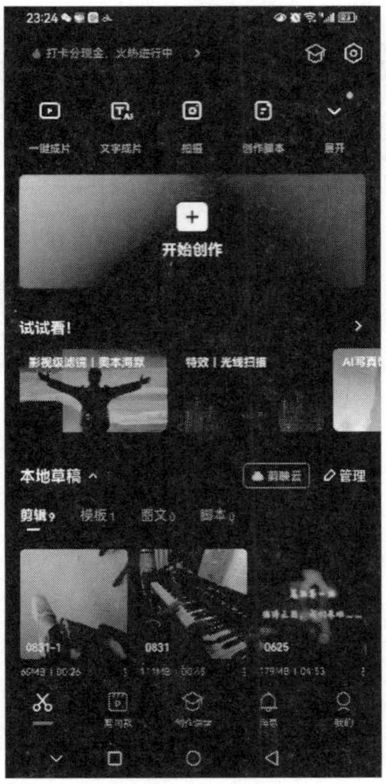

图 8-31　剪映主界面

图 8-32　选择模板界面

图 8-33　添加素材界面

2. 自主创作

通过自主创作，用户可以利用里面的功能自主对视频、音频素材进行剪辑、编辑，以达到自己想要的视频效果。在如图8-31所示的界面中，单击“开始创作”按钮，即可导入视频或图像素材，在界面的底部提供了多样化的功能，如图8-34、图8-35所示，具体功能介绍如下：

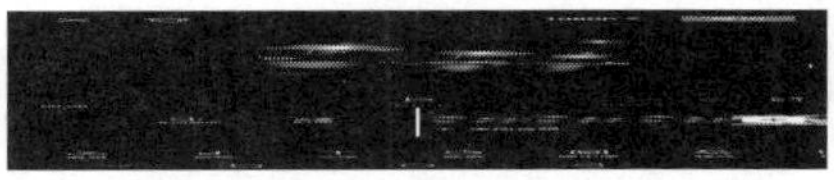

图 8-34　自主创作功能

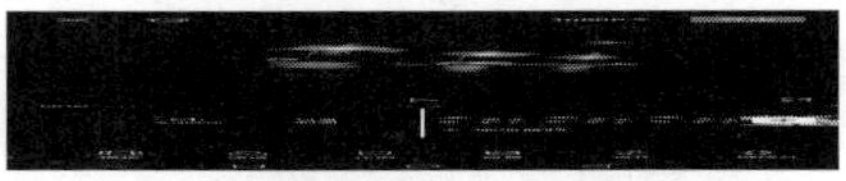

图 8-35　自主创作功能

- 剪辑：是视频编辑工作中经常用到的功能区，包含分割、变速、动画等多种编辑工具。

- 音频：主要用来处理音频素材。
- 文字、贴纸：用于为视频添加描述文字或贴纸，并能对文字进行编辑。
- 画中画：常用于制作多重效果，最多支持同时添加6段画中画素材。
- 特效、滤镜：常用于添加不同类型的特效或滤镜效果。
- 一键成片：内含大量的视频模板，选择相应的模板，即可生成相应的视频。

备注：在功能区中还有比例、背景、调节等功能，可对视频的显示比例、背景效果、视频的基本参数进行调节。

剪映的功能非常多，用户可以根据上面介绍的功能尝试自己制作视频，视频完成后，剪映也支持将短视频分享到抖音、西瓜视频等平台上。

习　题

1. 简述压缩软件360压缩的功能及常用应用。
2. 熟悉常用PDF阅读软件及使用方法。
3. 了解360软件套装管理计算机的方法。
4. 熟悉美图秀秀、剪映软件及使用方法。

实　训　篇

实训 1 打字练习

一、实训目的

1. 了解正确的打字姿势和手指分工。
2. 熟悉键盘的结构。
3. 掌握英文打字的基本操作，快速提高打字水平和效率。
4. 掌握中文打字的方法和应用技巧。

二、实训内容

利用计算机上的“金山打字通”软件，进行键盘基本操作学习和中、英文打字速度测试。下面是主要步骤。

1. 启动“金山打字通”软件。

2. 首次登录可注册一个属于自己的账号，单击界面右上角的“注册”按钮，按照提示填写相关信息，即可完成注册。有了这个账号，可以根据自己的学习进度进行个性化设置和学习管理，系统还能够记录该账号的学习曲线，享受更好的打字体验。

3. 初学者可以从“新手入门”开始练习。

打字常识：关于键盘分区、正确姿势、手指分工等内容，详见课本相关部分，这里不再赘述。注意：只有当小键盘的NumLock指示灯亮时，小键盘才可以输入数字，如图实训1-1所示。

视频

打字练习

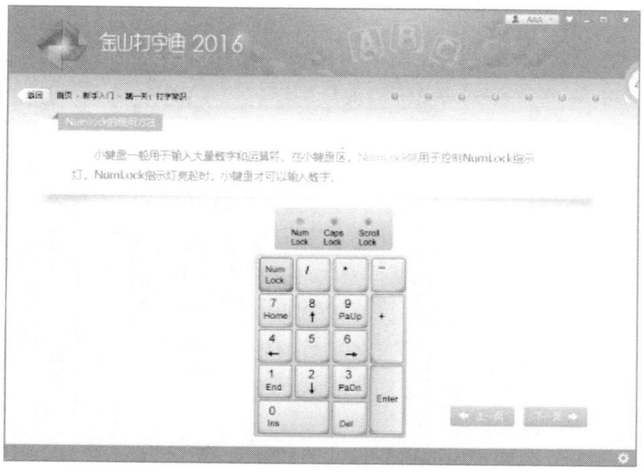

图实训 1–1　小键盘的使用方法

字母键位、数学键位、符号键位：不同键位的练习。注意，每部分练习下面都会显示你的打字速度和准确率等信息，以及正确的指法提示，如图实训1-2所示。

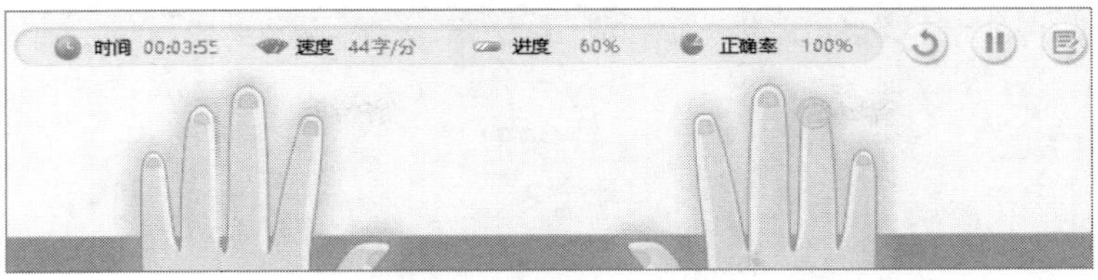

图实训 1–2　显示当前练习信息

键位纠错：针对初学者容易犯的错误进行提示和纠正，比如不正确的指法、错误的字母或数字排列等。通过反复练习和纠错，可以逐渐养成良好的打字习惯，提高打字速度和准确度。

4．分别选择“英文打字”“拼音打字”“五笔打字”进行练习，各模块均会从易到难循序渐进地引导初学者进行练习，在练习过程中，初学者可以随时查看进度，并根据提示进行操作。

5．掌握基本打字技巧后，可以单击右下角的“打字测试”模块，选择对应的模式进行打字测试，如图实训 1-3 所示。

在保证准确的前提下，英文打字速度的要求是：初学者为 100 个字符 /min，150 个字符 /min 为及格，200 个字符 /min 为良好，250 个字符 /min 为优秀。中文打字速度则要求至少达到 40～50 个字 /min。

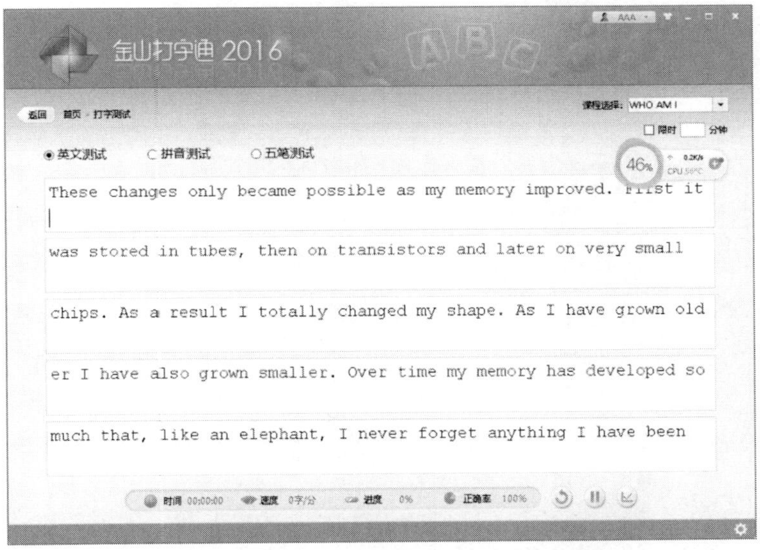

图实训 1–3　打字测试模块

6．完成测试后可打开“进步曲线”查看自己的打字情况，如图实训 1-4、图实训 1-5 所示。

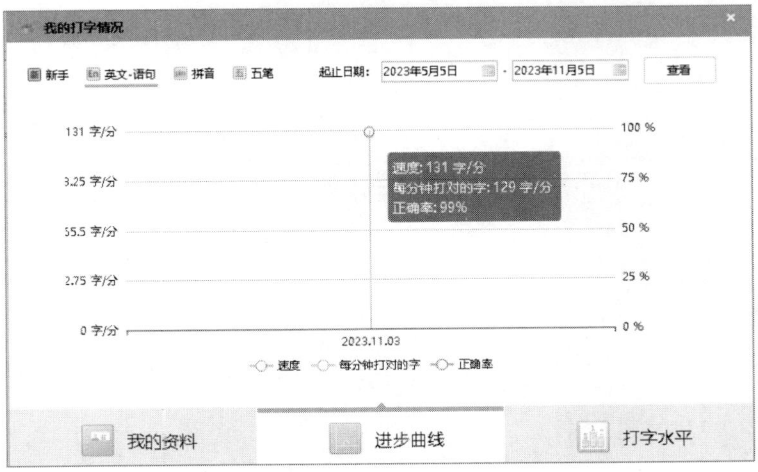

图实训 1–4　进步曲线图

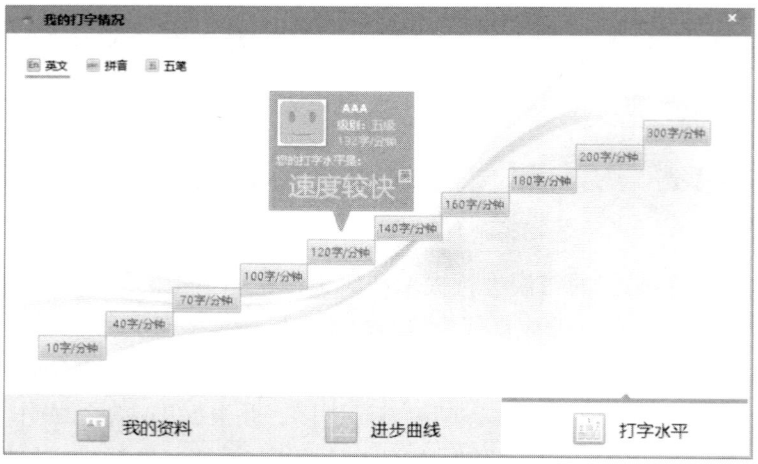

图实训 1-5　打字水平图

7. 截图，将打字情况保存到教师指定文件夹中。

实训 2 操作系统 Windows 10

2.1 Windows 操作一

一、实训目的

1. 掌握文件、文件夹的基本概念及相关操作。
2. 了解快捷方式的含义及应用技巧。
3. 了解压缩软件的使用方法。

视频

Windows 操作一

二、实训内容

1. 在“实验文件夹\hot4\pig4”中建立文件夹“dishes”。

2. 试用Windows的“记事本”创建文件ONE，保存到“实验文件夹\MON”文件夹中，文件类型为TXT，记事本编码设置为ANSI，文件内容如下（内容不含空格或空行）：

中国代表团名列第一

3. 在“实验文件夹\mine\sunny”目录下执行以下操作，将“sun.txt”文件用压缩软件压缩为“sun.rar”，压缩完成后删除文件“sun.txt”。

4. 在“实验文件夹”目录下搜索（查找）文件夹“alook”并重命名为“question”。

5. 将位于“实验文件夹\future”中的文件“variety.jpg”创建快捷方式图标，命名为“Citizen”，保存到“实验文件夹\Testdir”文件夹中。

2.2 Windows 操作二

一、实训目的

1. 掌握文件属性的修改方法；
2. 掌握快捷方式的创建方法；
3. 掌握压缩软件的操作方法。

视频

Windows 操作二

二、实训内容

1. 试用Windows的“记事本”创建文件slowtime，保存到“实验文件夹\Looking”文件夹中，文件类型为TXT，记事本编码设置为ANSI，文件内容如下（内容不含空格或空行）：

放慢步调寻味羊城。

2．将位于“实验文件夹\a\Games”中的文件“season.zip”创建快捷方式图标，放在“实验文件夹\do”文件夹中，图标名称为“DATA”。

3．在“实验文件夹”目录下搜索（查找）文件夹“involve”，并删除。

4．在“实验文件夹”目录下搜索（查找）文件“mybook1.txt”，并把该文件的属性改为“只读”，把存档属性取消。

5．将“实验文件夹\1234\5678”下的所有文件用压缩软件压缩为“numbers.rar”，将压缩文件保存到“实验文件夹\1234\5678”中。

2.3 Windows 操作三

一、实训目的

1．掌握文件、文件夹的移动、复制、删除、重命名等操作。

2．掌握快捷方式的创建及应用技巧。

3．掌握文件及文件夹的压缩、解压方法。

二、实训内容

视频

Windows 操作三

1．试用Windows的“记事本”创建文件guangzhou，保存到“实验文件夹\history”文件夹中，文件类型为TXT，记事本编码设置为ANSI，文件内容如下（内容不含空格或空行）：

历史烟云下的广州漫谈。

2．在“实验文件夹\”目录下搜索（查找）文件“yourguang.txt”，并把该文件的属性改为“隐藏”，把“存档”或“可以存档文件”属性取消。

3．将位于“实验文件夹\yours\your4”上的文件”yourname.txt”移动到目录“实验文件夹\yours\your1”内。

4．请将位于“实验文件夹\do\theday”上的TXT文件复制到目录“实验文件夹\do\Its2013pc”内。

5．将压缩文件“实验文件夹\nation.rar”中被压缩的文件夹army解压到“实验文件夹\weapons”目录下，把压缩包里面被压缩的文件“arms.docx”解压到“实验文件夹\danger\nuclear”内。

实训 3　文字处理软件 Word 2021

3.1　Word 文档的基本操作

一、实训目的

1. 掌握Word程序的启动与退出，熟悉Word的窗口组成。
2. 掌握Word文档的创建、打开、保存与关闭操作。
3. 掌握Word信息输入、选定、复制、移动、删除等基本操作。
4. 熟悉查找/替换的功能及应用。

二、实训内容

1. 使用Word打开实验文件夹中的24002151.docx文档，完成以下操作：

视频
24002151

① 在文档第五段输入文本“蒲公英别名黄花地丁、婆婆丁、华花郎等。”（注：内容为双引号中的字符，包含句号）。

② 将文档第一段格式化：字体为隶书，字形加粗，字号为三号，字符间距加宽5磅。

③ 为文档添加文字水印，水印文字为“菊科蒲公英属”，字体为楷体，字体颜色为“标准色：浅蓝”（注：内容为双引号里面的字符）。

④ 保存文件。

2. 使用Word打开实验文件夹中的24002315.docx文档，完成以下操作：

视频
24002315

① 利用查找替换进行字体格式设置：将文档中的所有（共2处）“苏轼”文字替换为“苏东坡”，字体为楷体，倾斜，字体颜色为“橙色，个性色2”，标准色蓝色双波浪下画线。

② 保存文件。

3. 使用Word打开实验文件夹中的24002360.docx文档，完成以下操作：

① 利用查找和替换功能进行格式设置，将文档中的所有“卡塔尔”一词的格式设置为加粗，颜色为标准色绿色。

视频
24002360

② 将文档第三段（含文字“卡塔尔属于…”）移动到第二段（含文字“为保证舒适性…”）之前，使第二段和第三段的位置调换。

③ 把文档六段首句“中国制造，以实际行动赢得了肯定。”（含标点符号）复制到文档最后一段空行处。

④ 保存文件。

3.2 文档格式化

一、实训目的

1. 掌握Word文档字符格式和段落格式的设置方法。
2. 掌握首字下沉、分栏、页眉页脚等内容的设置方法。
3. 掌握自选形状的插入方法和应用技巧。
4. 熟悉Word文档的页面背景、页面设置、打印输出的操作。

二、实训内容

1. 使用Word打开实验文件夹中的24000790.docx文档，完成以下操作：

视频 24000790

① 设置文档纸张大小为32开（纸张宽度13厘米，高度18.4厘米），上、下、左、右页边距均为2厘米，页眉和页脚为奇偶页不同，在偶数页页脚中输入文字，内容为“美食”。

② 把文档第二段（含“肠粉源于广东罗定……”）的内容复制到文档内容开头为“潮汕肠粉各地有各地特色”的段落之前，使之成为文档第四段。

③ 将文档中（含“潮汕肠粉各地……”）的段落设置偏左分栏，栏间加分隔线。

④ 保存文件。

视频 24002167

2. 使用Word打开实验文件夹中的24002167.docx文档，完成以下操作：

① 在文档第三段的字符“……伏天消，暑将尽。”后插入连续分节符。

② 在文档中插入形状，形状类别为：星与旗帜，形状名称为“星形：四角”（第一行第三列），高度绝对值为3厘米，宽度绝对值为2.5厘米，形状的位置为：水平对齐方式为左对齐，相对于栏，垂直绝对位置为2厘米，下侧段落。

③ 为文档第二段设置首字下沉，字体为楷体，下沉行数为2，距正文0.2厘米。

④ 保存文件。

视频 24002323

3. 使用Word打开实验文件夹中的24002323.docx文档，完成以下操作：

① 将文档第一段格式化：段前间距1行，段后间距2行，1.5倍行距。

② 将文档第二段格式化：右对齐，段前间距0.5行，段后间距1.5行。

③ 将文档第三段格式化：分散对齐，左侧缩进5个字符，右侧缩进4个字符，段前、段后间距0.5行。

④ 为文档第三段设置底纹，底纹填充颜色为标准色深红色，并在底纹上添加图案，图案样式为90%，图案颜色为“金色，个性色4，淡色60%”，底纹格式应用于段落。

⑤ 保存文件。

3.3 插入图片、艺术字及自选图形等对象

一、实训目的

1. 掌握图片、艺术字、SmartArt、文本框等对象的插入方法。
2. 掌握图片的编辑方法和图文混排的技巧。
3. 掌握艺术字的创建和编辑。
4. 掌握数学公式的创建和编辑方法。

二、实训内容

1. 使用Word打开实验文件夹中的24002341.docx文档，并按指定要求完成以下操作：

视　频
24002341

① 将文档页面填充为“羊皮纸”纹理效果，页面边框为“金色，个性色4，深色25%”的双实线边框，宽度为0.5磅。

② 在文档最后一段下方插入图片24002341.jpg，设置图片大小为高宽缩放80%，文字环绕方式为“上下型”，水平位置相对于页边距居中对齐，垂直绝对位置为下侧页边距17厘米。

③ 设置图片样式为“矩形投影”。

④ 保存文档。

2. 请使用Word打开实验文件夹中的24002153.docx文档，完成以下操作：

① 把文档第四段（含“气候特点”）的段落复制到文档最后一段。

视　频
24002153

② 在第一段插入艺术字，样式为“渐变填充：蓝色，主题色5；映像”（艺术字效果第2行第2列），输入文本“稻城亚丁”，文字环绕方式为“上下型环绕”。

③ 为文字“亚丁国家级自然保护区”添加超链接，链接地址为https://cn.yadingtour.com/。

④ 设置文档的页眉格式为“边线型”，文档标题占位符内容设置为“文化旅游”（注：内容为双引号里面的字符）。

⑤ 保存文件。

3. 使用Word打开实验文件夹中的24002368.docx文档，完成以下操作：

视　频
24002368

① 在文档图片右侧插入竖向文本框，文字内容为“吉祥物意外走红的一年”。

② 设置文本框高度为6厘米，宽度为1.7厘米，形状填充为标准色浅蓝，无轮廓。

③ 文字字体格式为：隶书、颜色为“白色，背景1”、大小为三号。

④ 保存文件。

4. 使用Word打开实验文件夹中的24001187.docx文档，完成以下操作：

视　频
24001187

① 对文档第一段进行格式设置：文字字号设置为小三号，字符间距设置为加宽2磅，居中对齐，段后间距0.3行。

② 在文档最后一段空白处插入一个SmartArt图形，图形布局为“列表”类别内的“分组列表”，输入图实训3-1所示的内容。并将SmartArt样式更改为“文档的最佳匹配对象-白色轮廓”，图形颜色更改为“彩色范围-个性色4至5”。

③ 保存文件。

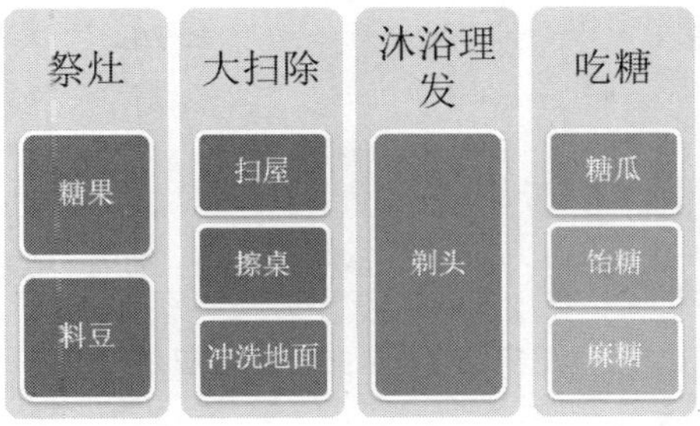

图实训3-1　SmartArt图形

视　频
24002373

5. 使用Word打开实验文件夹中的24002373.docx文档，完成以下操作：

① 在文档倒数第二段空行处（图片下方），插入勾股定理的数学公式（注：必须使用软件中自带的公式工具，可套用内置的勾股定理公式然后进行编辑）。

② 保存文件。

3.4 表格应用

一、实训目的

1. 掌握Word表格的制作与编辑方法。
2. 掌握Word表格格式的设置方法。
3. 掌握Word表格与文字的转换操作。
4. 掌握Word表格公式、排序等的应用。
5. 掌握Word文档项目符号的应用。

二、实训内容

视 频

24002343

视 频

24000633

1. 使用Word打开实验文件夹中的24002343.docx文档，并按指定要求完成以下操作（注：文本中每一个回车符作为一个段落，没有要求操作的项目请不要更改）：

① 为文档正文的红色文字添加项目符号，项目符号字体为Wingdings，字符代码为123（十进制），符号字体颜色为标准红色。

② 将文中最后五段文字转换为一个5行3列的表格，设置表格前2列宽均为2厘米，第3列列宽为4厘米；设置表格居中对齐，表格内文字在单元格内的对齐方式为“靠下左对齐”（又称“靠下两端对齐”）。

③ 保存文档。

2. 使用Word打开实验文件夹中的24000633.docx文档，完成以下操作：

① 为表格套用名称为“清单表6彩色着色4”的表格样式。

② 设置表格根据内容自动调整。

③ 设置单元格内文字水平、垂直对齐方式为居中，整张表格水平居中。

④ 使用排序功能使表格数据按“云吞”销量降序排序，列表有标题行；表格效果如图实训3-2所示。

⑤ 保存文件。

冷冻食品销售日报

卖场	水饺	云吞	汤圆	包点	面条
联华	1444	212	120	131	38
世纪联华	1268	185	123	206	200
农工商	1500	102	102	120	95
华联	543	68	54	55	11
家得利	563	67	155	54	79
易初	387	51	10	33	39

图实训 3-2　文档表格应用

视 频

24002180

3. 使用Word打开实验文件夹中的24002180.docx文档，完成以下操作：

① 删除文档中的页脚。

② 将文档中的表格转化为文本，文字分隔符为“@”。

③ 将文档第一段分为三栏，加分隔线。

④ 保存文件。

3.5 样式、目录及邮件合并应用

一、实训目的

1. 掌握样式的创建、编辑、删除和应用。
2. 掌握目录的创建和编辑方法。
3. 掌握邮件合并的原理和操作方法。

二、实训内容

视频 24000162

1. 使用Word打开实验文件夹中的24000162.docx文档，完成以下操作：

① 建立一个名称为“白云山”的新样式。新建的样式类型段落，样式基于正文，其格式为：标准色浅蓝色、华文楷体、二号字体、加粗，字符间距加宽2磅；对齐方式居中，1.5倍行距。

② 将该样式应用到文档第一段。

③ 保存文档。

2. 使用Word打开实验文件夹中的24000107.docx作为主文档，完成以下操作：

① 24000107.docx文档中有一表格，利用该表格作为数据源进行邮件合并。

② 主文档采用信函类型，把表格（数据源）中域的内容插入主文档相应位置，如C:\winks\24000107.jpg图例上半部分所示，保存主文栏24000107.docx。

③ 合并全部记录并保存为新文档24000107_a.docx，合并后新文档如C:\winks\24000107.jpg图例下半部分如图实训3-3所示。

视频 24000107

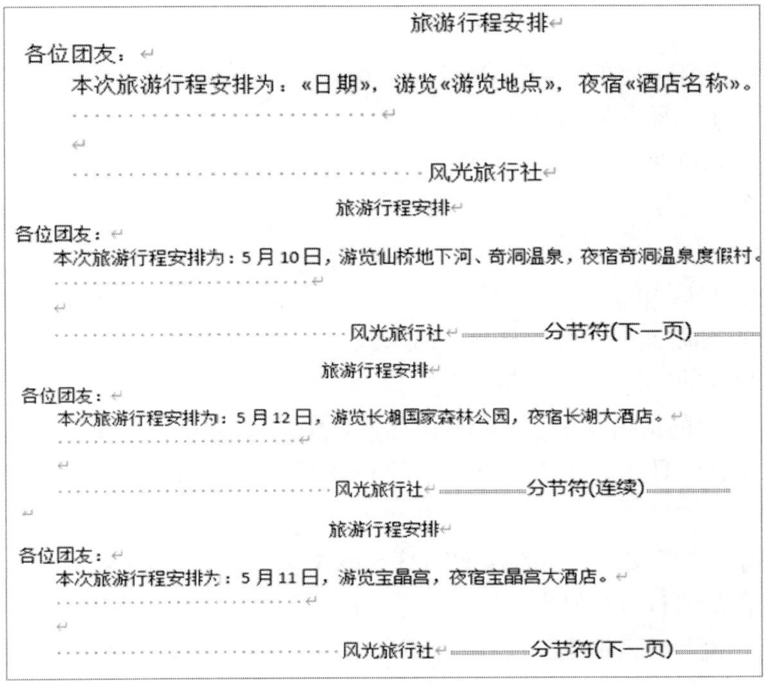
旅游行程安排
各位团友：
本次旅游行程安排为：«日期»，游览«游览地点»，夜宿«酒店名称»。
风光旅行社
旅游行程安排
各位团友：
本次旅游行程安排为：5月10日，游览仙桥地下河、奇洞温泉，夜宿奇洞温泉度假村。
风光旅行社 分节符(下一页)
旅游行程安排
各位团友：
本次旅游行程安排为：5月12日，游览长湖国家森林公园，夜宿长湖大酒店。
风光旅行社 分节符(连续)
旅游行程安排
各位团友：
本次旅游行程安排为：5月11日，游览宝晶宫，夜宿宝晶宫大酒店。
风光旅行社 分节符(下一页)

图实训3–3 邮件合并应用

视频 24002381

3. 使用Word打开实验文件夹中的24002381.docx文档，完成以下操作：

① 在文档第三段空白处为本文档建立自定义目录，其中应用了“Bugs”样式的文字作为目录的第1级，显示页码，右对齐，使用超链接，格式为“优雅”，显示级别为1；目录效果如图实训3-4所示。

② 保存文件。

目录

蚂蚱 1
花大姐 1
蜻蜓 2
蝈蝈 2
蟋蟀 2
蝉 2
独角牛 2
天牛 3
磕头虫 3
土蜂 3

图实训 3-4　目录

3.6　文档修订等应用

一、实训目的

1. 掌握脚注/尾注、书签、批注的操作方法。
2. 掌握文档修订功能的使用。

二、实训内容

视频 24002382

1. 使用Word打开实验文件夹中的24002382.docx文档，完成以下操作：

①选中文档倒数第二段并插入批注，批注内容为该段文本的字符数（注：如文本的字符数为100，批注内只需填写100）。

②接受对文档的所有修订。

③保存文件。

视频 24002377

2. 使用Word打开实验文件夹中的24002377.docx文档，完成以下操作：

① 在文档第一段标题文字“南怀瑾”后插入脚注，脚注内容为“中国古代文化传播者”（注：脚注内容为双引号里面的字符），编号格式为“壹,贰,叁，…”。

② 在文档第四段中的加粗文字“消费刺激生产理论”后插入尾注，尾注位置为文档结尾，尾注的编号格式为“Ⅰ,Ⅱ,Ⅲ，…”，尾注内容：“凯恩斯”（注：尾注内容不包括双引号）。

③ 保存文件。

视频 24002023

3. 使用Word打开实验文件夹中的24002023.docx文档，完成以下操作：

① 对文档第一段的修订进行操作：拒绝删除修订。

② 选定文档第二段并插入批注，批注内容为“伏龙芝”（注：内容为双引号里面的字符）。

③ 在文档第五段前插入分页符。

④ 保存文件。

实训 4 电子表格处理软件 Excel 2021

4.1 Excel 的基本操作

一、实训目的

1. 掌握Excel工作簿、工作表、行、列、单元格和单元格区域的基本概念及常用操作。
2. 熟悉Excel文本型、数字型和逻辑型三种数据类型的含义和输入、编辑技巧。
3. 掌握填充柄、自动填充及自定义序列快速输入数据的方法。
4. 熟悉条件格式、数据有效性等操作。

二、实训内容

1. 使用Excel打开实验文件夹中的25002259.xlsx工作簿文件，并按指定要求完成有关操作。

① 在Sheet1工作表后插入一张工作表，并将该新插入的工作表重命名为“爱我中华”（注：内容不含双引号），工作表标签颜色为标准红色。

视频 25002259

② 在Sheet2工作表的A1单元格内输入“华华公司业绩统计”，字体格式为12号、加粗，A1:B1单元格区域合并后居中（注：内容不含双引号）。

③ 利用单元格填充工具，在Sheet2工作表的A3:A12单元格区域，填入编号Z01至Z10。

④ 保存文件。

2. 使用Excel打开实验文件夹中的25002263.xlsx工作簿文件，并按指定要求完成有关操作。

① 将“美好山河”工作表复制到Sheet2工作表之后，并将工作表重命名为“山河之美”（注：内容不含双引号）。

视频 25002263

② 在Sheet2工作表的第2行和第3行之间插入一行。

③ 利用单元填充工具，在“填充数据”工作表的A2:A8单元格区域填入星期一至星期日。

④ 保存文件。

3. 使用Excel打开实验文件夹中的25002021.xlsx工作簿文件，并按指定要求完成有关的操作。

① 为Sheet1工作表的C3:F12单元格区域设置条件格式：单元格值大于或等于90时设置字体加粗；单元格值小于60时设置字体颜色为标准色绿色。

视频 25002021

② 为Sheet2工作表的G3:G12单元格区域设置数据验证：用户从下拉列表选择“及格”“不及格”两个选项之一（注：序列的数据来源不可以是单元格引用，数据的顺序按题目描述排列，内容不包括双引号）。

③ 在Sheet3工作表的A2:F12单元格区域设置自动筛选，筛选出网页设计成绩大于或等于75的所有学生。

④ 保存文件。

4．使用Excel打开实验文件夹中的25000064.xlsx工作簿文件，并按指定要求完成有关操作（注：没有要求操作的项目请不要更改）。

视 频

25000064

① 把Sheet1工作表的页面设置为上下左右页边距为2.5，纸张方向为横向，纸张大小为B5（JIS），缩放125，页面垂直居中，设置页眉奇偶页不同，首页不同，首页页眉左边内容为“江西”、中间内容为“支出情况”，奇数页页眉中间内容为“某年”，偶数页页眉右边内容为“江西省”，首页页脚左边插入页码、中间插入总页数。

② 保存文件。

4.2　工作表的格式化

一、实训目的

1．熟悉单元格格式（数字、对齐、字体、边框和图案等格式）的设置和编辑技巧。

2．掌握行高和列宽的设置方法。

3．熟悉条件格式和自动套用格式的应用。

4．熟悉查找和替换的应用方法。

5．掌握单元格数据的插入、删除、合并、复制、移动、清除、插入批注等操作。

二、实训内容

1．使用Excel打开实验文件夹中的25000870.xlsx工作簿文件，并按指定要求完成有关操作。

视 频

25000870

① 设置A3:A7单元区域的数字格式为文本。

② 设置D3:D7单元区域的数字格式为自定义，显示为“d-mmm-yy”的类型。

③ 新建一个名为“课程”的单元格样式，其数字格式为百分比，小数位数为0，并应用到F3:F7单元格区域。

④ 保存文件。

视 频

25000868

2．使用Excel打开实验文件夹中的25000868.xlsx工作簿文件，并按指定要求完成有关操作。

① 为F3:F15单元格区域设置条件格式，显示“图标集-方向-3个三角形”，编辑规则，类型“数字”，数字值高于200为绿色三角形，数字值介于100～200为黄条，数字值低于100为红色三角形。

② 为H3:H15单元格区域设置条件格式，单元格数值介于500～1 000的设置字体加粗，双下画线，标准色蓝色文本，标准色浅蓝色填充，最终效果如图实训4-1所示。

	A	B	C	D	E	F	G	H
1	狄希公司6月业务统计表							
2	序号	报关单号	收货单位	商品品名	提运单号	件数	毛重	净重
3	1	8620202110000007679	大理锦欣国际货运代理	多宝鱼	860-0232-7183	▼ 58	1045	[illegible]
4	2	8620202110000007715	大理锦欣国际货运代理	多宝鱼	860-0232-7205	▼ 34	615	[illegible]
5	3	8620202110000007679	大理锦欣国际货运代理	多宝鱼	860-0232-7216	═ 109	1820	1744
6	4	8620202110000007751	全球惠国际贸易（广州）	龙虾	804-2138-5770	▼ 40	489	400
7	5	8620202110000007782	全球惠国际贸易（广州）	龙虾	804-2138-5792	▼ 38	448	380
8	6	8620202110000007823	全球惠国际贸易（广州）	龙虾	804-2138-5814	▼ 30	344	300
9	7	8620202110000007914	武汉金瑞达医疗用品	梭子蟹	860-0231-4841	▲ 227	3320	3208
10	8	8620202110000007982	协和胜贸易（平潭）	牛皮革	860-0231-4863	▼ 4	75	71
11	10	8620202110000008214	协和胜贸易（平潭）	牛皮革	860-0231-4900	▼ 54	1685	1666
12	11	8620202110000008511	武汉金瑞达医疗用品	梭子蟹	860-0231-4911	═ 128	1435	1371
13	12	8620202110000008517	协和胜贸易（平潭）	鲜山竹	126-8599-2911	▲ 450	3650	3150
14	13	8620202110000008539	全球惠国际贸易（广州）	龙虾	804-2138-6680	▼ 51	617	[illegible]
15	14	8620202110000008544	大理锦欣国际货运代理	多宝鱼	860-0232-7636	▼ 39	660	[illegible]

图实训 4-1　设置条件格式效果

③ 保存文件。

3．使用Excel打开实验文件夹中的25000851.xlsx工作簿文件，并按指定要求完成以下操作：

视 频

25000851

① 删除工作簿中的Sheet2和Sheet3工作表。

② 将Sheet1工作表中D3:D8单元格区域数字格式设置为日期型，类型为“2023年3月4日”，调整D列列宽为自动调整列宽。

③ 为工作表A2:F8单元格区域套用表格样式“浅色-蓝色,表样式浅色9”，包含表标题。

④ 保存文档。

4．使用Excel打开实验文件夹中的25000061.xlsx工作簿文件，并按指定要求完成有关操作。对名称为Sheet1的工作表进行如下设置：

视 频

25000061

① 为单元格A1添加标准色橙色的双实线外边框。

② 设置A2:C11单元格区域套用表格格式，名称为表样式浅色20样式，表包含标题。

③ 新建一个名为斜上方细单实线的单元格样式，设置边框线为斜上方，线型为单细实线，应用到D2:D11单元格区域。

④ 保存文件。

4.3　公式和函数的应用

一、实训目的

1．理解单元格相对地址、绝对地址和混合地址的含义及应用方法。

2．掌握公式的输入、编辑、复制和移动等操作，了解公式中各种符号和表达式的应用。

3．理解函数的意义和函数的基本构成。

4．熟悉Excel函数的类别，熟练掌握常用的Excel函数。

二、实训内容

1．使用Excel打开实验文件夹中的25002007.xlsx工作簿文件，并按指定要求完成有关操作。

视 频

25002007

① 在Sheet1工作表的G2单元格中输入“平均分”，在G3:G12单元格区域中，用AVERAGE函数计算每位学生的平均分（提示：不用函数不得分，内容不包括双引号）。

② 在Sheet1工作表的H2单元格中输入“最低分”，在H3:H12单元格区域中，用MIN函数计算每位同学课程成绩的最低分（提示：不用函数不得分，内容不包括双引号）。

③ 在Sheet1工作表的I2单元格中输入“财务会计等级”，在I3:I12单元格区域中，用if函数计算每位同学的等级，等级划分规则：财务会计成绩大于或等于85为“优秀”；否则为“一般”（提示：不用函数不得分，内容不包括双引号）。

④ 保存文件。

2．使用Excel打开实验文件夹中的25002038.xlsx工作簿文件，并按指定要求完成有关操作。

视 频

25002038

① 在Sheet1工作表的F2单元格中输入“实发工资”，在F3:F12单元格区域中计算每位员工的实发工资，计算公式为实发工资=本职收入+兼职收入-应扣费用（不用公式不得分）。

② 在Sheet1工作表的A13单元格中输入“合计”，在C13单元格中使用SUM函数计算所有员工的本职收入之和（不用函数不得分）。

③ 在Sheet1工作表的在A14单元格中输入“最大值”，在D14单元格中使用MAX函数计算员工兼职收入的最大值（不用函数不得分）。

④ 保存文件。

3. 使用Excel打开实验文件夹中的25000855.xlsx工作簿文件，并按指定要求完成以下操作：

视频 25000855

① 利用查找函数VLOOKUP，在工作表“采购人信息表”中查找采购人证件号码，并填写在“网上批发销售情况”工作表的E3:319单元格区域，并设置E列为自动调整列宽。

② 利用逻辑函数IF依据采购金额判断销售情况，如果采购金额大于或等于8 000，销售情况“较好”，小于4 000则销售情况“较差”，否则“一般”。

③ 在K3开始的单元格位置，为不同“采购人城市”的“采购数量”和“采购金额”求和。

④ 冻结窗口第1～2行和A～B列。

⑤ 保存文档。

4. 使用Excel打开实验文件夹中的25000657.xlsx工作簿文件，并按指定要求完成有关操作。

视频 25000657

① 根据Sheet1工作表中“利润”列的数据求排名并填写于C列，要求利润最高者排名第一，在C2中利用函数求得排名，并复制到C3:C9单元格区域（提示：使用RANK函数和绝对引用，否则不得分）。

② 在C11单元格中计算最低利润（不用函数不得分）。

③ 在C12单元格中计算利润大于4 000的超市个数（提示：使用COUNTIF函数，否则不得分）。

④ 保存文件。

4.4　数据库管理

一、实训目的

1. 理解Excel数据清单的基本概念和基本结构，了解Excel的数据库管理功能。
2. 掌握数据的排序方法。
3. 掌握数据分类汇总的方法，熟悉分类汇总的应用技巧。
4. 掌握数据透视表的功能及操作方法。
5. 掌握自动筛选和高级筛选的功能及操作方法。

二、实训内容

1. 使用Excel打开实验文件夹中的25000856.xlsx工作簿文件，并按指定要求完成以下操作：

视频 25000856

① 将“全省”工作表的D3:D11单元格区域数字格式设置为百分比，保留一位小数。

② 为“全省”工作表的A1:D11单元格区域上下左右均添加框线。

③ 将“地市”工作表的A1:G1单元格区域应用主题单元格样式“橙色,着色2”。

④ 在“地市”工作表中，按地区进行降序排序，并以地区为分类字段对5G用户进行求和汇总计算，结果仅显示前2级。

⑤ 保存文档。

视频 25000259

2. 使用Excel打开实验文件夹中的25000259.xlsx工作簿文件，并按指定要求完成有关操作。

① 在A18单元格中插入内容为“数据透视表”的批注（输入前请先删除批注框内的内容）。

② 以A18为左上角的区域制作数据透视表：按不同的职务、性别统计月发放工资的情况，其中职务作为行标签，性别为列标签，统计项为单位应发工资总额。设置透视表名称为职工工资透视表。

③ 保存文件。

3．使用Excel打开实验文件夹中的25000883.xlsx工作簿文件，并按指定要求完成有关操作。

① 采用自动筛选的方法，从Sheet1工作表中筛选出销售价高于25 000且总户数少于800，并筛选出项目名称为“华夏新城”“七零八零”“沙河源”“城市花园”“翡翠城”的记录。

② 采用高级筛选功能，把Sheet2工作表中销售价高于25 000且总户数少于800的记录筛选至A24开始的区域，条件区域从I2为左上角的区域开始。

③ 保存文件。

视 频 25000883

4．使用Excel打开实验文件夹中的25000885.xlsx工作簿文件，并按指定要求完成有关操作。

① 在Sheet1工作表中，依据数量大小对A2:H11单元格区域的数据进行降序排序。

② 在Sheet2工作表中，选中A2:H11单元格区域进行自定义排序，按“部门”进行升序排序，当部门相同时，按“销售产品”的笔画进行降序排序。

③ 在Sheet3工作表中，依据单元格颜色，对A2:H11单元格区域的数据进行排序，要求单元格有颜色的数据行在顶端。

④ 保存文件。

视 频 25000885

4.5 图表的应用

一、实训目的

1．掌握Excel中利用图表向导创建图表的方法。

2．掌握Excel图表的复制、移动、删除、缩放等操作。

3．熟悉Excel图表的编辑方法。

二、实训内容

1．使用Excel打开实验文件夹中的25000878.xlsx工作簿文件，并按指定要求完成有关操作。

① 以B2:C12单元格区域为数据源，创建“填充雷达图”，图表样式设置为“样式2”，图表布局为“布局1”，更改图表颜色为彩色调色板3，将图表放在E2:K17单元格区域。

② 录入图表标题“员工工资表”（注：名称不含双引号），设置图例区域的填充格式为图案填充“点线5%”，前景标准色蓝色，背景“白色，背景1”。

③ 将图表区的填充效果设置为纹理填充“蓝色面巾纸”，效果如图实训4-2所示。

视 频 25000878

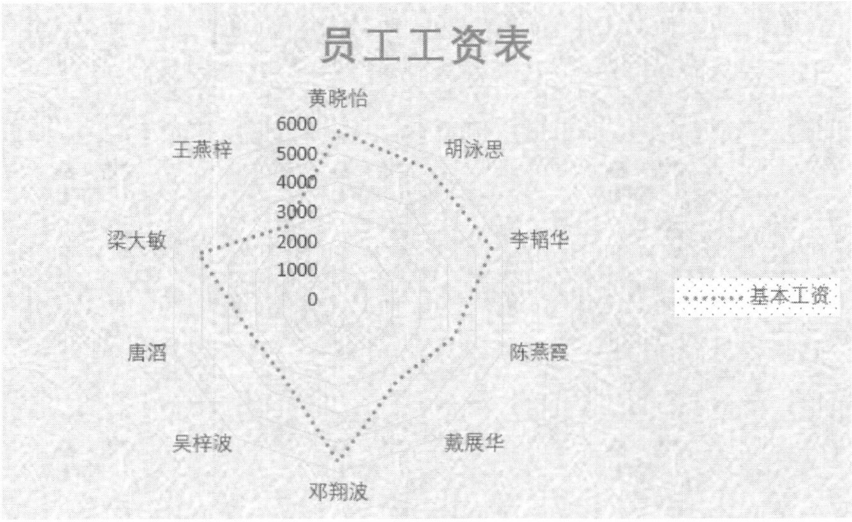

图实训 4–2 第 1 题设置效果

④ 保存文件。

2. 使用Excel打开实验文件夹中的25000877.xlsx工作簿文件，并按指定要求完成有关操作。

① 设置A1:B1单元格区域合并居中；

视频

25000877

② 以A2:B9单元格区域为数据源创建图表，图表类型为三维簇状柱形图，图表标题为“2021年我国毕业生人数规模”（内容不含引号）。

③ 设置图表布局为“布局5”，显示主轴主要水平和垂直网格线，图表区填充颜色为RGB值为249、242、228，效果如图实训4-3所示。

④ 保存文件。

图实训4-3　第2题设置效果

3. 使用Excel打开实验文件夹中的25000876.xlsx工作簿文件，并按指定要求完成有关的操作。

① 在Sheet1工作表中，对B列数据进行升序排序。

视频

25000876

② 以A2:B11单元格区域为数据源创建图表，图表类型为簇状条形图，图表标题为“强意愿消费者的购买倾向”（内容不含引号）。

③ 设置条形图的形状填充为标准色浅绿，横坐标轴的最大值调整为3 000，图表区填充颜色为“绿色,个性色6,淡色80%”，效果如图实训4-4所示。

④ 保存文件。

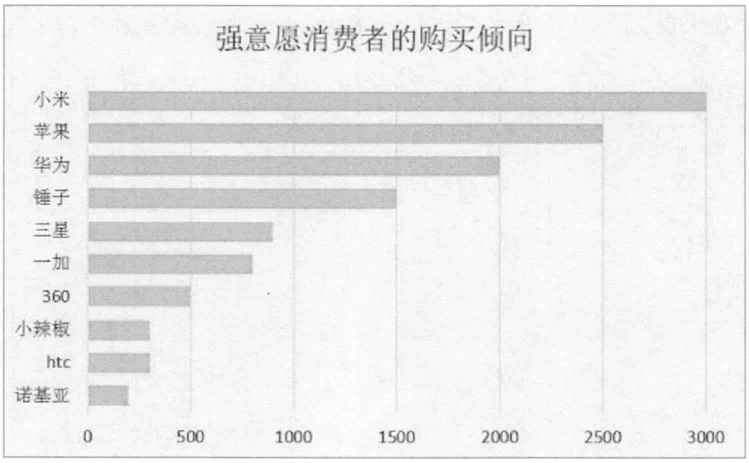

图实训4-4　第3题设置效果

4．使用Excel打开实验文件夹中的25002258.xlsx工作簿文件，并按指定要求完成有关操作。

视频 25002258

① 在Sheet1工作表中，以A2:B10单元格区域为数据源，创建三维饼图，图表标题设置为“惠州市各区面积”（注：内容不含双引号），图例位置靠右。

② 在Sheet2工作表中，新建单元格样式，名称为“我的样式”（注：名称不含双引号），格式设置为：文字水平居中对齐、垂直居中对齐、宋体、加粗、设置字体颜色为自定义的RGB模式（51，51，51），12号，勾选自动换行，然后应用到E3:E10单元格区域。

③ 在Sheet3工作表中，将A11:D11单元格区域内容以值的方式复制到A13:D13单元格区域。

④ 保存文件。

4.6　数据分析

一、实训目的

1．掌握Excel自动筛选的操作方法和应用技巧。

2．熟悉Excel高级筛选的操作过程，理解高级筛选条件区域的含义。

3．掌握直方图分析工具和函数FREQUENCY进行频度分析的方法。

4．熟悉数据库统计函数的基本结构，掌握常用的数据库统计函数的应用方法。

二、实训内容

1．使用Excel打开实验文件夹中的25000834.xlsx工作簿文件，并按指定要求完成有关操作。

视频 25000834

① 在“2021年国内电脑销售排行榜”工作表D3:D7单元格区域按B3:B7的销售量利用rank函数计算排名，降序排名。

② 为D3单元格添加批注“销量第一”（内容不包含双引号）；

③ 保存文件。

2．使用Excel打开实验文件夹中的25000893.xlsx工作簿文件，并按指定要求完成有关操作。

视频 25000893

① 在“文本函数”工作表中，A列前4位数字为年级，利用LEFT函数将学生所在年级显示在C列，利用LEN函数在D列显示姓名字数（不使用函数不得分）。

② 在“文本函数”工作表中，A列为学生学号，利用MID函数求出学号第7位，并显示在E列对应单元格中（4表示4年制本科，3表示3年制专科）（不使用函数不得分）。

③ 保存文件。

3．使用Excel打开实验文件夹中的25002010.xlsx工作簿文件，并按指定要求完成有关操作。

视频 25002010

① 在Sheet1工作表中，对A2:E12单元格区域中数据按“基本工资”降序排列（注：名称不含双引号）。

② 在Sheet2工作表中，为D2单元格添加批注，先删除批注内的用户名，再输入批注内容“是岗位所有补贴之和”（注：内容不含双引号）。

③ 在Sheet3工作表中，以A2:E12单元格区域中数据为数据源，通过高级筛选，筛选出基本工资大于5 000且岗位补贴大于4 000的员工，条件存放在以G2单元格为起点的区域内，筛选结果存放在以G5单元格为起点的区域内。

④ 保存文件。

4．使用Excel打开实验文件夹中的25000865.xlsx工作簿文件，并按指定要求完成有关操作。

视频

25000865

① 设置“营收增速”工作表的B4:E5单元格区域数据格式为百分比，保留一位小数。

② 在“营收增速”工作表的F4、F5单元格中分别插入折线迷你图，呈现Z公司四个季度营收增速的变化趋势，显示高点和标记，设置迷你图颜色为标准色橙色，突出显示高点颜色为标准紫色。

③ 在工作表“部门收入”的G4:G6单元格区域插入柱形迷你图，呈现Z公司1~5月份各部门的收入变化，迷你图颜色为标准色深蓝，突出显示高点颜色为标准色浅绿。

④ 保存文件。

实训 5 演示文稿制作软件 PowerPoint 2021

5.1 演示文稿的基本操作

一、实训目的

1. 熟悉幻灯片字体、段落格式、项目符号的应用。
2. 熟悉幻灯片的新建、复制、移动和删除操作，掌握幻灯片版式、背景应用。
3. 掌握幻灯片母版的设置。
4. 熟悉幻灯片编号、日期等属性的应用。

二、实训内容

1. 使用PowerPoint打开实验文件夹中的26002309.pptx演示文稿，按要求完成下列各项操作并保存：

① 为第1张幻灯片添加备注“曹雪芹”，并将第1张幻灯片应用主题“环保”，背景样式为“样式6”。

视频 26002309

② 为第2张幻灯片文本框中的内容添加自定义项目符号，字体为Wingdings，字符代码为63（十进制），颜色为标准橙色，大小为110%字高。

③ 在第4张幻灯片右下角插入形状“思想气泡：云”（或称“云形标注”），形状样式为“细微效果-绿色，强调颜色6”。

④ 在第2张幻灯片前新增节，节名称为“内容”，并设置本节所有幻灯片切换方式为“梳理”。

⑤ 保存文档。

2. 使用PowerPoint打开实验文件夹中的26002308.pptx演示文稿，按要求完成下列各项操作并保存：

① 设置幻灯片母版效果，在Office主题母版幻灯片左上角插入形状“波形”，长2厘米、高1厘米；水平位置相对于左上角1.2厘米，垂直位置相对于左上角0.6厘米；退出母版视图。

视频 26002308

② 设置第1张幻灯片标题文字艺术效果为“填充：金色，主题色4；软棱台”（位于艺术字样式列表第1行第5列），字体为华文行楷，88号。

③ 将第3张幻灯片版式更改为空白版式，设置幻灯片背景为图片填充，图片来源于素材文件夹下的26002308.jpg，透明度为15%。

④ 为所有幻灯片插入固定日期“2023/06/01”。

⑤ 保存文档。

3. 使用PowerPoint打开实验文件夹中的26002306.pptx演示文稿，按要求完成下列各项操作并保存：

视频 26002306

① 在第3张幻灯片后面新建第4张幻灯片，在标题占位符中录入标题“金雁大桥”（录入的内容不含双引号）。

② 为第4张幻灯片插入图片“26002306.jpg”，锁定纵横比，设置图片高度为10厘米，图片水平居中对齐，且垂直位置相对于左上角5厘米。

③ 所有幻灯片添加幻灯片编号，页脚内容为“兰州的桥”，标题幻灯片不显示（输入内容不包含双引号）。

④ 保存文件。

4. 使用PowerPoint打开实验文件夹中的演示文稿26002144.pptx，按要求完成下列各项操作并保存：

视频 26002144

① 为第2页幻灯片中内容为“平衡计分卡模式”的文本框内的文字设置行距：1.5倍行距。

② 将第3页幻灯片中的图表删除。

③ 对第4页幻灯片的背景格式进行设置，使用图案填充，图案为：点线10%（图案样式中的第一行第二列）。

④ 将幻灯片的放映类型设置为：观众自行浏览（窗口），循环放映，按Esc键终止。

⑤ 保存文件。

5.2 幻灯片对象插入

一、实训目的

1. 熟悉幻灯片切换设置方法。
2. 掌握超链接、形状、图片、图表的插入应用。
3. 掌握幻灯片对象的动画设置方法。
4. 熟悉幻灯片放映的各种设置和放映方法。

二、实训内容

1. 使用PowerPoint打开实验文件夹中的演示文稿26002305.pptx，按要求完成下列各项操作并保存：

视频 26002305

① 设置第1张幻灯片背景为纹理填充“蓝色面巾纸”；为第2张幻灯片中的目录设置超链接，将“2我国移动物联网发展现状”链接到第5张幻灯片。

② 在第4张幻灯片右侧占位符中插入图片26002305.jpg，设置图片效果为“半映像:接触”，图片动画效果为在上一动画之后中速（持续时间为2 s）缩放进入。

③ 在第5张幻灯片右侧插入折线图，图表数据来源于左侧表格中的数据，适当调整图表大小和位置。设置图表标题为“移动物联网连接数逐年快速增长”（录入的标题内容不含引号），字体为18号加粗；显示数据标签，效果如图实训5-1所示。

④ 在第6张幻灯片右下角插入“动作按钮：转到开头”，设置鼠标单击时链接到第一张幻灯片，播放声音为风铃。

⑤ 设置幻灯片放映方式为：在展台浏览（全屏幕），放映时不加旁白。

⑥ 保存文档。

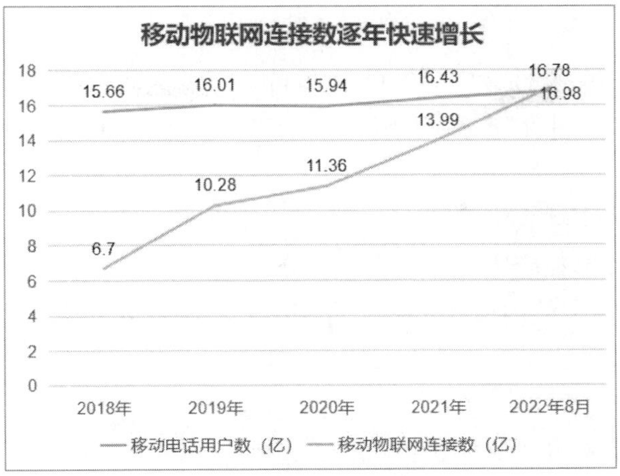

图实训 5-1　第 1 题设置效果

2．使用PowerPoint打开实验文件夹中的26002157.pptx演示文稿，按要求完成下列各项操作并保存：

视 频

26002157

① 设置幻灯片大小为标准（4:3），最大化内容大小。

② 为第4张幻灯片中的表格第1列（含字符“目标管理的好处……”）单元格设置底纹，填充颜色为标准色“蓝色”。

③ 为第3张幻灯片添加备注内容为“目标设定原则”（输入内容不包括双引号）。

④ 在第2张幻灯片左下角插入动作按钮：帮助。

⑤ 保存文件。

3．使用PowerPoint打开实验文件夹中的26002156.pptx演示文稿，按要求完成下列各项操作并保存：

视 频

26002156

① 为第1张幻灯片中文本框内的文字“学习”插入超链接，地址为http://www.mooc.cn/。

② 给第2张幻灯片添加批注，内容为“提高学习效率”（内容为双引号里面的字符）。

③ 对第3张幻灯片的背景格式进行设置：羊皮纸纹理填充。

④ 为所有幻灯片添加切换效果，切换效果为华丽型：涟漪，效果选项为从左下部。

⑤ 保存文件。

4．使用PowerPoint打开实验文件夹中的26002132.pptx演示文稿，按要求完成下列各项操作并保存：

视 频

26002132

① 将第4张幻灯片移动到最后1张幻灯片后。

② 为第3张幻灯片中的文本框设置形状样式：主题样式的第四行第七列“细微效果-绿色，强调颜色6”。

③ 为第2张幻灯片中的内容文本框（含字符“所谓信息化教学设计……”等）设置自定义动画，添加进入动画，动画样式为：飞入，效果选项为：自右上部。

④ 将第1张幻灯片的版式设置为“空白”。

⑤ 保存文件。

5.3　幻灯片切换和动画设置

一、实训目的

1．熟悉幻灯片切换设置方法。

2．掌握幻灯片自定义动画的应用。

3．熟悉幻灯片放映设置和应用。

4．熟悉SmartArt、艺术字等对象的应用。

二、实训内容

1．使用PowerPoint打开实验文件夹中的26000676.pptx演示文稿，按要求完成下列各项操作并保存：

视频 26000676

①修改第1张幻灯片中的艺术字的样式，将其修改为“填充：鲜绿，主题色3；窄横线：内部阴影”样式。

②将第2张幻灯片中的表格删除。

③为第3张幻灯片单独应用设计主题“积分”。

④为第三张幻灯片中的内容文本框（含字符“将除锈处理后的铁棒……”等）设置自定义动画，添加进入动画，动画样式为：浮入，效果选项为：下浮。

⑤保存文件。

2．使用PowerPoint打开实验文件夹中的26002304.pptx演示文稿，按要求完成下列各项操作并保存：

视频 26002304

①互换第3张幻灯片和第4张幻灯片的位置。

②为第2张幻灯片的文本“柚皮的功效”设置超链接，链接到第4张幻灯片。

③在第2张幻灯片中插入批注，输入内容“柚子营养高，功效多。”（输入内容不包含双引号）。

④设置所有幻灯片的切换方式为“切换”，声音为风声，切片方式为自动切片，且自动切片时间为5 s。

⑤保存文件。

3．使用PowerPoint打开实验文件夹中的26002023.pptx演示文稿，按要求完成下列各项操作并保存：

视频 26002023

①为第1张幻灯片中标题文本框内的文字“韵达快递”插入超链接，链接到本文档中的最后一张幻灯片。

②在第2张幻灯片中表格的第1行依次输入文字“公司编号”“公司名称”“所在省市”。

③在第3张幻灯片中增加艺术字，内容为“快件查询”，艺术字样式为第2行第2列。

④为第4张幻灯片单独应用设计主题“画廊”。

⑤保存文件。

4．使用PowerPoint打开实验文件夹中的26002159.pptx演示文稿，按要求完成下列各项操作并保存：

视频 26002159

①在第3张幻灯片后面插入一张版式为“仅标题”的新幻灯片，标题区域输入“相关信息”。

②将第2张幻灯片中包含文字“维修日期”的文本框转换为SmartArt图形，图形布局为“关系”类型中的“线性维恩图”，设置SmartArt样式颜色为“彩色”类型中的“彩色范围-个性色5至6”，SmartArt样式的三维为“粉末”，效果如图实训5-2所示。

③将第1张幻灯片的版式设置为“空白”。

④保存文件。

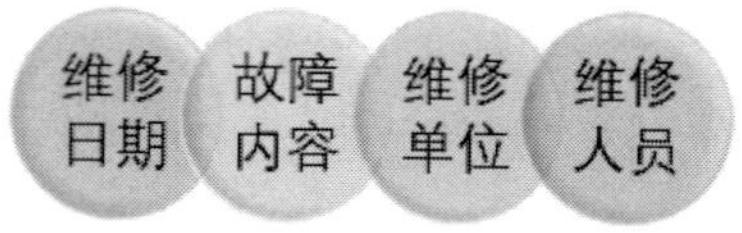

图实训 5-2　第 4 题设置效果

5.4　幻灯片放映设置

一、实训目的

1．熟悉幻灯片切换方式的应用。

2．掌握幻灯片音频、视频的应用。

3．熟悉幻灯片自定义动画的应用。

二、实训内容

1．使用PowerPoint打开实验文件夹中的26000017.pptx演示文稿，完成以下操作（没有要求操作的项目请不要更改）：

视 频

26000017

① 在幻灯片内容框中插入一个名为26000017Em.wmv的视频文件，视频位于c:\winks目录下。

② 设置视频播放效果为：自动开始，全屏播放，未播放时隐藏，循环播放、直到停止。

③ 保存文件。

2．使用PowerPoint打开实验文件夹中的26000688.pptx演示文稿，按要求完成下列各项操作并保存：

视 频

26000688

① 对第1张幻灯片中的音频进行播放设置：开始方式设置为：自动；放映时隐藏。

② 在第3张幻灯片右下角插入动作按钮：转到结尾，宽度为5厘米，添加文字，内容为end。

③ 将幻灯片的放映类型设置为：观众自行浏览（窗口），放映时不加动画，放映片为从2到3。

④ 保存文件。

3．使用PowerPoint打开实验文件夹中的26002298.pptx演示文稿，按要求完成下列各项操作并保存：

视 频

26002298

① 设置第1张幻灯片中图片样式为“映像右透视”，对齐方式为左对齐。

② 将第2张幻灯片版式修改为“空白”，在该幻灯片中添加SmartArt图形“基本列表”，参考图实训5-3增加项目个数并录入内容；设置SmartArt图形颜色为“透明渐变范围，个性色1”，快速样式为三维效果“卡通”。

③ 在第3张幻灯片前新增节，节名称为“云应用”。

④ 保存文档。

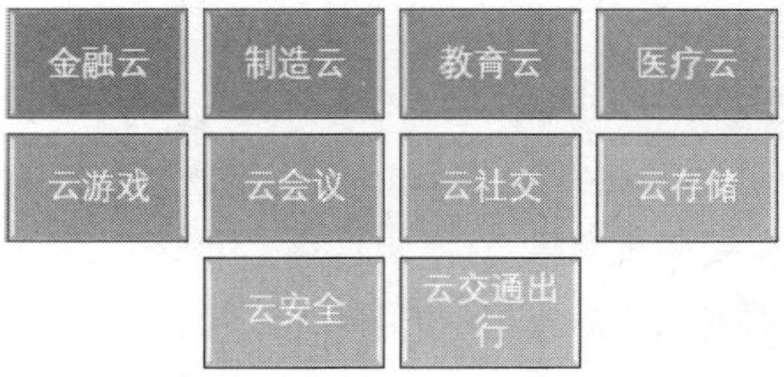

图实训5–3　第3题设置效果

4．使用PowerPoint打开实验文件夹中的26002260.pptx演示文稿，按要求完成以下操作：

视 频

26002260

① 在第3张幻灯片下方内容占位符中，插入2行5列的表格，并参考图实训5-4所示录入内容。

② 设置表格样式为“中度样式2-强调2”，表格行高为3厘米，表格列宽为4厘米，表格中内容水平垂直均居中对齐。

③ 设置表格中内容字体为微软雅黑、24号。

④ 保存文档。

2005	2010	2015	2020	2021
100	133.6	175.2	245.1	264.6

图实训5–4　第4题设置效果

实训 6 网络基础及 Internet 基本应用

6.1 网页浏览与 Edge 浏览器的使用

一、实训目的

1. 掌握网页浏览和Edge浏览器的使用方法。
2. 掌握Edge默认主页的设置以及网页收藏夹的使用。
3. 掌握网页页面、文字、图片及其他资源的保存方法。

二、实训任务

视频 Edge浏览器的使用

1. 打开Edge浏览器，访问“揭阳职业技术学院”主页（网址为www.jyc.edu.cn）。

2. 设置Edge的默认主页为“揭阳职业技术学院”。

3. 将该网站添加到收藏夹中，名称为“揭阳职业技术学院”，方便以后再次使用。

4. 进入“学院概况”页面，将该页面以“学院概况.html”为名称保存在实验文件夹中。再将该页面以PDF的格式保存在实验文件夹中，文件名为“学院概况.pdf”。

5. 任选一张揭阳职业技术学院校园风光图片以“校园风光.jpg”保存到实验文件夹。

6.2 网络资源的搜索与下载

视频 网络资源的搜索

一、实训目的

1. 了解搜索引擎的工作过程及常用的搜索引擎。
2. 掌握常用搜索引擎的使用方法。
3. 掌握常用下载软件的使用。

二、实训任务

视频 网络资源的应用

1. 用百度搜索引擎（http://www.baidu.com）搜索“2023杭州亚运会”吉祥物的图片，并将其中一张以“2023亚运会吉祥物”为文件名保存在实验文件夹中。

2. 用百度地图找到“揭阳职业技术学院”的校址，并通过屏幕截图将该地址以图片的形式保存在实验文件夹中，图片名称为“揭阳职业技术学院.jpg”。

3. 用360软件管家搜索“百度网盘”，并下载、安装、使用。

4. 注册百度网盘账号，将图片“揭阳职业技术学院.jpg”上传到百度网盘上。

6.3　FTP 应 用

一、实训目的

1. 掌握登录FTP的方法。
2. 熟悉FTP服务器文件下载、上传的方法。

二、实训任务

视 频

FTP应用

1. 匿名访问FTP服务器：ftp://10.10.10.20，从该服务器中下载图片“草莓.jpg”到实验文件夹中。
2. 新建一个记事本文件，文件内容自定，以自己的学号姓名命名。
3. 以用户名test、密码test登录ftp://10.10.10.20，将刚才所建的记事本文件上传到FTP服务器。

6.4　电子邮件应用

一、实训目的

1. 掌握电子邮箱的申请方法。
2. 掌握利用Web收发、撰写电子邮件的方法。

二、实训任务

视 频

电子邮件应用

1. 申请一个免费E-mail邮箱，如网易163免费邮、网易126免费邮、网易Yeah.net邮箱、新浪通行证、QQ邮箱等。
2. 用Web方式登录邮箱后，发一封电子邮件给你的老师，同时抄送给自己，邮件“主题”中必须包含班级、学号、姓名等信息，邮件内容写上你学习本课程的教学建议、学习体会或其他内容，并新建一个Word文件以test命名，里面是个人简介信息，将该文件以附件的形式和邮件一起发送。
3. 接收并查看自己所发的邮件。

6.5　常用网络工具的应用

一、实训目的

1. 掌握实时通信软件微信的使用。
2. 了解常用音乐播放软件的使用。
3. 了解常用视频软件的使用。

二、实训任务

视 频

常用网络工具的应用

1. 下载并安装微信软件，体验微信的使用方法。
2. 下载并安装酷狗软件，使用该软件搜索、播放自己喜欢的歌曲，并下载到实验文件夹中。
3. 登录常用的视频网站，如腾讯视频、哔哩哔哩、优酷等，观看自己喜欢的学习视频。
4. 下载安装剪映软件，体验视频剪辑操作。
5. 下载安装美图秀秀软件，体验图片裁剪、组合、美化等编辑操作。

参 考 文 献

[1] 陈旭文. 计算机应用基础：Windows 7+Office 2010[M].2 版. 北京：中国铁道出版社有限公司，2020.
[2] 陈旭文. 计算机应用基础：Windows 7+Office 2010[M]. 北京：中国铁道出版社，2016.
[3] 李雪，李京文，袁春雨. 计算机应用基础[M]. 5 版. 北京：中国铁道出版社有限公司，2022.